普通高等教育"十三五"规范教材

动物传染病防控技术

史秋梅　韩小虎　王书全　主编

科学出版社

北　京

内 容 简 介

动物传染病是对养殖业危害最严重的一类疾病，它给动物和人类都带来了极大的威胁。动物传染病防控技术是研究动物传染病的发生和发展规律，以及预防、控制和消灭动物传染病方法的科学。本教材包括总论、各论和技能训练三部分。总论共两章，主要介绍动物传染病的发生和发展规律，以及预防、控制和消灭动物传染病的一般性通用措施。各论按畜种类别分为5章，其中第三章为多种动物共患病，其他章为按动物类别分的传染病，主要介绍每种传染病的分布、病原、流行病学、发病机理、临床症状、病理变化、诊断和防控技术等。技能训练主要包括对常发的动物传染病的诊断技术等内容。本教材重视基本理论、基本知识和基本技能，突出科学性、系统性和实用性，及时地补充了新知识、新技术和新方法。在每章末都附有复习题，便于读者学习和思考。

本教材可作为高等农业院校兽医及相近专业的教学用书，也可作为科研、生产及政府业务部门等相关人员的参考书。

图书在版编目（CIP）数据

动物传染病防控技术/史秋梅，韩小虎，王书全主编 . —北京：科学
出版社，2018.5

普通高等教育"十三五"规划教材
ISBN 978-7-03-056932-5

Ⅰ.①动…　Ⅱ.①史…　②韩…　③王…　Ⅲ.①动物疾病-传染病防治-
高等学校-教材　Ⅳ.①S855

中国版本图书馆CIP数据核字（2018）第049748号

责任编辑：丛　楠　韩书云/责任校对：王晓茜
责任印制：师艳茹/封面设计：黄华斌

科 学 出 版 社 出版

北京东黄城根北街16号
邮政编码：100717
http://www.sciencep.com

北京汇瑞嘉合文化发展有限公司 印刷
科学出版社发行　各地新华书店经销

*

2018 年 5 月第 一 版　开本：787×1092　1/16
2018 年 5 月第一次印刷　印张：20
字数：474 000

定价：89.00 元
（如有印装质量问题，我社负责调换）

教育部 财政部职业院校教师素质提高计划
职教师资培养资源开发项目专家指导委员会

主　　　任　　刘来泉

副　主　任　　王宪成　郭春鸣

成　　　员　　（按姓氏笔画排列）

刁哲军　王乐夫　王继平　邓泽民　石伟平

卢双盈　刘正安　刘君义　米　靖　汤生玲

李仲阳　李栋学　李梦卿　吴全全　沈　希

张元利　张建荣　周泽扬　孟庆国　姜大源

夏金星　徐　朔　徐　流　郭杰忠　曹　晔

崔世钢　韩亚兰

教育部动物医学本科专业职教师资培养核心课程
系列教材编写委员会

顾　　　问　　汤生玲　房　海　曹　晔　王同坤　武士勋

主 任 委 员　　杨宗泽

副主任委员　　（以姓氏笔画为序）

马增军　付志新　李佩国　沈　萍　陈翠珍

赵宝柱　崔　勇

委　　　员　　（以姓氏笔画为序）

王秋悦　史秋梅　刘　朗　刘玉芹　刘谢荣

芮　萍　杨彩然　张香斋　张艳英　陈　娟

贾杏林　贾青辉　高光平　潘素敏

总 策 划　　汤生玲

《动物传染病防控技术》编写人员

主　编　史秋梅　河北科技师范学院
　　　　韩小虎　沈阳农业大学
　　　　王书全　锦州医科大学
副主编　张志强　河北科技师范学院
　　　　程淑琴　河北旅游职业学院
　　　　郑翠玲　唐山职业技术学院
　　　　高建新　广平县综合职业技术教育中心
　　　　常　丽　秦皇岛市动物疫病预防控制中心
编　者　（以姓氏笔画排序）
　　　　于明鹤　文安县畜牧兽医局
　　　　马少朋　辛集市畜牧局
　　　　马鸣潇　锦州医科大学
　　　　王　好　吉林农业大学
　　　　王　娟　石家庄工程职业学院
　　　　王书全　锦州医科大学
　　　　王会杰　秦皇岛市畜牧工作站
　　　　王国辉　文安县畜牧兽医局
　　　　王洪彬　河北科技师范学院
　　　　王海静　河北科技师范学院
　　　　尹荣焕　沈阳农业大学
　　　　石玉祥　河北工程大学
　　　　田志英　肃宁县职业技术教育中心
　　　　史秋梅　河北科技师范学院
　　　　付艳芳　河北省畜牧站
　　　　冯东青　河北科技师范学院

司庆生　迁安市农业畜牧水产局

朱利霞　河北科技师范学院

刘　冬　沧州职业技术学院

刘　洁　乐亭县畜牧兽医局

刘金玲　沈阳农业大学

刘宝山　沈阳农业大学

闫艳娟　河北科技师范学院

安继伟　乐亭县畜牧兽医局

苏建青　聊城大学

苏硕青　河北科技师范学院

李　彬　秦皇岛市抚宁区农牧水产局留守营动物防疫监督站

李巧玲　河北科技师范学院

李爱华　秦皇岛市动物疫病预防控制中心

杨　楠　河北科技师范学院

肖丽荣　河北科技师范学院

吴同垒　河北科技师范学院

张　岩　承德县农牧局

张玉辉　玉田县农牧局

张东林　河北科技师范学院

张永英　河北工程大学

张召兴　河北科技师范学院

张志强　河北科技师范学院

张荣华　乐亭县畜牧兽医局

张晓爱　昌黎县农林畜牧水产局

张梦雪　石家庄市畜产品质量监测中心

陈晓月　沈阳农业大学

范玉青　赵县综合职业技术教育中心

林艳青　秦皇岛市农产品质量安全监督检验中心

周铁忠　锦州医科大学

郑翠玲　唐山职业技术学院

项　方　昌黎县动物疫病预防控制中心

赵玉军　沈阳农业大学

郝玉兰　唐山职业技术学院

姚龙泉　沈阳农业大学

原　婧　沈阳农业大学

柴铁瑛　承德县农牧局

柴楠楠　承德县农牧局

高庆山　滦县畜牧水产局滦州镇动物防疫站

高建新　广平县综合职业技术教育中心

高荣菊　乐亭县畜牧兽医局

高桂生　河北科技师范学院

郭　蕊　昌黎县动物疫病预防控制中心

曹秀梅　秦皇岛市农产品质量安全监督检验中心

常　丽　秦皇岛市动物疫病预防控制中心

梁树东　玉田县农牧局

彭建伟　承德县农牧局

董国英　北京师范大学

韩　杰　沈阳农业大学

韩小虎　沈阳农业大学

程淑琴　河北旅游职业学院

靳清德　广平县综合职业技术教育中心

解慧梅　江苏农牧科技职业学院

褚秀玲　聊城大学

谭永贵　成安县综合职业技术学校

霍晓伟　内蒙古民族大学

出 版 说 明

《国家中长期教育改革和发展规划纲要（2010—2020年）》颁布实施以来，我国职业教育进入了加快构建现代职业教育体系、全面提高技能型人才培养质量的新阶段。加快发展现代职业教育，实现职业教育改革发展新跨越，对职业学校"双师型"教师队伍建设提出了更高的要求。为此，教育部明确提出，要以推动教师专业化为引领，以加强"双师型"教师队伍建设为重点，以创新制度和机制为动力，以完善培养培训体系为保障，以实施素质提高计划为抓手，统筹规划，突出重点，改革创新，狠抓落实，切实提升职业院校教师队伍整体素质和建设水平，加快建成一支师德高尚、素质优良、技艺精湛、结构合理、专兼结合的高素质专业化的"双师型"教师队伍，为建设具有中国特色、世界水平的现代职业教育体系提供强有力的师资保障。

目前，我国共有60余所高校正在开展职教师资培养，但由于教师培养标准的缺失和培养课程资源的匮乏，制约了"双师型"教师培养质量的提高。为完善教师培养标准和课程体系，教育部、财政部在"职业院校教师素质提高计划"框架内专门设置了职教师资培养资源开发项目，中央财政划拨1.5亿元，系统开发用于本科专业职教师资培养标准、培养方案、核心课程和特色教材等系列资源。其中，包括88个专业项目，12个资格考试制度开发等公共项目。该项目由42家开设职业技术师范专业的高等学校牵头，组织近千家科研院所、职业学校、行业企业共同研发，一大批专家学者、优秀校长、一线教师、企业工程技术人员参与其中。

经过三年的努力，培养资源开发项目取得了丰硕成果。一是开发了中等职业学校88个专业（类）职教师资本科培养资源项目，内容包括专业教师标准、专业教师培养标准、评价方案，以及一系列专业课程大纲、主干课程教材及数字化资源；二是取得了6项公共基础研究成果，内容包括职教师资培养模式、国际职教师资培养、教育理论课程、质量保障体系、教学资源中心建设和学习平台开发等；三是完成了18个专业大类职教师资资格标准及认证考试标准开发。上述成果，共计800多本正式出版物。总体来说，培养资源开发项目实现了高效益：形成了一大批资源，填补了相关标准和资源的空白；凝聚了一支研发队伍，强化了教师培养的"校—企—校"协同；引领了一批高校的教学改革，带动了"双师型"教师的专业化培养。职教师资培养资源开发项目是支撑专业化培养的一项系统化、基础性工程，是加强职教教师培养培训一体化建设的关键环节，也是对职教师资培养培训基地教师专业化培养实践、教师教育研究能力的系统检阅。

自2013年项目立项开题以来，各项目承担单位、项目负责人及全体开发人员做了大量深入细致的工作，结合职教教师培养实践，研发出很多填补空白、体现科学性和前瞻性的成果，有力推进了"双师型"教师专门化培养向更深层次发展。同时，专家指导委员会的各位专家以及项目管理办公室的各位同志，克服了许多困难，按照两部对项目开发工作的总体要求，为实施项目管理、研发、检查等投入了大量时间和心血，也为各个项目提供了专业的咨询和指导，有力地保障了项目实施和成果质量。在此，我们一并表示衷心的感谢。

教育部 财政部职业院校教师素质
提高计划成果系列丛书编写委员会
2016 年 3 月

丛　书　序

为贯彻落实全国教育工作会议精神和《国家中长期教育改革和发展规划纲要（2010—2020年）》提出的完成培训一大批"双师型"教师、聘任（聘用）一大批有实践经验和技能的专兼职教师的工作要求，进一步推动和加强职业院校教师队伍建设，促进职业教育科学发展，教育部、财政部决定于2011～2015年实施职业院校教师素质提高计划，以提升教师专业素质、优化教师队伍结构、完善教师培养培训体系。同时制定了《教育部、财政部关于实施职业院校教师素质提高计划的意见》，把开发100个职教师资本科专业的培养标准、培养方案、核心课程和特色教材等培养资源作为该计划的主要建设目标。作为传统而现代的动物医学专业被遴选为培养资源建设开发项目。经申报、遴选和组织专家论证，河北科技师范学院承担了动物医学本科专业职教师资培养资源开发项目（项目编号 VTNE062）。

河北科技师范学院（原河北农业技术师范学院）于1985年在全国率先开展农业职教师资培养工作，并把兽医（动物医学）专业作为首批开展职业师范教育的专业进行建设，连续举办了30年兽医专业师范类教育，探索出了新型的教学模式，编写了兽医师范教育核心教材，在全国同类教育中起到了引领作用，得到了社会的广泛认可和教育主管部门的肯定。但是职业师范教育在我国起步较晚，一直在摸索中前行。受时代的限制和经验的缺乏等影响，专业教育和师范教育的融合深度还远远不够，专业职教师资培养的效果还不够理想，培养标准、培养方案、核心课程和特色教材等培养资源的开发还不够系统和完善。开发一套具有国际理念、适合我国国情的动物医学专业职教师资培养资源实乃职教师资培养之当务之急。

在我国，由于历史的原因和社会经济发展的客观因素限制，兽医行业的准入门槛较低，职业分工不够明确，导致了兽医教育的结构单一。随着动物在人类文明中扮演的角色日益重要、兽医职能的不断增加和兽医在人类生存发展过程中的制衡作用的体现，原有的兽医教育体系和管理制度都已不适合现代社会。2008年，我国开始实行新的兽医管理制度，明确提出了执业兽医的准入条件，意味着中等职业学校的兽医毕业生的职业定位应为兽医技术员或兽医护士，而我国尚无这一层次的学历教育。要开办这一层次的学历教育，急需能胜任这一岗位的既有相应专业背景，又有职业教育能力的师资队伍。要培养这样一支队伍，必须要为其专门设计包括教师标准、培养标准、核心教材、配套数字资源和培养质量评价体系在内的完整的教学资源。

我们在开发本套教学资源时，首先进行了充分的政策调研、行业现状调研、中等职业教育兽医专业师资现状调研和职教师资培养现状调研。然后通过出国考察和网络调研学习，借鉴了国际上发达国家兽医分类教育和职教师资培养的先进经验，在我校30年开展兽医师范教育的基础上，在教育部《中等职业学校教师专业标准（试行）》的框架内，设计出了《中等职业学校动物医学类专业教师标准》，然后在专业教师标准的基础上又开发出了《动物医学本科专业职教师资培养标准》，明确了培养目标、培养条件、培养过程和质量评价标准。根据培养标准中设计的课程，制定了每门课程的教学目标、实现方法和考核标准。在课程体系的框架内设计了一套覆盖兽医技术员和兽医护士层级职业教育的主干教材，并有相应的配套数字资源支撑。

　　教材开发是整个培养资源开发的重要成果体现，因此本套教材开发时始终贯彻专业教育与职业师范教育深度融合的理念，编写人员的组成既有动物医学职教师资培养单位的人员，又有行业专家，还有中高职学校的教师，有效保证了教材的系统性、实用性、针对性。本套教材的特点有：①系统性。本套教材是一套覆盖了动物医学本科职教师资培养的系列教材，自成完整体系，不是在动物医学本科专业教材的基础上的简单修补，而是为培养兽医技术员和兽医护士层级职教师资而设计的成套教材。②实用性。本套教材的编写内容经过行业问卷调查和专家研讨，逐一进行认真筛选，参照世界动物卫生组织制定的《兽医毕业生首日技能》的要求，根据四年制的学制安排和职教师资培养的基本要求而确定，保证了内容选取的实用性。③针对性。本套教材融入了现代职业教育理念和方法，把职业师范教育和动物医学专业教育有机融合为一体，把职业师范教育贯穿到动物医学专业教育的全过程，把教材教法融入到各门课程的教材编写过程，使学生在学习任何一门主干课程时都时刻再现动物医学职业教育情境。对于兽医临床操作技术、护理技术、医嘱知识等兽医技术员和兽医护士需要掌握的技术及知识进行了重点安排。④前瞻性。为保证教材在今后一个时期内的领先地位，除了对现阶段常用的技术和知识进行重点介绍外，还对今后随着科技进步可能会普及的技术和知识也进行了必要的遴选。⑤配套性。除了注重课程间内容的衔接与互补以外，还考虑到了中职、高职和本科课程的衔接。此外，数字教学资源库的内容与教材相互配套，弥补了纸质版教材在音频、视频和动画等素材处理上的缺憾。⑥国际性。注重引进国际上先进的兽医技术和理念，将"同一个世界同一个健康"、动物福利、终生学习等理念引入教材编写中来，缩小了与发达国家兽医教育的差距，加快了追赶世界兽医教育先进国家的步伐。

　　本套教材的编写，始终是在教育部教师工作司和职业教育与成人教育司的宏观指导下和项目管理办公室，以及专家指导委员会的直接指导下进行的。农林项目专家组的汤生玲教授既有动物医学专业背景，又是职业教育专家，对本套教材的整体设计给予了宏观而具体的指导。张建荣教授、徐流教授、曹晔教授和卢双盈教授分别从教材与课程、课程与培养标准、培养标准与专业教师标准的统一，职教理论和方法，教材教法等方面给予了具体指导，使本套教材得以顺利完成。河北科技师范学院王同坤校长、主管教学的房海副校长、继续教育学院赵宝柱院长、教务处武士勋处长、动物科技学院吴建华院长在人力调配、教材整体策划、项目成果应用方面给予大力支持和技术指导。在此项目组全体成员向关心指导本项目的专家、领导一并致以衷心的感谢！

　　本套教材的编写虽然考虑到了编写人员组成的区域性、行业性、层次性，共有近200人参加了教材的编写，但在内容的选取、编写的风格、专业内容与职教理论和方法的结合等方面，很难完全做到南北适用、东西贯通。编写本科专业职教师资培养核心课程系列教材，既是创举，更是尝试。尽管我们在编写内容和体例设计等方面做了很多努力，但很难完全适合我国不同地域的教学需要。各个职教师资培养单位在使用本教材时，要结合当地、当时的实际需要灵活进行取舍。在使用过程中发现有不当和错误的地方，请提出批评意见，我们将在教材再版时予以更正和改进，共同推进我国动物医学职业教育向前发展。

动物医学本科专业职教师资培养资源开发项目组

2015 年 12 月

前　言

发展职业教育的关键是有一支高素质的职业教育师资队伍。教育部、财政部为破解这一限制职业教育发展的瓶颈问题，启动了职业学校教师素质提高计划，此计划的任务之一是开发出一套培养骨干专业本科职教师资的教学资源，动物医学本科专业职教师资培养资源开发则属于本套培养资源开发项目的组成部分，计划开发出包括中职学校动物医学专业教师标准、动物医学本科专业职教师资培养标准、动物医学本科专业职教师资培养质量评价体系、动物医学本科专业职教师资培养专用教材和数字教学资源库在内的系列教学资源。

本套培养资源的开发正值我国兽医管理制度改革，对中职学校兽医毕业生的岗位定位进行了明确界定，为此中等职业学校兽医专业的办学定位也要进行大幅度调整，与之配套的职教师资职业素质也应进行重新设定。为适应这一新形势变化，动物医学专业职教师资培养资源开发项目组彻底打破了原有的课程体系，参考发达国家兽医技术员和兽医护士层面的教育标准，结合我国新形势下中职学校兽医毕业生的岗位定位和能力要求，设计了一套全新的课程体系，并为16门骨干课程编制配套教材。本教材属于动物医学本科专业职教师资培养配套教材之一。

本着理论与实践相互渗透和知识点相互连接的原则，我们组织并进行了本教材的编写工作，本教材在内容设计上充分考虑到了动物医学职教师资培养的基本要求和中职兽医毕业生的最低专业能力要求，遵循"三基"（基本理论、基本知识和基本技能）、"五性"（思想性、科学性、先进性、启发性和适用性）的教材编写原则，特别注重"教师易授、学生易学"的教材编写要求，内容包括总论、各论和技能训练三部分。总论主要介绍动物传染病的发生和发展规律，以及预防、控制和消灭动物传染病的一般性通用措施。各论主要介绍每种传染病的分布、病原、流行病学、发病机理、临床症状、病理变化、诊断和防控技术等。技能训练主要包括对常发的动物传染病的诊断技术等内容。本教材可供动物医学专业职教师资培养单位使用，也可供动物医院和其他相关单位参考。

本教材的编写人员来自全国动物医学专业职教师资培养单位、本科院校、高等职业专科学校、中等职业学校和畜牧兽医业务主管部门等，初稿完成后分发到上述各个单位广泛征求意见，也发给兽医临床诊断资深专家进行审阅，经反复修改，形成定稿。

本教材在编写过程中，得到了项目主持单位领导的大力支持，也得到了各个编写单位的大力支持和通力合作，在此一并表示衷心的感谢。

编写职教师资专用教材，是一个大胆的尝试，由于编写者水平有限，对职业教育的特点把握不是特别精准，再加上时间仓促，虽已倾心尽力，但疏忽在所难免，如能得到同行专家、师生的批评指正，将使用过程中发现的问题及时反馈给我们，我们将不胜感激。

编　者

2017 年 12 月

目　　录

绪　论

一、动物传染病防控技术的研究内容

动物传染病防控技术是研究动物传染病的发生和发展规律，以及预防、控制和消灭动物传染病方法的科学。该课程一般分总论和各论两部分，总论主要介绍动物传染病发生和发展的一般规律，预防、控制和消灭传染病的一般性通用措施；各论主要介绍动物各种传染病的分布、病原、流行病学、发病机理、临床症状、病理变化、诊断和防控技术等。

二、动物传染病防控技术与其他课程的关系

动物传染病防控技术与兽医学科中的其他学科有着密切的联系，其中主要有动物生物化学、基因工程学、兽医微生物学、兽医免疫学、兽医病理学、兽医药理学、兽医流行病学、兽医临床诊断学和兽医公共卫生学等，特别是兽医流行病学、兽医微生物学、兽医免疫学、基因工程学与动物传染病防控技术的关系最为密切。

三、动物传染病的危害与学习本课程的意义

动物传染病对养殖业的危害性极大，它不仅造成患病动物大批发病死亡，还引起动物群体的生产性能下降、治疗或扑灭费用增加及动物产品质量下降，对动物群体及其产品的国际贸易信誉也有极大的负面影响，甚至有些传染病还直接危害人体健康。因此，掌握动物传染病的防控技术，对控制传染病的发生和流行，促进畜牧业持续发展和保障人民身体健康都具有重要的意义。

四、我国动物传染病防治取得的主要成就、存在的问题与展望

（一）我国动物传染病防治取得的主要成就

在现代化畜牧业进程中，畜群饲养高度集中，调运频繁，容易受到传染病的危害。因此，对动物传染病的防治和研究，历来受到世界各国的重视。动物传染病的控制和消灭程度，是衡量一个国家兽医业发展水平的重要标志，也代表一个国家的文明程度和经济发展实力。当前，我国动物重大传染病的防治取得了显著成果。

我国在牛、羊传染病防治工作中的成就有：1956 年在全国范围内消灭了牛瘟，1996 年消灭了牛肺疫，有效地控制住了牛流行热、奶牛结核病、牛黏膜病、羊瘟、牛白血病、蓝舌病等疫病，诊断技术和免疫预防取得了显著的成效。

在猪的传染病当中，猪瘟是危害最大、最受重视的一种疾病，近年来由于猪瘟疫苗的使用，以及注重采用合理的免疫程序、免疫诊断、免疫监测，目前以母猪繁殖障碍和仔猪先天性感染为特征的非典型猪瘟得到了有效控制。我国研制出了安全有效的猪瘟、猪丹毒、猪肺疫三联疫苗和猪瘟、猪丹毒二联疫苗。猪传染性繁殖障碍综合征的病因较多，国际已公认的有非典型猪瘟、猪伪狂犬病、猪细小病毒病、猪流行性乙型脑炎、猪衣原体病，以及近年来新发现的猪繁殖与呼吸综合征和猪脑心肌炎等。其中猪伪狂犬病、

猪细小病毒病、猪流行性乙型脑炎和猪衣原体病在我国已相继研究成功了相应的监测方法和以疫苗接种为主要手段的防治措施。在猪伪狂犬病基因工程疫苗的研究方面，已取得了可喜的进展。近年来，及时确诊了在我国部分地区暴发的人-猪链球菌病、亚洲 I 型口蹄疫，确定了以高致病性蓝耳病病毒变异株为主要病因的猪高热综合征，并已得到有效控制。此外，对新发现的由圆环病毒（PCV_2）引起的断奶仔猪多系统衰弱综合征也进行了大量研究并取得了显著进展。

猪传染性腹泻是危害养猪业的一大类疫病，包括大肠杆菌病、仔猪副伤寒、传染性胃肠炎、猪流行性腹泻和猪痢疾等。从病原特性、诊断方法和免疫预防等方面都已做了大量研究，取得了显著成果。传染性胃肠炎、流行性腹泻和轮状病毒的疫苗及其联苗已研制成功；大肠杆菌 K_{88}、K_{99}、987P 三价灭活苗已推广应用。近年来，表达 K_{88}-LTB 两种抗原的双价基因工程菌苗（简称 MM 活菌苗）已批量生产，这是我国第一个获得批准的兽用基因工程菌苗。

随着家禽产业的快速发展，我国的禽病防治技术也有了显著的进步。在家禽疫病中受到普遍重视并进行重点研究的主要有新城疫、马立克病、传染性法氏囊病、禽流感、传染性支气管炎、传染性喉气管炎、慢性呼吸道病、鸭瘟、小鹅瘟等。

新城疫在我国是分布最广、危害最严重的禽病之一。兽医工作者一直十分重视对该病的防治和研究，尤其在疫苗研制、免疫程序、免疫方法和免疫监测等方面的成果较为突出。随着弱毒疫苗和灭活疫苗的广泛应用，近年来新城疫的流行已明显得到控制。但不少地方新城疫的免疫程序和方法还比较混乱，经常出现一些鸡群的免疫水平不高或不一致的情况，导致接种过疫苗的鸡群仍然存在散发现象。非典型新城疫在病状、病理变化、发病率和死亡率等方面表现出的新特点，使如何防治该病成为当前研究的重要课题。

研制成功并投入使用的鸡马立克病弱毒疫苗、鸡传染性法氏囊病弱毒细胞疫苗、鸡传染性喉气管炎弱毒疫苗、鸡传染性支气管炎弱毒疫苗、鸡传染性鼻炎灭活疫苗、禽流感灭活疫苗（H_5 亚型、N_{28} 株）、重组禽流感病毒灭活疫苗（H_5N_1 亚型、R_{e-1} 株）和鸭瘟弱毒疫苗等及建立的各种诊断技术在生产实践中的广泛应用，对防治这些疫病起到了很重要的作用。

近年来，我国在防治动物传染病过程中，已分离、鉴定、收集、保存了上万株动物病原微生物菌毒种，对重大动物疫病病原的致病性和生物学特性及分子遗传演化关系进行了较为深入的研究，揭示了一些重要动物疫病病原的遗传变异特征，这为我国动物传染病预防、控制提供了重要的数据和理论依据。

（二）我国动物传染病防治存在的问题

我国现代化畜牧业的发展，人类活动的增加，国内外贸易的日益频繁，交通的便捷，致使环境污染加剧，严重威胁着人类的生存，疫病发生更加复杂化。

1. 新老疾病同时存在　　近年来，境外畜禽大量引进和活疫苗产品多渠道进入我国市场，由于缺乏有效的检疫及防控手段，许多新病诸如鸡传染性法氏囊病、鸡传染性贫血、减蛋综合征、病毒性关节炎、猪萎缩性鼻炎、猪繁殖与呼吸综合征等数十种疫病传入我国并迅速蔓延。同时，也由于国内畜禽交易活跃，一些疾病长期存在。

2. 病原变异增多及发病非典型化　　在疫病的流行过程中，由于多种因素的影响，病原的毒力常发生变化，出现亚型株。特定病原的致病性及组织嗜性的变异造成了传染病临床症状和病理变化的改变；致使畜禽传染病非典型性变化增多、易感动物群扩大、易感动物日龄增加、菌株毒力增强、耐药菌株不断产生，给及时诊断和防治这些传染病带来了许多困难。例如，典型的急性、高热型猪瘟较为少见，而以流产等临床症状较为多见；鸡马立克病、传染性法氏囊病出现了超强毒株；鸡新城疫以产蛋下降和慢性死亡较多，没有其他任何典型临床症状；鸡传染性支气管炎不仅出现呼吸道变化，肾型和腺胃型更为常见；鸡新城疫病原是否已有变异正引起兽医研究人员的关注；鸡传染性支气管炎病毒毒株众多，各毒株间交叉免疫力高低不等，这些都给畜禽传染病的有效防治带来了极大的困难。

3. 混合感染增多　　由于动物及其产品流通的增加、养殖密度的加大、环境污染的增加及防控制度的不健全，两种或两种以上病原的多重感染、继发感染或病原的混合感染在许多畜禽场变得很普遍，多病原因子的相互作用给疫病诊断和防治带来了很大困难。

4. 免疫抑制性疾病增多　　免疫抑制性疾病可导致免疫失败和生产的重大损失，是畜禽场控制和消灭疫病的主要障碍。尤其在养鸡生产中危害巨大，此类疫病主要包括马立克病、传染性法氏囊病、网状内皮组织增殖症、传染性贫血、禽白血病等。

5. 疫苗、兽药质量问题　　从整体上看，我国疫苗、兽药及其他生物制品存在着较大的质量问题：一是制苗用的毒株与当地流行株的交叉免疫性较小。二是不采用无特定病原体（SPF）的原材料生产疫苗和其他生物制品，使之成为可能携带其他病原体的隐性传染源。三是疫苗生产环境较差，厂房和设备陈旧，不符合良好操作规范（GMP）标准，并采用传统的制造工艺、辅助剂、保护剂和佐剂等，使药物和生物制品的效果较差，显效时间较短，保存条件要求较高，浪费了大量的电力资源，还易造成由保存不当引起的药效损失和免疫失败。更有甚者，一些非正规厂家粗制滥造的疫苗、兽药和其他生物制品因廉价等因素而充斥市场，严重扰乱了我国畜禽传染病的防治工作。

6. 缺乏疫病防治的基本知识　　新型疫苗的出现、疫病种类的增多及病情的复杂化，再加上许多单位和养殖户对畜禽饲养管理较粗放，缺乏疫病防治的基本知识，不能很好地掌握疫苗的使用方法、剂量和免疫时机，使动物传染病的免疫带有很大的盲目性，造成免疫无效甚至诱发传染病。近年来，畜禽传染病不断发生，传染病的研究不断发展和预防疾病技术不断提高，人们虽然树立了预防为主、防重于治的观点，但生产中人们普遍只重视免疫接种和药物防治，而现在过分依赖疫苗和药物已不能有效控制疫病。尽管疫苗种类、免疫次数越来越多，药物种类不断增加，使用剂量越来越大，但疫病仍频频发生，因为疫苗和药物有很大的局限性。

7. 隔离、消毒技术规程不健全及执行不严格　　在饲养管理中不重视检疫、隔离及消毒等综合性防治措施。随着养殖业的迅速发展，畜禽及其产品流通渠道增多，速度加快，在客观上也造成了疫病的传播。再加上乱扔、乱抛病死畜禽和不法商贩倒买、倒卖病死畜禽肉，更使环境污染加剧，疫病控制困难。

（三）我国动物传染病防治展望

1. 认真贯彻执行动物防疫法　　《中华人民共和国动物防疫法》（简称《动物防疫法》）已于1998年1月起正式实施，促使我国建立、健全符合市场经济要求、能与国际接轨的兽医行政法规体系。该法体现了以预防为主，促进养殖业发展，保证人民吃上"放心肉"，保护人体健康的宗旨。各级兽医防疫检疫部门要做到依法防疫，提高执法力度，强化兽医法制管理；同时应加大力度宣传动物防疫法，增强全民的法制观念，让广大养殖户自觉地学法、懂法、守法，共同提高我国防疫灭病工作的水平。

2. 加强防疫和监督队伍的建设　　提高兽医人员的技术素质和科技服务本领，加快兽医从业人员资格论证工作的进度，推行官方兽医制度，有利于与国际接轨和贯彻落实动物卫生法律规范。加强兽医检疫工作，建立完整的兽医检疫和防疫体系，建立健全兽医监督网络，尽快制定多种疫病的国家级监测标准和操作规程，规范实验室操作器材及数据处理的标准，切实加强进境动物及其产品的检验检疫工作，加强和完善国内畜禽及产品市场的监督和检疫工作。

3. 加强生物安全体系的建立　　动物数量的迅速增加及养殖场饲养管理水平的偏低造成了我国畜禽饲养环境日益恶化和污染日趋严重的现状。对环境的持续污染不但在一定程度上危害人类健康，而且严重地制约了养殖业本身的发展，造成传染病流行严重，控制困难。国际上的先进经验强调环境因素在保护动物健康中的作用，因此，近年来国际上提出的"生物安全"理论体系十分强调环境因素在动物健康中的重要作用。应该健全和完善疫病防疫体系，制订疫病的净化、扑灭规划和实施方案，要做好各种防疫、卫生和消毒工作，尽可能地减少土地、水源和空气等的污染，有效控制畜禽饲养的生态环境，逐步净化和扑灭主要疫病，推进养殖场的现代化发展，使之由家庭粗放型向区域化、规模化方向发展，不断探索适合我国国情的动物传染病预防、控制净化和根除的策略与方法。

4. 准确地预测、预报疫情动态　　建立动物传染病疫情基础数据库和疫情风险评估标准，运用卫星遥感等空间信息建立动物传染病的立体、实时监测系统，建立和完善符合我国国情的动物传染病疫情快速报告和应急处理信息系统，防患于未然，为实施有效的防疫措施提供充分的依据。尽快研究或引进符合国际标准的诊断试剂和监测方法，规范实验室操作，使重大疫病的预测、预报工作规范化、制度化。

5. 做好免疫监测工作　　免疫监测包括病原监测和抗体监测两方面。病原监测包括环境微生物的监测和畜群病原体的监测。抗体监测包括母源抗体、免疫接种前后抗体、主要疫病抗体水平的定期监测及未经免疫接种的传染病抗体水平的定期监测等，以随时了解动物体内抗体水平的动态，摸清其消长规律，科学合理地制订免疫程序，有效预防和控制疫病的发生。

6. 加强疫病信息交流　　在全国各地防疫检疫机构、各海关、各进出口贸易国建立疫情监测点，开发动物传染病疫情网络软件。疫情信息从各监测点通过信息网络及时传输到疫情控制中心，控制中心从计算机网络上随时可以查询到各监测点的疫情动态，随时掌握全国、全球动物疫情动态并采取严密的防范措施。

7. 加强防治技术的研究　　目前一些重大传染病的病原致病、免疫机理的研究一直是动物传染病防治研究中的薄弱环节，由于没有充分掌握传染病的流行规律、病原体的变异情况，也没有掌握同一传染病不同来源的病原在毒力、抗原性、免疫原性、血清型等方面的差异，这种状况直接导致了我国动物传染病防治工作不可避免地出现盲目性，常会造成误诊和免疫失败。因此，对一些重要的动物传染病，如口蹄疫、猪瘟、禽流感、新城疫、传染性法氏囊病和猪繁殖与呼吸综合征等，应进行分子病原学和流行病学研究，开展病原微生物的基因结构分析、遗传变异规律和免疫原性分析，以探明一些重要传染病免疫保护和治疗效果欠佳的原因。同时为选择疫苗种毒、提高疫苗效力、筛选新型兽药进而研制和开发新型疫苗及兽药提供依据。

在动物传染病防治应用研究方面，当前应着重研究并制订出我国各地不同规模化、集约化养殖条件下动物疫病防治的系统工程，包括各种主要疫病疫情的监测预报、免疫程序、疫病净化、环境卫生监测及各种防疫卫生配套措施。还应解决动物疫苗防治中的关键技术问题，改善和提高常规疫苗和诊断试剂的质量，改进其产品结构。还要研究制定符合国际标准的诊断技术，使现有的抗原生产标准化、诊断试剂标准化、种毒标准化、生物制剂生产工艺和检查方法标准化，同时要尽快完善新技术并迅速加以推广应用。

随着科学技术的发展，研制更有效的新疫苗，对控制、消灭某些传染病有着重大意义。常规疫苗（灭活疫苗、弱毒活疫苗）至今仍在疫病防治中起着重要作用，控制和消灭了一些传染病。但是许多疫苗还存在自身难以克服的缺陷，多联多价苗生产水平低；灭活疫苗如果灭活不当，具有造成疫病传播的危险性；弱毒活疫苗由于毒（菌）株变异或与野毒株发生基因重组而产生毒力返强并难以控制；另外，有些病原体不能在体外大量培养增殖，给疫苗的开发带来困难。因此，需要研制能适应变异性强、型别多的多价疫苗，能够在有限的免疫制剂体积内容纳多种足量抗原；研制有效的抗原保护剂、稀释剂、佐剂和免疫增强剂，以提高疫苗的稳定性，简化保存条件，延长保存期和免疫期，加快多联疫苗和多价疫苗的研制和开发，不断发展和提高生物制品的生产水平。随着分子生物学和基因工程技术的发展，新一代的动物疫苗应运而生，开始逐渐取代传统疫苗，主要包括基因工程亚单位疫苗、活病毒/活细菌载体疫苗、基因工程缺失减毒疫苗、核酸疫苗等；探索动物转基因抗病育种和基因治疗的新途径。

我国动物传染病防治工作虽已取得重大进展，在某些方面的研究成果已达到或接近国际先进水平，但总体上与发达国家的先进水平还有一定的差距。我们应该加倍努力，提高我国动物传染病防治技术和水平，实现畜牧业的可持续、健康发展。

第一章 动物传染病的传染过程和流行过程

【学习目标】

　　通过对动物传染病防控技术的一些基本概念和基本理论的学习，应用流行病学的方法阐明传染病的时间、空间和群体间分布规律，建立传染病的防治措施，切断传染病流行的三个基本环节（传染源、传播途径和易感动物），以达到预防、控制和消灭传染病的目的。

第一节　传染病和感染的概念

一、传染病的概念和特征

　　凡是由病原微生物引起，有一定的潜伏期和临床表现，并具有传染性的疾病均称为传染病（infectious disease）。传染病的表现虽然多种多样，但也具有一些共同特征，以此可与非传染病相区别。

　　1）传染病是由病原微生物与动物机体相互作用所引起的。每一种传染病都存在其特异的致病性微生物。例如，口蹄疫是由口蹄疫病毒引起的，没有口蹄疫病毒就不会发生口蹄疫。

　　2）传染病具有传染性和流行性。传染性（infectious）是指从患传染病的动物体内排出的病原微生物，侵入另一个有易感性的健康动物体内，并能引起同样临床症状的特性。像这种使疾病从患病动物传染给健康动物的现象，就是传染病与非传染病相区别的一个重要特征。流行性（epidemic）是指在一定适宜条件下和一定时间内，某一地区易感动物群中可能有许多动物被感染，致使传染病蔓延散播而形成流行的特性。

　　3）被传染的动物发生特异性反应和耐过动物能获得特异性免疫。在传染病发展过程中，由于病原微生物的抗原刺激作用，机体产生特异性抗体或变态反应等。这种变化和反应可以用血清学方法检查出来。动物耐过某种传染病后，在大多数情况下均能产生特异性免疫，使动物机体在一定时期内或终身不再感染该种传染病。

　　4）具有特征性的临床表现。大多数传染病都具有一定的潜伏期（latent period）、特征性的临床表现和病理变化及病程经过。

　　5）具有明显的流行规律。传染病在动物群体中流行时都有一定的时限，而且许多传染病都表现出明显的季节性（seasonal）和周期性（periodicity）。

二、感染的概念和类型

　　1. 感染的概念　　病原微生物侵入动物机体，并在一定的部位定居、生长繁殖，从而引起机体一系列的病理反应，这个过程称为感染或传染（infection）。动物感染病原微生物后会有不同的临床表现，从完全没有临床症状到明显的临床症状，甚至死亡，这种不同的临床表现又称为感染梯度（gradient of infection）。

　　病原微生物进入动物机体后不一定引起感染过程。在多数情况下，动物的机体条件不适合侵入的病原微生物生长繁殖，或动物体能迅速动员防御力量将该入侵者消灭，从而不出现可见的病理变化和临床症状，这种状态称为抗感染免疫。抗感染免疫就是机体对病原微生物的不同程度的抵抗力。动物对某一病原微生物没有免疫力（即没有抵抗力）称为有易感性。病原微生物只有侵入有易感性的机体才能引起感染过程。

　　2. 感染的类型　　病原微生物在感染过程中表现出各种形式或类型，可归纳为以下几种类型。

　　（1）外源性感染和内源性感染　　病原微生物从动物体外侵入机体引起的感染过程，称为外源性感染，大多数传染病属于这一类。如果病原微生物是寄生在动物机体内的条件性病原微生物，在机体正常的情况下，它并不表现其病原性，但当机体受不良因素的影响，致使抵抗力下降时，可引起病原微生物活化、大量繁殖、毒力增强，致使机体发病，这是内源性感染。猪肺疫等病有时就是这样发生的。

　　（2）单纯感染和混合感染，原发感染和继发感染　　由一种病原微生物所引起的感染，称为单纯感染，大多数感染过程属于这种感染。由两种以上的病原微生物同时引起的感染，称为混合感染，如牛可同时患结核病和布鲁氏菌病。动物感染了一种病原微生物之后，在机体抵抗力减弱的情况下，又由侵入的或原来存在于体内的另一种病原微生物引起的感染，称为继发感染。最初的感染称为原发感染。例如，猪瘟病毒是猪瘟的原发性病原体，但慢性猪瘟常出现由猪霍乱沙门氏菌引起的继发感染。混合感染和继发感染的传染病都表现较为严重而复杂的临床症状和病理变化，增加了诊断和防治的困难。

　　（3）显性感染和隐性感染　　表现出该病明显临床症状的感染过程称为显性感染。在感染后不呈现任何临床症状而呈隐蔽经过的称为隐性感染。隐性感染的动物称为亚临床型，有些动物虽然外表看不到临床症状，但体内可呈现一定的病理变化；有些隐性感染动物则既不表现临床症状，又无肉眼可见的病理变化，但它们能排出病原微生物而散播传染，一般只能用微生物学和血清学方法才能检查出来。这些隐性感染的动物在机体抵抗力下降时也能转化为显性感染。

　　（4）局部感染和全身感染　　由于动物机体的抵抗力较强，而侵入的病原微生物毒力较弱或数量较少，只局限在一定部位生长繁殖，并引起一定程度的病理变化，称为局部感染，如化脓性葡萄球菌、链球菌等所引起的各种化脓创。如果动物机体的抵抗力较弱，病原微生物冲破了机体的各种防御屏障而侵入血液向全身扩散，则发生全身感染，表现形式主要有菌血症、病毒血症、毒血症、败血症、脓毒败血症等。

　　（5）最急性型、急性型、亚急性型和慢性型感染　　病程短促，常为数小时或1d内，临床症状或病理变化不显著而突然死亡称为最急性型感染，常见于传染病的流行初期。病程较长，几天至3周，具有该传染病明显临床症状的称为急性型感染。病程比急性型感染更长，临床症状不如急性型显著而比较缓和的称为亚急性型感染。病程发展缓慢，常为数周至数月，临床症状不明显的则称为慢性型感染。

　　（6）病毒的持续性感染和慢病毒感染　　动物长期处于感染状态称为持续性感染。这是由于入侵的病毒不能杀死宿主细胞而形成病毒与细胞间的共生平衡，感染动物可长期或终生带毒，而且经常或反复不定期地向体外排出病毒，但常缺乏临床症状，或可出现与免疫病理反应有关的临床症状。疱疹病毒、黏膜病毒、副黏病毒、反转录病毒和朊病毒等科属的成员可导致持续性感染。慢病毒感染又称为长程感染，是指潜伏期长，发病呈进行性且最后以死亡为转归的病毒感染。其与持续性感染的不同点在于疾病过程缓慢，但不断发展且最后多引起死亡。常见的慢病毒感染疾病有牛海绵状脑病、绵羊痒病、梅迪-维斯纳病、山羊关节炎-脑炎等。

以上感染类型都是从某个侧面或某种角度相对进行分类的，各型之间会出现交叉、重叠和相互转化。识别这些感染类型对预后的判断、防治和流行病学调查都有重要意义。

第二节　动物传染病的发展阶段

动物传染病的发展过程在大多数情况下具有严格的规律性，大致可以分为潜伏期、前驱期、明显（发病）期和转归期4个阶段。

1. 潜伏期　从病原微生物侵入动物机体并进行繁殖开始到该病最初的临床症状出现为止，这段时间称为潜伏期。不同的传染病，其潜伏期的长短常常是不相同的，即使同一种传染病的潜伏期长短也有很大的变动范围。这是由于不同的动物种属、品种或个体的易感性不同，病原微生物的种类、数量、毒力和侵入途径、部位等因素也有所不同而出现的差异。例如，炭疽的潜伏期为1～14d，平均为1～5d；猪瘟为2～20d，平均为5～8d。一般来说，急性传染病的潜伏期差异范围较小，并且潜伏期也较短；慢性传染病及临床症状不很显著的传染病潜伏期差异较大，并且潜伏期也较长。同一种传染病潜伏期短促时，疾病经过一般较严重；反之，潜伏期延长时，病程一般较轻缓。了解各种传染病的潜伏期，对于传染病的诊断、确定传染病的封锁期、控制传染源、制订防治措施都有重要的实际意义。

2. 前驱期　潜伏期后到该病特征性临床症状出现前的这段时间称为前驱期，是疾病的征兆阶段。多数传染病呈现一般临床症状，如体温升高，食欲减退，精神沉郁，呼吸、脉搏增加，生产性能降低等，说明已发病，但很难确诊。前驱期通常只有数小时至2d。

3. 明显期　前驱期后到该病的特征性临床症状逐渐明显地表现出来的这段时间称为明显期，也称为发病期。这是疾病发展到高峰的阶段，比较容易识别，在诊断上有重要意义。

4. 转归期　从特征性临床症状之后一直到该传染病结束的一段时间称为转归期，表现为痊愈（康复或免疫）或死亡两种情况。如果病原微生物的致病性增强，或动物体的抵抗力减弱，则传染过程以动物死亡为转归；如果动物体的抵抗力增强，则机体逐渐恢复健康，表现为临床症状逐渐减轻，体内的病理变化逐渐消失，正常的生理机能逐渐恢复。机体在一定时期内保留免疫特性，虽然在一定时间内还有带菌（毒）、排菌（毒）现象存在，但最后病原微生物可被消灭清除。

第三节　动物传染病流行过程的基本环节

动物传染病的流行过程是指从动物个体感染发病发展到群体感染发病的过程，也就是传染病在动物群体中发生、发展和终止的过程。动物传染病能够在动物之间直接接触感染或间接地通过媒介物（生物或非生物）互相感染，构成流行。

传染病在动物群中蔓延流行，必须具备传染源、传播途径和易感动物群3个基本环节，若缺少任何一个环节，新的传染就不可能发生，也不可能构成传染病在动物群中的流行。当流行已经形成时，若切断任何一个环节，流行即告终止。因此，要针对3个基本环节采取综合性防治措施，如消灭传染源、切断传播途径、增强易感动物的抵抗力，以中断或杜绝流行过程的发生和发展，是预防和扑灭动物传染病的主要手段。

1. 传染源　也称传染来源，是指某种传染病的病原微生物在其中寄居、生长和繁殖，并能排出体外的动物机体。具体说，传染源就是受感染的动物，它必须是活的机体，包括患病动物和病原携带者。

（1）**患病动物**　患病动物是重要的传染源。不同患病时期的动物，作为传染源的意义也不相同。前驱期和临床症状明显期的患病动物可以排出大量毒力强大的病原微生物，因此作为传染源的作用也最大。潜伏期和恢复期的患病动物是否具有传染源的作用，则随病种不同而不同。

患病动物能排出病原微生物的整个时期称为传染期。不同传染病传染期的长短不同。各种传染病的隔离期就是根据传染期的长短来制定的。为了控制传染源，对患病动物原则上应隔离至传染期终结为止。

（2）**病原携带者**　是指外表无临床症状但携带并排出病原微生物的动物，因而是更危险的传染源。如果检疫不严，常被认为是健康动物而参与流动，从而将病原微生物散播到其他地区，造成新的流行。病原携带者是一个统称，如已明确所带病原微生物的性质，也可以相应地称为带菌者、带毒者等。病原携带者一般可分为以下3种类型。

1）潜伏期病原携带者：这一时期大多数传染病的病原微生物数量还很少，不具备排出的条件，因此不能起传染源的作用，但有少数传染病（如狂犬病、口蹄疫和猪瘟等）在潜伏期的后期能够排出病原微生物。

2）恢复期病原携带者：一般来说，处于这个时期的病原携带者传染性很弱或没有传染性，但还有一些传染病（如猪气喘病、猪痢疾、布鲁氏菌病、巴氏杆菌病等）在临床痊愈的恢复期仍能排出病原微生物。对于这种病原携带者，应考查其病史，并进行多次病原学检查方能查出。

3）健康病原携带者：是指没有患过某种传染病但却能排出该种病原微生物的动物。一般认为这是隐性感染的结果，通常只能靠实验室方法检出。这种携带状态一般时间短暂，作为传染源的意义有限，但是巴氏杆菌病、沙门氏菌病、猪丹毒、猪气喘病、猪痢疾等病的健康病原携带者较多，水禽携带禽流感病毒等现象为数众多，可成为重要的传染源。

2. 传播途径　病原微生物由传染源排出后，通过一定的方式再侵入其他易感动物所经的途径称为传播途径。研究传染病传播途径的目的在于切断病原微生物继续传播的途径，防止易感动物受感染，这是预防动物传染病的重要环节之一。

按病原微生物更换宿主的方法可将传播途径分为水平传播和垂直传播两种方式。

（1）**水平传播**　是指传染病在群体或个体之间以水平形式横向传播。在传播方式上可分为直接接触传播和间接接触传播。

1）直接接触传播：是指在没有外界因素参与下，病原微生物通过被感染的动物（传染源）与易感动物直接接触（如交配、舔咬、触嗅等）而使易感动物被传染的传播方式。有代表性的是狂犬病，通常只有通过患病动物咬伤并随唾液将狂犬病病毒带进伤口而传染。以直接接触为主要传播方式的传染病为数不多，其流行特点是一个接一个地发生，形成明显的锁链状，一般不造成广泛的流行。

2）间接接触传播：是指必须在外界因素参与下，病原微生物通过传播媒介使易感动物被传染的传播方式。大多数传染病都是通过这种方式传播的。将病原微生物从传染源传播给易感动物的各种外界环境因素称为传播媒介。传播媒介可能是生物（媒介者），也可能是无生命的物体（媒介物或称为污染物）。大多数传染病以间接接触为主要传播方式，同时也可以通过直接接触传播。两种方式都能传播的传染病称为接触性传染病。间接接触传播一般包括以下几种途径。

A. 经污染的饲料、饮水和物体传播：这是最常见的一种方式。传染源的分泌物、排泄物和患病动物尸体及其流出物污染了的饲料、牧草、水源、饲槽、用具、畜舍、车船等，都有可能引起以消化道为主要侵入门户的传染病，如口蹄疫、猪瘟、鸡新城疫、沙门氏菌病、结核病、炭疽等。

B. 经飞沫和尘埃传播：空气不适于任何病原微生物的生存，但可作为媒介物成为病原微生物在一定时间内暂时存留的环境。经空气传播主要是以飞沫和尘埃为媒介。患病动物由于咳嗽、打喷嚏及鸣叫时喷出带有病原微生物的微细泡沫，如果被健康动物吸入而感染，称为飞沫传播。呼吸道传染病主要是通过飞沫而传播的，如结核病、猪气喘病、猪流行性感冒、鸡传染性喉气管炎等。一般动物饲养密度大、舍内黑暗、通风不良、寒冷和动物集中等，飞沫传播的作用时间较长，通常有利于空气传播。从传染源排出的分泌物、排泄物和处理不当的尸体散布在外界环境中，病原微生物附着物干燥后，由于空气流动的冲击，带有病原微生物的尘埃在空气中飞扬，被易感动物吸入而感染，称为尘埃传播。但实际上尘埃传播的作用比飞沫传播要小，因为只有少数在外界环境生存能力较强的病原微生物能耐过干燥或阳光的暴晒。能经过尘埃传播的传染病有结核病、炭疽、痘病等。

C. 经污染的土壤传播：随患病动物的排泄物、分泌物或其尸体一起进入土壤并长期生存的病原微生物称为土壤性病原微生物。一些病原微生物形成芽胞后能在土壤中长期生存，如果动物伤口污染了土壤中的芽胞，在一定条件下即可能引起感染，如破伤风和恶性水肿等；动物啃食污染牧草或土壤时也可被感染，如炭疽和气肿疽等。猪丹毒的病原微生物虽然不形成芽胞，但对干燥和腐败等外界环境因素的抵抗力较强，落入土壤中能生存一定时间。土壤性病原微生物一旦污染土壤，可形成长久疫源地，造成严重后患，应特别注意。

D. 经生物媒介传播：主要是指节肢动物、野生动物和人类。

a. 节肢动物：主要有虻类、螫蝇、蚊、蠓、家蝇和蜱等。它们主要是机械性传播，通过在患病动物（或尸体）和健康动物之间刺螫吸血和排泄（或分泌）污染物而散播病原微生物。也有少数是生物性传播，某些病原微生物（如立克次体）在感染动物前，必须先在一定种类的节肢动物（如蜱）体内经过一定的发育阶段才能致病。经节肢动物传播的疾病有炭疽、脑炎、马传染性贫血等。

b. 野生动物：野生动物的传播可以分为机械性传播和生物性传播两类。机械性传播是指野生动物本身对该病原微生物无易感性，但可机械地传播疾病，如乌鸦啄食炭疽动物尸体后，从粪便排出炭疽杆菌芽胞。生物性传播是指野生动物本身对病原微生物有易感性，受感染后再传染给其他易感动物，此时野生动物实际上是起了传染源的作用。例如，狐、狼、吸血蝙蝠等将狂犬病传染给其他动物，鼠类传播沙门氏菌病、钩端螺旋体病、布鲁氏菌病、伪狂犬病等。

c. 人类：人类除在人畜共患病中作为传染源外，饲养人员和畜牧兽医技术人员在工作中如不注意遵守防疫卫生制度，衣物和器械消毒不严时，容易机械性传播病原微生物。例如，体温计、注射针头等器械若消毒不严就可能成为炭疽、鸡新城疫等病的传播媒介。

（2）**垂直传播** 是亲代到子代的传播，它包括以下几种方式。

1）经胎盘传播：已经被感染的妊娠动物经胎盘血流将病原微生物传播给胎儿，使其受到感染，称为胎盘传播。可经胎盘传播的疾病有猪瘟、猪细小病毒感染、牛黏膜病、蓝舌病、伪狂犬病、布鲁氏菌病、衣原体病、钩端螺旋体病等。

2）经卵传播：卵细胞携带有病原微生物，在发育时使胚胎受到感染，称为经卵传播，主要见于禽类。可经卵传播的病原微生物有禽白血病病毒、禽腺病毒、鸡传染性贫血病毒、禽脑脊髓炎病毒、鸡白痢沙门氏菌等。

3）经产道传播：病原微生物经妊娠动物阴道通过子宫颈口到达绒毛膜或胎盘引起胎儿感染；或胎儿从无菌的羊膜腔穿出而暴露于严重污染的产道时，胎儿经皮肤、呼吸道、消化道感染母体的病原微生物。可经产道传播的病原微生物有大肠杆菌、葡萄球菌、链球菌、沙门氏菌和疱疹病毒等。

动物传染病的传播途径比较复杂，每种传染病都有其特定的传播途径，有的只有一种途径，有的有多种途径。即使是同一种传染病，不同的病例也可能有不同的传播途径。掌握传播途径将有助于对传染病进行诊断。

3. 易感动物群 动物易感性是指动物个体对某种病原微生物缺乏抵抗力，容易被感染的特性。

动物易感性的高低虽然与病原微生物的种类和毒力强弱有关，但主要还是由动物的遗传特征、特异免疫状态等因素决定的。外界环境条件也可以直接影响到动物群体的易感性和病原微生物的传播。某地区动物群体中易感个体所占的比例和易感性高低，直接影响到传染病能否造成流行及流行的严重程度。影响动物群体易感性的因素主要有以下几方面。

（1）**动物群体的内在因素** 不同种类的动物对于同一种病原微生物所表现的临床反应有很大的差异，这是由遗传因素决定的。不同品系的动物对传染病抵抗力的遗传性差别，有些是抗病育种的结果。例如，通过选种培育而成的白来航鸡对雏鸡白痢沙门氏菌有一定的抵抗力，不同年龄的动物对同种传染病的易感性不同，幼龄的动物群对一般传染病的易感性较成年动物群高，这往往和动物特异性免疫状态有关。

（2）**动物群体的外界因素** 各种饲养管理条件包括饲料质量、畜舍卫生、粪便处理、拥挤、饥饿及隔离检疫等都是与疫病发生有关的重要因素。

（3）**动物群体的特异免疫状态** 在某些传染病流行时，动物群体中易感性最高的个体易于死亡，余下的动物或已耐过或经过隐性感染后对相应的传染病获得了特异免疫力。因此在传染病发生流行之后，该地区动物群体的易感性降低，传染病停止流行。获得这种特异免疫的动物所生的后代，常有先天性被动免疫（母源抗体），使其在幼年时期有一定的免疫力。在某些传染病常发地区中的动物，其易感性很低，不少病原携带者无临床表现，因此大多表现为隐性感染。但从无病地区新引进的动物群如果被感染常引起急性暴发。随着时间推移，新引进易感动物或新出生动物增多，都会使易感动物的比例逐步增加，在一定条件下又足以引起传染病再一次流行。

第四节　疫源地与自然疫源地

1. 疫源地　　具有传染源及其排出的病原微生物的地区称为疫源地。疫源地具有向外传播病原微生物的条件，因此可能威胁其他地区的安全。疫源地的含义要比传染源的含义广泛得多，除传染源之外，它还包括被污染的环境及这个范围内的可疑动物群和贮存宿主等。疫源地的范围大小要根据传染源的分布和污染范围的具体情况而定。它可能只限于个别畜栏、厩舍、牧地，也可能包括某畜牧场、自然村或更大的地区。通常将范围小的疫源地或单个传染源所构成的疫源地称为疫点。有某种传染病正在流行的地区称为疫区，其范围除患病动物所在的畜牧场、自然村外，还包括患病动物于发病前（该病的最长潜伏期）后曾经活动过的地区。多个疫点连接成片并范围较大即构成疫区。从防疫工作的实际出发，有时也将某个比较孤立的畜牧场或自然村称为疫点，所以疫点与疫区的划分不是绝对的。疫区周围可能受到威胁的地区称为受威胁区。疫区和受威胁区又统称为非安全区。受威胁区以外的地区称为安全区。

2. 自然疫源地　　有些传染病的病原微生物在自然条件下，即使没有人类或家畜的参与，也可以通过传播媒介感染动物造成流行，并且长期在自然界循环延续其后代，这些传染病称为自然疫源性疾病，如流行性出血热、森林脑炎、狂犬病、伪狂犬病、犬瘟热等。存在自然疫源性疾病的地区，称为自然疫源地。

第五节　动物传染病流行过程的表现形式

在动物传染病的流行过程中，根据在一定时间内发病率的高低和传播范围的大小（即流行强度），可分为4种表现形式。

1. 散发性　　发病动物数量不多，某种传染病在一个较长的时间内呈散性发生或零星出现，疾病的发生无规律性，并且发病时间和地点没有明显的联系。形成散发的原因有以下几点。

1）动物群对某病的免疫水平较高，但对于流行性很强的传染病，如果防疫密度不高时，可能会出现散发病例，如猪瘟。

2）某病的隐性感染比例较大，仅有一部分动物偶尔表现临床症状，如钩端螺旋体病。

3）某病的传播需要一定的条件，如破伤风需要有破伤风梭菌和厌氧深创同时存在的条件。

2. 地方流行性　　在一定的地区或动物群中，发病动物数量较多，但传播范围常局限于一定地区并且是较小规模的流行，可称为地方流行性。它有两方面的含义：一方面，表示在一定地区一个较长的时间里发病的数量稍微超过散发性。另一方面，除了表示一个相对的数量以外，有时还包含着地区性的意义。例如，猪丹毒、猪气喘病等常以地方流行性的形式出现。

3. 流行性　是指在一定时间内一定动物群发病率超过正常范围，传播范围广的一种流行。发病数量并没有绝对界限，当某种病称为流行时，各地动物群出现的病例数是很不一致的。流行性疾病传播范围广、发病率高，如不加强防治，常可传播到几个乡、县，甚至省，如口蹄疫、猪瘟、鸡新城疫等。

"暴发"大致可作为流行性的同义词。一般认为，某种传染病在局部范围内的一定动物群中，在短期内（该病的最长潜伏期内）突然出现很多病例时，可称为暴发。

4. 大流行　是指来势猛、传播快、受害动物比例大、涉及面广的传染病。其是一种大规模的流行，流行范围可扩大至全国，甚至几个国家或几个大洲。例如，口蹄疫、牛瘟和流感等都曾出现过大流行。

上述几种流行形式之间的界限是相对的，不是固定不变的。

第六节　动物传染病的分布特征

动物传染病的分布是指动物传染病在畜群间、时间和空间的频率分布状况，又称为三间分布。

1. 动物传染病的群体间分布　动物传染病的群体间分布是指对不同年龄、性别、种和品种等特征的畜群进行发病率、感病率和死亡率水平的描述和比较。

（1）**年龄分布**　动物群处于不同的年龄阶段，对同一传染病表现出不同的易感性。某些传染病多发生在一定的年龄段。例如，减蛋综合征多发于 26～32 周龄的鸡，35 周龄的鸡很少发生；鸡传染性法氏囊病主要发生在 2～15 周龄的鸡，3～6 周龄的鸡最易感；仔猪黄痢 1～7 日龄多发，超过 7 日龄很少发生。这主要是与动物解剖结构功能、病原体的嗜性、致病机制及动物免疫状态等因素有关。

（2）**种和品种分布**　不同种类的动物对于同一种病原体表现的临床反应有很大的差异。例如，牛不感染猪瘟，猪也不感染牛瘟，这是由遗传因素决定的。某些病原体也可能感染多种动物，但却引起不同的症状，如流感病毒。不同品系的动物对传染病的抵抗力有遗传性差异。例如，白来航鸡对鸡白痢的抗病力较强，水貂阿留申病可使大多数品系的水貂发病，但死亡率最高的是银蓝色水貂。

2. 动物传染病的时间分布

（1）**季节性**　某些动物传染病常常发生于一定的季节，或在一定的季节出现发病率显著上升的现象，称为流行过程的季节性。出现季节性的原因主要有以下几方面。

1）季节对病原微生物在外界环境中存在和散播的影响：夏季气温高，日照时间长，这不利于那些抵抗力较弱的病原微生物在外界环境中存活。例如，外界环境中的口蹄疫病毒在炎热的气候和强烈的日光暴晒情况下很快失去活力。因此，口蹄疫的流行一般在夏季减缓或平息。在多雨和洪水泛滥季节，若土壤中含有炭疽杆菌芽胞或气肿疽梭菌芽胞，则可随洪水散播，因而炭疽或气肿疽的发生可能增多。

2）季节对有生命的传播媒介的影响：夏、秋炎热季节，蝇、蚊、虻类等吸血昆虫大量滋生，活动频繁，凡是能由它们传播的疾病都较易发生，如猪丹毒、流行性乙型脑炎、炭疽等。

3）季节对动物活动和抵抗力的影响：季节变化主要影响到气温和饲料的变化。冬季气温低，青绿饲料减少，可使动物抵抗力降低，这对于由条件性病原微生物所引起的传染病产生的影响尤其明显。加之冬季舍饲期间，动物聚集拥挤，接触机会增多，如果舍内温度低、湿度大、通风不良，常易促使经由空气传播的呼吸道传染病发生。

（2）周期性　某些动物传染病经过一定的间隔时期（常以数年计），还可能再度流行，这种现象称为流行过程的周期性。在传染病流行期间，易感动物除发病死亡或淘汰以外，其余的患病动物由于康复或处于隐性感染而获得免疫力，因而使流行逐渐停息。但是经过一定时间以后，由于免疫力逐渐消失，或新的动物出生，或引入新的易感动物，动物群的易感性再度升高，结果可能导致重新流行。大动物每年更新数量不大，多年以后易感动物的百分比逐渐增大，传染病才能再度流行，因此周期性比较明显。猪和家禽等食用动物每年更新或流动的数目很大，传染病可以每年流行，因此周期性一般不太明显。

动物传染病流行过程的季节性或周期性是可以改变的。如果掌握了其特性和规律，采取综合性防治措施，改善饲养管理，增强机体的抵抗力，有计划地做好预防接种等，可以使传染病不发生季节性或周期性流行。

3. 动物传染病的空间分布

（1）自然因素　自然因素主要包括气候、气温、湿度、阳光、雨量、植被、地形、地理环境等，它们对动物传染病流行3个环节的作用错综复杂。对于传染源来说，一定的地理条件（海、河、高山等）对传染源的转移产生一定的限制，成为天然的隔离条件。季节变换使动物机体的抵抗力随之变动。例如，气喘病的隐性病猪，在寒冷潮湿的季节里病情加重，咳嗽频繁，排出的病原微生物增多，散播传染的机会也增加；反之，在干燥、温暖的季节里，如果饲养管理较好，病情容易好转，咳嗽减少，散播病原微生物的机会也减少。对于传播媒介来说，自然因素对其影响更为明显，适宜的温度和湿度等环境条件有利于节肢动物的繁殖和活动，因此也就增加了传播疾病的机会。对于易感动物来说，自然因素的影响主要是提高或降低机体的抵抗力，从而减少或增加传染病的发生和流行。例如，冬季寒冷，低温高湿，动物易受凉，呼吸道黏膜的抵抗力降低，容易造成呼吸道传染病的流行。

（2）社会因素　社会因素主要包括经济、文化、科学技术水平及贯彻执行法令法规的情况等。这些既可能是促进动物传染病流行的原因，也可能是有效消灭和控制传染病流行的关键所在。严格执行兽医法规和采取相应的防治措施，是控制和消灭传染病的重要保证。实践证明，缺乏法律约束和长远的防疫规划，是造成一些传染病不能消灭和疫情扩散的主要原因之一。因此，应根据已颁布的动物防疫法等兽医法规，制定防疫规划并严格贯彻执行。这样，就可能消灭和控制危害畜牧业生产的各种动物传染病，为人类做出贡献。

第七节　动物传染病的流行病学调查和分析

一、动物传染病流行病学的概念

动物传染病流行病学（animal infectious disease epidemiology）是研究动物传染病在畜禽

群中的发生、发展和分布规律，以及制订预防、控制和消灭这些疫病的对策与措施的科学。

动物传染病流行病学研究的内容如下。

1）研究一定地区内各种疫病的种类、分布、流行概况。例如，研究辽宁省的牛病、猪病及其流行特点、范围等。

2）研究某种疫病在一定地区内的分布和流行情况。例如，研究东北地区结核病的分布范围及流行特点。

3）研究并阐明某种传染病在特定时间、地点、环境条件下的流行规律，以便能够有效地预防和控制其发生和流行。例如，猪瘟在自然条件下只感染猪，不同年龄、性别、品种的猪和野猪都易感，一年四季均可发生。病猪是主要传染源，病猪排泄物和分泌物、病死猪的脏器及尸体、急宰病猪的血、肉、内脏、废水、废料污染的饲料和饮水都可散播病毒，猪瘟的传播主要通过接触，经消化道感染。此外，患病和弱毒株感染的母猪也可以经胎盘垂直感染胎儿，产生弱仔猪、死胎、木乃伊胎等。预防措施：①免疫接种；②开展免疫监测，采用酶联免疫吸附试验或正向间接血凝试验等方法开展免疫抗体监测；③及时淘汰隐性感染带毒种猪；④坚持自繁自养、全进全出的饲养管理制度；⑤做好猪场、猪舍的隔离、卫生、消毒和杀虫工作，减少猪瘟病毒的侵入。

4）研究某种疫病的病因与发展机制，探索新的防控措施。例如，口蹄疫是由口蹄疫病毒所引起的偶蹄动物的一种急性、热性、高度接触性传染病。主要侵害偶蹄兽，偶见于人和其他动物。其临诊特征为口腔黏膜、蹄部和乳房皮肤发生水疱。除了常规防治方法外，还有空间电场自动防疫方法，利用空间电场生物效应进行实时预防。

5）研究某些病原的性质与功能，探索新的诊、检、防手段。例如，口蹄疫病毒所感染的对象仅为偶蹄类动物。反转录聚合酶链反应（RT-PCR）用于检测疑似感染动物水疱皮或水疱液中所有血清型口蹄疫病毒，适用于口蹄疫病毒的检测、诊断和流行病学调查。

6）研究影响某些疫病流行的外在因素，如自然环境的改变、自然疫源地的介入等。例如，从外省市引进偶蹄动物时，必须查验检疫证明，必须隔离饲养至少两周，以确认动物是否健康。

7）研究各种传播媒介，如野生动物、啮齿动物、节肢动物等的分布和功能。例如，通过蚊传播乙型肝炎（季节性）。

8）研究各种病原的功能性基因及免疫增强剂，提高特异性免疫效应。例如，蜂胶是糖尿病患者的营养药。

二、动物传染病流行病学调查

流行病学调查与分析是人们研究动物传染病流行规律的主要方法，其目的在于揭示动物传染病在动物群中发生的特征，阐明其流行的原因和规律，以做出正确的流行病学的判断，迅速采取有效的措施，控制动物传染病的流行。

流行病学调查与分析是认识动物传染病流行规律过程中两个相互联系的阶段。调查是查明动物传染病在动物群中发生的地点、时间、菌群分布、流行条件等，这是认识动物传染病的感性阶段；分析是将调查资料归纳整理，进行全面的综合分析，查明流行的病因和条件，找出流行的规律。调查是分析的基础，分析是调查的深入。一切防疫措施都是以调查、分析的结果为依据，调查越充分，措施就越合理，效果也越显著。

1. 调查种类　　流行病学调查的种类，根据调查对象和目的不同，一般可以分为个例调查、暴发调查、观察调查（也称为流行情况调查或现况调查）、回顾性调查和前瞻性调查。其中个例调查与观察调查是发生疫情时最基本和最常用的调查。

2. 调查方法　　动物传染病流行病学调查的主要方法包括以下几种。

（1）**询问调查**　　这是流行病学调查的一种最简单、基本的方法。必要时可组织座谈，调查对象主要是畜主、兽医工作者、当地有关人员等。调查结果按统一的规定和要求记录在调查表上。询问时要耐心细致，态度亲切，边提问边分析，但不要按主观意图做暗示性提问，力求使调查的结果客观真实。

（2）**现场查看**　　就是对病畜周围进行调查。调查者应仔细察看疫区的兽医卫生、地理地形和气候条件等特点，以便进一步了解流行发生的经过和关键问题所在。在进行现场察看时，可以根据传染病种类不同有侧重点地调查。例如，发生肠道动物传染病时，应特别注意饲料的来源和质量、水源和卫生条件、粪便和尸体的处理情况；发生由节肢动物传播的动物传染病时，应注意调查当地节肢动物的种类、分布、生态习性和感染等情况。

（3）**实验室调查**　　为了准确诊断、发现隐性传染源，证实传播途径，摸清动物群免疫状态和有关病因等，通常需要对可疑患病动物应用微生物学、血清学、变态反应、尸体解剖等各种诊断方法进行调查；对有污染嫌疑的各种因素（水、饲料、土壤、动物产品、节肢动物或野生动物等）进行微生物学和理化检查，以确定可能的传播媒介或传染病；有条件的地区，尚可对疫区动物群进行免疫水平测定。

（4）**统计学方法**　　在调查中涉及许多有关疫情数量的资料，需要找出其特点，进行分析比较，因此要应用统计学方法。在流行病学分析中常用的频率指标有下列几种。

1）发病率：表示动物群在一定时期内某病的新病例发生的频率。它能较完整地反映出动物传染病的流行情况，但不能说明整个流行过程，因为常有许多动物是隐性感染，而同时又是传染病，因此还要计算感染率。

$$发病率 = \frac{某期间某病新病例数}{某期间该动物群动物的平均数} \times 100\%$$

2）感染率：是指用临床诊断法和各种检验法（微生物学、血清学、变态反应等）检查出来的所有感染动物头数（包括隐性感染者）占被检查动物总头数的百分比。它能较深入地反映出流行过程的情况，特别是在发生某些慢性或亚临诊型动物传染病时，进行感染率的统计分析，更具有重要的实践意义。

$$感染率 = \frac{感染某动物传染病的动物头数}{检查总头数} \times 100\%$$

3）患病率（流行率、病例率）：是指在某一指定时间，动物群中存在某病的病例数的比率。其侧面代表指定时间内动物群中动物传染病的数量。

$$患病率 = \frac{在某一指定时间内动物群中存在的病例数}{在同一指定时间内动物群中动物总数} \times 100\%$$

4）死亡率：是指某病病死数占某种动物总头数的百分比。它仅能表示该病在动物群中造成死亡的频率，不能全面反映动物传染病流行的动态特性，仅在发生死亡头数很高的急性动物传染病时，才能反映出流行的动态。但当发生不易致死的动物传染病时，如口蹄疫等，虽然大规模流行，但死亡率很小，不能表示出流行范围广的特征。因此，在动物传染病发生期间，除应统计死亡率外，还应统计发病率。

$$死亡率=\frac{因某病死亡头数}{同时期某种动物总头数}\times100\%$$

5）病死率（致死率）：是指因某病死亡的动物头数占该病患病动物总数的百分比。它能表示某病临诊上的严重程度，比死亡率更为具体、精确。

$$病死率=\frac{因某病死亡头数}{患该病动物总头数}\times100\%$$

三、动物传染病流行病学分析

流行病学分析是在调查所得资料的基础上，找出动物传染病流行过程的本质和有关因素。应认真对资料去粗取精、去伪取真、由此及彼、由表及里，系统整理，综合分析，得出流行过程的客观规律，由感性认识上升到理性认识，为制订有效的防治措施提供科学依据，从而又反过来为实践服务。在实践工作中，调查与分析是相互渗透、紧密联系的，流行病学调查为流行病学分析积累材料，而流行病学分析从调查材料中找出规律，同时又为下一次调查提出新的任务，如此循序渐进，指导防疫实践的不断完善。

复习题

一、名称解释

传染、传染病、外源性感染、内源性感染、单纯感染、混合感染、原发性感染、继发性感染、隐性感染、持续性感染、慢病毒感染、潜伏期、传染源、水平传播、垂直传播、易感动物、疫源地、自然疫源地、散发性、地方流行性、暴发、大流行、季节性、周期性、动物传染病流行病学、发病率、感染率、患病率、死亡率、病死率。

二、填空题

1. 传染病的发展分为_____、_____、_____、_____4个阶段。
2. 传染病流行过程必须具备三个基本环节，即_____、_____和_____。
3. _____是主要的传染源，_____是更危险的传染源。
4. 根据疫源地的范围大小可分为_____和_____。
5. 传染病流行过程的发展阶段为_____、_____、_____、_____、_____。
6. 影响流行过程的因素有_____和_____。

三、问答题

1. 传染病具有哪些共同特征？
2. 感染有哪些类型？各有何特点？
3. 传染病的发展过程分几个阶段？各有哪些表现？
4. 什么叫水平传播？水平传播有哪几种方式？
5. 影响畜群易感性的因素有哪些？

6．简述传染病流行过程的表现形式。

7．举例说明什么是直接接触传播和间接接触传播。

8．间接接触传播的途径是什么？

9．动物传染病具有哪些与非传染病相区别的特性？

10．何谓传染源？它可分为哪几种类型？

11．为什么说病原携带者是十分重要的传染源？

12．何谓传播媒介？它有几种类型？

13．传染病的流行锁链是由哪几个基本环节构成的？在什么样的情况下，传染病就发生流行？而在什么样的情况下，传染病就不能流行或终止流行？

第二章　动物传染病的防疫措施

【学习目标】

　　掌握平时预防与发病时的扑灭原则和措施；了解疫情报告与疫病的诊断方法；了解检疫、隔离、封锁、免疫接种、药物预防及消毒、杀虫、灭鼠的方法。

第一节　动物传染病防疫工作的基本原则和内容

一、动物传染病防疫工作的基本原则

　　1. 贯彻"预防为主"的方针是动物传染病防疫工作的指导原则　　搞好动物饲养管理、防疫检疫、预防接种、病健隔离、卫生消毒等综合性防疫，才能保证动物的健康和提高其抗病能力，控制和杜绝动物传染病的传播蔓延，降低动物的发病率和死亡率。兽医临床实践证明，平时做好动物传染病的预防工作，许多种类的传染病均能避免，尤其是大肠杆菌等条件性传染病；即使发生了传染病，也容易及时控制其流行。现代畜牧业向集约化、规模化发展，"预防为主"方针显得越来越重要。在现代化畜牧业发展过程中，兽医工作的重点若未把群发病的预防放在首位，而是把个别患病动物的治疗作为主要工作，必定会造成动物发病率不断上升及发病动物增多，还会造成动物传染病病原的种类增加，动物传染病的防治工作将完全陷入被动的局面。

　　2. 建立健全兽医防疫机构是保证兽医防疫措施贯彻执行的基本条件　　兽医防疫工作涉及全社会的各个行业，其中某些工作与农业、商业、外贸、卫生、交通等部门都有密切关系。各部门都应从全局出发、积极合作、统一部署、服从安排，建立健全各级兽医防疫机构，配备高素质技术人员，建立稳定的防疫、检疫、监督队伍。将兽医公共服务与兽医社会化服务有机结合起来，处理好政府兽医工作机构和社会化兽医服务组织的关系，创新兽医工作体制机制。只有具备上述条件，才能贯彻落实兽医防疫措施，做好兽医防疫工作。

　　3. 健全和完善兽医工作机制　　完善兽医工作机构运行机制，借鉴世界动物卫生组织（OIE）兽医体系运作成效评估工具（PVS），研究制定适合我国的兽医机构建设管理规范，明确各级各类兽医工作机构的工作职责、工作要求，细化兽医工作机构考核评价指标体系，促进兽医机构规范化、标准化建设。科学界定政府、部门和管理负责人在动物防疫中的责任，严格落实动物、动物产品生产经营者防疫和产品质量安全第一责任人制度，强化兽医部门动物防疫监督管理和兽医公共服务职能。

　　4. 健全兽医法规标准体系　　兽医法规是做好动物传染病防治工作的法律依据。发达国家都十分重视此类法规的制定和实施。自改革开放以来，特别是近年来，我国政府非常重视法规的建设和实施，先后颁布并实施了一系列重要的法规。目前我国已制定了《动物防疫法》《重大动物疫情应急条例》等有关法律法规，颁布实施了《动物检疫管理办法》《动物诊疗机构管理办法》《执业兽医管理办法》《兽用生物制品经

营管理办法》等配套规章。初步建立起以《动物防疫法》为核心、基本适应兽医工作发展需要的兽医法律法规体系。这些法律法规是我国开展动物传染病防治和研究工作的指导原则和有效依据，认真贯彻实施这些法律法规将能有效地提高我国防疫灭病的工作水平。但是，目前我国的法规建设和现有法规执行都与发达国家有一定差距，仍需进一步加强。

二、动物传染病防疫工作的基本内容

动物传染病由传染源、传播途径和易感动物 3 个基本环节相互联系、相互作用而导致其流行，故消除或切断造成动物传染病流行的 3 个基本环节及其之间的联系是阻止动物疫病发生和流行的手段。在采取或制订动物防疫措施时，应针对不同动物传染病在流行环节上所表现的不同特点，科学谋划动物传染病的防控措施，力争达到在尽可能短的时间内，以最少的人力、物力预防和控制动物传染病流行。例如，预防接种是防控猪瘟、鸡新城疫等动物传染病的重点措施，而控制病猪和带菌猪是防控猪气喘病等动物传染病的重点措施。但仅仅采用一项措施来防治动物传染病往往达不到预期效果，需采取综合性措施，其内容涉及"养、防、检、治"4 个方面。动物传染病综合防治措施分为平时的预防措施和发生疾病时的扑灭措施。

1. 平时的预防措施 第一，贯彻自繁自养的原则，搞好动物饲养管理，加强养殖环境卫生消毒工作，提高动物机体的抗病能力。第二，科学拟订和严格执行定期预防接种和补种计划。第三，定期进行杀虫、灭鼠、防鸟工作，及时对动物粪便进行无害化处理。第四，认真贯彻执行产地检疫、运输检疫、市场检疫、屠宰检疫和国境检疫等各项工作，及时发现并消灭动物传染源。第五，当地兽医机构应调查、分析疫情分布，组织相邻地区对动物传染病联防协作，有计划地进行消灭和控制，并防止外来动物疫病的侵入。

2. 发生疫病时的扑灭措施 第一，及时发现、快速诊断和上报疫情，并及时通知邻近地区做好动物疫病预防工作。第二，迅速隔离患病动物，及时彻底地对污染的环境进行紧急消毒。若发生危害性大的疫情如口蹄疫、高致病性禽流感、炭疽等疫病时，应采取封锁等综合性措施。第三，实行紧急免疫接种，并对患病动物进行及时、合理的治疗。第四，按规章严格处理死亡动物和患病动物。

上述预防和扑灭传染病的措施不是截然分开的，而是互相联系、互相配合和互相补充的。从流行病学意义的角度来看，动物传染病预防就是采取综合措施将动物传染病排除于一个未受感染的动物群体之外，通常采取隔离、检疫等措施，目的是不让动物传染源进入目前尚未发生该病的地区；采取群体免疫、群体药物预防及改善动物饲养管理和加强环境保护等综合措施，避免一定的某类动物群体感染已存在于该地区的传染病病原及该病流行。所谓传染病的防治就是采取综合措施，减少或消除动物传染病病原，保证降低已患病的动物群体中的发病数和死亡数，并把疾病控制在尽可能小的范围内。所谓传染病的消灭则意味着一定种类病原体的消失。像全球范围消灭人的天花一样，难度非常大，至今仅成功消除了人的天花一种传染病。但在一定的区域范围内，只要长期严格采取综合性兽医措施控制动物疾病，完全能够消灭某种疾病。

第二节　动物传染病的报告与诊断

一、动物传染病的报告

从事饲养、生产、经营、屠宰、加工、运输动物及其产品的单位和个人，发现动物传染病或疑似传染病时，必须立即向当地动物防疫检疫机构或乡镇畜牧兽医站报告。特别是疑为炭疽、高致病性禽流感、口蹄疫、狂犬病、牛瘟、猪瘟、鸡新城疫、牛流行热等重要法定传染病时，应及时向上级有关部门报告，并通知邻近单位及有关部门注意本病预防工作。上级机关接到报告后，除及时派人到现场协助诊断和紧急处理外，还应根据具体情况逐级上报。若为紧急疫情，应以最迅速的方式上报给上级有关领导部门。

当动物突然死亡或怀疑发生传染病时，应立即通知兽医人员。在兽医人员尚未到场或尚未做出诊断之前，所采取的措施应包括：将疑似传染病的患病动物进行隔离，派专人管理；对患病动物停留过的地方和污染的环境、用具进行消毒；完整保留患病动物的尸体；不得随意急宰，不许食用（或使用）患病动物的皮、肉、内脏。

动物传染病发生后，及时、正确地诊断疾病是开展疾病防治工作的关键和首要环节，它关系到能否正确制订有效的控制措施。正确的诊断取决于正确的策略、完善的方案、可靠的方法和先进成熟的技术，特别是对重大的动物疫情，应该全面系统地掌握各方面的材料、信息、数据和检测结果。诊断动物传染病的方法大体可分为两类，即现场诊断和实验室诊断。现场诊断包括流行病学诊断、临诊诊断和病理解剖学诊断；实验室诊断包括病理组织学诊断、病原学诊断和免疫学诊断等。尽管动物疾病的诊断方法很多，但任何一种诊断方法都存在不足或局限性，尤其是特异性和敏感性方面都不可能达到完美无缺。加之每种诊断方法所针对的材料对象及其所得结果的价值和意义不同，而且每种传染病的特点各有不同，因此在实际工作中特别强调综合诊断，注意各种诊断方法的配合使用、各种诊断结果的综合分析，最后做出确诊。

二、动物传染病的诊断

1. 流行病学诊断　流行病学诊断是针对患病动物群体、经常与临诊诊断联系在一起的一种诊断方法。某些动物疫病的临床症状虽然极为相似，但其流行特点和规律迥然不同。例如，口蹄疫、水疱性口炎、水疱病和水疱性疹等疾病，虽然临床症状几乎完全一致，无法鉴别，但从流行病学方面容易区分。有时对某些动物传染病甚至仅靠流行病学诊断即可判定疾病的大致范围，做出初步诊断。因此，这种方法在动物传染病诊断工作中具有极大的实用价值。

流行病学诊断是在动物疫情调查的基础上进行的。动物疫情调查包括多种形式，如以座谈方式向畜主或相关知情人员询问疫情，或对现场进行仔细观察、检查，然后进行综合归纳、分析处理，做出初步诊断。按不同的动物疫病和要求制订流行病学调查的内容或提纲，并准确掌握下列有关问题。

（1）**本次疫病流行的情况**　动物最初发病的时间、地点，随后的蔓延情况及目前疫情分布；疫区内各种动物的数量和分布情况，发病动物的种类、数量、年龄、性别、疫病传播速度和持续时间等；本次发病后是否进行过诊断，采取过哪些措施及效果如何；动物防疫情况如何，接种过哪些疫苗，疫苗来源、免疫方法和剂量、接种次数等；是否做过免疫监测，动物群体抗体水平如何；发病前有无饲养管理、饲料、用药、气候等变化或应急因素存在；查明其感染率、发病率、病死率和死亡率。

（2）疫情来源的调查　　本地过去的动物是否发生过类似的疫病，何时何地发生，流行情况如何，是否经过确诊，有无历史资料可查，何时采取过何种防治措施，效果如何；如本地未发生过，附近地区是否发生过；这次发病前，周边地区有无疫情；是否有从其他地方引进的动物、动物性产品或资料，输出地有无类似的疫病存在；是否有外来人员进入本场或本地区进行参观、访问或购销等活动。

（3）传播途径和方式的调查　　本地各种有关动物的饲养管理制度和方法；使役和放牧情况；牲畜流动、收购及防疫卫生情况；交通检疫、市场检疫和屠宰检疫的情况；病死动物处理情况；有哪些助长疫病传播蔓延的因素和控制疫病的经验；疫区的地理、地形、河流、交通、气候、植被和野生动物、节肢动物的分布和活动情况，它们与疫病的发生及蔓延传播之间有无关系等。

（4）该地区的政治、经济基本情况　　群众生产和生活活动的基本情况和特点，畜牧兽医机构和工作的基本情况，当地领导干部、兽医、饲养员和群众对疫情的看法如何等。

综上所述，动物疫情调查不仅可以为流行病学诊断提供依据，也能为拟订防治措施提供依据。

2. 临床诊断　　临床诊断是最基本的诊断方法。它是利用人的感官或借助器械如体温计、听诊器等直接对患病动物进行检查。

一般来说，临床诊断都是简便易行的方法，有时也包括血、粪、尿的常规检验。检查内容主要包括患病动物的精神、食欲、体温、脉搏、体表和被毛变化、分泌物和排泄物特性、神经系统、消化系统、呼吸系统、泌尿生殖系统、运动系统及五官变化等。由于某些传染病具有独特的临床症状，因此对于这类具有特征临床症状的典型病例，如狂犬病、破伤风、放线菌病、马腺疫、猪气喘病等，经过临诊检查，一般不难做出诊断。

临床诊断有一定的局限性，特别是对发病初期尚未出现有证病意义的特征临床症状的病例，或临床症状相似病例，或非典型病例临床症状（如无临床症状的隐性患者），依靠临床检查往往难以做出诊断。在很多情况下，临床诊断只能提出动物可疑疫病的大致范围，必须结合其他诊断方法，才能做出确诊。在进行动物临床诊断时，应注意对发病动物群体所表现的综合症状加以分析判断，不要单凭个别或少数病例的临床症状轻易下结论，以免误诊。

3. 病理解剖学诊断　　患传染病动物死亡后，尸体往往出现一定的病理变化，如猪瘟、猪气喘病、鸡新城疫、禽霍乱、牛肺疫等疾病均有特征性的病理变化，具有极高的诊断价值，此是疫病诊断的依据之一。所以，病理解剖学检查是动物诊断传染病的重要方法之一。它既可验证临床诊断结果的正确与否，又可为实验室诊断方法和内容的选择提供参考依据。

病理解剖学诊断主要是检查肉眼病理变化。动物病理剖检由兽医人员在规定场所进行解剖，不可任意随地剖检，以免造成污染和散播疾病。如果怀疑炭疽时，则禁止剖检。动物病理解剖检查操作顺序一般是：先观察尸体外观变化，如有无尸僵出现、被毛及皮肤变化；天然孔有无分泌物、排泄物和出血及其性质；体表有无肿胀或异常；四肢、头部及五官有无变化等。然后检查内脏，从胸腔到腹腔，先看外表，再切开实质脏器和浆膜；为避免消化道内容物溢出而影响观察和造成污染，应先检查消化道以外的器官组织，最后剖检消化道。检查时注意实质脏器（如心脏、肝、脾、肺等）有无水肿、炎症、出血、萎缩、变性、坏死、肿瘤等异常变化。对家禽还应观察气囊和法氏囊。由于不可能每个病例都表现出每种传染病的所有病理变化，因此应尽可能剖检较多的病例。此外，最急性死亡、非典型和早期屠宰的患病动物，往往缺乏特征性的病理变化，因此病理解剖时应选择临床症状较典型、病程长、未经治疗的自然死亡病例。

第三节 检 疫

1）检疫的概念：检疫是指法定检疫机构和人员利用各种诊断和检测方法对动物及其相关产品和物品进行疫病、病原或抗体检查。检疫的目的是查出传染源、切断传播途径，防止疫病传播。动物检疫是遵照国际和国家法律、运用强制性手段和科学技术方法预防和阻断动物疾病的发生或从一个地区向另一个地区传播的日常性工作。动物检疫的目的是保护农、林、牧、渔业生产，消除国际上重大疫情的灾害性影响；促进经济贸易的发展；保护人民身体健康。对人畜共患病的检疫，目的在于防止人畜共患病的传染源和病原体进入或移出本国和本地区，防止疫病发生和传播。

2）检疫的相关法规：只有制定检疫的相关规定，检疫工作才能正常进行并发挥其应有的作用。目前涉及动物检疫的相关法规有《中华人民共和国进出境动植物检疫法实施案例》和《中华人民共和国动物防疫法》及有关的配套法规，如《中华人民共和国进境动物一、二类传染病、寄生虫病名录》《中华人民共和国禁止携带、邮寄进境的动物、动物产品及其他检疫物名录》等。各种法规都是为了预防和消灭动物传染病、寄生虫病，其中《中华人民共和国进出境动植物检疫法》是中国动植物检疫的一个重要法律，它对动物检疫的目的、任务、制度、工作范围、工作方式及动物检疫机关的设置和法律责任等做了明确的规定。

3）实施检疫的范围：实施检疫的动物包括各种家畜、家禽、皮毛兽、实验动物、观赏及演艺动物和蜜蜂、鱼苗、鱼种、胚胎等；动物产品包括生皮张、生毛类、生肉、种蛋、精液、鱼粉、兽骨、蹄角等；运载工具包括运输动物及其产品的车、船、飞机、包装、铺垫材料、饲养工具和饲料等。

一、产地检疫

1. 产地检疫的概念 产地检疫是指动物及其产品在离开饲养、生产地之前，由动物卫生监督机构派官方兽医所进行的到现场或指定地点实施的检疫。其是由动物卫生监督机构依照法定的条件和程序，对法定检疫对象进行认定和处理的行政许可行为。其开展的质量是控制动物传染病的关键。

2. 产地检疫的组织 产地检疫的组织形式一般是到现场或指定地点实施检疫；检疫人员是动物卫生监督机构指定的官方兽医，有时因工作需要，由指定的兽医专业人员协助官方兽医实施检疫；根据农业部制定的《反刍动物产地检疫规程》《马属动物产地检疫规程》《家禽产地检疫规程》《生猪产地检疫规程》《跨省调运种禽产地检疫规程》《跨省调运乳用、种用动物产地检疫规程》的规定，选择动物产地检疫对象。

3. 产地检疫的程序　　主要包括申报检疫、申报受理、查验资料及畜禽标识、临床检查、实验室检测、检疫结果处理、检疫记录。

4. 产地检疫的方法　　临床检查是产地检疫的主要内容之一，再根据相应的规定开展实验室检测。

二、运输检疫

运输检疫是指动物及其产品在运输前或运输中的检疫，分为铁路检疫和交通检疫。

1. 铁路检疫　　铁路检疫部门的主要任务是对托运的动物及其产品（如生皮、生毛等）进行检验，并查验产地或市场签发的检疫证，只有证明动物健康才能托运。如发现患病动物时，畜主根据铁路检疫部门的意见对患病动物和载运车辆进行处理。在没有铁路兽医检疫的地方，则由车站工作人员根据国家动物检疫规定查验产地检疫证书，证明为健康或来自非疫区的动物及其产品时，方可托运。

2. 交通检疫　　通过水路、陆路或空中运输的各种动物及其产品，起运前必须经过兽医检疫，检疫为合格并签发检疫证书后，方可允许委托装运。一般在动物运输频繁的车站、码头等交通要道设立检疫站，负责动物检疫工作。若动物在运输途中发病，应就地认真处理动物及其尸体；对装运患病动物的运输工具，应彻底清洗消毒；运输动物到达目的地后，要做隔离检疫工作，待观察判定无病时，才能与原有健康动物混群。

三、国境检疫

各国在国境的重要口岸设立了动物检疫机构，由官方兽医执行检疫。我国则由各级国家质量监督检验检疫局执行检疫任务。设置国境检疫的目的是维护国家主权和国际信誉，保障农、牧、渔业安全生产，既不允许国外动物疫病传入，也不允许将国内动物疫病传到国外。

国境检疫按性质差异又分为下列 4 种。

1. 进出境检疫　　主要是对进出贸易性的动物及其产品进行的一种检疫。经过检疫，若动物及其产品中未发现检疫对象，允许进入或输出。如发现有检疫对象时，应根据疾病性质，将患病动物及可疑患病动物就地烧埋、屠宰肉用或进行治疗、消毒处理等，必要时可封锁国境线的交通。另外，我国法律规定凡从国外输入的动物及其产品，必须在签订进口合同前，向对方提出检疫要求。货物入境或出境时，经国家兽医检疫机关检疫，检疫合格并发放检疫合格证明书后，方准输入或输出。

2. 旅客携带动物检疫　　主要是对进入国境的旅客、交通员工携带的或托运的动物及其产品进行的现场检疫。若未发现检疫对象，即可放行；若发现检疫对象，则进行消毒处理后放行，如无有效方法处理则采取销毁措施。如现场不能得出检疫结果，可出具凭单截留检疫，并将处理结果通知货主。出境携带的动物及其产品，也可视情况实施检疫和出具证明。

3. 国际邮包检疫　　主要是对国际邮包进行检疫，若发现邮寄入境的动物产品有检疫对象时，进行消毒处理或销毁，并分别通知邮局或收寄人。

4. 过境检疫　主要是对载有动物的列车、轮船等通过我国国境时进行的检疫和处理过程。

动物传染病种类繁多，列入检疫对象的动物传染病仅是其中的一部分，根据我国当前动物疫病发生状况，将进口检疫对象分为严重传染病和一般传染病。严重传染病是检疫的重点对象，主要是目前一些危害较重且防控困难的人畜共患病和动物共患病及我国尚未发现的外来病等；进口检疫时，若发现动物或其同群动物中患有严重传染病，应全群扑杀并销毁尸体。如为一般传染病的动物，应退回或扑杀并销毁尸体，同群动物在动物检疫隔离场或指定地点隔离观察。此外，除国家规定和公布的检疫对象外，两国签订的有关协定或贸易合同中也可规定检疫对象。

第四节　消毒、杀虫、灭鼠

一、消毒

1. 消毒的概念　在医学或兽医学中，消毒是利用物理、化学或生物学方法对传播媒介上的微生物，特别是对病原体进行杀灭或清除，以达到无害化要求。消毒若达到无菌程度则是灭菌；对活组织表面的消毒则是抗菌；防止无生命有机物腐败的消毒则是防腐。

2. 消毒的分类　消毒的目的就是消灭传染源散播在外界环境中的病原体，以切断传播途径，阻止疫病继续蔓延。根据消毒目的将其分为 3 类。

（1）随时消毒　在传染源存在的场所，为及时消灭病原体而采取的随时的、多次的消毒措施。其目的是迅速杀死从传染源体内排出的病原体。消毒对象包括患病动物所在的畜舍、隔离场地，以及被患病动物分泌物、排泄物污染和可能污染的一切场所、用具和物品，通常在解除封锁前，进行定期的多次消毒，患病动物隔离舍应每天消毒两次以上。

（2）预防性消毒　日常生产和生活中对可能被病原体污染的物体和场所所实施的消毒。结合平时的饲养管理对畜舍、场地、用具和饮水等进行定期消毒，以达到预防传染病的目的。此类消毒一般 1～3d 进行一次，每 1～2 周还要进行一次全面的大规模消毒。

（3）终末消毒　在患病动物解除隔离、痊愈或死亡后，或者在疫区解除封锁之前，为了消灭疫区内可能残留的病原体而进行的全面彻底的大规模消毒。

3. 消毒剂的分类　消毒剂主要分为过氧化物类消毒剂（指能产生具有杀菌能力的活性氧的消毒剂）、含氯消毒剂（指在水中能产生具有杀菌活性的次氯酸的消毒剂）、碘类消毒剂（以碘为主要杀菌成分制成的各种制剂）、醛类消毒剂（能产生自由醛基，在适当条件下与微生物的蛋白质及某些其他成分发生反应）、酚类消毒剂（主要成分含酚的消毒剂，主要有卤化酚、甲酚、二甲苯酚和双酚类、复合酚等）、双胍类及季铵盐类消毒剂（是阳离子型表面活性剂类消毒剂，主要有苯扎溴铵、双链季铵盐消毒剂）等。

4. 消毒方法　通常分为机械性消除、物理消毒、化学消毒、生物热消毒。

（1）机械性消除　是最常用、最普通的消毒方法，主要采用清扫、洗刷、通风等方式消除病原体。根据病原体的性质，对清扫出的污物进行堆沤发酵、掩埋、焚烧或其他药物处理。机械性消除不但可以除去环境中大部分的病原体，而且消除了各种有机物对病原体的保护作用，可使化学消毒剂对病原体发挥更好的杀灭作用。通风也具有一定的消毒意义。

（2）物理消毒　　主要包括阳光、紫外线和干燥消毒及高温消毒。

1）阳光、紫外线和干燥消毒：阳光是天然的消毒剂，其光谱中的紫外线有较强的杀菌能力，阳光的灼热和蒸发水分引起的干燥也有杀菌作用。一般病毒和非芽胞性病菌在直射的阳光下几分钟至几小时就可被杀死。一些抵抗力很强的细菌芽胞，连续在强烈阳光下暴晒几天，也会毒力变弱或被杀灭。

2）高温消毒：包括煮沸消毒、火焰烧灼及烘烤、蒸汽消毒，是消毒最彻底的方法之一。

A. 煮沸消毒：是经常应用而又有效果的方法。大部分非芽胞病原微生物在100℃的沸水中迅速死亡。大部分芽胞在煮沸后15～30min也能致死，煮沸1～2h可以消灭所有的病原体。

B. 火焰烧灼及烘烤：主要是采用喷射火焰对畜舍地面、墙壁进行消毒，是简单而有效的消毒方法，但其缺点是很多物品不能烧灼，因此实际应用并不广泛。

C. 蒸汽消毒：最简单的方式是利用铁锅和蒸笼进行蒸汽消毒，也可利用蒸汽锅炉或蒸汽机车和轮船的蒸汽对运输的车厢、船舱、包装工具等进行蒸汽消毒。高压蒸汽消毒在实验室和死尸化制站应用较多。

（3）化学消毒　　在兽医防疫实践中，利用化学药品的溶液进行消毒是最常见的方式。化学消毒的效果取决于许多因素，如病原体抵抗力的特点、药剂的浓度、作用时间的长短、消毒时的温度、所处环境的情况和性质等。

（4）生物热消毒　　是一种最常用的粪便污物消毒法。在粪便堆垒的过程中，利用粪便中的微生物发酵发热，杀灭除细菌芽胞外的所有病原微生物。

二、杀虫

杀灭虻、蝇、蚊、蜱等动物疫病的重要传播媒介昆虫及防止其出现，有助于预防和消灭动物传染病。

（1）物理杀虫法　　常见方法有机械捕捉方法，以喷灯火焰喷烧昆虫聚居的墙壁、用具等的缝隙，或以火焰焚烧昆虫聚居的垃圾等废物的方法，利用100～160℃的干热空气杀灭昆虫及其虫卵，仪器诱杀及用沸水或蒸汽烧烫车船、畜舍和衣物上的昆虫。此外，低温具有杀灭作用，但往往不能彻底杀虫。

（2）生物杀虫法　　是利用昆虫的天敌或病菌及雄虫绝育技术等方法来杀灭昆虫。

（3）药物杀虫法　　主要是应用化学杀虫剂来杀虫，根据杀虫剂的毒杀作用方式分为4类：①熏蒸作用，主要是利用杀虫剂的挥发作用，通过昆虫气门、气管、微气管进入体内而致死，但对所处发育阶段无呼吸系统的昆虫不起作用。②内吸作用，主要是喷于土壤或植物上的杀虫剂被植物根、茎、叶表面吸收，并分布于整个植物体，昆虫吸取含有杀虫剂的植物组织或汁液后而中毒死亡。给动物投喂或注射了该类杀虫剂后，动物体的血液中在一定时间内含有一定浓度的杀虫剂，当媒介昆虫叮咬、吸血后可中毒死亡。③胃毒作用，主要是当节肢动物摄食混有杀虫剂的食物时，这类药物在肠道内被吸收而发生中毒死亡。④触杀作用，主要是大部分杀虫剂可直接和虫体接触，经其体表侵入体内而致其中毒死亡，或将其气门闭塞致其窒息死亡。

三、灭鼠

鼠类除了对人类经济生活直接造成巨大的损失外，还是多种人畜共患传染病的传播媒介和传染源，对人和畜禽的健康也有极大的危害。

消除鼠传播病原的方法是控制鼠类的滋生和活动及直接杀灭鼠类。一方面，根据鼠类的生态学特点，从宿舍建筑和卫生设施方面入手，预防鼠类的滋生和活动，使其难以找到食物和藏身之处，从而使鼠类在各种场所生存的可能性降到最低；另一方面，采取不同方法直接杀灭鼠类。

灭鼠的常见方法分为器械灭鼠法、药物灭鼠法和生态防鼠法 3 类。

1）器械灭鼠法即利用各种工具扑杀鼠类，将捕鼠工具放在鼠类经常活动的地方，如墙角、走廊及鼠的洞口附近。

2）药物灭鼠法是利用化学药物杀死鼠类。按药物进入鼠体途径的不同可将灭鼠药物分为消化道药物和熏蒸药物两类。消化道药物对人和畜禽也有极大的毒性，因此某些药物已被禁止使用。熏蒸药物具有挥发性或易燃性。

3）生态防鼠法是利用生态环境或饲养猫等方式防鼠。

第五节　隔离和封锁

1. 隔离的概念　　隔离是指为了控制传染源，防止动物疫病的传播、扩散，将不同健康状态的动物严格地分离、隔开，完全、彻底地切断相互之间的接触。隔离分为两种，一种是引种隔离，引种时为避免由感染动物将病原引入新的地区或动物群体，造成疫病传播和流行，通常情况下对新引进的动物进行隔离观察；另一种是发病隔离，为防止动物传染病继续扩散传播，将患传染病动物或可疑感染动物隔离开，以便将疫情控制在最小范围内就地扑灭。

2. 疫区动物的分类　　某地发生传染病时，首先查明动物群体中疫病蔓延的程度，其次检查临床症状，必要时进行血清学和变态反应检查。根据诊断结果，可将全部受检动物分为患病动物、可疑感染动物和假定健康动物 3 类，并进行处理。

1）患病动物包括有典型临床症状、类似临床症状或其他特殊检查呈阳性的动物，通常被认为是危险性最大的传染源，选择的隔离场所应不易散播病原体、消毒处理方便。对隔离场所应注意严格消毒，加强卫生管理和患病动物的护理工作，设专人看管并及时进行治疗，禁止闲杂人员和动物出入和接近，工作人员出入应遵守消毒制度。隔离区内的饲料、用具、粪便等可疑污染物，未经彻底消毒处理，不得随意运出。没有治疗价值的动物，由兽医根据国家有关规定，进行严格处理。隔离观察时间应根据该种传染病患病动物带、排菌（毒）的时间长短而定。

2）可疑感染动物是指未发现任何临床症状，但与患病动物及其污染的环境有过明显的接触，如同群、同圈、同槽、同牧、使用共同的水源和用具等。因可疑动物有可能处于潜伏期，并存在排菌（毒）的危险，故在消毒后另选地方将其隔离，限制其活动并进行临床观察，若出现临床症状则按患病动物处理。有条件时应立即进行紧急免疫接种或预防性治疗。隔离观察时间应根据当地流行传染病的潜伏期长短而定，经一定时间不发病者，可取消限制。

　　3）假定健康动物是指除上述两类动物外，疫区内的其他易感动物。此类动物应与上述两类动物严格隔离饲养，采取防疫消毒等相应的保护措施，必要时可根据实际情况分散喂养或转移至偏僻场所。

　　3. 封锁的概念　　封锁是指切断或限制疫区周围地区的一切自由的日常交通、交流或往来，是为了防止动物疫病扩散及安全区健康动物的误入而对疫区或其动物群采取的划区隔离、扑杀、销毁、消毒和紧急免疫接种等强制性措施。《动物防疫法》规定，当确诊为牛瘟、口蹄疫、猪水疱病、猪瘟、非洲猪瘟、牛肺疫、鸡瘟（高致病性禽流感）等"一类"传染病或当地新发现的动物传染病时，兽医应立即报请当地政府机关，划定疫区范围，进行封锁。

　　4. 封锁的措施　　结合当时疫情流行的情况和当地的具体条件，根据该病的流行规律将封锁区划分为疫区和受威胁区。执行封锁时应掌握"早、快、严、小"的原则，即执行封锁应在流行早期，行动果断、快速，封锁严格，范围尽可能小。

　　《动物防疫法》规定封锁疫点采取的措施应包括：①疫点出入口必须有消毒措施，疫点内的用具、圈舍、场地必须进行严格消毒，疫点内的动物粪便、垫草、受污染的草料必须在兽医人员监督指导下进行无害化处理。②对病死动物及其同群动物，县级以上农牧部门有权采取扑杀、销毁或无害化处理等措施。③严禁人、动物、车辆出入和动物产品及可能污染的物品运出。在特殊情况下人员必须出入时，需经有关兽医许可，经严格消毒后出入。

　　封锁疫区采取的措施应包括：①未污染的动物产品必须运出疫区时，需经县级以上农牧部门批准，在防疫人员监督指导下，经外包装消毒后运出。②非疫点的易感动物，必须进行检疫或预防注射。农村城镇饲养及牧区动物与放牧水禽必须在指定地区放牧，役畜限制在疫区内使役。③交通要道必须建立临时性检疫消毒关卡，备有专人和消毒设备，监视动物及其产品移动，对出入人员、车辆进行消毒。④停止集市贸易和疫区内动物及其产品的采购。

　　疫区周围地区称为受威胁区。受威胁区采取的措施应根据疾病的性质，疫区周围的交通、河流、草场、山川等具体情况而定。受威胁区应采取如下主要措施：①对受威胁区内的易感动物应及时预防接种，建立免疫带。②管好本区易感动物，禁止出入疫区，并避免利用疫区水源。③禁止从封锁区购买牲畜、草料和动物产品，如从解除封锁后不久的地区买进牲畜或其产品时，应注意隔离观察，必要时对畜产品进行无害化处理。④对设在本区的屠宰场、加工厂、动物产品仓库进行兽医卫生监督，拒绝接受来自疫区的活动物及其产品。

　　5. 解除封锁　　解除封锁的程序主要是疫区内（包括疫点）最后一头患病动物扑杀或治愈后，经过该病一个潜伏期以上的监测、观察未再出现患病动物时，经过彻底清扫和终末消毒，由县级以上农牧部门检查合格后，经原发布封锁令的政府发布解除封锁令，并通报毗邻地区和有关部门。疫区解除封锁后，病愈动物需根据其带病时间，控制在原疫区范围内活动，不能将它们调到安全区。

第六节　免疫接种和药物预防

免疫接种是指用人工方法将疫苗引入动物体内激发机体产生特异性免疫力，由易感动物变为不易感动物的一种疫病预防手段。根据免疫接种时间不同，将其分为预防接种和紧急接种两类。

药物预防是为了控制某些传染病和寄生虫病而在动物的饲料、饮水中加入某些安全而低廉的药物进行群体性预防疾病，在一定时间内可使受威胁的易感动物不受疫病的危害，起到防止传染病发生、发展，促进家畜生长的作用。特别是目前还没有研制出理想疫苗的疾病，药物预防更具有实际意义。

一、免疫接种

（一）预防接种

在经常发生某些传染病或有某些传染病潜在的地区，或经常受到邻近地区某些传染病威胁的地区，为了防患于未然，有计划地给健康动物进行的免疫接种，称为预防接种。预防接种的生物制剂可统称为疫苗，包括菌苗（由细菌、支原体、螺旋体和衣原体等制成）、疫苗（由病毒制成）和类毒素（由细菌外毒素制成）。不同品种的生物制剂所要求的接种方法不同，接种方法分为皮下注射、皮内注射、肌内注射或皮肤刺种、点眼、滴鼻、喷雾、口服等方法。接种后经一定时间（数天至3周），可获得数月至一年或一年以上的免疫力。

1. 预防接种计划的制订　对当地各种传染病的发生和流行情况进行调查，了解当地存在哪些传染病，在什么季节流行，针对调查结论拟订每年的预防接种计划。例如，某地区为了预防猪瘟等传染病，每年定期接种两次，尽可能做到全部接种。在两次接种间隔期内，每月或每半月检测抗体水平一次，对新生小猪（1月龄以上）和新引进的猪只，及时进行补种。此外，还应考虑计划外的预防接种。例如，引进或运出某种动物时，为了避免在运输途中或到达目的地后暴发某些传染病而进行的预防接种。一般可接种疫苗、菌苗、类毒素等生物制品，若时间偏短，可采用接种免疫血清的手段。若某一地区过去从未发生过某种传染病，也没有从别处传进来的可能时，则不必进行该传染病的预防接种。

1）预防接种前，首先应注意了解当地有无动物疫病流行，若发现疫情，则立即安排对该病的紧急防控；若未发现疫情，则按计划进行预防接种，做好免疫接种所需物资的准备和宣传发动工作。其次应详细检查和了解被接种的动物，特别注意其健康情况、年龄大小、是否正在怀孕或泌乳及饲养条件的好坏等。例如，怀孕动物，特别是临产前的动物，在接种时由于驱赶、捕捉等影响或者由于疫苗所引起的反应，有时会发生流产或早产，或者可能影响胎儿的发育，泌乳期的动物或产卵期的家禽预防接种后，有时会暂时减少产奶量或产卵量。所以，对那些年幼的、体质弱的、有慢性病的和怀孕后期的动物，如果不是已经受到传染的威胁，最好暂时不接种。

2）接种时防疫人员要本着负责的态度，爱护动物，做到接种的剂量、部位准确。接种弱毒活菌苗前后各5d，动物应停止使用对菌苗活菌有杀灭力的药物。

3）接种后要向群众说明应加强饲养管理，以使机体产生较好的免疫力，减少接种后的反应。疫苗接种后经过一定时间（10~20d），应检查免疫效果。尤其是改用新的免疫程序及疫苗种类时更应重视免疫效果的检查。目前常用测定抗体的方法来检测免疫效果。这样可以及早知道是否达到预期免疫效果。如果免疫失败，应尽早、尽快补防，以免发生疫情。

2. 预防接种反应的观察　对动物实施免疫接种后，动物可能有不良反应或发病，要注意观察动物疫苗接种后的反应，及时采取适当措施，并向有关部门报告。免疫接种反应发生的原因烦琐，往往是由多方面的因素造成的。首先，生物制品对动物机体来说都是异物，经接种后总有个反应过程，但反应的性质和强度不同。在预防接种中上述反应并不是都对动物机体形成危害，而是指不应有的不良反应或剧烈反应。所谓不良反应是指预防接种引起动物持久的或不可逆的组织器官损害或功能障碍而致的后遗症。反应可分为下列 3 种类型。

1）正常反应：是指由生物制品本身的特性而引起的动物反应，其性质与反应强度随制品种类不同而异。例如，组织灭活苗有一定毒性，接种后可以引起一定的局部或全身的反应。接种鸡传染性喉气管炎冻干疫苗后就会形成一次轻度感染，也会发生局部反应如眼睛流泪。

2）合并症：是指与正常反应性质不同的反应。其主要包括超敏感（血清病、过敏休克、变态反应等）、全身感染（接种活疫苗后，防御机能不全或遭到破坏时可发生）和诱发潜伏感染（如鸡新城疫疫苗气雾免疫时可能诱发慢性呼吸道病等）。

3）严重反应：和正常反应在本质上没有区别，但程度较重或发生反应的动物数超过了正常比例。引起严重反应的原因主要有：生物制品质量较差；使用方法不当（如接种剂量过大、接种途径错误等）；个别动物对某种生物制品过敏。

克服免疫接种发生不良反应的办法很多，应根据具体情况采取相应措施。常见不良反应多由活疫苗引起，特别是采用点眼、滴鼻、气雾、饮水等接种方法时，往往易激活呼吸道的某些条件性病原体而诱发呼吸道反应。克服或降低免疫接种时发生不良反应的方法通常是在免疫接种前或免疫接种时给被接种动物使用抗应激药物、抗生素等。另外，严格遵守操作程序、注意气候条件、控制好畜舍环境条件、选择适当的免疫时机等也能有效避免或降低免疫接种时诱发的不良反应。

3. 疫苗的联合使用　疫苗的联合使用可达到一针防多病的目的，大大提高了防疫工作效率，疫苗的联合使用已受到养殖场的高度重视。当进行预防接种时，可能同时给动物接种两种以上的疫苗，这些疫苗可分别刺激机体产生多种抗体，彼此之间的相互影响作用不同。彼此影响可能是相互促进，有利于免疫的产生；也可能相互抑制，使免疫力的产生受到阻碍。因此，同时给动物接种两种以上疫苗时，必须考虑到各种疫苗的相互配合，以降低相互之间的干扰作用，提高免疫效果。例如，1 日龄雏鸡同时进行马立克病疫苗和新城疫疫苗接种时，后者会受到前者的抑制。另外，动物机体对疫苗刺激的反应是有一定限度的。如果一次接种疫苗种类过多，机体不能忍受过多刺激时，不仅可能引起较剧烈的不良反应，还可能减弱机体产生抗体的机能甚至出现免疫麻痹，从而降低预防接种的效果。为了保证免疫效果，对当地流行最严重的传染病，最好能单独进行接种，以便产生强大的免疫力。因此，究竟哪些疫苗可同时接种，哪些不能同时接种应慎重考虑，并以科学试验结果为依据。例如，猪瘟、猪丹毒、猪肺疫三联冻干疫苗，羊五联苗（羊快疫、猝疽、肠毒血症、羔羊痢疾和黑疫），鸡新城疫和鸡痘二联疫苗等多种联苗已得到广泛的应用并被认为比较安全有效。

4. 合理的免疫程序　　所谓免疫程序是指根据一定地区、养殖场或特定动物群体内传染病的流行状况、动物健康情况和不同疫苗特性，为特定动物群制订的接种计划，包括接种疫苗的类型、顺序、时间、次数、方法、时间间隔等。一个地区、一个畜牧场应针对当地（场）疾病的流行情况、疫苗特点、接种动物状况等因素合理制订免疫程序。

制订免疫程序的决定因素：①当地疾病的流行情况及严重程度，以此决定需要接种什么种类的疫苗，达到什么样的免疫水平；②上一次免疫接种引起的残余抗体水平；③动物的免疫应答能力；④母源抗体的水平，动物母源抗体的消失时间是确定首次免疫接种时间的根本；⑤疫苗的种类和性质；⑥免疫接种方法和途径；⑦各种疫苗的配合；⑧对动物健康及生产能力的影响。此外，目前还没有一个可供统一使用的疫（菌）苗免疫程序，各地都在实践中总结经验，都在按照各自的实际情况制订出合乎本地区、本牧场具体情况的免疫程序，并在不断改进。

5. 免疫接种失败的原因　　免疫接种失败是指动物免疫接种后，在免疫有效期内不能抵抗相应病原体的侵袭，仍发生了该种传染病，或者效力检查不合格。出现免疫接种失败的原因可归纳为三大方面，即疫苗因素、动物因素和人为因素。

1）疫苗因素主要包括疫苗本身（如猪副伤寒疫苗、鸡法氏囊病疫苗等）的保护性能差或具有一定毒力；种毒（菌）株与田间流行毒（菌）株血清型或亚型不一致或流行株的血清型发生了变化（如口蹄疫、禽流感疫苗）；疫苗选择不当甚至用错疫苗，比如在疫病严重流行的地区，仅选用安全性好但免疫原性差的疫苗品系（如只能用于成年鸡的新城疫Ⅰ系疫苗却误用于雏鸡）等；疫苗运输、储存不当，或疫苗稀释后未及时使用，造成疫苗失效或减效；或使用过期、变质的疫苗。还应考虑不同种类疫苗之间的干扰作用。

2）动物因素主要包括接种活苗时动物有较高的母源抗体或前次免疫残留的抗体，对疫苗产生了免疫干扰，如新城疫；接种时动物已处于潜伏感染，或在接种时由接种人员及接种工具带入病原体，如针头被病原污染；动物群中有免疫抑制性疾病存在，使免疫力暂时下降而导致发病，如呼肠孤病毒感染。

3）人为因素主要包括免疫接种工作人员不认真，如饮水免疫时饮水器未清洗干净、疫苗稀释操作失误、注射器定量不准确、接种有遗漏等；免疫接种途径或方法错误，如只能注射的灭活苗却采用饮水法接种；免疫接种前后使用了免疫抑制性药物，或在活菌苗免疫时使用了抗菌药物。

（二）紧急接种

紧急接种是指在发生传染病时，为了迅速控制和扑灭疫情而对疫区和受威胁区尚未发病的动物进行应急性计划外的免疫接种。除贵重动物外，紧急接种的生物制品往往是疫（菌）苗而不是血清。从理论上说，紧急接种时虽接种免疫血清相对安全有效，并能使机体快速获得被动免疫力，但因血清用量大、价格高、免疫期短，在实践中很难普遍使用。多年的实践证明，紧急接种某些疫（菌）苗也能控制急性传染病。

在疫区应用疫苗紧急接种时，必须对所有受到传染威胁的动物逐头进行详细观察和检查，对动物健康状况做出判断。对正常无病的动物紧急接种疫苗，而对患病动物及可能已受感染而处于潜伏期的动物不能再接种疫苗，必须尽快隔离并加强消毒。若健康动物中混有潜伏感染动物，患病动物在接种疫苗后不仅未获得保护，反而会促使其更快发病，故在紧急接种后往往出现动物群体中发病动物的数量暂时性增多，但因这些急性传染病的潜伏期较短，而紧急接种的大多数动物很快就能产生抵抗力，发病率不久即可下降，最终很快控制疫情。

二、药物预防

1. 药物预防的概念　　药物预防是指给动物使用安全且廉价的药物，以预防动物发生某些寄生虫病或传染病。合理正确使用药物预防技术，有利于防止动物传染病的发生和发展，促进畜禽生长发育。对于目前尚未研究出理想疫苗的疾病，药物预防更具有实际意义。但是长期采用药物预防，有时会造成细菌耐药性的产生，既影响防治效果又在动物产品中形成药物残留。因此应加强细菌耐药性的检测，结合药物敏感试验，科学选择预防药物和使用药物，提高药物的疗效，控制药物残留的产生。

2. 药物预防的方法　　主要包括药物使用方法和药物使用剂量。

1）药物使用通常有拌料、饮水、气雾、体外用药 4 种方法，此外还有灌肠等方法。一般根据动物的种类、药物的剂型和疾病的类型及应用人力等方面选择药物使用方法，如动物发生消化道疾病时，一般采用饮水和拌料，若动物为宠物狗时，往往采用灌肠方法。

2）采用群体给药时，混饲或混饮的药物使用剂量常用 mg/kg（L）来表示，即饲料或饮水中所含药物的浓度。

3. 药物预防的注意事项　　①科学选择药物，预防用药一般利用药物敏感试验选用药物，药物应是具有副作用小、价廉易得、不易形成药物残留的药物；②合理地联合用药，联合用药可以更好地发挥药物的协同作用，扩大抗菌范围，提高疗效，降低药物副作用，减缓或抑制细菌耐药性的产生；③严格掌握药物剂量和用法，预防用药剂量、用法应以药物生产商推荐的用量和方法为依据，特殊情况下可以灵活变动，如在疫病流行期可把预防剂量提高到治疗剂量；④掌握好用药时间间隔和时机，做到定期、间断和灵活用药，在无疫情流行、动物健康状况良好的情况下，每个月定期只用一个疗程（3d）的预防药物即可，若发生疫情时可根据需要适当增加用药时间或疗程，当天气变化、更换饲料、断奶、转群、长途运输、某些疫苗的免疫接种时，可随时或提前 1d 给予药物预防，以避免应激而诱发疫病；⑤注意休药期，因许多药物在应用后，肉蛋奶中有残留物，对人类健康形成直接或潜在威胁，故药物预防必须严格遵守休药期的有关规定。

4. 药物残留　　药物残留（drug residue）又称兽药残留（animal drug residue），是指给动物使用药物后蓄积和贮存在细胞、组织和器官内的药物原型、代谢产物和药物杂质，包括兽药在生态环境中的残留和兽药在动物性食品中任何可食部分的残留。广义上的兽药残留除了用于防治疾病的药物外，也包括药物饲料添加剂、动物接触或食入环境中的污染物如重金属、霉菌毒素、农药等。目前造成严重威胁的残留药物主要包括抗生素类、磺胺类、呋喃类、抗球虫类、激素类和驱虫药类。人类长期摄入含兽药残留的动物性食品后，会引起过敏反应、肠道菌群失调及细菌耐药性增强等，这已成为国内外普遍关注的公共卫生问题，故在采取药物预防措施时，最大限度地发挥药物在疫病防治工作中的作用，控制动物性食品中的药物残留，将其对动物、环境和人类的危害降到最低。

第七节　动物传染病的治疗和患病动物的淘汰

一、动物传染病的治疗

（一）动物传染病治疗的目的和意义

动物传染病的治疗不同于一般的疾病，对于那些流行性强、危害严重的动物传染病，必须在严格封锁或隔离的条件下进行，务必使治疗的患病动物不能成为散播疾病的传染源。对动物传染病的治疗，一方面是为了挽救患病动物，减少损失；另一方面是为了消除传染源，是综合性防疫措施中的一个组成部分。治疗中，在用药方面坚持因地制宜、勤俭节约的原则。既要考虑针对病原体，消除其致病作用，又要帮助动物机体增强一般抗病能力和调整、恢复生理机能，而采取综合性的治疗方法。患病动物的治疗必须及早进行，不能拖延时间。还应尽量减少诊疗工作的次数和时间，以免频繁惊扰而使患病动物得不到安静的休养。不能单靠药物治疗，而应尽力恢复机体生理机能和增强患病动物本身的抵抗力。

（二）针对病原体的疗法

1. 特异性疗法　　应用针对某种动物传染病的高免血清、痊愈血清（或全血）等特异性生物制品进行治疗，因为这些制品只对某种特定的动物传染病有效，而对其他病无效，故称为特异性疗法。高免血清的使用有一定限制，因为其价格高、生产少、难购买，所以一般用于某些急性动物传染病或者珍贵动物传染病的治疗。如果疾病能够确诊，在疾病早期注射足够剂量的高免血清，常常能够取得较好的效果。如果缺乏高免血清，用耐过动物或人工免疫动物的血清或血液代替，也可起到一定的作用，但用量需要加大。使用血清时，如为异种动物血清，应特别注意防止过敏反应。近几年，高免卵黄液的开发，使动物传染病的特异治疗得到较多应用。

2. 抗生素疗法　　抗生素主要用于由细菌引起的动物传染病的治疗。合理地应用抗生素是发挥抗生素疗效的重要前提，不合理的应用或滥用抗生素往往引起多种不良后果，一是可能使敏感的病原微生物产生耐药性，二是可能对机体造成不良反应，甚至引起中毒，三是可能使药效降低或抵消。使用时一般需要注意以下几个问题。

（1）掌握抗生素的适应证（最好结合药物敏感试验结果选药）　　每一种抗生素都有其固定的抗菌谱，应根据临床诊断确定或估计出病原微生物种类，选择最敏感的药物进行治疗。但是随着抗生素在生产中的广泛应用，耐药菌株越来越多，有的甚至找不到敏感的药物。鉴于这种情况，最好是先分离病原菌，做药物敏感试验，然后根据药物敏感试验结果选用高敏药物进行治疗。这样既可有效地治疗患病动物，又可防止由于抗生素无效或效果差而延误治疗时机造成的药物浪费。

（2）要考虑用量、疗程、给药途径、不良反应、经济价值等问题　　关于剂量，开始宜大，以便使血药浓度快速升至有效水平，以后再据病情酌减。疗程应以发病的具体情况而定，急性传染病病例，在药物效果较好时 3d 后即可停药。慢性传染病由于病程进展缓慢，疗程一般较长，可控制在 5～7d，若有必要继续治疗，可适当延长或换另一种药物。用药途径最好根据药物的特点及病情和病本身的特点来确定。例如，消化道传染病最好经饲料拌药途径给药，食欲下降或废绝的患病动物可经饮水途径给药，食欲、饮水均废绝的患病动物则应注射给药。饮水途径给药只能用水溶性好的药物；易被消化道破坏的药物最好注射给药；有的药物有不良反应（如硫酸庆大霉素、先锋霉素Ⅱ、洁霉素等对肾有损害作用），应用时应加以注意。当药物价格总值超过患病动物本身价值时则不应进行治疗。

（3）不要滥用　用量既要充足，又不能超量，否则都会带来不良后果。用量不足易导致耐药菌株的出现；用量大，一是造成浪费，二是易引起中毒，如痢特灵在用量超过0.04%时，经过一定时间便会使鸡中毒。用量大小与细菌对药物的敏感性有关，中敏药物剂量应适当增加。另外，肉鸡于出售前15d禁止用抗生素，以防止药物残留。

（4）抗生素的联合应用　有些抗生素联合应用，通过协同作用可以增进疗效。例如，青霉素与链霉素主要表现出协同作用，抗生素和磺胺类药物多数都有协同作用，如青霉素与磺胺、链霉素与磺胺嘧啶等均有协同作用。另外，应防止有拮抗作用的抗生素联合应用，如土霉素与链霉素合用会产生拮抗作用，反而影响治疗效果。

抗生素的联合应用，取得成功的实例很多，但临床上不能无原则地盲目应用，必须有明确的特征。一般适合用于下列情况：①病因不明，病情危害的严重感染或败血症；②单一抗菌药不能有效控制的感染或混合感染；③需长期用药的传染病；④对某些抗生素不易渗入的感染病灶，如中枢神经的感染；⑤毒性较大，联合用药减少剂量后可降低不良反应的抗生素。

3. 化学疗法　使用化学药物帮助机体消灭或抑制病原微生物的治疗方法，称为化学疗法。治疗动物传染病常用的化学药物有以下几种。

（1）磺胺类药物　这是一类化学合成的抗菌药物，可抑制大多数革兰氏阳性和部分阴性菌，对放线菌和一些大型病毒也有一定的作用；个别磺胺类药物还能选择性地抑制某些原虫（如球虫等）。除用于消化道抗菌作用的磺胺脒以外，其他许多磺胺类如磺胺嘧啶、磺胺二甲嘧啶等，在口服（饲料）给药时应加等量的小苏打，以助其溶解、吸收，并防止在泌尿系统结晶析出，造成严重后果。

（2）抗菌增效剂　这是一类广谱抗菌药物，与磺胺类药并用，能显著增加疗效，与某些抗生素并用也能显著增加疗效，故称为抗菌增效剂。临床诊断上常用的抗菌增效剂有三甲氧苄氨嘧啶和二甲氧苄氨嘧啶（敌菌净）等。

（3）硝基呋喃类药　本类药物是广谱抗菌药，对多种革兰氏阴性及阳性菌具有抗菌作用。由于存在一定的毒性，使用时应注意，尤其给鸡拌料饲喂时一定要拌匀。

（4）氟喹诺酮类药物　这是一类分子结构中含有4-喹诺酮环结构的药物，属于广谱抗菌药，对绝大部分革兰氏阴性菌抗菌效果好。主要品种有诺氟沙星、培氟沙星、依诺沙星、氧氟沙星、环丙沙星、乙基环丙沙星、单诺沙星、洛美沙星、氧罗沙星等。其中以环丙沙星、乙基环丙沙星、氧氟沙星的抗菌作用较强。

（5）其他抗菌药　有黄连素、痢菌净、诺氟沙星、吡哌酸等，这些药物抗菌谱广，抗菌活性强，多用于动物肠道感染。异烟肼（雷米封）、对氨柳酸等对结核病有一定疗效。

目前在人医临床上使用的药物有碘苷（疱疹净）、三氮唑核苷（病毒唑）、吗啉胍（病毒灵）、阿昔洛韦和干扰素等十余种，但在兽医临床上应用的还很少。

（三）针对动物机体的疗法

在动物传染病的治疗中，除针对病原微生物进行治疗外，还要采取针对动物机体的疗法，以增强机体抵抗力，调整和恢复动物机体的生理机能，促使机体战胜传染病，恢复健康。

1. 加强护理　对患病动物的护理是治疗工作的基础。对患传染病的动物的治疗应在严格隔离的条件下进行，冬季应注意防寒保暖、阳光充足，夏季应注意防暑降温、通风良好，供给优质的饲料和饮水，并经常消毒，也可经注射、灌服或饮水途径给以葡萄糖、维生素或其他营养性物质以维持生命，帮助患病动物渡过难关。

2. 对症疗法　在动物传染病的治疗过程中，为了减缓或消除某些严重的临床症状，调节和恢复机体的生理机能所采取的疗法，称为对症疗法。例如，使用退热、止痛、止血、镇静、兴奋、强心、利尿、清泻、止泻、防止酸中毒、调节电解质平衡等药物，以及采取某些急救手术或局部治疗等，都属于对症治疗的范畴。

（四）微生态制剂的调整治疗

微生态制剂是利用正常微生物群的成员制成的活的微生物制剂，它具有补充或调整充实微生物群落的作用，维持或调整微生态平衡的功能，达到治疗传染病、增进健康的目的。例如，调痢生主要用于仔猪黄痢、白痢等。

（五）中药制剂的治疗

中药制剂的治疗作用主要是通过调整动物机体的整体功能，直接或间接起治疗作用。

1）中药制剂的一些有效成分对动物机体直接起缓解临床症状的作用，即对症治疗作用。例如，柴胡的有效成分柴胡苷，有显著的镇静作用和较强的镇咳作用。

2）有些中草药被动物机体吸收后，通过从不同方面对动物机体的功能进行综合调整，可增强机体的免疫功能和抗病力。例如，党参、黄芪、白术、何首乌、熟地等具有增加营养、增强体质、提高机体免疫机能和抗病能力的作用。

3）有些中草药的有效成分具有直接抗菌和抗病毒的作用。例如，金银花所含绿原酸等物质，具有抑制金黄色葡萄球菌、痢疾杆菌、伤寒杆菌、肺炎球菌等的作用。

中药的治疗作用，往往是以上几种兼而有之，这是中药治疗疾病的独到之处。

二、患病动物的淘汰

传染病患病动物尸体含有大量的病原体，是一种特殊的传染源，易污染外界环境，引起人畜发病。因此，合理而及时地处理患病动物，对防止动物传染病的发生和维护公共卫生安全都具有重大意义。

（一）淘汰患病动物的原则

1. 危害大的新传染病患病动物　当某地传入过去从未发生过的危害性较大的新传染病时，为防止传染病蔓延，应在严密消毒的条件下对患病动物进行淘汰处理。

2. 严重的人畜共患病患病动物　当动物患了对周围人畜有严重传染威胁的传染病时，患病动物应予以淘汰。

3. 无法治愈的患病动物　目前对各种动物传染病的治疗方法虽有所改进，但仍有一些传染病尚无有效的疗法。当认为患病动物无法治愈或传染病已经发展到了后期，疗效甚微时，患病动物应予以淘汰。

4. 无治疗价值的患病动物　　如果动物所患疾病治愈需要的时间长，治疗费用超过愈后的价值时，此类患病动物应予以淘汰。

（二）淘汰患病动物的方法

1. 化制　　动物传染病患病动物尸体在特设的加工厂中加工处理，既进行了消毒，又可以进行加工利用，如工业用的油脂、骨粉、肉粉等。

2. 掩埋　　方法简便易行，但不是彻底的处理方法。掩埋尸体应选择干燥，平坦，距离住宅、道路、水源、牧场及河流较远的偏远地点，深度至少 2m。

3. 焚烧　　此种方法最为彻底。更适用于特别危险的传染病的尸体处理，如炭疽、气肿疽等。禁止地面焚烧，应在焚尸炉中进行。

第八节　集约化养殖场动物传染病的综合防疫措施

一、养殖场的规划

场址选择是规模化养殖场建设可行性研究的主要内容和进行规划建设必须面对的首要问题，新建和改建养殖场选址时必须综合考虑自然因素、社会经济状况、畜禽的生理行为需求、卫生防疫条件、生产流通及组织管理等各种因素，科学和因地制宜地处理好相互之间的关系。

（一）基本要求

1）满足基本的生产需要：包括饲料、水、电、供热和交通；足够大的面积，用于建设畜舍，贮存饲料、堆放垫草及粪便，控制风雪的径流，能消纳和利用粪便的农田；适宜的周边环境，包括地形和自然遮护，符合当地的区划和环境距离要求。

2）办理审批手续：包括土地、环境评价、养殖备案、动物防疫合格证，种畜禽场还应办理种畜禽生产经营许可、工商执照等相关审批手续。严格按法律、法规实施建设，并受法律保护。

（二）主要因素

1. 地形位置　　养殖场应选择地势较高、干燥平坦和向阳背风的地方，要求交通便利，确保其有合理的运输半径，但不能与主要交通线路交叉。养殖场与主要交通干道的距离一般在 500m 以上，距离居民区应在 1000m 以上。

2. 水电供应　　水源水质关系着生产、生活和建筑用水，在仅有地下水源地区建场，第一步应先打一眼井，若水源量和水质有问题，最好另选场址，以减少损失。生产、生活用电要求有可靠的供电条件，否则需自配发动机，保障所需。

3. 土壤气候　　掌握土层土壤的承载力，是否是膨胀土和回填土。气候资料对规划设计、建筑形式、畜舍走向和间距都有重要的参考意义。

4. 环境要求　　选址时应避开工厂企业和居民点的污水排放出口，不能将场址选在化工厂、屠宰场、制革厂等容易造成环境污染企业的下风向或附近。具有共患畜禽传染病的畜种，两场间必须保持安全距离。

二、场址的选择

养殖场的选址既关系到投资效益和经营成果，又关系到动物疫病防控、畜禽产品质量安全和公共卫生安全。选址是养殖环节的重要前提和基础性工作，选址的好坏直接决定养殖场的成败。

根据《中华人民共和国畜牧法》《中华人民共和国动物防疫法》《河北省人民政府办公厅关于印发河北省畜禽养殖场养殖小区规模标准和备案程序管理办法的通知》的有关条款，畜禽养殖场选址应首选远离居民区的荒山、荒坡、荒地和荒滩。

1）地势与面积：场址应地势高燥、阳光充足、利于通风、排水良好。平原地区，场址应选择在比周围地段稍高的地方；丘陵地带应选在稍平的缓坡地；山区建场，应选择在坡度不大的半山腰处，并避开断层、滑坡、塌方等地段。所建场区包括生产区、管理区、生活区，并留有10%～20%的占地面积作为机动。

2）水源和电源：水源是选址的先决条件，一是水源要保证充足，二是水质要符合饮用水标准，三是要远离生活饮用水的水源保护区。饮水质量有利于提高饲料的转化率，促进动物的正常生长发育。因此，要选择良好的泉水、井水或江河流动水，不宜选择坑塘死水和旱井苦水作水源。供电方面，场址应距电源较近，既利于节省输变电开支，又可保持供电稳定。

3）动物防疫和质量安全：畜禽的健康养殖是提高畜禽产品质量、保证食品安全的重要部分，而防疫条件也是建场首要考虑的问题，二者均不可忽视。场址应距公路、铁路交通干线和居民区、医院、文化教育科学研究区等人口集中区1000m以上，应避开风景名胜区、自然保护区的核心区和缓冲区，应与其他养殖场、交易市场、屠宰厂和畜产品加工厂保持至少3000m的距离，一般应选择在居民区的下风向和饮用水源的下游。场区空气清洁、无污染，环境安静，无噪声干扰或干扰较轻。此外，在环境影响评价过程中，畜禽养殖场的选址分析，还应注意场址的设置需远离工业企业，必须选择在生态环境良好、无三废[①]污染或不直接受工业三废污染的区域。场址既要避开交通主干道以便于防疫，又要交通方便，以便于饲料和出栏、入栏畜禽及其产品的运输。

4）环境保护：养殖场选址时要充分考虑保护环境，既不能对周边环境造成污染破坏，也不能选择所在地理环境对生产造成影响的地区。例如，不能选择水源地、洪涝灾害易发地等。同时还须对周边地区的环境容量、环境承载力进行评估，一定要有足够用于消纳养殖场粪污的配套面积土地。必须坚持农牧结合、林牧结合、果牧结合及发酵床生态健康养殖模式，实现行业结合、循环利用、相互促进、共同发展，逐步实现畜禽规模养殖场（小区）布局合理化、生产标准化、产品无害化、资源利用循环化、环境清洁化，在发展养殖业过程中，保证区域环境生态平衡和可持续发展。

（一）猪场场址选择

猪场规划设计的原则是要遵循人类生存和养猪生态环境的和谐共处，猪场场址的选择，应根据猪场生产特点、生产规模、饲养管理方式及生产集约化程度等方面的实际情况，综合考虑地势、地形、土质、水源，以及居民点的位置、交通、电力物质供应及当地气候条件等因素，进行科学规划设计。

1. 地形地势　　地形的高低、走向趋势即地势。猪场一般要求地形整齐开阔，地势较高、干燥、平坦或有缓坡，背风向阳，地势北高南低，缓坡25%以下，场地坐北朝南

---

① 三废指废水、废气、废渣

或偏东南 12%～15%。

较高地势有利于今后场区污水、雨水的排放，由此而产生的有利影响是猪场建筑时排水设施的投资相对较少，场区内湿度相对较低，病原微生物、寄生虫及蚊、蝇等有害生物的繁殖和生存受到限制，猪舍环境控制的难度有所降低，卫生防疫方面的费用也相对减少。地势低洼的场地容易积水和潮湿泥泞，夏季通风不良，空气闷热，有利于蚊、蝇和微生物滋生，而冬季则阴冷。低洼潮湿还会降低畜舍保温隔热性能和使用年限。因此，场地应高以利排水，至少要高出当地历史洪水线，地下水位要距地表2m 以下。

为了不占良田，可以选择山坡建场，以便粪尿的排除和保障防疫安全。在没有足够大的平坦场地可供选择时，坡度在 25% 以下、避开风口、向阳的东南或南向缓坡地带可以作为考虑对象。场地坡度过大必然会增加施工难度，对以后的生产管理、运输也有不利影响（如妊娠母猪的摔倒会导致机械性流产）；坡度大于 25% 时，不仅会增加施工量，也会给场内运输造成困难，并易受雨水冲刷。切忌将猪场建在山顶、谷地或风口处。

阴坡场地不但背阴，而且冬季迎风、夏季背风，对场区小气候十分不利；同时，阴坡场地较少接受阳光，土壤热湿状况和自净能力也就较差。背阴的场地会缺少太阳辐射或湿度过大而导致猪的健康状况恶化和生产性能降低。

地形是指场地形状、大小和地物（场地上的房屋、树木、河流、沟坎等）情况。作为畜牧养殖场地，要求地形整齐开阔、有足够面积。地形整齐，便于合理布置畜牧场建筑和各种设施，并有利于充分利用场地；地形开阔对猪场通风采光施工、运输和管理等方面都十分有利。地形不规则或边角太多，会使建筑布局零乱，且边角部分无法利用。地形狭长往往不利于建筑物的合理布局，拉长了生产作业线，并会给场内运输和管理造成不便，狭长的地形会因为边界的拉长而增加建筑物布局、卫生防疫和环境保护方面的难度。

畜牧场场地的土壤情况对家畜的影响很大。透气性和透水性差的土壤，一般持水力和毛细管作用强，降水后易潮湿、泥泞，故场区空气湿度较大；同时遭受粪尿等有机物污染后，厌氧分解而产生的各种有害气体会污染场区空气，且自净能力较差，污染物不易消除，并且污染物通过水的流动和渗透作用，可污染地表水和浅层地下水。另外，潮湿的土壤易造成各种微生物、寄生虫、蚊、蝇滋生，并使建筑物受潮，降低其保温隔热性能和使用年限。透气、透水性好的土壤，一般持水力和毛细管作用较差，不潮湿，易干燥，受污染后容易氧化分解而达到自净目的，抗压能力较大，不易冻胀，建筑物也不易受潮，场区空气卫生状况也较好。一般来说，沙土透气、透水性好，不潮湿不泥泞，自净作用好，其导热性能强，热容量小，热状况差；黏土与沙土相反。沙壤土和壤土介于沙土和黏土之间，是畜牧场最理想的土壤类型。但在一定地区，由于受客观条件的限制，选择最理想的土壤是不易的，不应过分强调土壤种类和物理特性，应着重化学和生物学特性，注意地方病和疫情的调查。猪场对土壤的要求是透气性好，易渗水，热容量大，这样可以抑制微生物、寄生虫和蚊、蝇的滋生，也可使场区昼夜温差较小。

场地面积应根据家畜种类、饲养管理方式、集约化程度和饲料供应情况等因素确定，同时应给未来发展留有余地。

2. 猪场场址的生物安全性　　猪场场址的选择必须符合人畜相处的公共卫生和生物安全要求。场址应选择在城镇居民区常年主导风向的下风向或侧风向处，为了避免气味、废水及粪肥堆置而影响居民区环境，猪场场址必须距离村镇居民点、集贸市场及工厂或其他畜禽场 1000m 以外。到当地的气象部门取得风向图有助于对风向做出正确的判断。

在选址时，要避免人畜争地，可选择荒坡闲置或农业种植区域。最理想的猪场场址周围应有广袤的种植区域，可保证较大的粪污染吸纳量和建设配套的排污处理设施，使有机废弃物经过处理达标后能够循环利用。禁止在旅游区、自然保护区、人口密集区、水源保护区和环境公害污染严重的地区及国家规定的禁养区建设。禁止选择国家基本农田保护区。根据国家有关规定，猪场场址选择必须经过环境保护、土地资源管理及畜牧主管部门联合做出"畜禽养殖环境影响评价"，并在一定范围内向区域范围民众进行公众调查和公示认可。出于防疫考虑，新建猪场不宜在发生过疾病的旧场或附近疫情复杂的地方建场。

3. 交通条件　　较大规模的猪场在饲料、猪产品、废弃物和其他生产物质方面的运输任务十分繁重，交通方便才能降低生产成本，因此要求有较好的交通条件，但出于防疫卫生安全和环境保护的考虑，又要求猪场建在较安静偏僻的地方，不可太靠近主要交通干道。因此，在保证交通方便的情况下，应合理确定猪场场址与交通道路的距离。

要求畜禽场距铁道和国道的距离不少于 2000m，距离省道不少于 2000m，离县乡和村道不少于 500m，与居民点距离不少于 1000m，与其他畜禽场的距离不少于 3000m。周围要有便于生产污水经过处理以后（达到排放标准）排放的水系。猪场通过专用道路与公路相连，避免将养殖区连片建在紧靠主要公路的两侧，避免噪声和病原微生物的污染。如果利用防疫沟、隔离林或围墙等屏障将猪场与周围环境分隔开，则可适当减少这种间距，以便运输和对外联系。

4. 水源水质　　猪场水源要求水量充足，水质良好，便于取用和进行卫生防护。水源水量必须满足场内猪群饮用、绿化、防火及生活等的需要。场址的选择应远离化工厂，以免水源受到污染。场内饮用水必须经过卫生检验后才能使用，进行无公害猪肉生产的猪场对水源的要求高于普通商品猪场。

可供猪场选择的水源主要有两种：地下水和地面水。不管以何种水源作为猪场的生产用水，都必须满足两个条件：水量充足和水质符合卫生要求。在水污染比较严重的今天，地面水的水质是必须要考虑的方面，如果依靠自来水公司供给饮用水，无疑会增大养猪的成本，而猪场自己解决饮用水，则应考虑水源净化消毒和水质监测的投资。另外，如果考虑掘井开采地下水资源，就要通过计算水需要量来决定水井的数量，从而对所需投资做出估算，可能需要的投资和维持费用的多少等因素可作为选择用何种水源的依据。如果采用冲洗用水和饮用水分开的方式，由于冲洗用水只要考虑水量的问题，经一般净化消毒处理和简单的水质监测即可大量使用地面水资源，节约用水的成本。

猪场饮用水适宜参数：应根据猪日饮用水量的标准保障供应。在开凿水井之前，取水检测，水质要执行 NY5027—2008《无公害食品 畜禽饮用水水质》标准，年出栏 10 000 头商品猪的规模场饮水需要量为 80～100t。一般情况下，需要建造水塔贮水 300～500m³，备足 3～5d 用水，以防停电缺水；冲洗用水量按饮水需要量的 100% 备用，即 100t 左右。

做到定时定量地冲洗，防止粪便的堆积，以免舍内小环境污染、恶化。以万头养猪规模场为例，必须准备不得少于200t的水量（表2-1）。

表2-1 各猪群每日需水量参数表

群别	每日需水量/（L/d）
成年种猪	25（47头）
带仔母猪	60（140头）
断奶仔猪	5（1000头）
4月龄以上育肥猪	15（3500头）
合计	80～100t

饮用水品质不仅对畜禽生长发育和繁殖有重要作用，还对产品质量和肉、蛋、奶食品的安全有直接影响。随着畜禽产品商品率的提高，产品必须通过无公害认证才能进入超市销售，因而首先必须考虑畜禽养殖饮水质量的直接影响。一般来讲，饮水品质涉及三大指标，即感官性状及一般化学指标、细菌学指标和毒理学指标。在建场之初就必须进行抽样检查和定期抽样控制，以确保水质符合饮用水标准，避免水质的污染。

5. 场地面积 猪场占地面积应依据猪场生产任务、性质、规模和场地的总体情况而定。生产区面积一般可按每头繁殖母猪 $40\sim50m^2$ 或每头上市商品猪 $3\sim4m^2$ 计算。万头规模猪场选择板块建设面积为 $5.3\sim6.7hm^2$。

（二）鸡场场址的选择

1. 鸡场场址应符合规划 鸡场场址选择首先要符合当地土地利用发展规划，符合当地的畜牧业发展总体规划和本地区村镇建设发展规划的用地要求，并征得当地畜牧兽医和环境保护行政主管部门的批准，同时选择的场址也要满足生产发展的要求，符合企业和业主的意愿。

每个地区的畜牧业发展总体规划都是根据当地自然资源、市场需求和社会经济发展前景，经过科学的分析论证而确定的畜牧业发展的指导性文件，所以鸡场场址的规模和建设地点，要和本地区畜牧生产发展规划的用地要求一致。

2. 鸡场建设应符合防疫环保安全要求 鸡场建设必须符合兽医防疫和环境保护要求，并通过"畜禽场建设环境影响评价"，这是保证鸡场安全生产的必备条件。

由于规模化鸡场产生的排泄物超出了周围土壤的接纳和自身净化能力，所以直接排放必然会造成对周围空气、土壤和地下水的污染。水源保护区、旅游区、自然保护区外周边界500m范围内不得建鸡场，环境污染严重区、畜禽疫病常发区及山谷、洼地等易受洪涝威胁的地段也不能建鸡场。鸡场建设必须严格执行国家标准——《畜禽养殖业污染物排放标准》，具备就地无害化、资源化、减量化处理粪尿污水的足够场地和排污条件，并要进行鸡场环境影响评价。选址要有利于有机废弃物和污水的排放及集中处理，并要留有足够面积的处理场地作为设施用地。应建设堆积场、发酵场、沉淀地、沼气池、好氧曝气池，有条件时可以考虑建设有机复合肥厂，生产沼液、沼气和肥料三种产品，以提高资源转化利用率。

在防止场内废弃物污染周围环境的同时，又必须能有效地防止外界病原的侵入，因此在场址选址上按照兽医防疫和环境保护要求，畜禽场四周应留有防疫隔离带，并应保持适当的防疫间距。鸡场应远离铁路、交通要道和车辆来往频繁的地方，距离在500m以上，与次级公路也要有300m的距离。

保护养殖环境的安全，为无公害畜产品的生产创造条件。国家标准《无公害畜禽肉产地环境要求》中规定："养殖区周围500m范围内，水源上游没有对产地环境构成威胁的污染源，包括工业废气物、农业废弃物、医院废弃物、城市垃圾和生活污水等污物。"农业部行业标准《无公害食品 肉鸡饲养管理准则》和《无公害食品 蛋鸡饲养管理准则》中规定："鸡场周围3km内无大型化工厂、矿厂等污染源；距离其他畜牧场至少1km以上；鸡场距离干线公路、村镇居民点至少1km以上。"鸡场应远离重工业基地和化工厂。这些工厂排放的废气、废物和废水中，经常含有重金属、有害气体或烟尘，这些污染源污染空气和水源，它不但危害鸡群健康，而且这些有害物质在蛋和肉品中积留，会影响到食品卫生和安全，对人体也是有害的。

3. 地理条件　理想的地理地势条件，有利于形成光照充分、通风排水良好的小气候。场址应具备地势高、排水良好、向阳背风、有生产生活用水、地层构造适宜建房、无传染源、透气性和透水性良好、场地干燥等条件，同时应了解当地的气候条件，作为建厂和指导生产的参考。具体来说，要选择在空旷闲置地块，坐北朝南或偏东南12%～15%；坡面北高南低（阳坡），坡降0.5%～1%，便于排污；板块地势较高，微坡平展，开阔干燥。选址时还应该注意当地的气候变化条件，不能建在昼夜温差过大的山顶，也不应建在通风不良、潮湿的山谷低洼地区，以半山腰区较为理想。正确的选址，是养鸡成功的第一步。

4. 鸡场生产车间空间布局　原种鸡场、种鸡场、孵化场和商品（鸡蛋）鸡场及育雏、育成室（场）必须严格分开，相距500m以上，并要有绿化隔离林带。同类鸡舍的间距为10～20m，不同鸡群的鸡舍间距应在30～50m或以上。

5. 运输条件　养鸡场要频繁运进饲料和运出产品，故要求交通便利，全天候运输通畅。

6. 水源和土壤条件　水源是选择场址的首要自然条件。任何养鸡场都必须有充足、干净的水源条件，鸡群生产过程的各个环节都离不开水，如鸡群的饮水、鸡舍和用具的洗涤、消毒和用药、降温防暑和人员的生活等，所以一般的鸡场都有专用的水源。

鸡场的水源应充足，能够满足养鸡场的生产和生活用水；同时，水源的水质应符合公共卫生饮水标准，水源中不能含有病菌和毒物，无异味，清新透明，符合饮用水标准，最好是城市供给的自来水。水不能过酸或过碱，即pH不能低于4.6，也不能高于8.2，最适宜的pH为6.5～7.5。硝酸盐不能超过45mg/kg，硫酸盐不能超过250mg/kg。尤其是水中最易存在的大肠杆菌含量不能超标。对水源应分清是地表水还是地下河水或地面水。对水源应先提取水样进行物理、化学和生物污染等方面的化验分析，了解水的酸碱度、硬度、透明度、有无污染和是否含有有害化学物质等。同时，要便于保护水源卫生，使其不易受到工业污染、有机物和微生物污染，始终保护良好的水质，尤其是不受鸡场的粪便污染，粪便常使水源含有大量的大肠杆菌和病原微生物，造成鸡群大肠杆菌病和其他疫病的不断发生。另外，也要考虑到鸡场取水方便，有利于管理。

家禽场的土壤应具有一定的卫生条件，应要求过去未被鸡的致病细菌、病毒和寄生虫所污染，透气性和透水性良好以便保持地面干燥。对于采用机械化装备的鸡场还要求土壤压缩性小而均匀，以承担建筑物和将来使用机械的重量，一般选择沙壤和壤土性质为好，沙壤土既有一定数量的大孔隙，排水性能良好，隔热，又有大量的毛细管孔隙，透气性和透水性良好，持水性小，雨后不易泥泞，易保持适当的干燥性。这样的土壤有利于防止病原微生物、寄生虫和昆虫的生存与繁殖，以及土壤的自净，符合鸡场的卫生要求。

保证充足的水源和良好的水质，对于养鸡生产是十分必要的。鸡群饮用水参数为 1 日龄饮水量 8～9mL，8 周龄饮水量 85～90mL。根据不同类型鸡群对饮用水的需要，测算 1 只成鸡每天需饮用水量为 300mL（饮水占 1/3，用水占 2/3），在饮水不断水情况下，前 2 周每 70 只雏鸡一个饮水器（容量为 4kg），以后改用水槽每只鸡占有 2cm 的饮水位置，如果是圆钟式饮水器，每个可供 120 只鸡饮用，避免争水喝而导致污染现象的发生。

7. 能源供应充足　鸡场的照明、孵化、保温、动力和生活都离不开能源的供应，鸡场中除孵化室要求每日 24h 供应电力外，鸡群的光照也必须有电力供应。因此，对于较大型的鸡场，必须具备备用电源，如双线路供电或发电机等。

三、场区的布局和要求

（一）养殖场场区分区布局

1）生产区与饲料加工区、行政管理区、生活区必须严格分开。

2）在猪场，母猪、仔猪、商品猪应分别饲养。猪舍栋间距离应该是 30m 左右；在鸡场，原种鸡场、种鸡场、孵化厅和商品鸡场及育雏和育成室必须严格分开，距离 500m 以上，各场之间应该有隔离措施。栋舍之间的距离应该在 25m 以上。

3）患病动物隔离舍、兽医诊断室、解剖室、病死动物无害化处理和粪便处理场都应建在场外的下风口，距离养殖场不少于 200m。粪便需送到围墙外，在处理池内发酵处理。

4）在养殖场周围不准养狗、猪和禽。本场职工和家属一律不准养猪、家禽和其他动物。场内食堂肉、禽和蛋应自给。职工家属用的肉和蛋及其制品也应由本场供给，不准外购。已出场的动物及其产品不准回流。

（二）猪场场区布局和要求

（1）**功能分区**　一般可将场区划分为三大功能区，即养殖生产区、辅助生产区和生活办公区，三个区域一般相互距离为 30～50m。辅助生产区主要包括饲料加工、库存车间等；生活办公区主要包括行政办公区、畜牧兽医工作室、接待室、实验室、职工宿舍等。生活区应该位于生产区的上风向，靠近主干道路。对于大型养猪场，根据生产任务和经营性质的不同，可分为原种猪场、扩繁猪场和商品肉猪养殖场及养殖小区等不同分猪场。

根据猪群类型分为种用公猪（人工授精站）、空怀母猪、妊娠母猪、产仔哺乳、仔猪保育、后备公猪、后备母猪、生长肥育猪、隔离病猪。依次，养殖生产区又可划分为种繁区、保育区和生长肥育区及病猪隔离区。对于万头以上养殖规模场可以考虑选择建设 S.E.W 系统，即种繁场、保育场和生长肥育场，实行"早期断奶隔离式饲养"制度，该制度有利于控制疾病，保证群体的健康。

（2）**养殖区防疫布局**　在整个功能板块设计中，养殖区应保持相对独立和封闭，并且四周有防疫围墙或防疫沟作为隔离带。大门出入口设置值班室、更衣消毒室和车辆消毒通道。畜舍最好坐北朝南，两栋之间距离 10～20m。

（3）附属配套建设布局　　猪场外运输道路宽 5.5m，场内道路（净道）宽度不得低于 3.5m，场内四周专用粪道（污道）宽度为 2.8m，各车间清粪道宽度为 1.3m。要求场区绿化面积占总面积的 30%～50%。电能供应 100～120kW·h/万头，电力负荷等级为三级，供电不足三级时，应设置自备电源，按照全场总电量的 1/4 或 1/3 配备应急处理设施。

小区内要设畜牧兽医技术室（在生产区内）和档案资料室，自动化办公室，兽医技术室，药品杂物库存车间等相应的设备设施。

（三）鸡场场区布局和要求

鸡场场区布局均要以有利于防疫、排污和生活为原则。通过鸡场内各建筑物的合理布局来减少疫病的发生和有效地控制疫病。场区功能分区及布局如下。

根据生产任务和经营性质的不同，可将大型养鸡场分为种鸡场、孵化场和商品肉鸡养殖场及养殖小区。通过功能分工，实施专业配套生产。为了防疫的需要，提倡集中孵化供苗，有的鸡场建立育雏场、育成场和种鸡场，也有的建成综合鸡场，以避免引种频繁而引起的传染性疾病的发生、流行。对于普通鸡场，根据用途和生产阶段可将鸡群类型分为种鸡、育雏、育成鸡、后备鸡培育及产蛋鸡，从而相应设计不同的饲养功能区。为了保证品种质量和健康要求，提倡养鸡专业化，即品种专业化或生产工艺专业化，这样有利于创建商品化市场品牌。

按主导风向、地势高低及水流方向，各区排列顺序依次为生活区、行政区、辅助生产区、生产区和污粪处理区。若地势、水流和风向不一致，则以风向为主。生产区内布局应考虑风向，从上风向至下风向按代次应依次安排祖代、父母代、商品代；按鸡的生长期应依次安排育雏舍、育成舍和成年种鸡舍，这样有利于保护重要鸡群的安全。

首先，鸡场内生活区、行政区和生产区应严格分开并相隔一定距离，生活区和行政区在风向上与生产区相平行，有条件时，生活区可设置在鸡场之外，否则如果隔离措施不严，会造成将来防疫措施的重大失误，使各种疫病连续不断地发生，致使鸡场损失巨大。其次，生产区是鸡场布局中的主体，应慎重对待，孵化室应和所有鸡舍相隔一定距离，最好设立在整个鸡场之外，孵化室出壳的雏鸡最易受到外界各种细菌、病毒、寄生虫，尤其是来自于各种鸡场病原体的污染，同时由于各类人员、运输车辆进出比较频繁，孵化室的蛋壳、死鸡、死胎、绒毛等也导致孵化室成为一个潜在的污染源，从而污染鸡场的鸡群。

鸡场生产区内，应按规模大小、饲养批次将鸡群分成数个饲养小区，区与区之间应有一定的间隔距离，各类鸡舍之间的距离应以品种、各代次的不同而不同，祖代鸡舍之间的距离相对来说应相隔远一些，以 60～80m 为宜；父母代鸡舍之间的距离为40～60m；商品代鸡舍之间的距离为 20～40m。总之，鸡代次越高，鸡舍间距应越大。每栋鸡舍之间应有隔离措施，如围墙或沙沟等。

鸡场内道路布局应分为清洁道和脏污道，清洁道和脏污道不能相互交叉。清洁道的走向为孵化室、育雏室、育成舍、成年鸡舍，各舍有入口连接清洁道；脏污道主要用于运输鸡粪、死鸡及鸡舍内需要外出清洗的脏污设备，其走向也为孵化室、育雏室、育成舍、成年鸡舍，各舍均有出口连接脏污道。清洁道和脏污道不能交叉，以免污染。

以 5 万套种鸡（含孵化）场或 50 万只肉鸡场为例：鸡场建设所需建设用地面积基本等同于万头养猪场面积（5.3～6.7hm^2）。其三大功能区的建设面积在 13 000～15 000m^2，其中养殖建筑面积在 12 000～13 000m^2，辅助生产设施面积在 600～800m^2，生活办公区面积在 1500～2000m^2。三大功能区之间的距离为 30～50m，不同类型车之间的距离为 10～12m，以利于通风、阳光照射和防疫需要。

孵化场规划布局：新建孵化场，其规模应根据当时养鸡的发展规划而定。应充分调查本地区养鸡场的数量和鸡的品种、存栏量，计算出每月需要生产的雏鸡量和所需要的种蛋数、批次、每批出雏的最高数量，来确定出雏室和雏鸡存放室、贮蛋室、收蛋室、洗涤室、雏盒室等需要的面积，从而作为建场的依据。

孵化场的布局和工艺流程必须严格按照种蛋、种蛋消毒、种蛋保存、种蛋处置（分级码盘等）、孵化移盘、出壳雏鸡处置（分级鉴别、预防接种等）、雏鸡存放的生产过程考虑。种蛋-出雏较小的孵化场可采用长条流程布局；但大型孵化场，则应以孵化室、出雏室为中心，根据生产流程确定孵化场的布局，安排其他各室的位置和面积，以减少运输距离和工作人员在各室之间不必要的往来，提高房舍的利用率，有效改善孵化效果。

四、疫情监测和预测

（一）动物疫病的监测

疫病监测是指系统、完整和连续地收集动物疫病有关的资料，经过分析事后及时反馈和利用信息并指定有效防治对策的过程。疫病监测具有以下特征，即资料收集的连续性和系统性：收集的资料不仅包括发病和死亡，还包括疫病发生、流行和防治有关的其他问题；不仅是将监测的原始资料进行汇总分析和解释，还包括信息反馈和利用的过程。

1. 疫病监测的意义　　疫病监测是动物疫病控制工作的重要组成部分，可为国家制定动物疫病控制规划和疫病预警提供科学依据，同时对动物保健咨询，以及保证输出动物及其产品的无害状态都具有非常重要的意义。

1）疫病监测是掌握动物疫病分布特征和发展趋势的重要方法，通过对动物疫病连续、系统地观察、检验和资料分析，确定危害动物主要疫病的分布特征和发展变化趋势，有助于动物疫病控制规划的制定；便于发现外来疾病并采取干预措施；确定疾病的病因及其影响因素；可以预测动物疾病的流行趋势。

2）疫病监测是掌握动物群体特征和影响疾病流行社会因素的重要手段。动物的群体特性与动物疫病的发生和流行有关，并对疫病发生和流行的影响很大，如动物年龄、性别、品种、生理状态和遗传特征，动物的销售和流通方式，家养或野生动物的用途（使役、产肉、产乳、产蛋或宠物）、管理和饲养情况及预防措施等。通过对动物群以上特征和特定地区社会因素的了解，有助于确定传染源、传播途径及影响因素，是预测疫病可能传播或确定合理控制措施的重要内容。

3）疫病监测是评价疫病控制措施效果的重要方法。由于监测是连续、系统地观察，因此在评价疫病控制策略或措施效果时，疫病的发展变化趋势能够为评价过程提供最直接、最可靠的依据。

4）疫病监测是国家调整兽医防疫策略和计划、制定动物疫病消灭方案的基础。通过监测可以掌握动物疫病的流行特点、分布规律、控制措施效果等信息，因此可为国家制定动物疫病防治策略和疫病消灭规划提供科学的数据。

5）疫病监测是保证动物产品质量的重要措施之一。长期的实践证明，动物产品质量的提高与动物健康状况及疫病控制策略有极大的相关性，通过有效的疫病监测不仅对动物疫病控制具有科学的指导作用，也能对动物养殖全过程进行全方位的监控，以提高动物产品的质量。

2. 疫病监测系统　　在一个国家或地区范围内，为了达到特定目标对某种传染病进行有组织、有计划的监测时可形成一个疫病监测系统。标准的疫病监测系统通常由疾病监测中心、诊断实验室和分布各地的监测点等组成。

（1）动物疫病监测系统的类型　　疫病监测系统具有不同的分类方法，如以动物群为基础的现场监测系统、以实验室为基础的检验监测系统、以动物屠宰检疫检验为基础的屠宰监测系统和以兽医临床为基础的诊疗监测系统等，但通常也将其综合起来并按照监测范围分为全球性疫病监测系统、全国性疫病监测系统和地区性疫病监测系统。

全球性疫病监测系统的作用是促进动物和动物产品的国际贸易，预防和控制动物疫病从一个国家传到另一个国家，促进各国间协调合作来共同控制和监测动物的疫病，如OIE、联合国粮食及农业组织（FAO）、世界口蹄疫参考实验室（WRL-FMO）等国际机构，不断地从各成员国收集疫病资料，经过综合整理后定期公布，向各成员方发出疫病流行和蔓延的警报。

全国性疫病监测系统可通过设立在不同地区的动物疫病监测点，收集疫病有关的资料信息，经过综合分析和整理，为政府制定、实施动物疫病控制规划提供有价值的数据，同时为不同地区动物疫病控制提供技术咨询服务。国家设立的动物疫病监测中心，至少应包括动物疫病中心实验室和经过系统培训的现场监测员，以负责对现场样品做出及时的实验室检验和搜集、整理动物疫情资料。

地区性疫病监测系统则通过一定地区内兽医防疫部门和动物生产单位的记录系统查明动物群体的健康状态。该系统监测的动物群体较小，常常不能反映较大范围内的疫病流行情况，但该系统的记录体系较完善，所含的信息和资料详细，因而在疫病监测实践中的作用很大，可作为全国性疫病监测系统的有效补充。

（2）监测系统的评价　　评价监测系统的标准包括以下几个方面。

1）灵敏性：是指监测系统识别动物疫病的能力，如监测系统报告的疫病病例占实际发病病例的比例，以及判定疫病暴发或流行的能力。

2）及时性：是指监测系统发现疫病暴发或流行直到有关部门接到报告并做出反应的间隔时间。及时性对急性疫病的监测尤为重要。

3）代表性：是指监测系统描述的动物疫病问题能在多大程度上反映监测范围内动物疫病流行的实际问题。

4）简单性：是指监测系统监测的资料容易收集，监测手段和方法容易操作，系统运行程序简单等特性。

5）灵活性：是指监测系统能够对新出现的问题、操作程序及其技术要求等及时做出反应并适应其变化的特性。

6）阳性预测值：这里是指监测系统报告的数据中真正病例所占的比例。

由于监测的目的不同，每个监测系统对监测的重视程度也不同；同时，由于各个指标间具有一定的联系，在对某个指标的要求加强时可能会降低对另外指标的要求。

3. 疫病监测的对象和主要内容　　疫病监测的对象虽然在不同国家或地区具有一定的差异，但主要包括重要的动物传染病和寄生虫病，尤其是危害严重的烈性传染病和人畜共患疫病。我国将各种法定报告的动物传染病和外来动物疫病作为重点监测对象。

疫病监测的内容主要包括：动物的群体特征及疫病发生和流行的社会影响因素；动物疫病的发病、死亡及其分布特征；动物群的免疫水平；病原体的型别、毒力和耐药性；野生动物、传播媒介及其种类、分布；动物群的病原体携带状况；疫病的防御措施及其效果；疫病的流行规律等。对某种具体传染病进行监测时，应综合考虑其特点、需要的预防措施和人力、物力、财力等方面的实际条件，适当选择上述内容进行监测。

4. 疫病监测的程序、手段和方法

（1）**监测程序**　　动物疫病的监测程序包括资料的收集、整理和分析，以及疫情信息的表达、解释和发送等。

1）资料的收集：疫病监测资料收集时应注意完整性、连续性和系统性，资料来源的渠道应广泛。收集的资料通常包括疫病流行或暴发及发病和（或）死亡等资料；血清学、病原学监测或分离鉴定等实验室检验资料；现场调查或其他流行病学方法调查的资料；药物和疫苗使用资料；动物群体及其环境方面的资料等。上述资料可通过基层监测点按常规疫情进行上报，或按照周密的设计方案，要求基层单位严格按规定方法调查并收集样品和资料信息。

收集资料时通常应注意：尽量收集并提供发病率和死亡率的准确数据，但也应注意收集有关患病动物增加或减少趋势的数据；当发展流行速度快、以前未记录过的疾病及与全新饲养管理制度相关的疾病，尤其有新传入的外来疾病时，应有迅速反应的能力和态度。

2）资料的整理和分析：是指经原始资料加工成有价值信息的过程。通常包括以下步骤：首先，将收集的原始资料认真核对、整理，同时了解其来源和收集方法，选择符合质量要求的资料录入疾病信息管理系统供分析用。其次，利用统计学方法将各种数据转换为有关的指标。最后，解释不同指标说明的问题。

3）疫情信息的表达、解释和发送：将资料转化成不同指标后，要经统计学方法检验，并考虑影响监测结果的因素，最后对所获得的信息做出准确合理的解释。

运转正常的动物疫病监测系统能够将整理和分析的疫病监测资料迅速发给有关的机构和个人。这些机构或个人主要包括提供基本资料的机构或个人、需要知道有关信息或参与疾病防治行动的机构或个人及一定范围内的公众。监测信息的发送应采取定期发送和紧急情况下及时发送相结合的方式进行。

信息的主要内容应包括：①被列入连续监测计划的各种疫病信息，如现实性、累计性和地区性的疫病资料；②对选定疫病有更深入研究的定期资料；③特定疫病防治的研究进展；④对现时疫情和可能出现的疫情发生的警报；⑤建议有关疫病控制方面的立法；⑥预测未来疫病的流行形式或疫病事件；⑦紧密追踪特定病例或暴发的信息概要；⑧重要的文献摘要和其他类型的疫病信息等。

（2）**监测手段**　　疫病监测的内容很多，监测手段多种多样，通常包括以下几种。

1）临床检查：临床检查是疫病监测的最重要方式之一，现场人员通过定期对动物群进行系统检查，发现异常时进一步调查原因，若出现外来病、新发生的疫病和法定的一、二类疫病时应及时按规定进行疫病报告。

规模化养殖场通过疫病流行状况和防治对策效果等有关资料的收集与整理，可发现疫病病理变化的趋势及影响疫病发生、流行和分布的因素，适时制订和改进防疫措施；通过对环境、疫病、动物群等方面长期系统的监测、统计和分析，可对场内疫病的流行进行预测。

2）病原学检测：根据疫病流行现状和动物及其产品国际贸易的要求，应用各种病原学检测方法，重点监测某些具有重大经济影响的法定一、二类动物疫病病原体是疾病检测工作的主要内容。

由于全国性疫病监测涉及面广，可使用的监测资源有限，所以进行病原监测时应注意以下几项内容：①监测对象和样品的采集应有代表性；②可采集牧场、市场或屠宰场中的动物样品进行检验；③可通过有组织、有计划地设立哨兵动物进行检验和分析；④及时收集兽医诊断实验室的检测结果；⑤可对保存的样品进行追踪检查；⑥经常性地分析兽医诊断实验室的检验记录，以减少或防止疫病监测工作的盲目或被动状态。

3）血清学检测：通过血清学检测，研究机体内血清抗体出现和分布的规律性，以阐明疫病在动物群中的分布及其原因。由于该方法具有敏感、专一、简便和安全等特点，因此在疫病监测过程中具有以下几方面的作用：①查明动物疫病，包括一些以隐性感染为主的疫病的流行状况；②根据不同地区动物群某种疫病的抗体水平及其分布，推测疫病现在和过去的流行和分布状态；③根据疫苗接种前后抗体滴度的变化，正确评价免疫的效果；④根据发病初期和康复期动物血清抗体水平的升高幅度，对疫病进行确诊；⑤通过系统、连续地进行抗体检测，推测疫病流行的动态变化，对疫病预测或防治对策的制订提供依据。

规模化养殖场实行抗体水平的连续监测，对评价疫苗免疫的效果、制订合理的免疫程序、发现动物中隐性感染者及评价疫病防治效果等都具有重要的意义。

4）动物群体特性和疫病流行影响因素的调查：包括对动物种类、品种、年龄、性别、生理状态和遗传特性，家养或野生动物的用途（如使役、产肉、产乳、产蛋或宠物）、管理和饲料情况及预测措施等的调查；对动物的销售和流通方式、人们的生活习惯、风俗、文化、科技水平和兽医法律法规的贯彻执行情况等的调查。

5）哨兵动物的应用：哨兵动物是指为了查明某一特定环境中某传染因子的存在状况，有意识地在该环境中暴露的易感动物。哨兵动物的作用主要表现为以下几个方面：①评价疫病根除或环境消毒的效果；②用作某种疫病病原体或其传播者采集的活诱饵；③结合其他方法对疫病进行确定诊断等。

当哨兵动物被引入一个国家、地区或养殖场时，由于在新的环境条件下机体缺乏特异性的免疫力，故发病率和死亡率会明显升高，病原体的富集作用也比较强。自然来源的野生动物和人工标记的养殖动物均可作为哨兵动物使用。

（3）监测方法　　监测方法通常包括被动疫病监测和主动疫病监测两种。

1）被动疫病监测：被动疫病监测时疫病相关资料收集，主要通过需要帮助的养殖业主、现场兽医、诊断实验室和疫病检测员及屠宰场、动物交易市场等以常规疫病报告的形式获得资料。由于通过该方法容易获得和分析疫病信息，因此加强被动监测系统具有重要的意义，但完全依赖于被动监测系统常常会导致疫病报告频率明显低于实际发生频率的现象，故被动疫病监测必须有主动疫病监测系统作为补充，尤其对紧急疫病更应强调主动疫病监测。

疫病报告的内容包括：①疑似疫病的种类，疫病暴发的确切地点，发生疫病的主要场户的名称和地址；②发病动物的种类；③估计病死动物的数量；④发病动物临床症状和剖检变化的简要描述；⑤疫病初次暴发被发现的地点和蔓延情况；⑥当地易感动物近期的来源和运输去处；⑦其他任何关键的流行病学信息，如野生动物疫病和昆虫的异常活动；⑧初步采取的疫病控制措施等。监测中心应根据疫病报告的内容设计被动疫病监测的表格，其中包括：①背景信息如计划、阶段、地区和动物群信息；②采集的样品和动物编号；③观察的临床症状和剖检变化；④疑似疫病；⑤初步采取的控制措施；⑥实验室诊断结果及措施评价等，以便能够进行有效的管理和分析。

2）主动疫病监测：是指根据特殊需要严格按照预先设计的监测方案，要求监测员有目的地对动物群进行疫病资料的全面收集和上报过程。主动疫病监测的步骤通常是按照流行病学监测中心的要求，检测员在其辖区内随机选择采样地点、动物群和动物进行采样，同时按规定的方法填写采样表格。采样表格通常包括的内容有：采样员信息，采样地点及动物群信息，动物编号来源，采样的种类、数量及其编号，测定的疫病，测定的结果和流行病学监测中心的评价等。

5. 动物疫病监测中心　　无论是通过主动疫病监测还是被动疫病监测，所获得的疫病监测资料均应汇集到动物疫病监测中心以便进行有序的管理、储存和分析，然后将分析的结果反馈给资料呈递的有关人员，如养殖业主、诊疗兽医、屠宰检疫员、市场检疫员或地区疫病监测员，必要时还需要在较大范围内通报。

（1）动物疫病监测中心的作用　　包括以下几个方面：①管理并监控疫病信息系统，包括数据流向、数据质量、数据录入和分析结果的反馈等内容；②根据监测资料的分析结果，每周向主管兽医或部门进行动物疫病状态简报，并及时通报疫病状态的任何变化；③每月定期向主管兽医或部门提交动物健康状况的概述报告；④发布监测疫病流行的汇总图、表或地区分布状态；⑤制订或协助制订主要疫病的控制措施或对策；⑥协助制订或修改动物疫病控制措施或应急计划；⑦对兽医服务体系和疫病控制提供决策支持。

（2）动物疫病监测中心的疫病信息管理和分析系统　　目前，动物疫病信息管理和分析系统较多，几乎每个发达国家都有自己的动物疫病信息系统，有些国际性组织也设计了软件系统，如 FAO 的 TADinfo 数据库系统等，TADinfo 数据库系统分为三个版本，即国家级 TADinfo、区域级 TADinfo 和全球性 TADinfo。其中国家级 TADinfo 数据库系统是为流行病学专业人员设计的工具，可管理、分析和处理被动疫病监测资料和疫病普查资料等，该系统的演示版可从 http://www.fao.org/empres 站点下载。

（二）疫情的预测预报

疫病预测是根据疫病发生发展的规律及其影响因素，用分析判断和数学建模型等方法对流行的可能性和强度做出预测。

人们在与疫病做斗争的过程中，很早就希望能够预见性地掌握传染病在动物群中的流行趋势，以使疫病的防治工作更加主动有效，减少疫病给动物生产造成的损失。随着不同疫病流行病学研究的逐渐加深和相关技术的发展，疫情预测的准确度将会逐渐提高。

疫情预测的原理和方法通常包括以下几个方面。

1. 根据疫病或传染源的分布和消长情况预测　在疫病监测的基础上，以过去的疫情发生为根据，推算以后该病流行的消长情况；或从某些疫病流行前的发病动态进行预测，如猪繁殖与呼吸综合征、鸡传染性法氏囊病等被传入后，在全国范围大面积流行前都曾出现过发病数量上升的小规模流行。如果根据不同地区某病的连续监测结果，将若干年的发病率绘制成月平均曲线图（包括上限线、平均线和下限线），根据本年度某月份发病率，在图上也可分析下月份的疫情状况。

2. 根据动物群易感性的变化预测　例如，在新城疫抗体监测过程中，若发现免疫鸡群中抗体含量变低则可能流行；如果进一步低到某极限滴度，新城疫病毒一旦传入鸡群则可能有全群发病甚至死亡的危险性。另外，可以通过测定血清抗体的阳转率和抗体水平的变化预测某些疫情。

3. 根据传播媒介的消长规律预测　例如，乙型脑炎的流行可根据感染病毒的蚊出现的早晚、数量的多少来预测，而传播媒介的消长则可根据气候和季节等进行预测。

4. 根据病原体的分析结果预测　在动物群中发现病原微生物的新变异株通常预示着该病有流行的趋势。

5. 根据某些影响流行的因素预测　影响疫病流行的因素发生变化，流行的强度可能也会随之发生变化，如洪水或大雨后钩端螺旋体病的流行，经过长途运输的动物群可能发生某些内源性病原的感染和流行等。

6. 数理预测　利用过去积累的疫情资料，经统计学分析建立数学模型来推测疫情的动态变化。

五、养殖场的经常性消毒

养殖场大门和生产区大门入口处，要设置宽同大门、长为机动车轮一周半的消毒池，并建立人员过往消毒通道。所有人员、车辆不经消毒严禁入门，非生产人员不得擅自进入生产区，工作服与胶鞋禁止穿出场外并在指定地点存放，工作服每周要清洗消毒一次。

清舍消毒，实行全进全出制。在每批动物出栏后，栏舍内墙壁、地面及房顶灰尘要彻底清扫冲洗干净，然后用 2% 氢氧化钠水溶液、0.5% 过氧乙酸或 0.03% 百毒杀等药液进行刷洗或泼洒消毒，并空舍 1 周后方可引进动物。

场区的消毒要求每半个月用 2%～3% 氢氧化钠溶液喷洒消毒一次，不留死角，每栋舍内走道每 5～7d 用 3% 氢氧化钠溶液喷洒消毒一次，必要时可增加消毒次数或用 1∶300 的农福带动物消毒。

养殖场一旦发现患病动物，要及时隔离治疗，对于病死动物的处理，要在指定的隔离地点烧毁或深埋，决不允许在场内随意处理或解剖。对患病动物接触过的地方，应清除粪便和垃圾，然后清除表土，再用 2%～4% 氢氧化钠溶液进行消毒。

养殖场产生的大量粪便可用发酵池法和堆积法消毒；对于污水可用 25% 漂白粉消毒，用量为 6g/m³，如水质较差可用 18g/m³。

场区内禁养狗、猫等宠物，并禁止其他动物进入，要定期灭鼠，灭蚊、蝇，饲养人员要认真遵守饲养管理制度，细致观察饲料有无霉变、动物的采食状况和排粪状况等，发现病情及时报告。

（一）猪场的消毒

1. 人员消毒　　工作人员进入生产区净道和猪舍要经过洗澡、更衣、紫外线消毒。养殖场一般谢绝参观，严格控制外来人员，必须进入生产区时，要洗澡，换场区工作服和工作鞋，并遵守场内防疫制度，按指定路线行走。进入养殖场的人员，必须在场门口更换靴鞋，并在消毒池内进行消毒，场门口设消毒池，内盛2%～3%火碱（氢氧化钠）溶液，3d更换一次。

有条件的养殖场，在生产区入口设置消毒室，在消毒室内洗澡、更换衣物，穿戴清洁消毒好的工作服、帽和靴经消毒池后进入生产区。消毒室经常保持干净、整洁。工作服、工作靴和更衣室定期洗刷消毒，每立方米空间用42mL福尔马林熏蒸消毒20min。工作人员在接触畜群、饲料、种蛋等之前必须洗手，并用1∶1000的新洁尔灭溶液浸泡消毒3～5min。

2. 环境消毒　　猪舍周围环境每2～3周用2%火碱（氢氧化钠）溶液消毒或撒生石灰一次，场周围及场内污水池、排粪坑、下水道出口，每月用漂白粉消毒一次。在大门口猪舍入口设消毒池，使用2%火碱或5%来苏水，注意定期更换消毒液。每隔1～2周，用2%～3%火碱（氢氧化钠）溶液喷洒消毒道路；用2%～3%火碱（氢氧化钠）溶液、3%～5%的甲醛或0.5%的过氧乙酸喷洒消毒场地。

被病畜（禽）的排泄物和分泌物污染的地面土壤，可用5%～10%漂白粉溶液、百毒杀或10%火碱（氢氧化钠）溶液消毒。停放过芽胞所致传染病（如炭疽、气肿疽等）的病畜尸体的场所，或者是此种病畜倒毙的地方，应严格加以消毒，首先用10%～20%漂白粉乳剂或5%～10%优氯净喷洒地面，然后将表层土壤掘起30cm左右，撒上干漂白粉并与土混合，将此表土运出掩埋。在运输时应用不漏土的车以免沿途漏撒，如无条件将表土运出，则应加大漂白粉的用量（1m² 面积加漂白粉5kg），将漂白粉与土混合，加水湿润后原地压平。

3. 猪舍消毒　　每批猪只调出后要彻底清扫干净，用高压水枪冲洗，然后进行喷雾消毒或熏蒸消毒。据试验，采用清扫方法，可以使畜禽舍内的细菌减少21.5%，如果清扫后再用清水冲洗，则畜禽舍内细菌数即可减少54%～60%。清扫、冲洗后再用药物喷雾消毒，畜禽舍内的细菌数即可减少90%。

用化学消毒液消毒时，消毒液的用量一般是以畜禽舍内每平方米面积用1～1.5L药液。消毒时，先喷洒地面，然后喷洒墙壁，先由离门远处开始，喷完墙壁后再喷天花板，最后再开门窗通风，用清水刷洗饲槽，将消毒药味除去。在进行畜禽舍消毒时，也应将附近场院及病畜、禽污染的地方和物品同时进行消毒。

（1）**猪舍的预防消毒**　　在一般情况下，猪舍应每年进行两次（春秋各一次）预防消毒。在进行猪舍预防消毒的同时，凡是猪停留过的处所都需进行消毒。在采取"全进全出"管理方法的机械化养猪场，应在每次全出后进行消毒。产房的消毒在产仔结束后再进行一次。

猪舍的预防消毒，也可用气体熏蒸消毒，所用药品是福尔马林和高锰酸钾。方法是按照猪舍面积计算所需用的药品量。一般每立方米空间用福尔马林25mL，水12.5mL，高锰酸钾 25g（或以生石灰代替）。计算好用量以后将水与福尔马林混合。猪舍（或其他畜舍）的室温不应低于正常的室温（8～15℃），将畜、禽舍门窗紧闭。然后将高锰酸钾倒入，用木棒搅拌，经几秒即见有浅蓝色刺激眼鼻的气体蒸发出来，此时应迅速离开畜禽舍，将门关闭。经过 12～24h 后方可将门窗打开通风。

（2）猪舍的临时消毒和终末消毒　　发生各种传染病而进行临时消毒及终末消毒时，用来消毒的消毒剂随疫病的种类不同而有所差异。一般肠道菌、病毒性疾病，可选用 5% 漂白粉或 1%～2% 氢氧化钠热溶液。但如发生细菌芽胞引起的传染病（如炭疽、气肿疽等）时，则需使用 10%～20% 漂白粉乳剂、1%～2% 氢氧化钠热溶液或其他强力消毒剂。消毒畜禽的同时，在病畜舍、隔离舍的出入口处应放置设有消毒液的麻袋片或草垫。

4. 带猪消毒

（1）一般性带猪消毒　　常用的药物有 0.2%～0.3% 过氧乙酸，每立方米空间用药 20～40mL，也可用 0.2% 次氯酸钠溶液或 0.1% 新洁尔灭溶液。0.5% 以下浓度的过氧乙酸对人畜无害，为了减少对工作人员的刺激，在消毒时可佩戴口罩。

本消毒方法全年均可使用，一般情况下每周消毒 1 或 2 次，春秋疫情常发季节，每周消毒 3 次，在有疫情发生时，每天消毒 1 或 2 次。带猪消毒时可以将 3～5 种消毒药交替进行使用。

（2）猪体保健消毒　　妊娠母猪在分娩前 5d，最好用热毛巾对全身皮肤进行清洁，然后用 0.1% 高锰酸钾水溶液擦洗全身，在临产前 3d 再消毒 1 次，重点要擦洗会阴部和乳头，保证仔猪在出生后和哺乳期间免受病原微生物的感染。

哺乳期母猪的乳房要定期清洗和消毒，一般每隔 7d 消毒 1 次，严重发病的可按照污染猪场的状况进行消毒处理。

新生仔猪，在分娩后用热毛巾对全身皮肤进行擦洗，要保证舍内温度（舍温在 25℃以上），然后用 0.1% 高锰酸钾水溶液擦洗全身，再用毛巾擦干。

5. 用具消毒　　定期对保温箱、补料槽、饲料车、料箱、针管等进行消毒。一般先将用具冲洗干净后，再用 0.1% 新洁尔灭或 0.2%～0.5% 过氧乙酸消毒，然后在密闭的室内进行熏蒸。

6. 粪便消毒　　患传染病和寄生虫病的病畜、粪便的消毒方法有多种，如焚烧法、化学药品消毒法、掩埋法和生物热消毒法等。实践中最常用的是生物热消毒法，此法能使非芽胞病原微生物污染的粪便变为无害，且不丧失肥料的应用价值。

7. 垫料消毒　　对于猪场的垫料，可以通过阳光照射的方法进行。这是一种最经济、最简单的方法，将垫草等放在烈日下，暴晒 2～3h，能杀灭多种病原微生物。对于少量的垫草，直接用紫外线等照射 1～2h，可以杀灭大部分微生物。

（二）规模化鸡场消毒

1. 空舍消毒　　空舍消毒的目的就是将上批鸡的残留物彻底清理出去，做好鸡舍的消毒，控制疾病的发生，目前大部分鸡场的消毒程序是清扫—冲洗—喷消毒药—熏蒸。

这里存在着很多误区：首先，冲洗往往只是单独冲洗，不加消毒药，或者即使添加消毒药，也不注意合理的选择；其次，冲洗后的消毒液不分成分就任意喷洒，没有针对性；最后，熏蒸消毒时，不考虑升温、加湿，并且熏蒸消毒后也不做二次清洗工作。

正确的空舍后的消毒流程可参考消毒 6 步法：彻底清扫鸡舍—高压水枪冲洗—碱性

消毒药消毒—酸性消毒药消毒—熏蒸消毒—二次清洗。

（1）彻底清扫鸡舍　　上批鸡出栏后，应在 1～2d 清理鸡舍内的鸡粪、杂物、剩余的饲料，将鸡舍从上到下、从里到外彻底打扫干净，不在舍内留残存的杂物。

（2）高压水枪冲洗　　选用 4 个压力以上的高压水枪冲洗。消毒工作中有 60%～70% 的重点在于冲洗上，尤其是对传染性法氏囊病病毒，在首次冲洗时必须加入消毒药，且一定要选择穿透力强、不受有机物影响的消毒剂。例如，选择复合酚、有机酸和表面活性剂类消毒剂，这样可以不受低温和有机物（粪便）的影响。

（3）碱性消毒药消毒　　碱性消毒药可以选择氢氧化钠或生石灰，切记不要向笼架上喷雾，以免损坏设施，向地面喷洒即可。氢氧化钠一定要用 3%～5% 的浓度；石灰一定要选择生石灰，块状的最好，配比 10% 的浓度，切忌用熟石灰（无消毒作用），更不要用放置很久的生石灰，因为它会吸收空气的水分，形成碳酸氢钙，也起不到消毒的作用。

（4）酸性消毒药消毒　　酸性消毒药主要针对病毒性疾病与霉菌，建议用过氧乙酸喷洒，尤其是对新城疫病毒、禽流感病毒的杀灭力极强。

（5）熏蒸消毒　　熏蒸可以用高锰酸钾与甲醛熏蒸；也可用固体甲醛熏蒸消毒，但要升温（25℃以上）、加湿（70% 以上，像夏天刚下完雨那种湿热的感觉），熏蒸消毒时一定要把料槽和水槽拿入舍内。

（6）二次清洗　　这项工作很容易被忽视，如果不进行二次清洗，鸡舍内残留的消毒液，待进雏时就会再次蒸发出来，直接刺激鸡的呼吸道黏膜，从而导致雏鸡的抵抗力下降，甚至出现呼吸道症状。二次清洗时喷清水或消毒水都可以（消毒药要选择可以带鸡消毒的）。

2. 外环境消毒　　外环境消毒是指对鸡舍周围、厂区内的消毒，目的就是切断传播途径，主要指空气、地面、墙面、门口设施、脚踏盆、消毒池的消毒等。

外环境消毒常见的误区是鸡场门口无消毒池，或即使有消毒池也形同虚设，池内、脚踏盆内没有消毒液。正确的做法是在鸡舍周围喷洒石灰水，但要现用现配，不宜久置。也可以使用复合酚、有机酸、表面活性剂类的消毒剂用于外环境消毒，直接兑水喷洒即可，不受水温的影响，用于环境的消毒可按 1∶1000 稀释，主要用于新城疫等病毒性疾病的预防。对于门口消毒池内的消毒液，可选择不受水温、有机物影响，且穿透力较强的药物。对于门口脚踏盆的消毒，建议选择过硫酸氢钾复合物的消毒剂，能够彻底清除鞋上的杂物。

3. 鸡舍内消毒　　对于鸡舍内消毒，目的是降低舍内病原微生物的数量和疾病的发生。舍内消毒分为饮水消毒和喷雾消毒。

饮水消毒的目的是杀死水里的病原微生物，而不是肠道内的，所以正确的做法是一定要将消毒剂按说明比例稀释好，并在水中停留 4h 左右，再让鸡饮用，否则会破坏肠道内的正常菌群，致使菌群失调，引起鸡只的腹泻。

喷雾消毒的目的是对空气和地面粪便进行消毒，从而杀死其中的病原微生物。对于空气消毒可采用带有松脂香味的消毒剂，喷后舍内空气新鲜，有清新的香味，主要是针对细菌病；也可选用聚维酮碘，主要针对病毒病，每周带鸡喷雾、饮水消毒各 1 次，注意喷雾消毒时用温水（最低 18℃）溶解，是冷水效果的 2 倍。

4. 饮水系统消毒　　家禽的饮水系统最难清洗，里面经常会有一层黏性物质粘在管道内。这层黏性物质称为生物膜，其存在特别有利于大肠杆菌的生长。家禽长期在这种环境下饮水很容易患肠道疾病，可导致生长缓慢、饲料转化率降低、生产性能下降。此时建议应用过硫酸氢钾复合物的消毒剂，以清除生物膜，彻底清洗管道。

使用过硫酸氢钾复合物消毒剂浸泡饮水管道 1～1.5h 后，能够看见大量类白色的黏稠物流出，并且清洗部分与未清洗部分可形成鲜明的对比。硫酸氢钾复合物为白色粉末，溶水后呈红色，有红色指示剂的效果（知道消毒液流到哪个位置），可降低细菌病，尤其是大肠杆菌性肠炎、腹泻的发病率。每饮完一个疗程的药物应及时清洗一次或每周定期清洗一次饮水系统。

需要注意的是，用过硫酸氢钾复合物消毒剂清洗管道时，应提升水线或在夜间进行。使用饮水杯、饮水槽、普拉松饮水的，应采取遮挡措施，尽量不要让鸡群喝到清洗液。

（三）提高畜禽养殖场消毒效果的措施

1. 选择合格的消毒剂　畜禽养殖场选择消毒剂要在兽医人员的指导下，根据场内不同的消毒对象、要求及消毒环境条件等，有针对性地选购经兽药监察部门批准生产的消毒剂，或是选购经当地畜牧兽医主管部门推荐的适宜本地使用的消毒剂。选择时要检查消毒剂的标签和说明书，看是否是合格产品，是否在有效使用期内。消毒剂要价格低廉、易溶于硬水、无残毒、对被消毒物无损伤、在空气中较稳定且使用方便，对要预防和扑灭的疫病有广谱、快速、高效消毒的特征。还要注意的是，不要经常性地选择单一品种的消毒剂。因为长期使用单一品种会使病原体产生耐药性，所以在选择时应定期更换使用过的消毒剂，以保证良好的消毒效果。

2. 选择适宜的消毒方法　应用消毒药剂时，要选择适宜的消毒方法，根据不同的消毒环境、消毒对象和被消毒物的种类等具体情况，选择对其高效可行的消毒方法，如喷雾、浸泡、刷拭、熏蒸、撒布、涂擦、冲洗等。

3. 按要求科学配制消毒剂　市售的化学消毒药品，因其规格、剂型、含量不同，往往不能直接应用于消毒工作。使用前，要按说明书要求严格配制实际所需的浓度。配制时，要注意选择稀释后对消毒效果影响最小的水，以及稀释后适宜的浓度和温度等。还要注意有些消毒药品要现配现用，配好的药液不宜久贮；有的消毒药液可一次配制，多次使用；还有些消毒药品（如漂白粉等）在久贮后使用时，要先测定有效氯含量，然后根据测定结果进行配制。做好这些工作都可以提高消毒效果。

4. 设计科学的消毒程序　有些畜禽养殖场消毒效果差，主要是执行的消毒程序不科学。畜禽养殖场现行的有两种消毒程序，一种消毒程序的观点是认为消毒能代替清洁，使用直接消毒程序；另一种消毒程序的观点是认为应先清洁被消毒物上的有机物质障碍后再消毒，使用先清洁后消毒程序。这两种消毒程序都不尽科学，带有弊端。第一种消毒程序的弊端是附着在被消毒物上的有机物质会阻碍消毒药剂与病原体的接触，大大降低消毒药剂对病原体的杀灭作用，达不到预期目的和效果；第二种消毒程序的弊端是在清洁被消毒物的过程中，病原体有随之扩散的潜在危险。

正确的方法应该是综合现行两种消毒程序，把一次消毒程序改为二次消毒程序，具体为：第一次是使用稀释好的消毒药剂直接进行消毒，待一定作用时间后，清洁附着在被消毒物上的有机物质或其他障碍物质，再用消毒药剂重复消毒一次。设计这种二次消毒程序，既科学彻底，消毒效果又好。

5. 科学消毒　　有的专业大户在畜禽养殖场的消毒工作中，往往是用消毒药剂全面喷洒一次就算消毒完了，不注意应用浓度和接触作用时间，这样往往也达不到良好的消毒效果。在做消毒工作时，应让被消毒物充分与消毒药剂接触，有效应用浓度每平方米至少需要 300mL。要掌握好消毒作用时间，当接触时间过短时，往往达不到杀灭的目的，只有达到规定作用时间后才能保证消毒药剂将病原体杀灭。在畜禽养殖场内应用熏蒸消毒时，还需注意保证相对湿度，以达到良好的消毒效果。消毒工作中，不要随意把两种或两种以上消毒药剂混合使用，以免出现配伍禁忌而产生拮抗现象，降低消毒效果。

6. 严把人员、车辆、物品进出的消毒关　　在畜禽养殖场内，即使执行了严格的消毒工作，也在进出口设置了消毒槽，但仍不能保证完全切断外界病原体的侵入，还必须严格控制场外人员进出，定期更换消毒槽中的消毒药剂，以防挥发后失去药效。饲养管理人员要注意保持身体清洁与健康，入场前需在洗手池清洗，换上工作帽、工作服和工作靴。车辆、饲养工具及有关物品等进出要经过严格消毒。只有采取综合控制措施，从严把关，才能保证场内取得良好的消毒效果。

7. 做好消毒工作记录　　将畜禽养殖场消毒工作中的执行人员、被消毒物、消毒药剂品种、配制浓度、消毒方法、消毒时间等详细情况（数据）记入《消毒工作记录》中，以便总结查找。

六、动物的免疫接种

免疫接种是给动物接种各种免疫制剂（菌苗、疫苗、类毒素及免疫血清），使动物个体和群体产生对动物传染病的特异性免疫力。它是使易感动物转化为不易感动物的一种手段。有计划有组织地进行免疫接种，是预防和控制动物传染病的重要措施之一，在某些动物传染病如猪瘟、鸡新城疫等病的防治过程中，免疫接种更具有关键性的作用。根据免疫接种的时机不同，可分为预防接种和紧急接种两类。

预防接种是动物传染病综合防治的重要技术环节，特别是对于病毒性动物传染病尤为重要，规模化养殖场预防接种应做到有计划地进行，制订出适合本地区或本养殖场的合理免疫程序。制订免疫程序的依据主要有：①养殖场的发病史，以此确定疫苗免疫的种类和免疫时机。②养殖场原有免疫程序和免疫使用的疫苗种类，是否能有效地防治动物传染病，若不能则要改变免疫程序或疫苗。③搞好母源抗体监测，确定首免日龄，避免母源抗体的干扰。④免疫途径，不同疫苗或同一疫苗使用不同的免疫途径，可以获得截然不同的免疫效果。⑤季节与疫病发生的关系，对于一些受季节影响比较大的动物传染病应随着季节变化确定免疫程序。⑥了解疫情，若有疫情存在，必要时应进行紧急预防接种，对于重大疫情，本场还没有的，也应考虑免疫接种，以防万一；对于烈性传染病，应考虑死苗和活苗兼用，同时了解死苗和活苗的优缺点及其相互关系，合理搭配使用。⑦选用的疫苗应是正式厂家生产的疫苗，对于需要两次以上的免疫，所用疫苗要尽量不一样，以增加疫苗免疫的覆盖性。

（一）猪场免疫接种

1. 预防与接种

（1）**计划免疫**　　是根据我国规模化养殖业中疫病流行现状和防疫现状及国内生物制剂的免疫特性而制定的。其中猪瘟、猪口蹄疫、蓝耳病为所有猪场均应严格进行免疫的，猪肺疫、猪丹毒、猪副伤寒可根据防疫条件酌情应用。

（2）重点免疫　　为了防止引起猪的各种繁殖障碍性疫病，主要包括蓝耳病、伪狂犬病、细小病毒感染、乙型脑炎、链球菌病等，对后备公母仔猪及经产母猪均应进行免疫。

（3）选择性免疫　　由于各地、各场的疫情不尽一致，即使是同一个场，其免疫程序也需依据疫情发展而变化。

2. 预防接种猪群的要求

（1）健康要求　　凡属患病猪只、怀孕母猪、瘦弱猪均暂缓注射，待其痊愈、分娩或体质好转后再进行补注。

（2）预防接种猪群的统计　　注射前对拟注猪只进行登记，须按猪群的栋号、栏号、头数登记后予以汇总。登记后未注射前不得移动猪只，以免错注和漏注。

3. 疫苗的检查　　逐瓶检查疫苗瓶签是否清楚，无瓶签或瓶签模糊不清的不得使用，所取疫苗与当日应注射疫苗名称是否相符；疫苗瓶有无破损，疫苗有无长霉、异物、瓶塞松动、变色，液体疫苗有无结块、冻结等，否则该瓶疫苗不能使用。登记疫苗批号、有效期（生产期）、生产单位、购入期及保存期，如有已过有效期的，则应废弃不用。

4. 疫苗的注射

（1）疫苗注射要求　　按照计划逐一对猪只进行接种，注射时应在针头完全刺入后推注药液，发生疫苗漏注时应再进行补注，保证注射剂量准确。注射后即在其背部用记号笔做一记号，以免重复注射或漏注。

（2）疫苗注射部位　　一般为猪颈部耳后区，分为皮下注射、浅层肌肉注射和深部肌肉注射3种，对成年猪及生长猪应使用16号针头，对哺乳及保育猪应使用12号针头。注射中每注射1头或1窝猪后，更换1个针头，以免传播疾病。

（3）免疫注射前和注射过程中应注意检查针头质量　　凡出现弯折、针头松动、针头毛刺等情形的，应剔除，不得使用。注射时，如发现针头折断的，应马上检查，针杆如遗留在猪颈部肌肉中时，须设法用器械将其取出。

（4）疫苗保存　　疫苗应在临用时进行稀释，已稀释的疫苗应在稀释后4～6h用完，未用完的则废弃不用；气温较高季节，稀释后的疫苗应置于加冰的保温箱（杯）中保存，注射时应避免阳光直接照射。

5. 紧急接种

（1）主动免疫　　对已发生或可能已感染而处于潜伏期的猪只采用相应的疫苗进行免疫接种。注意按照顺序依次对猪群进行接种，即首先接种安全猪群，再接种受威胁猪群，最后接种发病猪群（或处于潜伏期的猪群）中表现正常的猪只。

（2）被动免疫　　使用抗血清或痊愈血清（或全血）对受威胁猪只进行免疫，由于血清在猪体内的保护期较短，多在7～10d，故须反复注射，才能有效保护猪只。有条件的自备抗血清，用以保护仔猪及种猪。

6. 免疫接种注意事项

1）使用某种新疫苗时，应在隔离条件下先做小群试验，了解接种后的反应，经1～21d观察确认安全无问题时才可大面积注射。如有不良反应，待分析原因后制订防治对策，方可扩大注射，否则不得使用。

2）使用生物制剂对猪群接种时可能引起过敏反应，故应于注射后仔细观察接种猪群的状况，一旦发生严重过敏反应，应立即注射肾上腺素、扑尔敏等药物脱敏，以免导致死亡。

3）免疫接种时应严格按照上述规定做好各项记录，如有不良反应及异常情况，发生严重过敏反应或死亡、导致猪群发病等，若怀疑生物制剂有问题时，应迅速通知制剂生产者，以共同查明原因，防止类似事故再次发生。

4）免疫接种的效果可通过抗体水平的检测来了解，定期开展对主要传染病的抗体水平检测，既可了解接种的效果，又可开展血清流行病学调查，从而为正确制订免疫程序获得第一手资料。

5）免疫接种结束后，应立即将接种用器械清洗后消毒，剩余疫苗也应消毒，不得随意倾倒。

7. 严格执行科学的免疫程序

以下为推荐的免疫程序。

1）生长肥育猪的免疫程序：1～3 日龄，鼻内接种伪狂犬病弱毒疫苗 0.5 头份；肌内注射铁血龙 1mL。仔猪出生当天，口服畜禽生命宝 0.5mL/ 头，预防和治疗仔猪腹泻，促生长，预防猪增生性肠炎。7～10 日龄，首免气喘病。21 日龄，二免气喘病。25 日龄，注射猪瘟疫苗。断奶前后投替米考星和免疫多糖或复方氟苯尼考。35～40 日龄，肌内注射伪狂犬弱毒疫苗 1 头份和仔猪副伤寒疫苗 1 头份。45 日龄，肌内注射链球菌荚膜 Ⅱ 型灭活疫苗。45～60 日龄，对猪用左旋咪唑驱虫。60 日龄，二免猪瘟脾淋苗及猪丹毒、猪肺疫二联苗 1 头份。在生长肥育期肌内注射两次口蹄疫疫苗。

2）后备公、母猪的免疫程序：6 月龄始，注射猪瘟高效细胞苗或脾淋苗。5～7d 后注射细小病毒灭活苗，之后每隔 5～7d 分别依次注射伪狂犬病灭活苗、乙脑活疫苗、蓝耳病灭活疫苗、细小病毒灭活疫苗（二免）。

3）经产母猪免疫程序和保健：妊娠 60d 注射蓝耳病灭活苗 1 头份。产前 40d 注射伪狂犬病灭活苗，每隔 4 个月注射 1 次。产前 35d 注射萎缩性鼻炎灭活苗。产前 30d 注射大肠杆菌灭活疫苗。产前 20d 注射通灭。产后 20d 注射猪瘟高效细胞苗或脾淋苗。

4）公猪的免疫程序：每半年肌内注射蓝耳病灭活苗 1 次。每年免疫 3 次伪狂犬病疫苗。每半年注射猪瘟高效细胞苗 1 头份或脾淋苗 1 头份。每年 4 月中旬前免疫乙脑活疫苗 1 头份。每半年肌注 1 次细小疫苗。

（二）鸡场免疫程序

1. 鸡场确定免疫程序的依据

（1）鸡场发病史　每一鸡场都有自己的发病史，就像人的病历一样。制订免疫程序时必须考虑该场已发过什么、发病日龄、发病频率和发病批次。依此确定投苗免疫的种类和免疫时机。

（2）鸡场原有的免疫程序和免疫使用的疫苗　如某一传染病始终控制不住，这时应考虑原来的免疫程序是否合理或疫苗毒株用得对否。找出原因，可以适当改变免疫程序或疫苗。

（3）雏鸡的母源抗体　了解雏鸡的母源抗体水平、抗体的整齐度和抗体的半衰期及母源抗体对疫苗不同接种途径的干扰，有助于确定首免时间。例如，传染性法氏囊病（IBD）母源抗体的半衰期是 6d。新城疫（ND）为 4～5d。对呼吸道类传染病首免最好是滴鼻、点眼或喷雾免疫,这样既能产生较好的免疫应答,又能避免母源抗体的干扰。

(4)疫苗接种日龄与鸡体易感性的关系 例如,传染性喉气管炎,成年鸡最易感且发病典型,所以该病的免疫应在 7 周龄以后才可获得好的效果。禽脑脊髓炎(AE)必须在 10～15 周龄免疫,10 周龄以前免疫有时能引起发病,15 周龄以后免疫可能使蛋带毒。马立克病(MD)的免疫必须在出壳 24h 内,因为雏鸡对 MD 的易感染性最高,并且随着日龄增长,对 MD 易感性降低。鸡痘在 35 日龄以后免疫,一次即可,35 日龄以内免疫,则必须免疫两次。

(5)免疫途径 不同疫苗或同一疫苗使用不同的免疫途径,可以获得截然不同的免疫效果。例如,新城疫滴鼻、点眼明显优于饮水免疫。还有些疫苗病毒亲嗜部位不同,也应采用特定的免疫程序。例如,IBD 和 AE 亲嗜肠道,即病毒易在肠道内大量繁殖,所以最佳的免疫途径是饮水或喷雾免疫。鸡痘亲嗜表皮细胞,必须采用刺种免疫。

(6)季节与疫病发生的关系 有许多病受外界影响很大,尤其季节交替、气候变化较大时常发。例如,鸡肾型传染性支气管炎、慢性呼吸道病的免疫程序必须随着季节有所变化。

(7)了解疫情 附近鸡场暴发传染病时,除采取常规措施外,必要时进行紧急接种。

(8)重大疫情 本场还没有的,也应考虑免疫接种,以防万一,如变异传染性支气管炎。

(9)烈性传染病 应考虑死苗和活苗兼用,同时了解活苗和死苗的优缺点及相互关系,合理搭配使用,如新城疫、鸡肾型传染性支气管炎、变异传染性支气管炎等。

2. 疫苗的选用 依据以上所述,确定一个适合本场的免疫程序,选择合适的疫苗(包括活苗和死苗)。

(1)选择正式厂家生产的疫苗 注意包装、生产日期及失效期。例如,MD 疫苗最好选用大剂量包装,即每瓶 1500 只以上,而且运输最好是在冬季,尽量避免夏季高温季节运输。

(2)疫苗种类 对需要两次以上免疫的,所用疫苗要尽量不一样。例如,IBD 免疫,第一次用 B1,第二用 B2 或其他类型的疫苗,增加疫苗免疫的覆盖性。

(3)疫苗使用剂量 多数疫苗不需要加倍,如鸡痘、鸡传染性喉气管炎、禽脑脊髓炎等。考虑到疫苗在冻干、运输、保存中失活和使用方法的损失,有些疫苗常常采用加倍剂量使用,如传染性支气管炎、传染性法氏囊病、新城疫等。但马立克病的免疫必须有 4000 个蚀斑单位,即加大到 3 倍的疫苗剂量,以抵抗环境中的大量 MD 强毒。

3. 使用疫苗的注意事项

1)疫苗免疫必须在良好的饲养管理前提下进行:保证良好的环境卫生和有效的隔离消毒,尤其是对 MD 的控制更要做好早期的隔离,避免早期感染。

2)活苗的保存:应按使用说明书保存,避免反复冻融,恒温下保存,避免丧失真空环境,禁止振荡和产生气泡,应以轻转的方式溶解疫苗,然后再定量。同时注意潮解。无真空和潮解的疫苗禁止使用。启封的疫苗应一次用完。用不完的疫苗应销毁，用于稀释疫苗的所有器具都应该清洁，不能带有对病毒活性有影响的重金属离子和消毒剂。

3）活苗的稀释：应按说明书进行，先用少量的稀释液溶解疫苗，但必须注意不能含有对疫苗有损坏的物质。

4）细胞性疫苗：如 MD 疫苗，在注射过程中，应将疫苗放在冰水中不断晃动，以免细胞下沉，确保疫苗接种的一致性。溶解后应在 2h 用完。

5）饮水免疫：必须保证足够的饮水器，确保 2/3 以上的鸡只能够同时饮到疫苗。器皿应清洁，无洗涤剂和消毒剂残留，饮水免疫前，以温度高低确定停水时间，应确保疫苗在 2h 能饮完，饮水中不得含有氯离子和雨水，可加入等量脱脂奶粉或 10mL 水中加 30g 脱脂奶粉。2～8 周龄，每 100 只鸡需加 10～20kg，8 周龄以上，加 20～40kg。

6）点眼、滴鼻免疫：应保证疫苗在眼睛和鼻孔完全吸收，然后轻轻放在笼内。禁止疫苗还没有吸收就将鸡放入笼内，以防鸡将疫苗甩出，影响免疫效果。

7）气雾免疫：注意气雾粒度的大小要适合鸡的日龄，气雾免疫易引起继发性慢性呼吸道病，应注意。

8）注射免疫：最佳部位是颈后段 1/3 处皮下注射。应用油佐剂苗免疫时，使用前预温至 37℃。对笼养鸡绝对避免腿部肌内注射，应在颈后段 1/3 处皮下注射。

9）疫苗免疫效果：免疫与鸡群营养状况关系密切，营养状况良好，可获得较好的免疫效果。当鸡群暴发疾病或潜伏感染时，应禁止疫苗免疫，以免造成更大的损失。开产鸡群应避免抓鸡免疫，可采用饮水或气雾等群体免疫法。

10）预防接种失败的原因：免疫失败是指经某病疫苗接种的动物群，在该疫苗有效免疫期内，仍发生该动物传染病；或在预定时间内经检测免疫力达不到预期水平，即预示着有发生该动物传染病的可能。造成疫苗接种失败的原因如下。

A. 幼龄动物体内存有高度的被动免疫力（母源抗体），可能中和了疫苗。

B. 环境条件恶劣、寄生虫侵袭、营养不良等刺激，影响了动物的免疫应答。

C. 传染性法氏囊病、传染性贫血、马立克病、霉菌素中毒等引起的免疫抑制。

D. 动物群中已潜伏着传染病。

E. 活苗因保存、运输或处理不当而死亡，或使用超过有效期的疫苗。

F. 可能疫苗不含激发该动物传染病保护性免疫所需的相应抗原，即疫苗的毒（菌）株或血清型不对。

G. 使用饮水法或气雾法接种时，疫苗分布不匀，使部分动物未接触到或因剂量不足而仍然易感。

4. 紧急接种　　紧急接种是指在发生动物传染病时，为了迅速控制和扑灭动物传染病的流行，而对疫区和受威胁区尚未发病的动物进行的应急性免疫接种。

5. 环状免疫带建立　　通常指某些地区发生急性、烈性传染病时，在封锁疫点和疫区的同时，根据该病的流行特点对封锁区及其外围一定区域内所有易感动物进行的疫苗接种。建立免疫带的目的主要是防止传染病扩散，将传染病控制在封锁区内就地扑灭。

6. 免疫隔离屏障建立　　通常是指为防止某些传染病从有传染病的国家向无该病的国家扩散，而对国界线周围地区的动物进行的免疫接种。

七、动物的药物预防

药物预防是动物群保健的一项重要技术措施，通过在饲料或饮水中加入适量的抗生素或保健添加剂等药物，不仅可以起到预防传染病的目的，还可以提高饲料的利用率，促进动物生长，这也是遵循群防群治原则的重要措施。常用的添加剂药物有杆菌肽、土霉素、喹乙醇、泰乐菌素等。

（一）药物预防的概念及意义

（1）概念　　药物预防是为了预防某些动物传染病，在畜群的饲料或饮水中加入某种安全的药物进行群体的化学预防，在一定的时间内可以使受威胁的易感动物不受动物传染病的危害，这也是预防和控制动物传染病的有效措施之一。这种群体的利用药物预防的方法又称为化学预防。

（2）意义　　一是能够对整个养殖场的传染病进行群防群治，便于宏观调控；二是方便、经济，对于细菌性传染病，不需要兽医花很多时间和精力对每头（只）动物进行注射或内服给药；三是可以减少应激，降低应激性疾病的发生；四是通过长期连续或定期间断性混饲或混饮用药，能对在养殖场扎根的某些顽固性细菌性传染病进行根治。

（二）药物内服给药剂量与饲料或饮水中添加给药剂量的换算

内服给药剂量通常是以每千克体重使用药物重量来表示，饲料添加剂是以单位饲料重量中添加药物的重量来表示。以猪为例简要说明如下：实践中，如果已知猪口服某种药物的剂量，即可估算出药物在饲料或饮水中的添加剂量。设 D 为猪每千克体重每次内服某种化疗药物的重量（mg），T 为每小时（每日）内服药物的次数，W 为猪每日每千克体重的饲料消耗量（kg 饲料），肥育猪每日饲料消耗量占体重的 5%，即每日平均每千克体重的饲料消耗量为 $W=1kg$ 体重 $\times 5\%$（kg 饲料 /kg 体重）$=0.05kg$ 饲料，则肥育猪饲料中添加药物的比例（R）为：$R=DT/W$（mg/kg 饲料）。

仔猪与母猪饲料添加药物量可稍作调整。一般情况下，仔猪的每日饲料消耗量可以其体重的 6%～8% 计算，种母猪以其体重的 2%～4% 计算，哺乳期以其体重的 3%～5% 计算。

例1：猪内服痢菌净的剂量为每千克体重 5～10mg，1 日 2 次，换算成饲料添加剂为多少？

已知 $D=5～10mg$，$T=2$，$W=0.05kg$ 饲料。

则猪痢菌净混饲治疗浓度为：$R=$（5～10mg）$\times 2/0.05kg$ 饲料 $=200～400mg/kg$ 饲料，即每吨饲料中添加痢菌净 200～400g。

例2：猪内服诺氟沙星的剂量为每千克体重 10mg，每日 2 次，换算成混饲给药浓度为多少？

已知 $D=10mg$，$T=2$，$W=0.05kg$ 饲料。

则混饲浓度为 $R=10mg\times 2/0.05kg$ 饲料 $=400mg/kg$ 饲料，即每吨饲料中添加诺氟沙星 400g（治疗剂量）。

（三）药物预防注意事项

为了保证在饲料或饮水中添加药物安全有效，必须注意以下问题。

（1）预防剂量的控制　　预防剂量一般为治疗剂量的 1/4～1/2，在多数情况下，饲料添加药物是作为预防传染病使用，一般添加的时间较长，所以必须严格控制药物剂量，以免用药剂量过大造成蓄积中毒。特别提出的是不要将用于治疗的口服剂量换算成饲料添加量用于长期预防。

（2）配合饲料中原本添加药物的确认　　现代配合饲料生产中大多数加有一定量的化学药物，所以在向饲料厂家生产的配合饲料中添加自己拟订防治某一传染病的药物品种时，必须十分谨慎，避免同一药物重复添加造成动物药物中毒。

（3）药物与饲料混合　　将药物添加到饲料中预防或治疗传染病，药物的量较饲料量低得多，药物浓度通常为 1～500mg/kg 饲料。相对饲料来讲，药物所占的比例极小，要将这少量的药物均匀地混合到大量的饲料中去，并不是一件容易的事情。生产实践中，药物与饲料混合不均匀造成中毒或防治无效的事故时有发生，这会给养殖业造成极大的经济损失。因此，混合时必须严格依照生产工艺执行。通常采用的方法是等量递升法，即先取与药物等量的饲料和药物混合，再逐渐添加饲料混合，直至完全、反复混合完毕。对于某些药物原粉，应先将药物与适量的饲料混合制成预混料，然后再与全价料混合。

（4）添加方式　　可以将药物添加到饲料中用药，也可以添加到饮水中用药。添加到饲料中比较适合传染病的预防，添加到饮水中用药比较适合传染病的治疗。动物在发生传染病时，由病情原因致使食欲下降，严重时废绝，此时通过饲料给药，进入动物体内的药量不足，达不到理想的治疗效果。但患病动物的饮水有时略有增加，此时通过饮水添加用药常能达到预期效果。应该说明的是，在生理条件下，猪的饮水量约为饲料摄入量的 2 倍，依此推理，饮水中添加药物剂量（比例）应为饲料中添加剂量的 1/2。例如，在治疗猪病时，诺氟沙星添加到每千克饲料中的剂量为 200～400mg，则添加到 1L 饮水中的剂量应为 100～200mg，即 1000L 饮水添加诺氟沙星 100～200g。通过饮水添加用药，其药物应是水溶性的制剂，否则药物会在饮水中沉积下来，造成用药不均匀而引起中毒或治疗无效。

（5）掌握一次给药的化疗药物在饲料中的添加方法　　某些化疗药物特别是抗寄生虫药物如左旋咪唑、苯并咪唑类药物（如丙硫咪唑、甲苯咪唑）、伊维菌素类药物在防治传染病时多是内服或注射给药一次，即按规定剂量使用一次就可以达到防治传染病的效果。前面介绍的混饲给药方法是将药物按照一定的比例添加到饲料中，治疗传染病时添加用药一个疗程（3～7d），预防传染病时则是长时间添加或使用（几周至几个月）。这种长时间混饲添加用药方法要求药物的毒性较小，安全范围大，不易发生蓄积中毒。对于一次给药的抗寄生虫药物混饲添加方法为：首先根据体重计算动物所需的药量，然后将药物（一次量）均匀地拌入动物 1d 的日粮中喂给，有时也可将一次量的药物拌入 2～3d 的日粮中喂给。

（6）注意防止产生耐药性　　长期使用化学药物预防，容易产生耐药性菌株，而影响防治效果。因此，必须根据药物敏感试验结果，选用高度敏感的药物。另外，长期使用抗生素等药物进行动物传染病的预防，形成的耐药性菌株将会使治疗难度增大，某些人畜共患病病菌一旦感染人，将会对人类健康造成危害。因此，使用药物预防必须严格遵守有关法规合理使用。

（四）常用的药物种类

随着现代畜牧业向工厂化生产的发展，要求做到动物群无病、无虫、健康。而密集式的饲养制度，又易使动物群发生和流行传染病，因而保健添加剂在近10多年来发展很快。常用于生产的有呋喃类、氟喹诺酮类、磺胺类和抗生素等药物，可应用于预防和治疗鸡和猪的沙门氏菌病、大肠杆菌病、鸡传染性鼻炎、鸡败血支原体病、猪萎缩性鼻炎及一些寄生虫病。

利用生态制剂进行生态预防，是药物预防的一条新途径。所谓生态制剂，就是利用对病原菌具有生物拮抗作用的非致病性细菌，经过严格选择和鉴定后而制成的活菌制剂，如乳康生、促菌生、调痢生等均属生态制剂范畴。动物内服后，可抑制病原菌或条件致病菌在肠道的增殖和生存，调整肠道内菌群的平衡，从而预防仔猪黄痢、仔猪白痢、仔猪下痢、犊牛腹泻等消化道传染病的发生，以及促进动物的生长发育。应当注意，在内服生态制剂时，禁服抗菌药物。

中草药饲料添加剂具有低药物残留、少副作用和不易产生耐药性等优点，从而越来越受重视。

八、患病动物及其尸体的处理

1）在养殖场发现患病动物应立即送隔离室，进行严格的临床检查和病理检查，必要时进行血清学、微生物学、寄生虫学检查，以便及早确诊。

2）病死动物尸体直接送解剖室剖检，必要时进行微生物学和寄生虫学检查，加以确诊。然后集中烧毁或深埋，不得乱扔或食用。

九、发生动物传染病时的防疫措施

在养殖场发生动物传染病时，应立即采取检疫、隔离、封锁、消毒、处理患病动物及其尸体等综合性扑灭措施。也可根据情况，对发病动物群采取紧急屠宰加工，及时控制和扑灭动物传染病。

（一）隔离

隔离是指将患病动物和疑似感染动物控制在一个有利于防疫和生产管理的环境中进行单独饲养和防疫处理的一种措施。它是控制和扑灭动物传染病的重要措施之一，一般适用于二、三类动物疫病的控制和扑灭，也是发生一类传染病实行强制性封锁前采取的措施。其目的是控制传染源，防止其他动物继续受到传染，控制动物传染病蔓延，以便将疫情控制在最小范围内加以就地扑灭。根据诊断检疫结果，可将全部受检动物分为患病动物群、可疑感染动物群和假定健康动物群三类，以便分别对待。

1. 患病动物群 患病动物群是指有典型临床症状或类似临床症状，或其他诊断方法检查为阳性的动物。对检出的患病动物应立即送往隔离栏舍或偏僻地方进行隔离。如患病动物数量较多时，可隔离于原动物舍内，而将少数疑似感染动物移出观察。对有治疗价值的，要及时治疗；对危害严重、缺乏有效治疗办法或无治疗价值的，应扑杀后深埋或销毁。对患病动物要设专人护理，禁止闲散人员出入隔离场所。饲养管理用具要专用，并经常消毒，粪便发酵处理，对人畜共患病还要做好个人防护。

2. 可疑感染动物群 可疑感染动物群是指在发生某种动物传染病时，与患病动物同群或同舍，并共同使用饲养管理用具、水源等的动物。这些动物有可能处在潜伏期中或有排菌（毒）危害，故应经消毒后转移隔离（应与患病动物分别隔离），限制活动范围，详细观察、及时分化。有条件时可进行紧急预防接种或药物预防。根据该种动物传染病潜伏期的长短，经一定时间观察不再发病后，要在动物消毒后解除隔离。

3. 假定健康动物群　　假定健康动物群是指与患病动物有过接触或患病动物邻近畜舍的动物，临床上没有任何临床症状而假定为健康的动物。对假定健康动物群应及时进行紧急预防接种，加强饲养管理和消毒等，以保护动物群的安全。

（二）封锁

封锁是指当某地或养殖场暴发法定一类传染病和外来传染病时，为了防止传染病扩散以及安全区健康动物的误入而对疫区或其动物群采取的划区隔离、扑杀、销毁、消毒和紧急免疫接种等强制性措施。

根据《动物防疫法》的规定，当确诊为一类动物疫病时，当地县级以上地方人民政府兽医主管部门应当立即派人到现场，划定疫点、疫区、受威胁区，调查疫源，及时报请本级人民政府对疫区实行封锁。疫区范围涉及两个以上行政区域的，由有关行政区域共同的上一级人民政府对疫区实行封锁，或者由各有关行政区域的上一级人民政府共同对疫区实行封锁。必要时，上级人民政府可以责成下级人民政府对疫区实行封锁。封锁的目的是保护广大地区畜群的安全和人民健康，把动物传染病控制在封锁区之内，发动群众力量就地扑灭。封锁行动应通报邻近地区政府以让其采取有效措施，同时逐级上报国家畜牧兽医行政机关或 OIE，并由其统一管理和发布国家动物疫情信息。

封锁区的划分，必须根据该动物传染病的流行规律、当时的流行情况和当地的条件，按"早、快、严、小"的原则进行。封锁是针对传染源、传播途径和易感动物群三个环节采取的措施。根据我国有关兽医法规的规定，具体措施如下。

1. 封锁的疫点应采取的措施

1）当某地暴发法定 A 类或一类传染病、外来传染病及人畜共患病时，其疫点内的所有动物，无论其是否实施过免疫接种，在兽医行政部门的授权下，宰杀感染特定传染病的动物及同群可能感染动物，并在必要时宰杀直接接触动物或可能传播病原体的间接接触动物，尸体一律焚烧或深埋处理。扑杀政策是动物传染病控制上采取的一项最严厉的强制性措施，也是兽医学中特有的传染病控制方法。

2）严禁人、动物、车辆出入和动物产品及可能污染的物品运出。在特殊情况下人员必须出入时，需经有关兽医人员许可，经严格消毒后出入。

3）对病死动物及其同群动物，县级以上农牧部门有权采取扑灭、销毁或无害化处理等措施，畜主不得拒绝。

4）疫点出入口必须有消毒设施，疫点内用具、圈舍、场地必须进行严格消毒，疫点内的动物粪便、垫草、受污染的草料必须在兽医人员监督指导下进行无害化处理。

2. 封锁的疫区应采取的措施

1）交通要道必须建立临时性检疫消毒卡，备有专人和消毒设备，监视动物及其产品移动，对出入人员、车辆进行消毒。

2）停止集市贸易和对疫区内动物及其产品的采购。

3）未污染的动物产品必须运出疫区时，需经县级以上农牧部门批准，在兽医防疫人员监督指导下，经外包装消毒后运出。

4）非疫点的易感动物，必须进行检疫或预防注射。农村城镇饲养及牧区动物与放牧水禽必须在指定疫区放牧，役畜限制在疫区内使役。

3. 受威胁区及其应采取的措施

疫区周围地区为受威胁区，其范围应根据传染病的性质，疫区周围的山川、河流、草场、交通等具体情况而定。受威胁区应采取如下主要措施。

1）对受威胁区内的易感动物应及时进行预防接种，以建立免疫带。

2）管好本区易感动物，禁止出入疫区，并避免饮用疫区流过来的水。

3）禁止从封锁区购买牲畜、草料和畜产品，如从解除封锁后不久的地区买进牲畜或其产品，应注意隔离观察，必要时对畜产品进行无害化处理。

4）对设于本区的屠宰场、加工厂、畜产品仓库进行兽医卫生监督，拒绝接受来自疫区的活畜及其产品。

5）解除封锁，疫区内（包括疫点）最后一头患病动物扑杀或痊愈后，经过该病一个潜伏期以上的监测、观察，未再出现患病动物时，经彻底消毒清扫，由县级以上农牧部门检查合格，方可经原发布封锁令的政府发布解除封锁令，并通报毗邻地区和有关部门。疫区解除封锁后，病愈动物需根据其带毒时间，控制在原疫区范围内活动，不能将它们调到安全区去。

复 习 题

一、填空题

1. 畜禽传染病的防治措施通常分为_____和_____两部分。

2. 消毒的方法有_____、_____、_____和_____。

3. 传染病诊断的主要方法有_____、_____、_____、_____、_____。

4. 封锁时应遵照"_____、_____、_____、_____"的原则，划定____、____和____，分别按照有关规定进行处理。

5. 传染病尸体处理方法有_____、_____、_____。

6. 对疫区进行流行病学调查的主要方法包括_____、_____、_____和_____等4个方面。

7. 检疫是应用各种诊断方法，对 _____ 及 _____ 进行疫病检查，以便采取相应的措施，防止疫病的发生和传播。

8. 根据检疫结果，一般可将被检畜群分为_____、_____和_____三类。

9. 家畜传染病的治疗一般分针对病原体的疗法和针对动物体的疗法两大方面。针对病原体的疗法一般可分为 _____ 疗法、_____ 疗法和 _____ 疗法。针对动物机体的疗法则应加强 _____ 和 _____ 疗法。

10. 家畜传染病消毒的目的是 _____，以切断 _____ 阻止疫病继续蔓延。

11. 福尔马林蒸汽消毒法是按畜舍面积计算用量的，每平方米面积应使用福尔马林 _____ mL，水 _____ mL 和高锰酸钾 _____ g。

12. 下列化学消毒剂的使用浓度：氢氧化钠 _____；漂白粉 _____；石灰乳 _____；过氧乙酸 _____；克辽林 _____。

13. 免疫接种可分为 _____ 和 _____ 两种，前者是应用 _____ 来进行免疫接种，后者是应用 _____ 来进行免疫接种的。

14. 一个畜牧场的畜群往往需要多种疫（菌）苗来预防不同种类的疫病，并需要根据疫（菌）苗的免疫特点来合理制订预防接种的次数和间隔时间，它通常被称为 _____。

15. 无特定病原是指一个畜群患有某些指定的特定的 _____ 和 _____ 疫病，家畜或家禽呈明显的健康状况。

二、问答题

1. 疫病预防和扑灭工作的基本原则有哪些？

2. 平时预防畜禽传染病应采取哪些措施？

3. 什么叫预防接种？预防接种常用的接种方法有哪些？

4. 什么叫药物预防？药物预防常采用哪些给药方法？

5. 什么叫检疫？动物检疫主要分哪几种？其目的是什么？

6. 消毒分哪几种类型？

7. 发生疫病时应采取哪些扑灭措施？

8. 隔离的目的是什么？

9. 什么叫紧急接种？紧急接种可以使用的生物制品有哪些？

10. 传染病的一般治疗方法有哪些？

11. 在什么情况下考虑淘汰病畜？

12. 诊断动物传染病常用的方法有哪几种？

13. 当发生传染病时，疫区（点）内的动物应分为几种类型进行隔离饲养？封锁疫区的原则是什么？

14. 传染病的治疗原则是什么？

15. 何谓免疫程序？应如何确定？

16. 药物预防的含义是什么？有何利弊？如何正确应用？

三、论述题

从传染病流行的三个基本环节出发，分析如何防治动物传染病。

多种动物共患病

第一节　细菌性共患传染病

一、大肠杆菌病

大肠杆菌病（colibacillosis）是由大肠埃希菌引起的细菌性人畜共患病。大肠埃希菌（*Escherichia coli*）俗称大肠杆菌，是正常肠道菌群的组成部分，是非致病菌，但少数大肠杆菌是病原性的大肠杆菌，引起人和动物的细菌性人畜共患病，常引起婴儿和幼畜（禽）严重腹泻和败血症。随着大型集约化养畜（禽）业的发展，病原性大肠杆菌对畜牧业所造成的损失已日益明显。

1. 病原　　大肠杆菌为革兰氏阴性兼性厌氧菌，在普通培养基上生长良好，形成灰白色菌落，在麦康凯、伊红-亚甲蓝琼脂培养基上分别形成红色（图3-1）和黑色带金属光泽（图3-2）的菌落，在SS琼脂培养基上一般不生长或生长较差，一些致病菌株在绵羊血琼脂平板上呈 β 溶血。大肠杆菌抗原主要有菌体（O）抗原、表面（K）抗原和鞭毛（H）抗原。O抗原174种，K抗原近80种，H抗原（图3-3）56种，因而构成许多血清

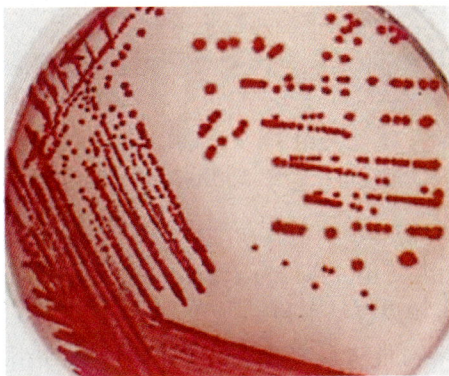

图 3-1　大肠杆菌病（1）
大肠杆菌在麦康凯琼脂培养基上呈红色菌落

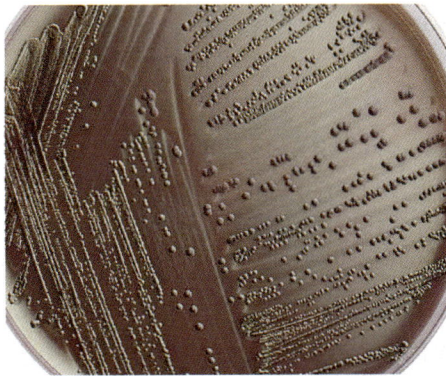

图 3-2　大肠杆菌病（2）
大肠杆菌在伊红-亚甲蓝琼脂培养基上呈紫黑色菌落

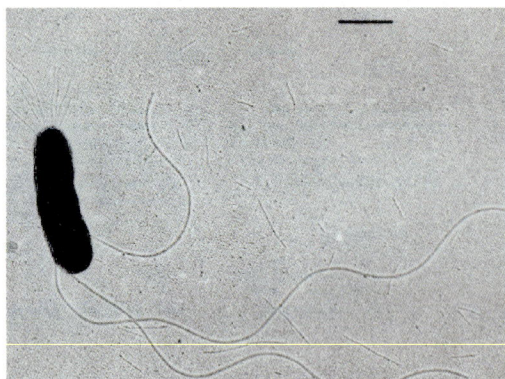

图 3-3 大肠杆菌病（3）
大肠杆菌、纤毛（短）和鞭毛（长）

型。血清型用 O：K：H 表示。最近，菌毛（F）抗原被用于血清学鉴定。在引起人畜肠道疾病的血清型中，主要有肠致病性大肠杆菌（EPEC）、肠产毒素性大肠杆菌（ETEC）、肠侵袭性大肠杆菌（EIEC）、肠出血性大肠杆菌（EHEC O157：H7）、尿道致病性大肠杆菌（UPEC）和禽致病性大肠杆菌（APEC）。多数 ETEC 都带有 F 抗原。

2. 流行病学　人、猪、牛、羊、马、兔、禽、犬、猫和紫貂等均易感染，以幼龄动物最易感染。O8、O138、O141 多见于猪，常带有 K_{88} 抗原，O1、O2、O36、O7 多见于鸡。一个畜（禽）群若不由外地引进同种家畜（禽），则经常有 1 或 2 种血清型的病原性菌株。猪自出生至断乳期均可发病，仔猪黄痢常发于出生后 1 周以内，以 1～3 日龄者居多，仔猪白痢多发于出生后 10～20d，猪水肿病主要见于断乳仔猪。牛出生后 10d 以内多发。羊出生后 6d～6 周多发，鸡常发于 3～6 周龄。对于兔，主要侵害 20 日龄及断奶前后的仔兔和幼兔。病畜（禽）和带菌者是本病的主要传染源，通过粪便排出病菌，散布于外界，污染水、料及母畜的乳头和皮肤。当仔畜吮乳或饮食时，经消化道而感染。此外，鸡也可经呼吸道感染，或病菌经种蛋裂隙感染胚胎。本病一年四季均可发生，但春、秋季节多发。

3. 临床症状与病理变化

（1）**仔猪大肠杆菌病**　大肠杆菌病是仔猪阶段比较常见的疾病，可分为 3 种类型：仔猪黄痢、仔猪白痢和仔猪水肿型。

1）黄痢型：潜伏期短，出生后 12h 以内即可发病，长的也仅 1～3 日龄。临床上以剧烈腹泻、排黄色水样稀便、迅速死亡为特征（图 3-4）。剖检表现皮肤干燥、皱缩、口腔黏膜苍白，常有肠炎和败血症，最显著的病理变化为肠道的急性卡他性炎症，其中以十二指肠最为严重。有的无明显病理变化。

2）白痢型：病猪腹泻，排出乳白色、灰白色以至黄色粥状有特殊腥臭的粪便（图 3-5）。同时，病猪畏寒、脱水、吃奶减少或不吃，有时可见吐奶。除少数发病日龄

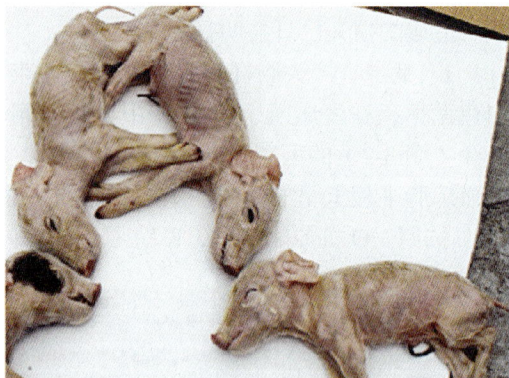

图 3-4 大肠杆菌病（4）
黄痢病死仔猪

较小的仔猪易死亡外，一般病猪病情较轻，易自愈，但多反复而形成僵猪（图 3-6）。病理剖检无特异性变化，一般表现消瘦和脱水等外观变化，胃内有未消化的凝乳块（图 3-7）。部分肠黏膜充血，肠壁菲薄而带半透明状，肠系膜淋巴结水肿。

3）水肿型：又称为仔猪水肿病，是由溶血性大肠杆菌所引起的断奶仔猪眼睑或其他部位水肿、神经症状为主要特征的疾病。主要表现精神沉郁，食欲减少或口流白沫。病猪静卧，肌肉震颤，不时抽搐，四肢划动作游泳状（图 3-8），发呻吟声或嘶哑

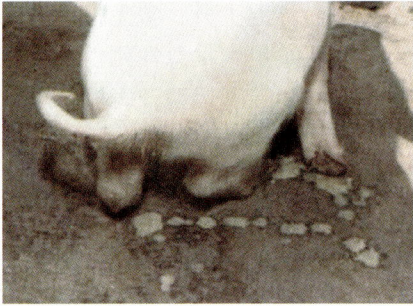

图 3-5　大肠杆菌病（5）
白痢病仔猪腹泻

图 3-6　大肠杆菌病（6）
白痢病仔猪长为僵猪

图 3-7　大肠杆菌病（7）
白痢病仔猪胃内有未消化的凝乳块

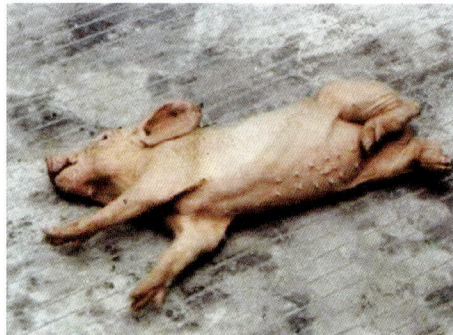

图 3-8　大肠杆菌病（8）
水肿病仔猪四肢游泳状

的鸣叫声。步态摇摆不稳，盲目前进或做圆圈运动。眼睑或结膜及其他部位水肿（图 3-9）。病程数小时至 2d，病死率约为 90%。剖检病理变化主要为水肿，尤以胃壁（图 3-10）、肠系膜（图 3-11）、眼睑及结膜明显，全身淋巴结水肿，并有不同程度的充血和出血，浆膜腔积有无色、淡黄色或淡红色液体，暴露于空气后凝成胶冻状。

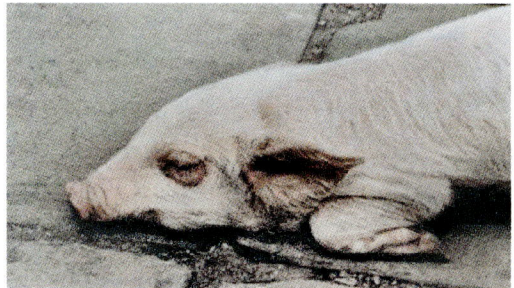

图 3-9　大肠杆菌病（9）
水肿病仔猪眼睑水肿

图 3-10　大肠杆菌病（10）
水肿病仔猪胃壁水肿

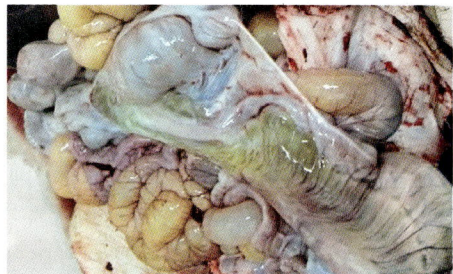

图 3-11　大肠杆菌病（11）
水肿病仔猪肠系膜水肿，呈胶冻状

（2）禽大肠杆菌病　　潜伏期为数小时至3d。急性者体温上升，常无腹泻而突然死亡。经卵感染或在孵化后感染的鸡胚，出壳后几天内即可发生大批急性死亡。慢性者表现剧烈腹泻，粪便呈灰白色，有时混有血液，死前有抽搐和转圈运动，病程可拖延十余天，有时见全眼球炎。成年鸡感染后，多表现为关节滑膜炎（翅下垂，不能站立）、输卵管炎和腹膜炎（临床症状不明显，以死亡告终）。剖检病死禽尸体，多见肠浆膜、心外膜、心内膜有明显小出血点，气囊增厚，表面有纤维素渗出物，呈灰白色，由此继发心包炎（图3-12）和肝周炎（图3-13）。有的还会出现关节滑膜炎、全眼球炎、输卵管炎（图3-14）和腹膜炎、脐炎及肉芽肿。

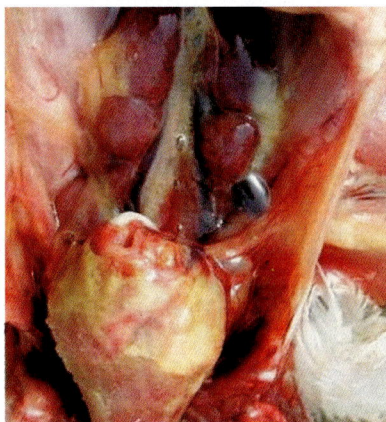

图3-12　大肠杆菌病（12）
鸡大肠杆菌病心包炎

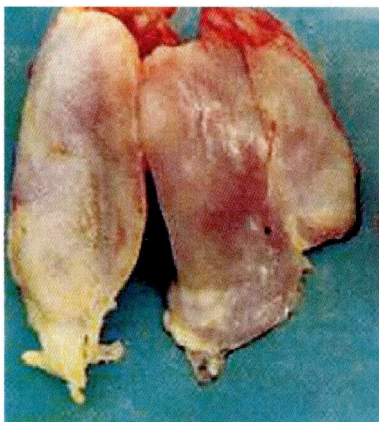

图3-13　大肠杆菌病（13）
鸡大肠杆菌病肝周炎

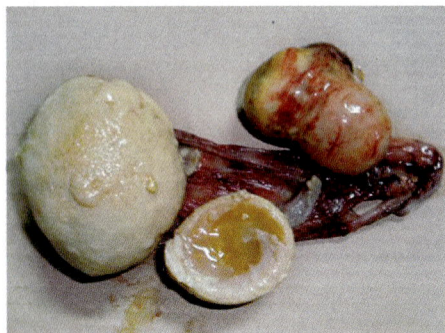

图3-14　大肠杆菌病（14）
鸡大肠杆菌病输卵管炎

（3）犊牛大肠菌病　　潜伏期很短，仅几小时。根据临床症状和病理发生可分为3种类型。

1）败血型：病犊表现发热，精神不振，间有腹泻，常于临床症状出现后数小时至1d急性死亡。从血液和内脏中易于分离到致病性血清型的大肠杆菌。

2）肠毒血型：较少见，常突然死亡。如病程稍长，则可见到典型的中毒性神经症状，先是不安、兴奋，后来沉郁、昏迷，以至于死亡。死前多有腹泻临床症状。

3）肠型：病初体温升高达40℃，数小时后开始下痢，体温降至正常。粪便初呈粥样、黄色，后呈水样、灰白色，混有未消化的凝乳块、凝血及泡沫，有酸败气味。

败血症或肠毒血症死亡的病犊，常无明显的病理变化。腹泻的病犊，真胃有大量的凝乳块，黏膜充血、水肿，肠内容物常混有血液和气泡，恶臭。小肠黏膜充血、出血，部分黏膜肠系膜淋巴结肿大。肝脏和肾脏苍白，有时有出血点，胆囊内充满黏稠暗绿色胆汁。心内膜有出血点。病程长的病例在关节和肺也有病理变化。

（4）兔大肠杆菌病　　潜伏期4～6d。最急性者突然死亡。多数病兔初期腹部膨胀，粪便细小、成串，外包有透明、胶冻状黏液，随后出现水样腹泻。病兔四肢发冷、磨牙、流涎、眼眶下陷、迅速消瘦，1～2d死亡。剖检见胃膨大，充满液体和气体。胃黏膜有出血点。十二指肠充满气体和染有胆汁的黏液，空肠、回肠和盲肠充满半透明胶冻样液体，并混有气泡。结肠扩张，有透明胶样黏液。肠道黏膜和浆膜充血、出血。胆囊扩张，黏膜水肿。肝脏和心脏有小点坏死病灶。

4. 诊断　　根据流行病学、临床症状和病理变化可做出初步诊断。确诊需进行细菌学检查、动物接种及血清学检查。菌检的取材部位，败血型为血液、内脏组织，肠毒血型为小肠前部黏膜，肠型为发炎的肠黏膜。对分离出的大肠杆菌应进行血清型鉴定及致病性鉴定。近年来，国内外已研制出猪、牛大肠杆菌病的单克隆抗体诊断制剂。

1）血清学检查：常用玻片凝集试验检验 K_{99}^{+} 大肠杆菌，协同凝集试验（COA）检测大肠杆菌L型肠毒素。近年来，DNA探针技术和聚合酶链反应（PCR）技术已被用来进行大肠杆菌的鉴定。这两种方法被认为是目前最特异、最敏感和最快速的检测方法。

2）动物接种：将分离的菌株接种在固体培养基上，待长出菌落后用铂耳钩取菌落加入豚鼠眼结膜囊内，引起角膜结膜炎则为肠道致病性大肠杆菌。

本病应与下列类似疾病相区别。猪：猪梭菌性肠炎（仔猪红痢）、猪痢疾、猪传染性胃肠炎、猪流行性腹泻，以及由轮状病毒等引起的仔猪腹泻，猪腹泻类疾病的鉴别诊断见表3-1。禽：鸡白痢、禽伤寒、禽副伤寒、鸡新城疫、鸡传染性法氏囊病，禽腹泻类疾病的鉴别诊断见表3-2。

表 3-1　猪腹泻类疾病的鉴别诊断

项目	猪大肠杆菌病	猪梭菌性肠炎	猪痢疾	猪传染性胃肠炎	猪流行性腹泻	猪轮状病毒腹泻
病原	大肠杆菌	魏氏梭菌	猪痢疾短螺旋体	冠状病毒	流行性腹泻病毒	轮状病毒
侵害对象	仔猪黄痢：1～3日龄仔猪。仔猪白痢：10～20日龄仔猪	1～3日龄仔猪	49～84日龄猪	各年龄猪	各年龄猪	10～56日龄猪，以10～28日龄猪更易发
流行病学	四季均发。仔猪黄痢：母猪第一胎产仔或环境卫生差的发病率高；日龄越小的死亡率越高。仔猪白痢：饲养管理及卫生差，气温剧变，阴雨连绵等状况多发	四季均发，发病急剧，病程短，大多于1～5d死亡	四季均发，先急性暴发，后为慢性，不易清除	冬春寒冷季节多发，新疫区100%发病，老疫区常见于仔猪	多在冬季，夏季也发生，传播率和病死率较低，腹泻症状也轻	早春和晚冬寒冷季节多发，新疫区偶见暴发，多为散发
主要临床症状	仔猪黄痢：排黄色稀粪，内含凝乳小片，排粪失禁，脱水消瘦，衰弱死亡。仔猪白痢：以排出乳白色或灰白色腥臭的糊状稀粪为特征	排出浅红色或红褐色稀粪，以后内含灰色坏死组织碎片，变成米粥状粪便	流行初，未显临床症状突然死亡。多数不同程度腹泻，先拉软便，渐为黄色稀粪，内混黏液或血	乳猪呕吐、水样泻，脱水，死亡率高或成僵猪，成年猪轻度水样泻或一时性软便	1周龄仔猪死亡率高，症状同传染性胃肠炎，主要是水泻，往往混合感染	胃内有凝乳块，小肠壁薄、半透明，小肠内容物呈水样，结、盲肠多膨胀
病程	2～10d	1～5d	1～14d	2～7d	2～7d	7d左右

续表

项目	猪大肠杆菌病	猪梭菌性肠炎	猪痢疾	猪传染性胃肠炎	猪流行性腹泻	猪轮状病毒腹泻
病理变化特征	仔猪黄痢：主要病理变化是胃肠卡他，肠壁变薄，松弛、充气，尤以十二指肠最为严重，发生充血、出血和急性卡他性炎症。肠系膜淋巴结肿大，心脏、肝、肾等实质器官发生严重退行性病理变化。仔猪白痢：胃肠卡他性炎症，胃常充盈，肠积有多量凝乳块或未消化食物，胃黏膜尤以近幽门部潮红肿胀	空肠黏膜红肿，有出血性或坏死性炎症，有的扩展到回肠，但十二指肠一般不受损害。另外，可见肠系膜淋巴结肿大或出血	轻者，喉头和气管黏膜呈卡他性炎症。重者，该黏膜变性、出血、坏死，上面覆有纤维素性干酪样假膜，气管内有血性渗出物	乳猪胃膨满凝乳块，胃底黏膜充血，小肠壁薄，含有气泡和黄绿色或灰白色液体。肾浑浊肿胀、脂肪变性，有的脾、肠系膜淋巴结肿大、充血	病理变化主要在小肠，小肠壁变薄，肠腔扩张，黏膜充血。但肠内容物却为黄绿色液体	胃内有凝乳块，小肠壁菲薄、半透明，小肠内容物呈水样，结、盲肠多膨胀
实验室诊断方法	此菌血症，小肠内容物培养出大肠杆菌10^4/mL菌落、ELISA检测出抗原为确诊	以肠内容物涂片及毒素接种动物实验为确诊。以中和试验鉴别魏氏梭菌的C型或D型	镜检肠黏膜涂片有多量密螺旋体	电镜检出冠状病毒，抗原定性检测	电镜检出类冠状病毒，抗原定性检测	电镜检24h内粪样，可见似车轮状的球状病毒颗粒
治疗	出生后即用微生态制剂或抗生素口服，连用3d；也可用抗生素交替使用治疗	仔猪出生后，用青霉素、链霉素等预防性口服，有一定疗效	痢菌净口服和注射	服补液盐、抗生素，腹腔注射补液、止泻药等对症治疗，其他同轮状病毒疗法	同轮状病毒疗法	注苗或口服苗，注康复猪血清或高免血清，注新城疫Ⅰ系苗作诱导剂，诱导猪机体产生干扰素

表3-2 禽腹泻类疾病的鉴别诊断

项目	禽大肠杆菌病	禽副伤寒	禽伤寒	鸡白痢	鸡新城疫	鸡传染性法氏囊病
病原	大肠杆菌	沙门氏菌	沙门氏菌	鸡白痢沙门氏菌	新城疫病毒	鸡法氏囊病病毒
侵害对象	大小禽类均可感染	1～2月龄青年鸡和火鸡	成年鸡和火鸡	2周龄内的鸡	家鸡、珠鸡、火鸡、雉、孔雀	只有鸡感染发病，3～6周最易感
流行病学	多与其他疾病并发或继发	感染鸡的粪便是最常见的病菌来源	消化道和卵是主要传播途径	发病率和死亡率均高，急性，垂直传播	各种年龄禽均可发生，以幼禽易感。一年四季均可发生，冬春寒冷季节易发	发病急，死亡快
主要临床症状	沉郁、不食、厌动、呼吸困难、眼炎、呆立、闭目、拉灰白色或绿色稀粪。病死率为5%～20%	主要表现为水样下痢	排黄绿色稀粪	闭目昏睡，粪便呈糊样，堵在肛门周围；成鸡为慢性贫血、拉稀，产蛋下降，发生卵黄性腹膜炎而呈垂腹	精神高度沉郁，呼吸困难，嗉囊积液，倒提有大量酸臭液体流出；下痢，粪便呈黄绿色或黄白色；神经症状明显	病初啄肛现象严重，排白色稀粪或蛋清样稀粪，内含细石灰渣样物质，干后呈石灰样

续表

项目	禽大肠杆菌病	禽副伤寒	禽伤寒	鸡白痢	鸡新城疫	鸡传染性法氏囊病
病程	2~6d	1~4d	5~10d	4~7d	1~4d	7d 左右
病理变化特征	败血症、气囊炎、肝周炎、心包炎、卵黄性腹膜炎、眼炎、关节炎、脐炎、肺炎及肉芽肿	出血性肠炎，盲肠有干酪样物，肝、脾有坏死灶	肝、脾肿大、淤血，肝呈青铜色，有坏死灶	肝、脾和肾肿大、充血；卵黄吸收不良，呈奶油状；心肌、肌胃、肺和肠道有白色坏死	腺胃乳头出血，肠道黏膜有枣核样溃疡，盲肠扁桃体肿大出血、坏死、溃疡	法氏囊肿大、出血、水肿，后期萎缩；肌肉出血，花斑肾，肌胃和腺胃交界处有横向出血点或出血斑
实验室诊断方法	病原菌的分离培养鉴定、生化试验及血清学试验	病原菌的分离培养鉴定、生化试验及血清学试验	病原菌的分离培养鉴定、生化试验及血清学试验	病原菌的分离培养鉴定、生化试验及平板凝集试验	病毒分离和鉴定、红细胞凝集和红细胞凝集抑制试验	琼脂扩散试验
治疗	广谱抗生素有效，最好做药物敏感试验	检疫淘汰阳性鸡，药物敏感试验指导用药	检疫淘汰阳性鸡，药物敏感试验指导用药	检疫淘汰阳性鸡，药物敏感试验指导用药	抗体检测，合理免疫，正确选择疫苗	疫苗有效，高免卵黄抗体治疗有效

5. 防治　　控制本病重在预防。怀孕母畜应加强产前产后的饲养和护理，仔畜应及时吮吸初乳，饲料配比适当，勿使饥饿或过饱，断乳期饲料不要突然改变。保持母畜产房的清洁干燥，注意消毒，可用 0.1% 高锰酸钾擦洗母畜乳头和乳房，并使仔畜尽早吃上初乳；尽量减少各种应激因素对畜（禽）的刺激；做好防寒防暑工作；及时清理粪便，料槽、饮水槽要经常刷洗；对密闭关养的畜（禽）群，尤其要防止各种应激因素的不良影响。用针对本地（场）流行的大肠杆菌血清型制备的多价活苗或灭活苗接种妊娠母畜或种禽，可使仔畜或雏禽获得被动免疫。近年来，使用一些对病原性大肠杆菌有竞争抑制作用的非病原性大肠杆菌（如 NY-10 菌株、SY-30 菌株等）来预防仔猪黄痢的菌群调整疗法，已在国内某些地区推行，收到了较好的效果。国内用重组 DNA 技术研制成功的仔猪大肠杆菌病 K_{88} 基因工程苗，87P 基因工程苗，K_{88}、K_{99} 双价基因工程苗及 K_{88}、K_{99}、987P 三价基因工程苗，MM-3 工程菌苗（含 K_{88}ac 及无毒肠毒素 LT 两种保护性抗原成分）均取得了一定的预防效果。

由于大肠杆菌较易产生耐药性，尤其是近年来抗菌药物的广泛应用，使耐药菌株不断增加。因此，在治疗前，最好分离出致病大肠杆菌进行药物敏感试验，以选出抑菌效果最好的抗生素。为了减缓耐药性的产生，最好几种不同的药物轮换使用，如氟苯尼考、氯霉素、磺胺类和痢菌净等。在抗生素治疗的同时，对病畜禽还要进行适当补液，如口服补液盐。近年来，使用活菌制剂，如促菌生、调痢生等治疗畜禽下痢，有良好功效。同时，母子同治也是一种治疗仔猪白痢较理想的方法。通过母体给药后，抑制母体内病原性大肠杆菌，调理乳汁，遏制乳源感染大肠杆菌，药物的有效成分进入乳汁，仔猪食入，达到乳汁给药的目的。

二、沙门氏菌病

沙门氏菌病（salmonellosis）是由沙门氏菌属（*Salmonella*）中不同血清型菌株感染

各种动物引起的多种疾病的总称。临诊上多表现为败血症和肠炎，对幼畜、雏禽危害较大，成年畜禽多呈慢性或隐性感染，也可导致怀孕母畜发生流产。

本病遍发于世界各地，对人和动物的健康构成了严重威胁，尤其是某些宿主范围广的菌株，除能引起人和动物感染发病外，还能因食品污染造成人的食物中毒。在医学、兽医和公共卫生上均具有重要意义。

1. 病原　沙门氏菌属是一群血清型上相关的革兰氏阴性、兼性厌氧杆菌，该属菌体呈杆状，大小（0.7~1.5）μm×（2.0~5.0）μm。两端钝圆，不形成荚膜和芽胞。除雏鸡沙门氏菌和鸡沙门氏菌无鞭毛不运动外，其余各菌均周生鞭毛，能运动。

本菌在普通培养基中能生长，为需氧及兼性厌氧细菌。在肉汤培养基中变浑浊，而后沉淀，在琼脂培养基上24h后生成光滑、微隆起、圆形、半透明的灰白色小菌落。沙门氏菌能发酵葡萄糖、甘露醇、山梨醇、麦芽糖，产酸产气。不能发酵乳糖和蔗糖，可据此与其他肠道菌相区别。

本菌抵抗力较强，加热60℃ 1h、70℃ 20min或75℃ 5min后死亡。对低温有较强的抵抗力，在琼脂培养基上于-10℃，经115d尚能存活。在干燥的沙土中可生存2~3个月，在干燥的排泄物中可保存4年之久。在0.1%升汞溶液、0.2%甲醛溶液、3%石炭酸溶液中15~20min可被杀死。在29%食盐的腌肉中，6~12℃条件下，可存活4~8个月。

沙门氏菌血清型复杂，有2500种以上，但常见的危害人畜的非宿主适应性血清型只有20多种。畜禽常见的沙门氏菌有鼠伤寒沙门氏菌、猪霍乱沙门氏菌、猪伤寒沙门氏菌、都柏林沙门氏菌、肠炎沙门氏菌、马流产沙门氏菌、牛病沙门氏菌、鸭沙门氏菌、鸡沙门氏菌等。

2. 流行病学　人和各种动物对沙门氏菌都有易感性。各种年龄的动物均可感染，但幼年动物较成年动物易感，其中以6月龄内的猪、2~6周龄的牛、断奶前后的羔羊、6月龄以内的幼驹及2周龄内的雏鸡易感性最高。妊娠动物感染后多数发生流产，特别是怀孕中后期的头胎母马及怀孕后期的母羊。

患病动物和带菌动物是本病的主要传染源。患病动物的分泌物、排泄物，流产的胎儿、胎衣和羊水及病禽的蛋、羽毛等均含有大量的病原菌。由于自然界中沙门氏菌隐性感染动物或野生动物普遍存在，这些动物会间歇性地排菌。如果排出的病原菌污染环境、水源和饲料，并能在其中长期存活，即可通过消化道和呼吸道传播。隐性感染者的自然交配或人工授精也是该病水平传播的重要途径。同时，沙门氏菌也可通过子宫内感染或带菌禽蛋垂直传播给子代而引起发病。此外，潜藏在隐性感染者消化道、淋巴组织和胆囊中的病原菌，在机体抵抗力下降时可趁机大量繁殖使动物发生内源性感染。

本病一年四季均可发生。但猪多发于多雨潮湿季节，成年牛多于夏季放牧时发生，马多发于春、秋季节，育成期羔羊常发于夏季和早秋，孕羊则主要在晚冬、早春季节发生流产。一般呈散发或地方流行性。在有些动物内可表现为流行性。卫生条件差、密度过大、气候恶劣、分娩、长途运输或并发其他疫病感染等，都可加剧该病的病情或使流行面积扩大。

（一）禽沙门氏菌病

该病是由沙门氏菌属中的一种或多种沙门氏菌引起的禽类急性或慢性传染病。在临床上将鸡白痢沙门氏菌引起的疾病称为鸡白痢，鸡伤寒沙门氏菌引起的疾病称为禽伤寒，其他沙门氏菌引起的禽病称为禽副伤寒。

1. 鸡白痢（pullorosis）　由鸡白痢沙门氏菌引起的各年龄鸡均可发生的传染病，有的表现为急性败血性经过，有的则以慢性或隐性感染为主。

（1）流行病学　病鸡和带菌鸡是本病的主要传染病。该病可通过消化道水平传播，也可通过种蛋垂直传播。

本病一年四季均可发生，所造成的损伤与种鸡场此病的净化程度、饲养管理水平及防治措施是否适当有着密切的关系。

（2）临床症状　不同日龄的鸡临床症状有很大的差异。

1）雏鸡白痢：潜伏期4~5d。经垂直传播感染的雏鸡，在孵化器或孵出后不久即出现虚弱、昏睡，继而死亡（图3-15）。出壳后感染的雏鸡，3~5d出现临床症状，第2~3周龄是雏鸡白痢发病和死亡的高峰。污染严重的鸡场，雏鸡白痢的死亡率可达20%~30%，甚至更高。病雏鸡表现为不愿走动，聚成一团，不食，羽毛松软，两翼下垂，低头缩颈，闭眼昏睡，排白色糊糊样粪便，肛门周围的羽毛常被粪便污染，干涸后封住肛门周围，影响排便（图3-16）。有的病鸡表现为呼吸困难、张口呼吸、喘气，有的可见关节肿大、跛行（图3-17），病程4~7d。3周龄以上发病的较少死亡，耐过的鸡生长发育不良，成为慢性病鸡或带菌鸡。

图3-15　沙门氏菌病（1）
鸡白痢，雏鸡出壳即死亡

图3-16　沙门氏菌病（2）
鸡白痢，病雏鸡绒毛松乱，两羽下垂，白色粪便封住肛门

2）育成鸡白痢：多发于40~80日龄，地面平养鸡的发病率比网养和笼养要高。初期全群鸡的食欲、精神无明显变化，然后鸡群中不断出现精神、食欲差和下痢，常突然死亡，死亡不见高峰，数量不一，病程较长，可拖延20~30d，死亡率达10%~20%。

3）成鸡白痢：呈慢性经过或隐性感染。一般无明显临床症状，当鸡群感染比例较大时，可明显影响产蛋量，产蛋高峰不高，维持时间短，死淘率升高。部分病鸡面色苍白、鸡冠萎缩、精神委顿、产卵停止、排白

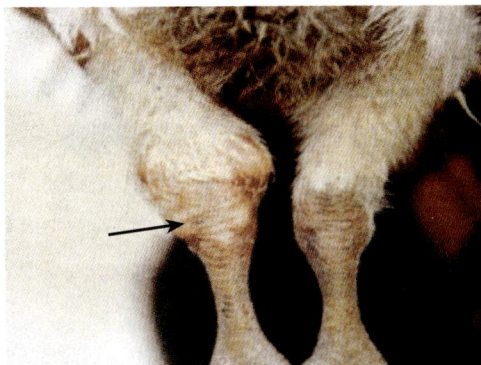

图3-17　沙门氏菌病（3）
鸡白痢，病鸡跗关节肿大（左侧）

色稀粪。

（3）病理变化

1）雏鸡白痢可见尸体瘦小，羽毛污秽，泄殖腔周围被粪便污染。病死鸡脱水，眼睛下陷，脚趾干枯。剖检可见肝、脾和肾肿大、充血，有时可见大小不等的坏死点（图3-18）。卵黄吸收不良，内容物呈奶油状或干酪样、黏稠。有呼吸道症状的雏鸡肺可见有坏死或灰白色结节。心包增厚，心脏上可见坏死灶或结节，略突出于脏器表面，肠道呈卡他性炎症，盲肠膨大。

2）育成鸡白痢的突出变化是肝肿大，比正常大数倍，质脆、易碎。脾肿大，心包增厚，心肌有数量不一的黄色坏死灶，严重的心脏变形、变圆，肠道呈卡他性炎症。

3）成年母鸡最常见的病理变化在卵巢，卵巢变性、变形（图3-19），有的卵巢尚未发育，输卵管细小。

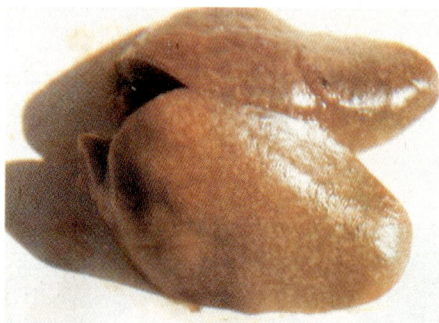

图3-18　沙门氏菌病（4）

鸡白痢，病死鸡肝肿胀，表面散布小坏死点

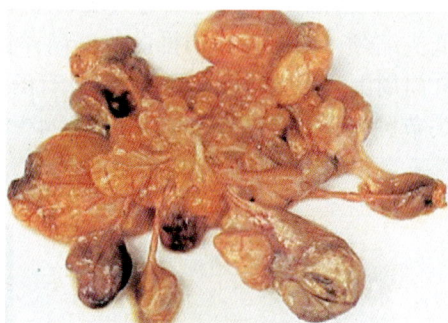

图3-19　沙门氏菌病（5）

鸡白痢，病鸡卵巢变性、变形

4）成年公鸡的病理变化常局限于睾丸和输精管，睾丸极度萎缩，同时出现小脓肿。输精管腔增大，充满浓稠渗出液。

2. 禽伤寒（typhus avium）　中年鸡和成年鸡常发。火鸡、珠鸡、孔雀、鹌鹑及鸭也可以自然感染，但鹅、鸽有抵抗力，通常呈散发。

（1）临床症状　潜伏期4～5d。中年鸡和成年鸡急性暴发本病时，表现精神委顿、羽毛松乱，鸡冠贫血、苍白而缩小，体温升高1～3℃，一般于5～10d死亡，致死率为10%～50%。

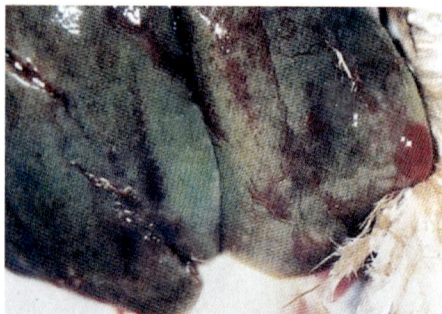

图3-20　沙门氏菌病（6）

禽伤寒，病鸡肝肿大、出血、颜色发绿，呈青铜色

（2）病理变化　最急性病例病理变化不明显。亚急性与慢性病例，肝淤血、肿大，呈青铜色或绿褐色（图3-20），有灰白色坏死灶，肺、心脏和肌胃有灰白色坏死灶，母鸡卵出血、变形，常见卵破裂而导致腹膜炎。小肠黏膜呈出血性卡他性炎。公鸡睾丸有坏死灶。

3. 禽副伤寒（paratyphus avium）　各种家禽和野禽均易感，其中以鸡和火鸡最常见，常于孵出后2周内发病，6～10日龄的损失最大。雏鸡发病多呈地方流行性，致死率为10%～20%，严重者可高达80%。1月龄以上的家禽一般不引起死亡。成年鸡常呈隐性感染或慢性经过。

（1）临床症状　　各种幼禽副伤寒的临床症状非常相似，表现为嗜睡呆立，垂头闭眼，两翅下垂，羽毛松乱，食欲减退，饮水增加，水样下痢，肛门周围沾有粪便。雏禽怕冷、扎堆、颤抖、喘息及眼睑肿胀等，病程1～4d。

（2）病理变化

1）急性病雏通常无明显眼观变化。病程稍长者，呈现消瘦、脱水、卵黄凝固。肝、脾充血并有条纹状出血和针尖大的坏死灶。肾充血，心包炎，肠黏膜呈出血性炎，盲肠内有干酪样物。

2）雏鸭感染后，肝呈现青铜色并有灰色坏死灶。

3）慢性感染的成年鸡无明显病理变化。少数鸡的肠道有坏死灶或溃疡，肝、脾肿大，心肌有结节状病灶。卵变形。

（3）诊断　　根据流行病学、临床症状和病理变化，可做出初步诊断。确诊须进行病原分离鉴定和血清学检查。做病原分离时，采取饮水、粪便、饲料、肠内容物和败坏组织等，通常需要增菌（用亮绿-胆盐-四硫磺酸钠肉汤、四硫磺酸盐增菌液、亚硒酸盐增菌液进行增菌）培养后再行分离。增菌后将细菌接种到选择性培养基进行细菌分离，进一步可进行生化试验和血清学分型试验鉴定分离株。

（4）防治　　防治该病的原则是杜绝病原菌的传入，清除群内带菌鸡，同时严格执行卫生、消毒和隔离制度。

（二）猪沙门氏菌病

猪沙门氏菌病又称猪副伤寒（paratyphus suum）。各国所分离的沙门氏菌的血清类型相当复杂，其中主要由猪霍乱沙门氏菌、鼠伤寒沙门氏菌、猪霍乱沙门氏菌变种、猪伤寒沙门氏菌或肠炎沙门氏菌等引起，是1～4月龄仔猪的常见传染病之一。

1. 临床症状　　潜伏期为2d至数周，分为急性型和慢性型。

（1）急性型　　多见于断奶前后的仔猪。病初呈败血症，体温升高达41～42℃。精神不振、食欲废绝。后期出现下痢和呼吸困难，耳根、胸前、腹下及后躯皮肤呈紫红色（图3-21）。

（2）慢性型　　临床上最为常见，病猪体温升高、精神不振，初期便秘、后期下痢，粪便恶臭，呈灰白色或黄绿色，并混有血液、坏死组织或纤维素絮片（图3-22）。有些病猪咳嗽、呼吸困难。病程2～3周或更长，最后衰竭死亡，死亡率为25%～50%。康复猪生长发育不良，可带菌数个月。

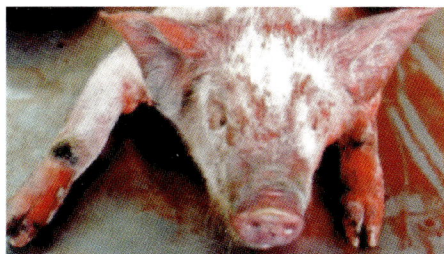

图3-21　沙门氏菌病（7）
猪副伤寒，病猪耳朵、鼻端等肢体末梢皮肤淤血，
呈弥漫的紫红色

图3-22　沙门氏菌病（8）
猪副伤寒，病猪下痢

2. 病理变化

（1）**急性型** 急性病例表现为脾肿大、质地较硬，呈暗紫红色（图3-23）。淋巴结充血、肿胀，肠系膜淋巴结肿大呈索状。全身黏膜、浆膜有数量不等的出血点，胃肠黏膜可能有卡他性出血性炎症（图3-24）。

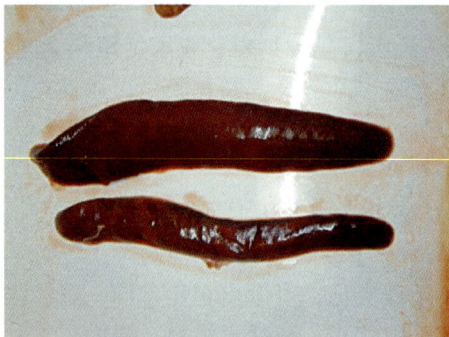

图 3-23 沙门氏菌病（9）
猪副伤寒，病猪脾肿大（下为正常）

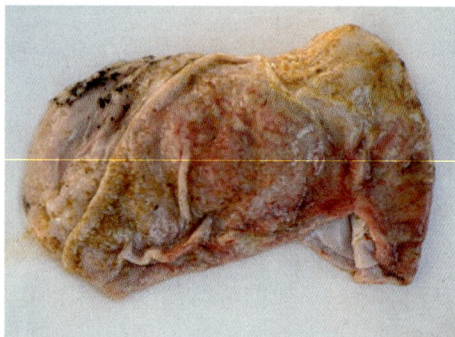

图 3-24 沙门氏菌病（10）
猪副伤寒，病猪胃底黏膜出血

图 3-25 沙门氏菌病（11）
猪副伤寒，病猪大肠表面覆盖有绿色麸皮样物质

（2）**慢性型** 主要病理变化在肠道。肠壁淋巴结肿胀，逐渐坏死并形成溃疡，溃疡周围隆起，中央稍凹陷呈隐约可见的轮层状，表面覆盖灰黄色或淡绿色麸皮样物质（图3-25）。肠壁增厚，肝、脾及肠系膜淋巴结常可见针尖大、灰黄色坏死灶或灰白色结节。肺常见有卡他性肺炎或灰黄色干酪样结节。

3. 诊断 急性病例诊断较困难，慢性病例根据临床症状和病理变化，结合流行病学可做出初步诊断。确诊需要进行细菌学检查。

4. 防治 采取良好的兽医生物安全措施，实行全进全出的饲养方式，控制饲料污染，消除发病诱因等是预防本病的重要环节。

仔猪断奶后接种仔猪副伤寒弱毒冻干菌苗。发病猪应及时隔离消毒，并通过药物敏感试验筛选合适的抗菌药物。

（三）**牛沙门氏菌病**

由鼠沙门氏菌、都柏林沙门氏菌、牛流产沙门氏菌等引起的牛的急性传染病。

1. 临床症状 高热（40～41℃）、精神沉郁、食欲废绝、产奶量下降。不久开始下痢，粪便呈水样，恶臭，带血或含有纤维素絮片。下痢后体温降至正常或略高。病程持续4～7d。妊娠母牛感染后可发生流产。

有些犊牛在出生后48h内开始拒食，并迅速出现体力衰竭等临床症状，常于3～5d死亡。多数犊牛发病初期体温升高，24h后排出灰黄色液体粪便并混有黏液和血丝，通常发病后5～7d死亡，病死率高达50%。

2. 病理变化 成年牛表现为急性黏液型、坏死性或出血性肠炎变化，特别是回肠和大肠。可见肠壁增厚，黏膜发红呈颗粒状，表面覆盖有灰黄色坏死物。淋巴结和脾肿大。

死于急性败血症的犊牛可见广泛的黏膜下和浆膜下出血。病程稍长的病例小肠出现黏液型或出血性肠炎，肠系膜淋巴结水肿、充血。部分病例肝和肾有坏死点。

3. 诊断　可采取肛拭子或新鲜的粪便进行细菌分离培养。发生流产时可采集胎儿的胃内容物或胎盘进行分离培养。

4. 防治　预防本病除需要加强一般性卫生防疫措施和疫苗接种预防外，还应定期对牛群进行检疫。

（四）羊沙门氏菌病

由鼠伤寒沙门氏菌、羊流产沙门氏菌、都柏林沙门氏菌等引起的绵羊和山羊的急性传染病。

1. 临床症状　表现为全身性临床症状、肠道临床症状和流产等。羊流产沙门氏菌感染通常在妊娠后期4~6周流产，如不发生产后感染，母羊不表现出明显的临床症状，或出现一过性发热，且排菌时间较短。部分母羊产死羔或弱羔，而出生时外表正常的羔羊往往在头2~3周下痢或死于败血症。母羊的死亡率为10%~15%。

鼠伤寒沙门氏菌感染以肠道和全身临床症状为主，病羊体温升高，严重下痢，某些病羊可能无任何临床症状就突然死亡。

2. 病理变化　表现为败血性变化，脾肿大、脏器充血。急性病例有严重的皱胃炎和肠炎，淋巴结肿大。流产胎儿皮下水肿，胸腔和腹腔有过量的积液，内脏浆膜上有纤维素性渗出。心外膜和肺出血。

3. 诊断　可采取肛拭子或新鲜的粪便进行细菌分离培养。发生流产时可采集胎儿的胃内容物或胎盘进行分离培养。

4. 防治　预防本病除需要加强一般性卫生防疫措施和疫苗接种预防外，还应定期对羊群进行检疫。

沙门氏菌病与大肠杆菌病极易混淆，实验室诊断时应注意鉴别诊断，详见表3-3。

表3-3　大肠杆菌病、沙门氏菌病的鉴别诊断简表

项目		大肠杆菌病	沙门氏菌病
病原		大肠杆菌	沙门氏菌
实验室诊断	葡萄糖	产酸产气	产酸不产气
	乳糖	产酸产气	不产酸不产气
麦康凯琼脂培养基		红色菌落	无色至浅橙色，透明菌落
伊红-亚甲蓝琼脂培养基		紫黑色菌落，有金属光泽	无色至浅橙色，透明菌落
三糖铁培养基		穿刺后不变黑，表面呈黄色	穿刺底部有气体、变黑，中间为黄色、表面为红色

三、巴氏杆菌病

巴氏杆菌病（pasteurellosis）是由多杀性巴氏杆菌引起的一种急性、热性传染病。以败血症、出血性炎症及组织的化脓性病灶为主要特征，也称为出血性败血症，简称出败。

1. 病原　　病原为多杀性巴氏杆菌，该菌是一种长 0.6～2.5μm、宽 0.25～0.6μm、两端钝圆、中央微突的兼性厌氧杆菌。其菌体不能形成芽胞，无鞭毛，革兰氏染色阴性，在含血清的培养基上生长良好，可生成灰白色、湿润而黏稠的菌落；而在不含血清的琼脂培养基上形成细小透明的露珠状菌落。本病原抵抗力不强，阳光直射和干燥环境下迅速死亡；60℃经 10min 死亡；3% 石炭酸和 0.1% 升汞溶液 1min 内死亡；10% 石灰乳及甲醛溶液 3～4min 死亡。在无菌蒸馏水和生理盐水中迅速死亡；在尸体内可存活 1～3 个月。迄今为止，已经发现该病原的 16 种血清型与该病的宿主特异性、致病性、免疫性等密切相关。

根据菌落形态，可将本菌分为黏液型（M）、光滑型（S）和粗糙型（R）。其中黏液型和光滑型菌落的菌体具有荚膜。

本菌存在于病畜全身各组织、体液、分泌物及排泄物之中。健康畜禽的上呼吸道也可能存在。巴氏杆菌也可在健康人鼻中发现，偶致臭鼻病。

2. 流行病学　　本病的发生多呈地方性流行或散发，无明显的季节性，但多发于冷热交替、气候剧变、闷热潮湿及多雨的季节。畜禽免疫功能降低是本病发生的主要诱因之一。长途运输或频繁迁移、过度疲劳、饲料突变、营养缺乏、寄生虫等感染也常诱发此病。

本病重要的传染源是患病和带菌畜禽的排泄物和分泌物。这些传染源主要通过消化道和呼吸道传播，也可通过吸血昆虫和损伤的皮肤和黏膜感染。家畜中以牛、猪、兔、绵羊发病较多，山羊、鹿、骆驼、马、驴、犬、猫和水貂等也可感染。禽类以鸡、火鸡和鸭最易感，鹅、鸽次之。发病动物以幼龄发病率和病死率最高。

3. 临床症状　　鸡、鸭感染多杀性巴氏杆菌后可发生禽霍乱；猪发生猪肺疫；牛、羊、兔、马等多发生败血症。

（1）禽巴氏杆菌病　　又称禽霍乱，自然感染的潜伏期一般为 2～9d。

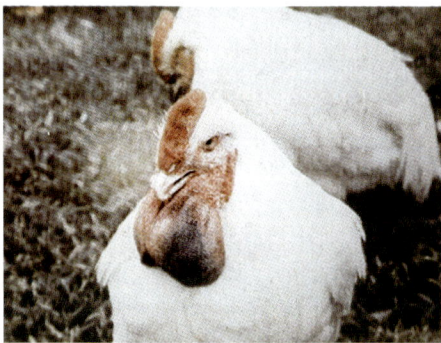

图 3-26　巴氏杆菌病（1）
公鸡感染后肉髯水肿

1）鸡：①最急性型，常见于流行初期，以高产蛋鸡最常见，病鸡无前驱临床症状，突然死亡。②急性型，最为常见，病鸡主要表现为精神沉郁，食欲废绝，羽毛松乱，缩颈闭眼，离群呆立，同时伴有腹泻，排出黄色、灰白色或绿色的稀粪，体温升高到 43～44℃，呼吸困难，最终由于各器官衰竭、昏迷而死亡，病程一般为 1～3d。③慢性型，由急性型病鸡转变而成，多见于流行后期。以慢性肺炎、慢性呼吸道炎和慢性胃肠炎较多见。病鸡鼻孔有黏性分泌物流出，鼻窦肿大、呼吸困难、精神委顿，冠苍白，肉髯显著肿大（图 3-26），有脓性干酪样物质。病程可达 30d 以上，生长发育和产蛋性能长期不能恢复。

2）鸭：以急性型为主。病鸭精神沉郁，离群呆立，不喜下水，闭目瞌睡，羽毛松乱，缩头弯颈，食欲减少或不食，渴欲增加，嗉囊积食，口鼻有黏液流出，呼吸困难，常张口呼吸，并摇头排出喉头黏液，故有"摇头瘟"之称。病鸭排出腥臭的白色或铜绿色稀粪，偶有血便。病程稍长的病鸭跛行或不能行走，局部关节肿胀，掌部肿大，内有脓性和干酪样坏死。

3）其他禽类：①鹅，以急性型为主，精神委顿，食欲废绝，腹泻，喉头积有黏液，喙和蹼发绀，眼结膜有出血点，病程1~3d。②鸽，以急性型为主，病鸽食欲降低，精神沉郁，闭目缩颈，羽毛松乱，体温升高到42℃以上，渴欲增加，嗉囊胀满，倒提时口角流淡黄色黏液，结膜潮红，下痢，排出白色或绿色黏液稀粪，病程1~2d。③野生水禽，以雁行目鸭科动物多发，主要表现为急性经过，突然死亡。

（2）猪巴氏杆菌病　　又称为猪肺疫，自然感染的潜伏期一般1~14d。

①最急性型：表现为败血症，病猪体温突然升至41~42℃，呼吸困难，心跳加快，食欲废绝，口鼻黏膜发绀，咽喉肿胀，机体多出现出血性红斑，数小时至1d死亡。②急性型：体温上升至40~41℃，呼吸困难，咳嗽，流涕，皮肤出现红紫斑。先便秘后腹泻，一般2~3d死亡，非死亡的个体多转为慢性型。③慢性型：表现为持续咳嗽，呼吸困难，病猪逐渐消瘦，有时关节发生肿胀，最后持续腹泻，衰竭而死。

（3）牛巴氏杆菌病　　又称为牛出血性败血症，自然感染的潜伏期一般为2~5d。

①败血型：多见于水牛，体温升高至41~42℃，精神沉郁，结膜潮红，鼻镜干燥，不食，泌乳和反刍停止，腹痛下痢，粪便恶臭，呈液状并混有黏液，一般于12~24h死亡。②水肿型：多见于牦牛，除表现全身临床症状外，病牛头、颈、咽喉及胸前皮下水肿，舌及周围组织高度肿胀，流涎，黏膜发绀，呼吸困难，一般于12~36h死亡。③肺炎型：病牛表现为急性纤维素性胸膜炎，后期出现腹泻、血便和血尿，病程一般为数天至两周。④慢性型：以慢性肺炎为主，病程一般为30d以上。

（4）兔巴氏杆菌病　　是引起9周龄至6月龄兔死亡的最主要原因。潜伏期一般几小时至一周。①出血性败血症型：以鼻炎和肺炎混合发生的败血症最为多见，病兔表现为精神萎靡，食欲减退，体温升高，鼻腔流出浆性、黏性或脓性鼻液，偶见腹泻，病程数小时至3d。②传染性鼻炎型：鼻腔流出浆性、黏性或脓性分泌物，常形成结痂，堵塞鼻孔，呼吸困难，病兔经常挠抓鼻部，病程一般为数日至数月。③地方性肺炎型：常由传染性鼻炎继发而来，自然发病时很少见肺炎临床症状，后期严重时表现为呼吸困难，患兔食欲减退、体温升高、精神沉郁，有时会出现腹泻或关节肿胀的临床症状，多因肺严重出血、坏死或败血而死。④中耳炎型：是病菌扩散到内耳和脑部使病兔颈部歪斜，多为成年兔发病，病兔常向歪斜的一方翻滚（图3-27），两眼不能正视，食欲减退，逐渐消瘦，病程长短不一。⑤结膜炎型：病兔表现为流泪，结膜充血、红肿，眼内常有分泌物将眼睑粘住。⑥脓肿、子宫炎及睾丸炎型：脓肿可发生在身体各处，皮下脓肿时皮肤红肿、硬结；子宫发炎时，阴道有脓性分泌物流出；公兔睾丸炎可见一侧或两侧睾丸肿大。

图3-27　巴氏杆菌病（2）

兔斜颈病（中耳炎），头颈斜向一侧

4. 病理变化

鸡：①最急性型，无明显病理变化，偶见心外膜有少许出血点。②急性型，病鸡腹膜、皮下组织及腹部脂肪常见出血点。心包增厚，心包内积有多量淡黄色液体，有的含纤维素絮状液体，心外膜脂肪出血明显（图3-28）。肺有充血或出血点。肝肿大，质地变脆，呈棕色或黄棕色，表面散布许多灰白色、针尖状的坏死点（图3-29）。肌胃出血严重，十二指肠呈卡他性和出血性肠炎。③慢性型，因侵害的器官不同而有差异。当侵害呼吸系统时，可见鼻腔和鼻窦内有多量黏性分泌物，某些病例见肺硬变。侵害关节或腱鞘时，可见关节肿大变形，有炎性渗出物和干酪样坏死。公鸡肉髯肿大，内有干酪样渗出物，母鸡卵巢明显出血，卵变形。

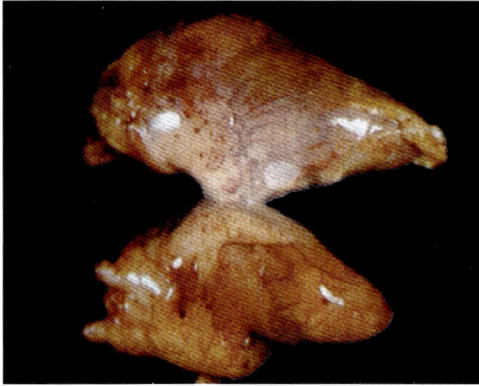

图 3-28　巴氏杆菌病（3）
鸡心冠脂肪沟和心外膜出血

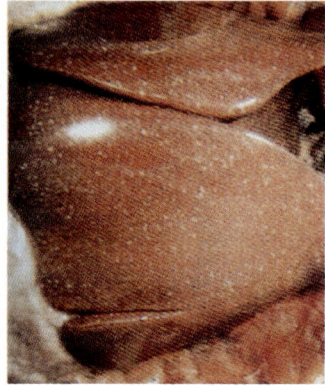

图 3-29　巴氏杆菌病（4）
鸡肝肿大，表面有许多灰白色、
针尖状坏死点

鸭：急性型，心包内充满透明橙黄色渗出物，心包膜和心冠脂肪有出血斑。肺可见多发性肺炎，伴气肿和出血。鼻腔黏膜充血或出血。肝肿大且表面有针尖状出血点和灰白色坏死点。小肠前段和大肠黏膜充血和出血最严重；雏鸭多为慢性型，出现多发性关节炎，可见关节面粗糙，附着黄色干酪样物质或红色的肉芽组织。关节囊增厚，内含有红色浆液或灰黄色、浑浊的黏稠液体。肝发生脂肪变性和局部坏死。

猪：①最急性型，咽喉黏膜有急性炎症，周围组织浆液浸润。淋巴结出血肿胀。肺水肿，肾及膀胱有出血点。②急性型，主要表现为胸膜肺炎，肺有出血斑点、水肿、气肿或有纤维样黏附物，常与胸膜粘连。支气管淋巴结肿大，胃肠道有卡他性炎或出血性炎。③慢性型，可见肺有多处坏死灶，胸膜及心包有纤维素絮状物附着（图3-30）。

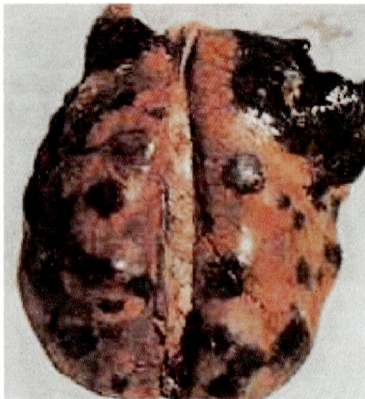

图 3-30　巴氏杆菌病（5）
病死猪肺有不同程度肝变区，
呈大理石样

牛：呈败血症变化。①水肿型，病例见于头、颈和咽喉部水肿。急性淋巴结炎和肝、肾、心等实质器官发生变性，脾肿大罕见。②肺炎型，主要表现为纤维素性肺炎和胸膜炎，肺切面呈大理石样变。

兔：病兔鼻腔积有多量黏性或脓性分泌物，鼻窦和副鼻窦内有分泌物，窦腔内层黏膜红肿。①肺炎型，常表现为急性纤维素性肺炎和胸膜炎变化。②败血症型，除一般败血病变化外，常见鼻炎和肺炎的变化，肝变性并有许多坏死点。③中耳炎型，鼓膜和鼓室内壁变红，有时鼓室破裂，脓性渗出物流入外耳道，严重时出现化脓性脑膜炎的病理变化。

5. 诊断　　根据流行病学、临床症状和病理变化，可做出初步诊断，但进一步确诊须进行病原分离鉴定、动物试验和血清学检查。病原分离鉴定时，通过采集患病畜禽的组织进行镜检，培养后，该菌在48h内可分解葡萄糖、果糖、半乳糖、蔗糖和甘露糖，产酸不产气。一般不发酵乳糖、鼠李糖、菊糖和肌醇。

6. 防治　　平时要加强畜禽的饲养管理，严格执行兽医卫生防疫措施，搞好圈舍的环境卫生，定期用2%～4%氢氧化钠溶液、石灰乳等进行消毒。注意当环境变化，如气温突变、运输、饲料改变等时要采用药物预防。种用畜禽要从未发生过疫情的地区引入，引入后要隔离观察一个月后再合群。平时要定期对畜禽进行预防免疫接种。对常发此病的地区或养殖场，药物治疗效果日渐降低，本病很难得到有效控制，在有条件的地方可制作自家灭活苗，定期对畜禽进行免疫接种。发现本病时，应立即采取隔离、紧急免疫、药物防治、消毒等措施；将已发病或体温升高的畜禽全部隔离，健康动物立即接种疫苗，或进行药物预防，并对污染的环境进行彻底消毒。

四、葡萄球菌病

葡萄球菌（*Staphylococcous*），特别是金黄色葡萄球菌可产生毒素和酶，致病性强。其常引起两类疾病，一类是化脓性疾病，如动物的创伤感染、脓肿、蜂窝织炎、乳腺炎、关节炎、败血症和脓毒败血症等。另一类是毒素性疾病，由被葡萄球菌污染的食物或饲料引起的人或动物的中毒性呕吐、肠炎及人的毒素休克综合征等。金黄色葡萄球菌常引起幼鸡坏疽性皮炎、败血病和脐炎。

1. 病原　　多数病例是由金黄色葡萄球菌（*Staphlococcus aureus*）所致。但有时也由表皮葡萄球菌（*Staphlococcus epidermidis*）引起。本菌呈葡萄串状，直径0.5～1.5μm，无芽胞，无鞭毛，有的形成荚膜或黏液层。革兰氏阳性，需氧或兼性厌氧，触酶阳性，氧化酶阴性，无运动力。可在普通培养基、血琼脂培养基等生长，不在麦康凯琼脂培养基生长。最适温度为35～40℃，最适pH为7.0～7.5。致病性菌株多能产生脂溶性的黄色或柠檬色素，不着染培养基。

本菌抵抗力较强，干燥条件下存活3～6个月。加热80℃30min死亡，对结晶紫敏感，对抗生素易产生耐药性。

2. 流行病学　　葡萄球菌病多发生于规模化养鸡场，特别是30～60日龄的笼养鸡，多呈败血病或毒血症死亡，死亡率可高达50%以上。

3. 临床症状　　坏死性皮炎是本病的特征性临床症状。病初颈、胸、腹及大腿内侧，特别是翼下出现广泛的炎性水肿（图3-31）。病初从翼的根部开始，在短时间内扩散到整个翼下。病鸡颈部皮肤和肉髯发生湿性坏疽，表现为皮下渗出液呈茶色或紫红色胶冻状（图3-32），病期较长时干燥结痂。病程短的几小时，长的2～5d死亡。

关节炎时病鸡不能站立，卧地不动，常因饥渴而死。趾关节发炎时趾部肿胀呈瘤状，爪部部分皮肤坏死呈紫黑色，趾尖或爪部干涸脱落（图3-33）。眼感染时面部发生肿胀，眼结膜红肿，脓黏性分泌物将眼睑粘连，失明和死亡。脐炎见于出壳鸡，腹部膨大，脐部呈黄色或紫黑色，多数发生死亡。败血症常无临床症状突然死亡，或表现张口呼吸，下痢，冠髯呈青紫色。

　　猪可表现为油皮病（图 3-34）。

图 3-31　葡萄球菌病（1）

病鸡翼下水肿

图 3-32　葡萄球菌病（2）

病鸡颈部皮肤和肉髯发生湿性坏疽

图 3-33　葡萄球菌病（3）

病鸡趾部有溃疡结痂，脱落

图 3-34　葡萄球菌病（4）

猪油皮病

　　4. 病理变化　　急性败血型表现为全身败血症变化，皮肤、黏膜、浆膜、肌肉尤其是胸肌广泛出血，肝、脾、肺及肾肿大，并有白色化脓灶或坏死点。腺胃乳头出血或化脓、坏死。关节炎、关节周围炎和滑膜炎较常见，受侵害的关节肿大并充满炎性渗出物，进而可扩增为骨髓炎，间接引起跛行，患骨髓炎时，骨骼有局灶性黄色干酪样渗出区或溶解区，患骨变脆。感染和发病的部位常见于胫跗骨近端和股骨近端，其他部位也可感染。

　　5. 诊断　　根据本病的流行病学特点和临床表现，不难对典型的皮炎型和关节炎型病例做出初步诊断。但要确诊或对其他病型做出诊断则需依靠实验室方法。

　　取发病鸡的病理变化皮肤、渗出物、脓汁、关节液或肝、脾组织涂片，染色后镜检，可见典型的葡萄球菌。也可做细菌的分离、鉴定，即将上述病料接种于血液琼脂平板，37℃培养 24h 后观察菌落特征，做涂片检查和生化试验，并进一步通过菌落色素、溶血性、凝固酶和 D-甘露醇发酵试验等进行鉴定。

　　在鉴别诊断方面，本病易与硒缺乏症、病毒性关节炎和鸡滑液支原体相混淆，应注意鉴别诊断，详见表 3-4。

表 3-4　葡萄球菌病、硒缺乏症、病毒性关节炎、鸡滑液支原体鉴别诊断

项目	葡萄球菌病	硒缺乏症	病毒性关节炎	鸡滑液支原体
病原或病因	金黄色葡萄球菌	硒缺乏	呼肠孤病毒	支原体
侵害对象	鸡	鸡	鸡和火鸡能自然感染	仅鸡和火鸡自然感染
流行病学	多发生于规模化养鸡场，特别是30～60日龄的笼养鸡	该病多发于低硒地区，冬春两季多发，呈群体性发病，无传染性，以幼龄期多发	主要侵害青年肉鸡，传播迅速，发病率高	主要感染鸡、火鸡及珍珠鸡，9～12周龄的鸡
主要临床症状	病初颈、胸、腹及大腿内侧，特别是在翼下出现广泛的炎性水肿。从翼的根部开始，在短时间内扩散到整个翼下。皮下渗出液呈茶色或紫红色胶冻状，病期较长时干燥结痂	病雏主要临床症状是躯体低垂的胸、腹部皮下出现淡蓝绿色水肿样变化，有的腿根部和翼根部也发生水肿，严重的可扩展至全身。出现渗出性液体的病鸡精神高度沉郁，生长发育停止，冠髯苍白，伏卧不动，起立困难，站立时两腿叉开，运步障碍。排稀便或水样便，最终衰竭死亡	病鸡精神、食欲变化不大，关节不化脓，病鸡表现为跛行，站立姿势改变，跗关节上方腱囊双侧性肿大、发热、难以屈伸，早期稍柔软，后期变僵硬，严重者腓肠肌断裂	关节周围常呈肿胀，尤以飞节和趾节为重。病后期，关节变形，久卧不起，虽有食欲但因无法采食而极度消瘦，最后因衰竭或并发其他疾病死亡。母鸡产蛋量下降
病理变化特征	皮肤、黏膜、浆膜、肌肉尤其是胸肌广泛出血，肝、脾、肺及肾肿大，并有白色化脓灶或坏死点。关节炎、关节周围炎和滑膜炎较常见	病理变化部肌肉变性、色淡、似煮肉样，呈灰黄色、黄白色的点状、条状、片状不等。横断面有灰白色，质地变脆，变软、钙化。心肌扩张变薄，多在乳头肌内膜有出血点，在心内膜、心外膜下有黄白色或灰白色、与肌纤维方向平行的条纹斑。肝肿大，硬而脆，表面粗糙，断面有槟榔样花纹。肾充血、肿胀，有出血点和灰色的斑状灶。胰变性，腺体萎缩，体积缩小，有坚实感，色淡，多呈淡红色或淡粉红色，严重的腺泡坏死、纤维化	早期见跗关节和跖关节的腱鞘水肿，关节腔内有淡黄色或淡红色渗出液，关节滑膜有出血点。病程长的腱鞘硬化并粘连，胫跗关节远端关节软骨有溃烂，并延及下部骨质	发病早期关节、腱鞘呈明显的肿胀，有一种黏稠的、乳酪色至灰白色渗出物存在。病程长者渗出物呈干酪样，被感染关节表面常为黄色或橘红色，特征性渗出物量以跗关节、翼关节或足垫较多，关节膜增厚，关节肿大突出
实验室诊断方法	细菌分离培养	细菌学检查为阴性	细菌学检查为阴性，病毒的分离与鉴定是常用的实验室诊断	取病鸡的关节渗出液、肝等材料，接种于Frey氏固体培养基上3～7d后观察结果，或接种于5～7日龄鸡胚卵黄囊中，5～10d后观察结果
治疗	青霉素、链霉素、四环素、红霉素、新霉素及磺胺类药物等	补充亚硒酸钠	尚无有效药物治疗	泰乐菌素有一定的效果

6. 防治　　控制本病主要靠平时的预防措施，如加强饲养管理和疫苗的免疫接种，搞好卫生消毒，特别是种蛋、孵化室、孵化器和鸡舍消毒。确保笼具、网舍平整，减少外伤，防止啄喙和过度拥挤，供给优质饲料，保持鸡舍通风、干燥，避免不同年龄鸡混

群饲养。

发病鸡群可使用药物治疗，同时应对环境及鸡群进行全面消毒。由于葡萄球菌极易产生耐药性，选用药物时，最好先做药物敏感试验。对发病严重的地区或鸡群，可考虑使用葡萄球菌灭活疫苗进行预防免疫。

五、布鲁氏菌病

布鲁氏菌病（brucellosis）是一种由布鲁氏菌引起的人和动物共患性传染病。家畜中牛、羊、猪最常发生，人和其他家畜也可以感染。其特征为生殖器官和胎膜发炎，雌性动物表现为流产和不孕，雄性动物出现睾丸炎、副性腺炎和关节炎等。人可通过接触病畜或带菌动物及其产品，食用未经彻底消毒的病畜肉、乳及其制品而感染，表现为长期发热、多汗、关节痛、神经痛及肝、脾肿大等临床症状。本病在世界各地分布广泛，严重损害人和动物的健康，目前已被我国划分为二类疫病。

1. 病原 布鲁氏菌（*Brucella*）为微小的球杆状细菌，长 0.6～1.5μm，宽 0.5～0.7μm。初次分离时多呈球状、球杆状和卵圆形，涂片检查多为单个排列，很少见成对、短链状或串状排列。传代培养后呈短小杆状，菌体无鞭毛，不形成芽胞。布鲁氏菌可被碱性染料着色，革兰氏染色为阴性，吉姆萨染色呈紫色。本菌对阿尼林染料吸附缓慢，较其他细菌难于着色，因而常用科兹洛夫斯基染色法［也可用改良 Ziehl-Neelsen（Z-N）、改良K氏等染色法］进行鉴别染色，布鲁氏菌呈红色，其他细菌呈绿色或蓝色。

布鲁氏菌为需氧菌，对营养要求较高，最佳生长温度为 37℃，最适 pH 为 6.6～7.4。初代分离培养时，需在含血清或马铃薯浸液等的培养基中才能较好发育，但生长缓慢。在血液琼脂上可以形成圆形、隆起、灰白色的小菌落。本菌菌型不同对糖的分解能力也不同，一般能分解葡萄糖，不分解甘露糖，不液化明胶，吲哚试验、VP 试验及甲基红（MR）试验均呈阴性。

布鲁氏菌有 6 种，这 6 种和主要易感动物见表 3-5。其中对我国人畜健康和公共卫生安全影响较大的有羊布鲁氏菌、牛布鲁氏菌、猪布鲁氏菌和犬布鲁氏菌。布鲁氏菌不产生外毒素，但有毒性较强的内毒素。菌株不同毒力差异较大，一般来说，绵羊附睾布鲁氏菌毒力最强，猪布鲁氏菌次之，牛布鲁氏菌较弱。各种布鲁氏菌对相应种类动物具有最强的致病性，而对其他种类动物的致病性较弱或缺乏致病性。

表 3-5　布鲁氏菌属的 6 个种和主要易感动物

种	学名	主要易感动物
羊布鲁氏菌	*Brucella melitensis*	牛、羊
牛布鲁氏菌	*Brucella abortus*	牛、羊
猪布鲁氏菌	*Brucella suis*	猪
绵羊附睾布鲁氏菌	*Brucella ovis*	绵羊
犬布鲁氏菌	*Brucella canis*	犬
沙林鼠布鲁氏菌	*Brucella neotomae*	沙林鼠

布鲁氏菌对外界环境的抵抗力较强，在患病动物的分泌物、排泄物及病死动物的

脏器中能生存4个月左右，在食品中约生存2个月，日光下直接暴晒2h或加热60℃ 30min、70℃ 5～10min可被杀灭。布鲁氏菌对常用化学消毒剂较敏感。例如，0.1%新洁尔灭、2.5%漂白粉、0.1%～0.2%高锰酸钾、1%～3%石炭酸等可很快将其杀灭。因此，操作过程中应加强个人防护，随时消毒污染区域。

2. 流行病学　　目前已知布鲁氏菌病能侵害60多种家畜、野生动物，甚至人类，但主要是羊、牛和猪。其中羊布鲁氏菌对绵羊、山羊、牛、鹿和人的致病性较强，牛布鲁氏菌对牛、水牛、牦牛及马和人的致病力较强。动物机体的生理状况与布鲁氏菌致病性之间具有密切的关系，幼龄动物由于生殖系统尚未发育健全，故虽可带菌却不发病，老龄动物的易感性也较低，成年动物特别是青年动物处于妊娠期时对该菌的易感性最高。在一般情况下，初产动物最为易感，流产率也最高，随着产仔胎次的增加，动物的抵抗力逐渐增强。

布鲁氏菌主要存在于发病及带菌动物（包括野生动物），是动物及人类的主要传染源，特别是流产母畜及其流产的胎儿、胎衣、羊水、阴道分泌物是最危险的传染源，乳汁或精液也可排出大量细菌。患病牛群中的犊牛偶尔在一段时期内也可由粪便排出病菌。此外，布鲁氏菌也可随尿液排出。

该病主要经消化道传播，即通过污染的饲料与饮水而感染，也可经伤口、皮肤、呼吸道、眼结膜和生殖器黏膜感染。因配种导致生殖系统黏膜损伤引发感染的比较常见。吸血昆虫可以传播本病，布鲁氏菌在蜱体内存活时间较长，被带菌蜱叮咬后，可以传播此病。但在该病的疫区收集到的蜱，只有很少一部分含有布鲁氏菌。该病一年四季均可发病，但有明显的季节性。羊布鲁氏菌病春季开始流行，夏季流行达到高峰，秋季流行下降，牛布鲁氏菌病夏秋季节的发病率较高。

3. 临床症状

1）牛：潜伏期2周至6个月。母牛最显著的临床症状是流产（图3-35），多发生于妊娠的第5～7个月。流产时，胎水多清朗，但有时也浑浊，含有脓样絮片，常见胎衣不下，特别是妊娠晚期流产者。产出死胎或弱胎儿（图3-36），流产胎儿的皮下、浆膜、黏膜下出血，胎衣水肿（图3-37），有纤维素性渗出物。病牛流产后还会继续排出污灰色或棕红色分泌液，有时有恶臭（图3-38），1～2周后消失。如果流产胎衣不排出，则病牛迅速康复还能受孕，但可能会再度流产，否则会引发慢性子宫炎，导致长期不孕。公牛常见睾丸炎、附睾炎。此外，病牛还可见关节炎、腱鞘炎、滑液囊炎、乳房炎等。

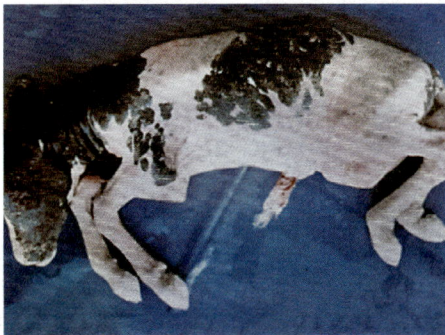

图3-35　布鲁氏菌病（1）
母牛流产，产出发育比较完全的死胎

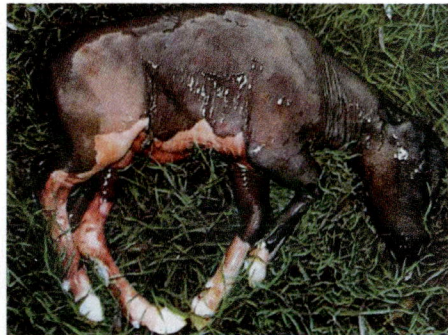

图3-36　布鲁氏菌病（2）
母牛流产，产出发育不完全的胎儿

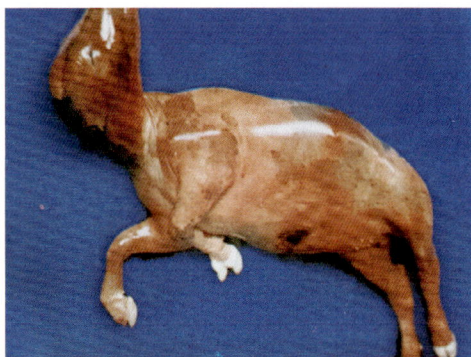

图 3-37　布鲁氏菌病（3）

牛妊娠 7 月龄时的流产胎儿，皮下水肿

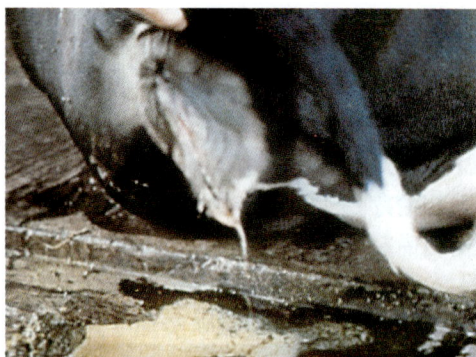

图 3-38　布鲁氏菌病（4）

流产的母牛从阴道排出污灰色或棕红色有
恶臭的分泌液

2）绵羊及山羊：常不表现临床症状，首先被注意到的临床症状也是流产，常发生在妊娠后第 4 个月左右，流产前，食欲减退，口渴，精神委顿，阴道流出黄色黏液等。有的山羊流产 2 或 3 次，有的则不发生，据报道山羊群中流产个体可以占 40%～90%。其他临床症状可能还见到乳房炎、支气管炎，以及关节炎、滑液囊炎引起的跛行。公羊出现睾丸炎（图 3-39），乳山羊出现乳房炎，乳汁有结块，乳量减少，乳腺组织有结节性变硬。

3）猪：多为隐性感染，母猪最明显的临床症状也是流产、死胎，多发生于妊娠第 3 个月，也有的在妊娠第 2～3 周。极少数流产后胎衣不下，引起子宫炎和不育。公猪出现一侧或两侧睾丸炎（图 3-40），性欲减退甚至消失，有时表现全身发热，失去配种能力。有些病例还有关节炎，常表现膝关节和腕关节肿大，疼痛、跛行，腱鞘炎等较少见，如椎骨中有病理变化时，还可能发生后肢麻痹。

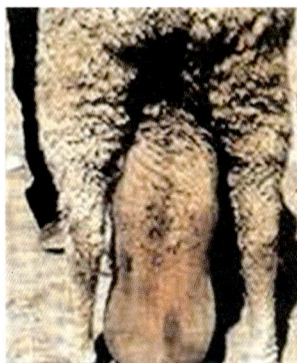

图 3-39　布鲁氏菌病（5）

公羊睾丸肿大

图 3-40　布鲁氏菌病（6）

公猪睾丸肿大

4）犬：多为隐性感染，由犬布鲁氏菌引起的流产多发生在妊娠 40～45d，流产后阴道长期排出分泌液，淋巴结肿大，长期菌血症。少数病犬表现出发热性全身性临床症状，个别犬也可能有睾丸炎和附睾炎、睾丸萎缩及淋巴结病理变化和菌血症，也可能导致不育。

5）禽：家禽中鸡、鸭等感染后出现腹泻和虚脱，有时产蛋量下降，偶表现出麻痹等临床症状。

4. 病理变化

1）牛：胎衣有出血点，有的增厚，呈黄色胶样浸润，见有纤维蛋白絮片和脓液。胎儿胃内尤其是真胃中有淡黄色或白色黏液絮状物，在胃肠和膀胱浆膜下可能见有点状或线状出血。浆膜腔内有微红色液体，腔壁上有时覆有纤维蛋白凝块。胎儿脐带常呈浆液性浸润、肥厚，皮下呈出血性浆液性浸润，组织器官如淋巴结、脾和肝等有不同程度肿胀，有的可见散在的炎性坏死灶。胎儿和新生犊牛有时见有肺炎病灶。公牛生殖器官也可见出血点和坏死灶，睾丸和附睾有时可见炎性坏死和化脓灶。

2）绵羊、山羊：病理变化与牛基本相同。

3）猪：剖检病理变化与牛相似，胎衣水肿或有出血点，绒毛膜充血，有时也可见表面有灰黄色渗出物。公猪可见精囊发炎或关节炎、化脓性腱鞘炎或滑液囊炎，在睾丸和附睾中有豌豆大或更大的坏死、化脓灶，有时还会有钙盐沉积。如果胎儿在流产前早已死亡，也可出现干尸化。

4）犬：也可出现脾肿大、淋巴结肿大等，有时会有出血。

5. 诊断　　布鲁氏菌病属于慢性传染病，有很多动物呈隐性感染，不出现临床症状，所以往往被人们忽视而造成严重损失。所以诊断时要结合流行病学情况，流产胎儿、胎衣的病理变化，胎衣不下及动物不育等情况进行诊断。取流产胎儿的胃内容物、羊水、胎盘的坏死部分或母畜流产 2～3d 的阴道分泌物、乳汁和尿等病料进行涂片，用柯兹罗夫斯基染色法染色、镜检，布鲁氏菌呈红色，其他细菌呈绿色，若经吉姆萨染色呈紫色，革兰氏染色呈阴性，也可对细菌分离鉴定。确诊可以根据《布鲁氏菌病防治技术规范》（200771615186）、《动物布鲁氏菌病诊断技术》（GB/T 18646—2002）进行实验室诊断。

布鲁氏菌病实验室检测常用的免疫学方法包括虎红平板凝集试验、试管凝集试验、乳汁环状凝集试验、补体结合试验、变态反应、酶联免疫吸附试验、荧光偏振试验等。在诊断中，通常用虎红平板凝集试验（RBPT）或全乳环状试验（MRT）对待检血清进行初筛，然后用试管凝集试验（SAT）或补体结合试验（CFT）进行验证。

近年来，由于 ELISA 具有快速、敏感、简便、易于标准化等优点，是具有发展前景的动物布鲁氏菌检测方法之一。不少新的方法也被用来诊断本病，包括荧光抗体法、DNA 探针及 PCR 等。

布鲁氏菌病明显的临床症状是流产，需与发生相同临床症状的疾病鉴别，如伪狂犬病、乙型脑炎、钩端螺旋体病、衣原体病、沙门氏菌病等。

6. 防治　　对布鲁氏菌病的防治必须贯彻"预防为主"的原则。未感染的畜群要坚持自繁自养，在必须引进种畜或补充畜群时，一定要严格执行检疫。引进的动物要隔离饲养 2 个月，同时进行布鲁氏菌病的检查，两次检查均呈阴性者，才可以与原有动物接触。洁净的畜群，还应定期检疫（至少一年一次），一经发现病畜，立即淘汰，按照《病害动物和病害动物产品生物安全处理规程》（GB 16548—2006）等有关规定处理。当畜群出现流产畜时，除隔离流产病畜并对流产胎儿、胎衣和环境消毒外，还应尽快做出实验室诊断。当确诊为本病时，应立即采取措施，检疫、隔离、控制传染源，同时要采取措施切断传播途径。

培养健康畜群，进行免疫接种。在疫区内，对易感动物可选用猪Ⅱ号布鲁氏菌苗（简称 S2 菌苗）、羊 M5 号布鲁氏菌苗（简称 M5 菌苗）、牛 19 号布鲁氏菌苗（简称 A19 菌苗）或经农业部批准生产的其他菌苗进行免疫接种。牛、羊在首次免疫接种后，以后每两年免疫接种一次。

六、结核病

结核病（tuberculosis）是由分枝杆菌引起的人和动物共患的一种慢性传染病。该病在世界各地分布很广，曾经是引起人畜死亡最多的疾病之一。其特征是病程缓慢、渐进性消瘦，并在多种组织器官中形成特征性肉芽肿、干酪样坏死和钙化结节病灶。结核病在许多国家已经得到了控制，人和动物的发病率和病死率也在逐年减少，只形成地区性流行。近年，我国的人和动物结核病也得到了控制，但最近几年来发病率又有升高的趋势。正是由于该病危害人类健康，危害畜牧业发展，目前已被我国农业部划分为动物二类传染病，我国和世界其他国家都将本病作为重点进行防治。

1. 病原　分枝杆菌（*Mycobacterium*）分 3 种类型，即牛型、人型和禽型，它们分别属于分枝杆菌属的结核分枝杆菌（*M. tuberculosis*）、牛分枝杆菌（*M. bovis*）和禽分枝杆菌（*M. avium*）。分枝杆菌属除这三种分枝杆菌外，还包括副结核分枝杆菌、胞内分枝杆菌及冷血动物型、鼠型结核杆菌等 30 余种分枝杆菌，对人和动物的致病力较弱或无致病力。

结核杆菌是直或微弯的细长杆菌，长 1.5～5μm，宽 0.2～0.5μm，多单独散在、成丛或平行相聚排列，在陈旧的培养基或干酪性淋巴结内偶尔可以见到菌体的分枝现象。牛分枝杆菌比人型短而粗，菌体着色不均，常呈颗粒状，禽分枝杆菌短而小，为多形性。分枝杆菌没有荚膜，不形成芽胞，也不能运动，为革兰氏阳性菌，用鉴别分枝杆菌的Z-N 抗酸染色法可染成红色。

该菌为专性需氧菌，生长最适温度为 37～38℃，生长最适 pH，牛型为 5.9～6.9，人型为 7.4～8.0，禽型为 7.2。在培养基上生长缓慢，初次分离培养时需用牛血清或鸡蛋培养基，在固体培养基上 3 周左右开始生长，形成粟粒大圆形菌落。牛型分枝杆菌生长最慢，禽型分枝杆菌生长最快。

分枝杆菌含有丰富的脂类，对外界环境抵抗力较强，特别是对干燥、湿冷及一般消毒药耐受性强。在干燥的痰中和冷藏奶油中可存活 10 个月，在粪便、土壤中可存活 6～7 个月，在水中可存活 5 个月。对湿热抵抗力较弱，60℃经 30min 可被杀灭，100℃水中立即死亡。消毒药用 5% 来苏水、5% 甲醛溶液可杀死本菌，在 70% 乙醇、10% 漂白粉溶液中很快死亡，用碘化物消毒效果最佳，但对无机酸、有机酸、碱性物和季铵盐类等具有抵抗力，所以在操作过程中要注意消毒药的选择。

2. 流行病学　本病可以感染多种动物，有 50 多种哺乳动物、20 多种禽类可患本病，人也易感。易感性因动物种类和个体不同有一定差异。家畜中牛最易感，特别是奶牛，其次为牦牛、黄牛、水牛，猪和家禽易感性也较强，马对结核病有一定的抵抗力，羊很少患病。野生动物中猴、鹿较其他动物易感性强，狮、豹等也有发病报道。

患者和患病畜禽，尤其是患病的病牛是本病的主要传染源。患病动物的痰液、粪尿、乳汁和生殖道分泌物中都可带菌，从而污染食物、饲料、饮水、空气和环境而散播病原。

病畜或病禽的排泄物也可带菌，养殖场如果不严格管理，这些排泄物就可能再度污染水源，流入田地，健康动物可通过被污染的空气、饲料、饮水等感染。

结核病主要经呼吸道、消化道感染，病菌随咳嗽、喷嚏的飞沫排出体外，存在于空气中，健康人、畜吸入后即可感染。饲养管理不当与本病的传播有密切关系，畜（禽）舍通风不良、拥挤、潮湿、阳光不足、缺乏运动，最易患病。据报道，以放牧方式饲养的牛结核病患病率为1%～5%，而圈养的奶牛和鹿由于畜舍通风差，互相密切接触，结核感染率可高达25%～50%。该病多呈散发，无明显的季节性和地区性。

3. 临床症状　潜伏期短则数十天，长则几个月甚至几年。动物感染后通常呈慢性经过，全身进行性消瘦和贫血。

1）牛：以肺结核、乳房结核和肠结核最常见。病初多无明显临床症状，可见短促干咳，咳嗽频数增加，渐变为湿咳，呼吸困难，呼吸次数增多或发生气喘，特别是早上牵出运动时尤为明显，有时流淡黄色脓性鼻液。胸膜、腹膜发生结核病灶，即所谓的"珍珠病"时，胸部听诊有摩擦音。乳房结核的患牛，乳房淋巴结肿大、皮肤出血、无热无痛硬结、表面凹凸不平、泌乳量下降、乳汁变稀，严重时乳腺萎缩、泌乳停止。患肠结核者，多发生于空肠和回肠，呈消化不良，持续下痢与便秘交替出现，粪便常带血或脓汁，迅速消瘦。淋巴结核者常见下颌、咽、颈、腹股沟、股前等淋巴结形成无热无痛性肿块。此外，如脑与脑膜有结核病理变化，可以引起神经临床症状；生殖器官有结核病理变化，可诱发性机能紊乱，出现孕牛流产，公牛附睾肿大，阴茎前部可发生结节、糜烂等。

2）猪：猪对3种分枝杆菌（牛分枝杆菌、禽分枝杆菌和结核分枝杆菌）都易感，如感染的是牛分枝杆菌时，死亡率会较高。猪对禽分枝杆菌的易感性高，所以在养猪场里养鸡或养鸡场里养猪，都可能增加猪感染禽结核的机会。感染后以淋巴结核为主，主要为颈部淋巴结结核或肠结核等，多见颌下淋巴结、咽淋巴结、颈淋巴结肿大变硬，表面不平，有时硬结破溃，则形成开放性病灶，能长期排出带菌的脓汁和干酪样物。如感染肠结核则发生下痢。

3）禽：主要危害鸡和火鸡，成年鸡和老鸡多发，多表现为肝结核、脾结核、肠结核，病鸡消瘦、贫血、冠髯萎缩、精神委顿、跛行，或者有顽固性腹泻、产蛋量下降或产蛋停止。病程持续2～3个月，有时可长达1年。

4. 病理变化　结核病由于动物种类不同、感染途径各异，其病理变化发生部位和表现形式也有一定差异。

1）牛：牛结核的剖检变化比较复杂。宰后检验最常见的是肺结核，其次是肝、脾、肾等器官的结核，胸膜和腹膜结核，乳房结核，头颈部淋巴结结核，肠结核及生殖器官结核，有时甚至可见脑结核。患肺结核时病牛肺部可见大小不等的增生性结核结节，切面干酪样坏死或钙化，有时坏死组织溶解和软化，排出后形成空洞。患胸膜和腹膜结核时，常形成特征性"珍珠"病理变化。患乳房结核时，患部肿胀坚硬，剖开乳房可见大小不等的病灶，内含豆腐渣状的干酪样物质。患淋巴结结核时病理变化与猪淋巴结结核基本相同。其他各内脏肝、脾、肾等结核也多半为增生性结节。患肠结核时，可见肠系膜淋巴结发生干酪样坏死，严重者肠黏膜坏死、脱落，形成边缘隆起的圆形溃疡，多发生于回肠。

2）猪：猪抵抗力较强，结核分枝杆菌常局限在局部淋巴结，屠宰检验中以颌下淋巴结结核和咽后淋巴结结核最为常见，其次是肠系膜淋巴结结核和支气管淋巴结结核。淋巴结病理变化部位肿大、坚实，切面有粟粒大小至高粱米粒大结节，中心干酪化或钙化。因病理变化表现略有不同，常见有结核性干酪性淋巴结炎和结核性淋巴结炎，结核性干酪性淋巴结炎主要是整个淋巴结表现高度肿大，原因是淋巴组织除残存固有的小梁外，都发生干酪样坏死，呈放射状。结核性淋巴结炎主要是淋巴结肿大、坚硬，切面呈灰白色，散在灰黄色钙化灶，而干酪样坏死多不明显。当继发化脓性棒状杆菌感染时，淋巴结常伴发化脓。

3）禽：感染后病理变化多见于肠道、肝、脾、骨骼和关节。肠道可以发生溃疡，肝、脾肿大，切面具有大小不一的结节状干酪样病灶，关节肿大，内含干酪样物质。

5. 诊断　　诊断时要结合流行病学、临床症状、病理变化、细菌学检测、结核菌素试验等综合诊断较为切实可靠。具体可以按照《结核病防治技术规范》（2007716151832）的要求实施牛结核病的诊断。在实际工作中，免疫学检测是结核病检疫和诊断过程中的标准方法，也是国际贸易规定的检测手段，具体操作程序和结果判定可参见《动物结核病诊断技术》（GB/T 18645—2002）。实验室诊断或研究也可以采用分子生物学技术，如DNA探针技术、荧光定量PCR技术等。

1）病原学诊断：用于细菌学检查的材料采自淋巴结及其他组织，如采集病牛的病灶、痰、尿、粪便、精液、乳及其他分泌物样品，对那些结核分枝杆菌PPD皮内变态反应试验呈阳性，但尸检时无病理变化的动物，可以从下颌、咽后、支气管、肺（特别是肺门及肺门淋巴结）、纵隔及一些肠系膜的淋巴结采集样品送检。按照《动物结核病诊断技术》（GB/T 18645—2002）中的方法做抹片或集菌处理后抹片，用抗酸染色法染色、镜检，结核分枝杆菌不被盐酸乙醇脱色而被染成红色，其他细菌与动物细胞可被盐酸乙醇脱色而被染成蓝色。

细菌分离培养时，取患病动物的痰、尿、脑脊液、腹水、乳及其他分泌物等，接种于2份Lowenstein-Jenson培养基、2份Proskauer培养基及2份Sauton培养基中，培养管加塞后，37℃条件下培养最少8周，每周检查细菌生长情况。牛型结核分枝杆菌比人型结核分枝杆菌生长要缓慢得多，初次培养牛型结核分枝杆菌时，需36～37℃培养5～8周方可出现菌落。在固定培养基上不产生任何颜色，菌落湿润、略显粗糙并发脆，加1%的丙酮酸钠能促进生长，但在噻吩-乙羧酸酰肼（T2H）培养基上不生长，可取典型菌落进行染色和鉴定，在显微镜下呈细长平直或微弯曲的杆菌。禽型结核分枝杆菌生长需要2～3周，形成湿润、弥漫状或光滑、星光状菌落，最适生长温度为40～42℃，在T2H培养基上生长。为了排除分枝杆菌以外的微生物，组织样品制成匀浆后，可加入5% NaOH与之混合，室温作用5～10min，用无菌生理盐水反复离心洗涤沉淀两次后，沉淀物用于分离培养。

2）变态反应诊断：是目前诊断结核病最有现实意义的好方法。

牛群检疫一般用牛型结核分枝杆菌PPD（提纯蛋白衍生物）皮内变态反应试验（即牛提纯结核菌素皮内变态反应试验）。先在颈侧中部上1/3处剪毛，直径大约10cm，用卡尺测量术部中央皮皱厚度，皮内注射，不论大小牛一律0.1mL（含2000IU）。经72h后判定结果，观察局部有无热痛、肿胀等炎性反应，并以卡尺测量皮皱厚度。对阴性牛和疑似反应牛，应于注射后 96h 和 120h 再分别观察一次，以防个别牛出现较晚的迟发型变态反应。若局部有明显的炎性反应，皮肤厚度差大于或等于 4mm 者判为阳性；局部炎性反应不明显，皮厚差大于或等于 2.0mm、小于 4.0mm 者判为疑似；局部无炎性反应，皮肤厚度差在 2mm 以下者判为阴性。其他动物牛型结核分枝杆菌 PPD 皮内变态反应试验，参照上述牛结核变态反应试验进行。

禽的禽型结核分枝杆菌 PPD 皮内变态反应试验，采用肉垂皮内注射 0.1mL（含 2500IU）禽型结核分枝杆菌 PPD，并于 48h 后观察结果。若接种部位肿胀，有 5.0mm 直径的小硬结，并出现肉垂与颈部的广泛性水肿则为阳性反应。火鸡肉垂的检测结果没有家禽的试验那样可靠。

3）血清学诊断技术：据资料显示，目前研究较多的血清学诊断技术包括 γ-干扰素诊断法、ELISA 法等，均可以作为皮内试验理想的补充试验。

6. 防治　动物结核病的预防主要采取定期检疫、分群隔离、消毒、扑杀、净化污染群、培养健康群等综合性防治措施。为防止该病传入无结核病健康牛群，在引进畜禽时先就地检疫，确认为阴性方可引进，隔离观察 1～2 个月，用结核菌素检疫呈阴性者才能混群饲养。

以牛场为例，成年牛用牛型结核分枝杆菌 PPD 皮内变态反应试验进行检测，每年春秋两季各进行一次，初生犊牛于 20 日龄进行第一次检测。检测时可以结合临诊检查，必要时进行细菌学检查，检测结果均为阴性者，可认为是牛结核病净化群，但如果发现阳性者一般不予治疗，应立即淘汰，按照《病害动物和病害动物产品生物安全处理规程》（GB 16548—2006）等有关规定处理，同时采取隔离、净化污染群等防疫措施。发现阳性病牛的牛结核病污染群（场）应实施牛结核病净化。采用 PPD 皮内变态反应试验每 3 个月检测一次，发现阳性牛及时扑杀。初生犊牛应于 20 日龄时进行第一次检测，100～120 日龄时进行第二次检测。如果连续两次以上检测结果为阴性，则可认为是牛结核病净化群。如果疑似结核病，则于 42d 后进行复检，复检结果为阳性，则按阳性牛处理，如果仍呈疑似反应则间隔 42d 后再复检一次，结果仍为可疑则视同阳性牛进行处理。

加强平时的消毒工作，每年进行 2～4 次预防性消毒。当畜群出现阳性病牛后，对污染的场所、用具、物品应进行一次大消毒。常用消毒药为 5% 来苏水或克辽林（臭药水）、10% 漂白粉、3% 福尔马林或 3% 氢氧化钠溶液。饲养场的金属设施、设备可采取火焰、熏蒸等方式消毒，养殖场的圈舍、环境、车辆等可选用 0.2% 氢氧化钠溶液等消毒，饲料、垫料最好焚烧处理，粪便可以采取堆积密封发酵方式。

七、炭疽

炭疽（anthrax）是一种由炭疽杆菌引起的多种动物和人共患的急性、烈性和败血性传染病。临床诊断特征是突然高热、可视黏膜发绀和天然孔出血。病理变化特征是呈败血症变化，以尸僵不全、血液凝固不良、脾显著肿大、皮下组织有出血性胶样浸润为特征。人感染后多表现为皮肤炭疽、肺炭疽及肠炭疽，偶伴发败血症。

本病分布于世界各国，我国建国后由于采取了综合性防疫措施，基本上控制了本病的流行，目前仅在个别地区有散发，局部地区可有小范围暴发流行。

炭疽是一种严重危害农牧民身体健康、制约畜牧业发展的人畜共患急性传染病，是

《中华人民共和国传染病防治法》规定的乙类传染病，且发生肺炭疽时必须按甲类传染病处理。炭疽杆菌也是国际公认的生物战剂之一。随着国际上生物战剂的研究发展和恐怖组织的活动，炭疽正在对人畜构成新的威胁，可造成重大的危害和恐慌，因此应引起足够的重视。

1. 病原　　本病的病原是炭疽杆菌，为芽胞杆菌属的成员。革兰氏染色阳性，大小为（1.0～1.5）μm×（5～6）μm，是已知最大的病原细菌，也是人类证实的第一个病原菌。本菌在病料中多散在或呈2～3个短链排列，有荚膜。在普通培养基中则形成较长的链，一般不形成荚膜（图3-41），但在含有血清或碳酸氢钠的培养基中可形成荚膜。荚膜是炭疽的毒性特征。本菌在患病动物体内和未剖开的尸体中不形成芽胞，但暴露在充足的氧气和适当温度（25～30℃）条件下时，能在菌体中央处形成圆形芽胞。

炭疽杆菌为兼性需氧菌，对培养基要求不严。强毒炭疽杆菌在普通琼脂平板上生长成扁平、灰白色、表面干燥粗糙、边缘不整的粗糙型（R型）菌落，低倍镜观察菌落有花纹，呈卷发状，中央暗褐色，边缘有菌丝射出（图3-42）。无毒菌株却形成稍透明、较隆起、表面湿润和光滑、边缘较整齐的光滑型（S型）菌落。

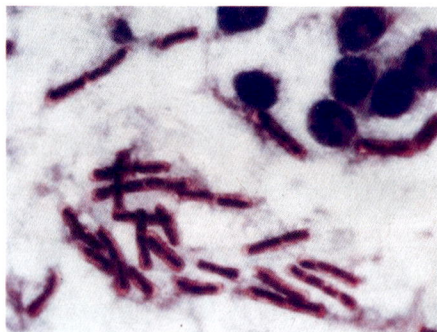

图3-41　炭疽杆菌荚膜

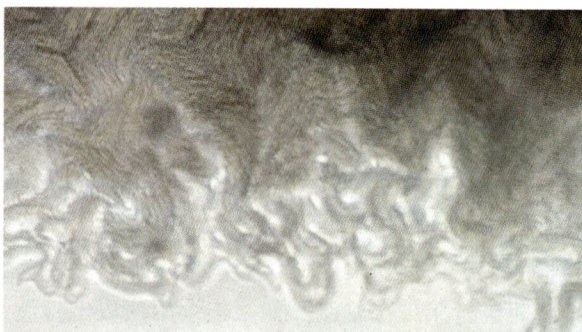

图3-42　炭疽杆菌卷发状菌落

炭疽杆菌繁殖型对外界理化因素的抵抗力不强，夏季在未解剖尸体内经24～96h的腐败作用可完全死亡。加热60℃ 30～50min、75℃ 5～15min、煮沸2～5min均可杀死本菌。常用消毒药的一般浓度都可在短时间内将它杀死。但芽胞有坚强的抵抗力，在干燥的状态下可存活32～50年，150℃干热60min方可杀死。

目前在生产实践中常用的消毒剂为20%漂白粉溶液、0.1%升汞溶液和0.5%过氧乙酸溶液。炭疽芽胞对碘特别敏感。来苏水、石炭酸和乙醇的杀灭作用较差。本菌对青霉素、磺胺类药物敏感。

2. 流行病学

（1）传染源　　患病动物是主要的传染源。菌血症期的患病动物可通过粪、尿、唾液及天然孔出血等方式排菌。死亡动物的尸体、血液、脏器组织及其分泌物、排泄物等均含有大量炭疽杆菌，如果处理不当则可散布传播。被污染的土壤、水源及牧地还可成为炭疽长久的疫源地，使该地区的放牧动物不断发生本病。猪有隐性带菌现象，康复牛乳中仍持续排菌一段时间，也可成为传染源。

（2）易感动物　　各种家畜、野生动物和人都易感，草食兽最为易感。其中绵羊、牛、驴、马、骡、山羊及鹿最易感，骆驼、水牛及其他野生动物次之，猪发病较少，犬、猫最低，家禽一般不感染，人普遍易感。

（3）传播途径　　动物主要通过采食被炭疽杆菌污染的草料，或饮过被污染的井水、河水等经消化道感染；其次是通过损伤的皮肤感染，如吸血昆虫叮咬及创伤（如绵羊的剪毛、断尾、去势及口、咽黏膜创伤等）等；此外还可通过呼吸道吸入混有炭疽芽胞的灰尘，经过呼吸道黏膜侵入血液而感染发病。

人类炭疽以接触感染为主，多因接触污染的毛皮、病畜产品、土壤、用具而感染。呼吸道感染多见于毛皮加工厂，消化道感染常由进食病畜肉或被污染的肉、奶所致。蚊虫在某些地区构成人类炭疽的重要传播媒介。

（4）流行特点　　全年均可发生，但有明显的季节性。夏秋季节多发，冬季发生较少。夏季雨量多，容易将地下的炭疽芽胞冲刷到地表并扩散而被动物摄入。也与夏季放牧时间长，吸血昆虫大量活动等因素有关系。自然灾害是炭疽高发的主要诱因，常在干旱或洪涝灾害之后暴发流行。

3. 临床症状　　自然感染的潜伏期一般为1～5d，最长可达14d。

1）最急性型：绵羊和山羊最多见，偶见牛、马、鹿。发病急骤，死亡快。动物往往突然倒地，意识丧失，黏膜发绀，全身战栗，呼吸极度困难，磨牙，口鼻流出带泡沫的血，肛门和阴门流出暗红色血液，多于数分钟内死亡。

2）急性型：牛、马多见，猪罕见。病牛体温升高至41～42℃，表现兴奋不安、惊惶吼叫或胡乱冲撞，逐渐转为沉郁，身体变得虚弱，食欲、反刍、泌乳减少至停止，呼吸困难，常有中度臌气，腹痛，后肢踢腹，初便秘后腹泻，粪、尿和乳汁带血，孕畜多迅速流产。濒死期体温下降，呼吸衰竭，休克而死，病程1～2d。马急性炭疽与牛类似，病初常伴有剧烈腹痛，卧地翻滚。猪急性炭疽表现为体温升高至41.5℃，食欲废绝，呼吸困难，黏膜发绀，1～2d死亡。

3）亚急性型：多见于牛、马。临床症状与急性型基本相似。除急性热性病征之外，常在颈部、咽部、胸部、腹下、肩胛或乳房等部的皮肤及直肠、口腔黏膜等处出现炭疽痈，初期有硬固热痛，后期热痛消失，可发生坏死或溃疡。原发性病灶常可康复，病程3～7d。

4）慢性型：主要发生于猪，多不表现临床症状，或仅表现为食欲减退或长时间伏卧，在屠宰后才被发现。猪发生咽炭疽时，咽喉部和附近淋巴结肿胀，压迫气管和食道，导致呼吸、吞咽困难，颈部活动不灵活，口鼻黏膜发绀，最后窒息死亡。发生肠炭疽时表现为便秘和腹泻，甚至粪中带血。也有个别病例发生败血而急性死亡。

人：潜伏期一般为2～3d，最短12h，最长5d。临床上可分为4种病型。

A. 皮肤炭疽：最为多见，约占人炭疽的98%，主要在面颊、颈肩、手、足等裸露部位出现红色斑疹、丘疹、水疱、坏死、出血、溃疡，形成黑色结痂（即炭疽痈）。发病1～2d后出现发热、头痛、全身不适、乏力、呕吐、关节痛、局部淋巴结肿胀疼痛及脾肿大等临床症状。严重时可发生败血症，得不到及时救治可有10%～20%的死亡率。

B. 肺炭疽：多由吸入含有炭疽芽胞的灰尘引起，死亡率极高。患者表现高热、恶寒、咳嗽、咯血、呼吸困难、可视黏膜发绀等急剧临床症状，常因伴发败血症、胸膜炎及感染性休克而死，病程2～3d。

C. 肠炭疽：较为少见，多因食入患病动物的肉类所致。发病急，有高热、持续性呕吐、腹痛、泄血样便、血尿及腹胀、腹膜炎，有严重的毒血症临床症状，常伴发败血症、感染性休克。

D. 脑炭疽：以上三种类型并发败血症时，常引起急性出血性脑脊髓膜炎，表现剧烈头痛、呕吐、昏迷，脑脊液呈血性。这种类型的炭疽死亡率也极高。

4. 病理变化　　患炭疽病动物的尸体在一般情况下禁止剖检。必须剖检时，应在专门的剖检室，或离开生产场地，在保证消毒效果和人员安全的情况下进行。炭疽的致病性主要依靠其毒素，可增强微血管的通透性导致出血性浸润和组织肿胀、水肿，同时对中枢神经系统具有迅速和显著的抑制作用，因而发生呼吸衰竭和心脏衰竭，从而导致死亡。

炭疽的主要病理变化为各脏器和组织的出血性浸润、坏死和水肿。病型不同，病理变化也有差异。

1）最急性型：脑及脊髓均有出血性炎症，其他组织器官无典型变化。

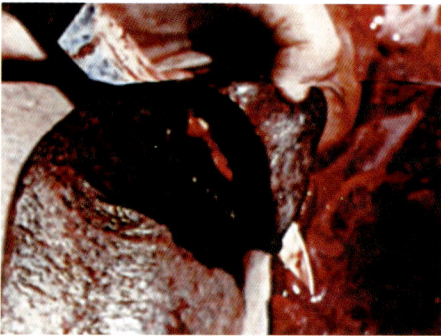

图3-43　炭疽病死角羚脾显著肿大

2）急性型：呈败血症病理变化。尸体迅速腐败而膨胀，尸僵不全，天然孔流出带泡沫的暗红色血液。可视黏膜呈暗紫色，有出血点，剥开皮肤可见皮下、肌肉及浆膜有红色或黄红色胶冻样浸润，并有数量不等的出血点。血液黏稠，颜色为黑紫色呈煤焦油样，凝固不良。脾高度肿大，比正常大3～5倍（图3-43），包膜紧张，切面脾髓软如泥状，黑红色，用刀可轻易大量刮下。脾小梁和脾小体模糊不清。淋巴结肿大，特别是胶样浸润邻近的淋巴结高度肿胀，呈黑红色，切面湿润，呈褐红色并有出血点。皮下、肌肉及浆膜有红色或黄红色胶冻样浸润，并有数量不等的出血点。呼吸道黏膜呈实性肿胀，有小点出血。肺充血、水肿。心脏、肝及肾也有变性。胃肠有出血性炎症。

3）亚急性和慢性型：多为局部病理变化。①痈型：体表痈肿部呈现浆性出血性水肿，可见坏死和溃疡。②肠型：多见十二指肠及空肠的出血性坏死性肠炎，初红色圆形隆起，界限明显，表面覆有纤维素，随后发生坏死，形成灰褐色痂，周围组织及肠系膜出血。③咽型：多见于猪。可见扁桃体坏死，喉头、会咽、颈部组织发生炎性水肿。颌下淋巴结肿大、出血和坏死，切面干燥、无光泽，呈砖红色，有灰色或灰黄色坏死灶。周围组织有大量黄红色胶冻样浸润。

山羊急性型炭疽，病性急剧，死亡羊只内脏常无炭疽病理变化，除脾、淋巴结有轻度肿胀外，几乎与正常屠宰羊相似，应予注意。

5. 诊断　　患炭疽病的动物病情复杂，不同种类动物和同种动物感染存在病象多样化，且易与某些疾病相混淆，一些最急性病例往往缺乏临床症状，根据临床症状诊断比较困难。因此炭疽必须采取综合诊断。

（1）临床及流行情况诊断　　对于原因不明而突然死亡或临诊上出现体温升高、腹痛、痈肿、血便、病情发展急剧，死后天然孔出血等病状时，首先要怀疑为炭疽病，同时调查本地区有关炭疽发生情况，患病动物种类、季节性、发病和死亡率等。调查历年炭疽死尸掩埋情况、炭疽预防注射情况等，为进一步确诊提供依据。

（2）**细菌学诊断**　染色显微镜检查：简便的方法是死亡动物的耳静脉或四肢末梢的浅表血管采取血液涂片，用吉姆萨或瑞氏染色液染色，用显微镜检查，可以看到单个或短链有荚膜的两端平直的竹节状大杆菌，即可确定为炭疽杆菌。猪体局部炭疽涂片的菌体形态常不典型。如果尸体不新鲜，则会因病料中的炭疽杆菌迅速崩解，见不到特征性典型菌体，而失去镜检的价值。所以，腐败病料不适于镜检。

（3）**动物感染试验**　实验动物一般常用小白鼠、豚鼠和家兔。将病料或培养物用无菌生理盐水稀释5～10倍，小白鼠皮下注射0.2mL、豚鼠0.5mL、家兔1.0mL。如果于12h后局部发生水肿，经36～72h死亡。死亡动物的脏器、血液等抹片，经瑞氏染色镜检，可见多量有荚膜的成短链的炭疽杆菌，即可确诊。

（4）**培养**　新鲜病料直接接种普通琼脂。陈旧或污染的病料应先制成悬液在70℃水浴中加热30min后杀死非芽胞菌，再接种到普通琼脂或肉汤中培养。

（5）**炭疽沉淀反应（Ascoli 氏反应）**　取病死动物的组织数克，剪碎或捣烂，加5～10倍生理盐水，煮沸10～15min，冷却后过滤或离心沉淀，用毛细吸管吸取上清液，沿管壁慢慢加入已装有炭疽素血清（成品）的细玻璃管内，形成整齐的两层液面，在两液的接触面出现白色的沉淀环判为阳性（反应在1～2min出现，最好在10～15min观察）。该反应特异性高，操作简便、迅速，检出率高，即使腐败的炭疽材料，仍可出现阳性反应。县、乡兽医院（站）平时购入一定数量的沉淀血清，放冰箱保存备用，对及时确诊本病有现实意义。

（6）**青霉素串珠实验**　本实验具有较高的特异性。用含有青霉素（50～100IU/mL）的小滤纸片，贴在涂有炭疽杆菌的2%家兔血清琼脂平板培养基上，37℃保温3h后以显微镜直接观察。以青霉素滤纸片为中心，随着青霉素向四周扩散，炭疽杆菌的生长和形态变化可分为三层：内层，青霉素浓度较高，炭疽杆菌的生长被抑制，而其他需氧芽胞杆菌大多仍能生长；中层，青霉素浓度适宜，炭疽杆菌菌体膨胀，形成串珠状，而其他需氧芽胞杆菌则不形成串珠；外层，青霉素浓度太低，炭疽杆菌或其他需氧芽胞杆菌的生长都呈链杆状。如不抑菌也无串珠形成，则判为炭疽杆菌阴性。

（7）**分子生物学诊断**　应用聚合酶链反应（PCR）技术检测炭疽杆菌，具有高度特异性。对腐败病料和血液中的炭疽杆菌有较高的敏感性，但对炭疽芽胞检测不够敏感。此外，基因探针技术也具有高度的特异性和敏感性，还可提取炭疽杆菌的质粒进行检测。强毒株可检测出pXO1质粒（110MDa）和pXO2质粒（60MDa），而弱毒株只能检测出pXO2质粒。

对怀疑为炭疽的患病动物在生前可由耳静脉采血，痈型者可抽取水肿液，肠型者可取粪便（无菌脱脂棉棒吸取），分别放入灭菌试管中，用棉塞将口塞紧，外包蜡纸、牛皮纸或塑料送检。也可用末梢血液涂片，自然干燥后，将玻片涂抹面相对叠放，中间夹隔火柴棒，两端细线扎紧，外用塑料包好送检。死后在消毒好后切取一个耳朵，以浸过5%石炭酸溶液的布片包裹，装于灭菌广口瓶中或其他不漏水的容器内送检。

6. 防控

（1）**防治措施**　炭疽常发地区和受威胁地区，每年春季（2～3月）必须坚持预防接种是预防本病的根本措施。从事畜牧业及有关畜产品加工的人员、兽医、疫区人群每年也应进行炭疽活疫苗的预防接种。加强兽医检疫、检测和卫生监督。凡不明死因的动物尸体不得任意食用和利用，须经兽医人员检验后再做处理。

（2）免疫预防　　我国应用于畜群免疫的疫苗有三种：无毒炭疽芽胞疫苗、Ⅱ号炭疽芽胞疫苗和炭疽保护性抗原（PA）佐剂疫苗，免疫期一年。人用疫苗是 A16R 减毒株制成的弱毒苗，皮肤划痕接种 1 次，免疫期 1 年。

（3）扑灭措施　　当某地发生炭疽后，应立即报告上级，划分疫区，封锁发病场所，采取果断措施，尽快扑灭疫情，其处理方法如下。

1）合理治疗。对全部易感动物进行测温和临诊检查，如果发现患病动物及可疑患病动物，立即隔离并用抗炭疽血清、青霉素等抗菌药物进行治疗。对假定健康动物先行注射炭疽血清（马、骡为 30～40mL），在 8～12d 用炭疽芽胞苗进行主动免疫注射。

对发病群未出现病状的山羊肌内注射青霉素，每公斤体重为 1 万 IU，每日 2 次，连续 3d，效果良好。

2）严格封锁。根据发病现场动物及地理情况，划定疫区，进行封锁，并严格执行规定的封锁措施。在最后一头患病动物痊愈或死亡后 14d 不再发现新患病动物时，方可解除封锁。解除前进行一次终末消毒。

3）妥善处理死亡动物。对尸体及排泄物，患病动物污染的褥草、饲料、表土等，在指定的地点覆盖生石灰或 20% 漂白粉深埋或焚烧。严禁剥皮吃肉，以免人被感染和散播病原，不允许将尸体抛于野外或江河之中，以保护土壤、牧场和水源不受污染。

4）全场进行彻底消毒。对患病动物污染的圈舍、饲养管理用具、车辆等，用 10%～20% 漂白粉、3%～5% 热氢氧化钠溶液消毒。患病动物污染和停留地的表土要铲除 15～20cm，与 20% 漂白粉溶液混合再深埋。污染的饲料、粪便、垫草和废弃物烧掉。

被炭疽杆菌污染的毛、皮可用 2% 盐酸或 10% 食盐溶液浸泡 2～3d 消毒，或者用福尔马林熏蒸消毒。

5）加强工作人员的防护工作。人可感染发病，常表现为皮肤炭疽、肺炭疽和肠炭疽三种类型，还可继发败血症或脑膜炎，一旦发生应及早送医院治疗。人的肺炭疽虽为乙类传染病，但必须按甲类处理和上报。肺炭疽患者拒绝隔离治疗的，可依法进行强制处置。

八、破伤风

破伤风（tetanus）又称强直症，俗称锁口风，是破伤风梭菌在厌氧环境下经伤口深部感染而引起的一种急性中毒性人畜共患传染病，主要表现出全身肌肉强直性痉挛、对外界刺激反射兴奋性升高等临床症状。本病在世界各地均有发生，多呈散发。

1. 病原　　破伤风梭菌（*Clostridium tetani*）为革兰氏阳性厌氧杆菌，多单个存在，周身有鞭毛，能运动，无荚膜。易形成芽胞，位于菌体顶端，形似鼓槌或球拍（图 3-44）。本菌在动物体内或人工培养基内均能产生毒性极强的外毒素，最主要的痉挛毒素为引起动物发生破伤风症候群的特异的嗜神经毒素，但毒素的耐热性差，加热 65℃ 5min 即可被破坏，通过 0.4% 甲醛脱毒 21～31d，可将其变为类毒素。其他毒素，如溶血毒素可溶解红细胞使局部组织坏死，为病菌生长繁殖创造条件，非痉挛毒素可麻痹神经末梢，但在本病的致病作用上意义不大。

破伤风梭菌的繁殖体对外界的抵抗力较弱，一般消毒药均能在短时间内将其杀死。芽胞的抵抗力极强，煮沸1～3h、3%福尔马林24h、5%苯酚15h、10%碘酊10min、105kPa高压15～20min才能杀死。对干燥的抵抗力特别强，在干燥的条件下经十多年仍有生活力。

2. 流行病学　破伤风梭菌对各种家畜均有易感性，其中马、驴、骡等单蹄动物最易感，猪、牛、羊次之，犬、猫偶发。该菌人也敏感，禽不感染。幼龄动物易感性

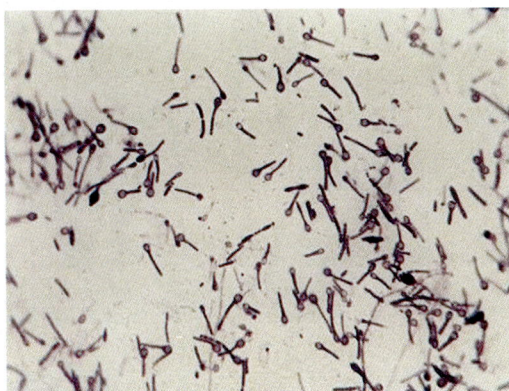
图 3-44　破伤风梭菌及芽胞

高。本菌广泛存在于自然界中，人和动物粪便都可带有，尤其是施粪肥的土壤和腐臭的淤泥中。

本病无季节性，但环境卫生不良，春、秋两季雨量较多时，易于发病。家畜经创伤感染破伤风梭菌后，尚须具备缺氧条件，如创口狭小而深、被粪土或痂皮封盖，或与需氧菌混合感染等，破伤风梭菌方可发育，产生毒素，引起发病。因此，并非一切创伤皆可引起感染。常见的破伤风感染创伤有钉伤、刺伤、裂伤、脐带伤、阉割伤、开放性骨折、马鞍伤、挽具伤及手术伤等。在临床诊断上有些病例查不到伤口，可能是创伤已愈合或经损伤的子宫、消化道黏膜感染。病畜不能直接传染健康家畜，必须经过破损的伤口传染，因此本病通常为散发。

3. 临床症状　破伤风的潜伏期长短不一，一般为1～2周。潜伏期的长短与破伤风梭菌侵入的部位、产生的毒素、毒力的大小、病毒的数量和畜种的不同有关。病程通常1～2周，病畜如果应激性不高，肌肉强直不剧烈，病程发展缓慢，口松（可伸进三指）、涎少，并度过两周，则预后良好，多可治愈，否则预后不良，病死率极高。

（1）马　主要临床症状为肌肉强直性痉挛，症状首先发生于头颈部，渐渐四肢强直。发病初期只见运步稍显强拘，咀嚼和吞咽小心而缓慢，畜主往往容易忽视，照常使役。继而病马轻则采食和咀嚼缓慢，重则开口困难，甚至牙关紧闭，无法采食和饮水。咽肌痉挛使吞咽困难，流涎且口臭。两耳竖立，不能活动。眼凝视，瞬膜突出，瞳孔散大，鼻孔开张。头颈伸直，不能转动，背腰僵硬，肚腹蜷缩，粪尿潴留，粪球干硬，尾根高举，四肢强直，张开站立，状如木马，各关节屈曲困难，易于跌倒，病重的不能自起。病畜神志清楚，有饮食欲，但应激性升高，对光线、响声等刺激的反应极其敏感，表现为惊恐不安，出大汗，呼吸浅表、增快，心悸亢进。体温一般正常，仅在濒死期体温升高到42℃以上。死亡常由窒息和心脏骤停所致。驴表现与马基本一致（图3-45）。

（2）牛　头颈直伸、腹部紧缩、尾巴直伸，脊柱向上弯曲，四肢僵硬，头向后弯曲，似角弓反张（图3-46），反刍和嗳气停止，腹部常发生臌气，其他临床症状和马基本相似，只是临床症状较轻，兴奋性升高不明显，死亡率也较低。

（3）猪　多由阉割感染，其主要临床症状为四肢强直，尾不摆动，耳直立，牙关紧闭，重症者发生全身性痉挛，角弓反张，不能起立，呼吸浅而快，心跳极速。对外界

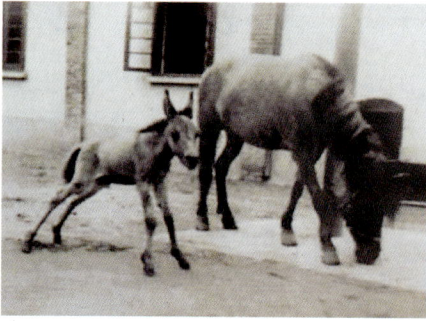

图 3-45　破伤风（1）
48 日龄驴破伤风（脐带风）

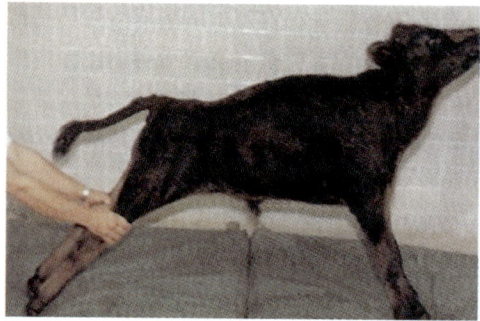

图 3-46　破伤风（2）
病牛全身肌肉强直，呈现木马状

刺激兴奋性增强，发出尖直的"吱吱"声，死亡率较高（图 3-47）。

（4）绵羊、山羊　全身强直，不能自由起卧，四肢僵硬，头向后弯曲，似角弓反张，头多偏向一侧，有的腹泻和臌气，一般临床症状同马相似（图 3-48），死亡率较高，羔羊死亡率高达 100%。

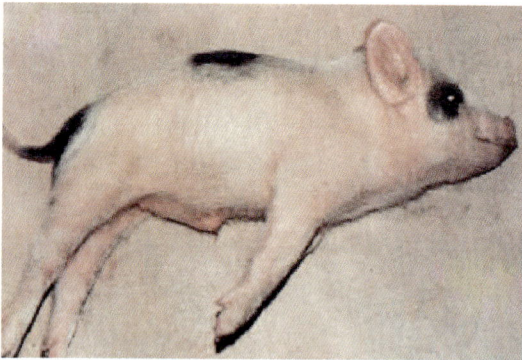

图 3-47　破伤风（3）
病猪全身肌肉强直，牙关紧闭

图 3-48　破伤风（4）
病山羊全身强直

4. 诊断　　根据创伤感染史及特殊临床症状即可诊断。对经过较慢的轻症病例或病初临床症状不明显时，须与下列疾病进行鉴别诊断：急性肌肉风湿症，在受害部位肌肉较强硬，如头颈伸直或四肢僵硬，颇似破伤风，但缺乏激应性升高、牙关紧闭和瞬膜外露等临床症状；脑炎、狂犬病，出现牙关紧闭、角弓反张、肌肉痉挛等临床症状，但瞬膜不突出，意识扰乱或昏迷，并有麻痹现象。

5. 防治　　预防本病首先要防止家畜发生外伤，如有外伤应及时处理，对家畜阉割、助产、断脐、断尾、去角或进行其他外科手术时，均应采取严格的消毒措施，以防污染，最好注射预防量的抗破伤风血清。破伤风类毒素是预防本病的有效生物制剂，发病较多的地区，每年定期注射破伤风类毒素。大家畜皮下注射 1mL，注射后 1 个月产生免疫力，免疫期为 1 年，第二年再注射 1mL，免疫力可持续 4 年。

治疗本病，应采取综合措施，即创伤处理、药物治疗和加强护理三个方面。

（1）创伤处理　　必须对感染创伤进行有效防腐消毒及扩创处理，彻底排除脓汁、异物、坏死组织及痂皮等，并用消毒液（3% 过氧化氢、2% 高锰酸钾或 5% 碘酊）消毒创面，以清除生产破伤风毒素的源泉。

（2）药物治疗　　由于破伤风外毒素对机体致病作用强烈，因此中和毒素是治疗的关键，配合镇静解痉药物，缓解毒素引起的强直性痉挛和反射兴奋性升高。

1）特异性治疗：皮下或静脉注射抗破伤风血清（破伤风抗毒素），根据病情确定用量。一般首次用量要足，病情严重的，可重复注射一次或数次。大家畜 10 万～30 万 IU，猪、羊 0.5 万～2 万 IU。

2）镇静解痉：25% 硫酸镁注射液 100mL，静脉注射或肌内注射；另用 1% 普鲁卡因注射液 40mL 加 0.1% 肾上腺素注射液 0.5～1.0mL，混合注射于咬肌，以解除牙关紧闭。大家畜用氯丙嗪 300～500mg，深部肌肉注射，或用水合氯醛 25～30g，混于 500mL 淀粉浆内，直肠灌注。

3）抗菌消炎：青霉素 100 万 IU，肌内注射，连用 3～5d。

4）通便利尿：内服缓泻剂或用温肥皂水反复灌肠，以利粪便排出，并使用 20% 乌洛托品，大家畜 100mL，静脉注射，每天 1 次，以解除排尿障碍。

5）纠正酸中毒：当病畜出现酸中毒时，可加用 5% 碳酸氢钠 500mL，静脉注射。

此外，还可结合中药治疗，效果更好。

（3）加强护理　　加强护理是治愈病畜的重要环节，一般此病畜怕惊、怕明，所以要把病畜安放在通风、干燥、洁净、安静、避光的畜舍，给予充足饮水和易消化的饲料。牙关紧闭不能采食时，可用胃管给予小米粥等半流动性食物。对恢复期的病畜如口腔已经张开，饲料要少给勤添，防止过食；背腰及四肢强拘临床症状已有减轻的病畜，应每天牵遛，以尽快恢复肌肉机能。

第二节　病毒性共患传染病

一、口蹄疫

口蹄疫（foot and mouth disease，FMD）是由口蹄疫病毒引起的偶蹄兽的一种急性、热性、高度接触性传染病。成龄动物口腔黏膜、蹄部和乳房皮肤发生水疱和溃烂，幼龄动物以心肌损害而导致高死亡率为特征。中兽医将其称为口疮、蹄癀。

口蹄疫给世界的猪、牛等养殖业带来严重的危害，被认为是最令人恐惧的疾病之一，OIE 曾将其列为法定报告疾病中的 15 种 A 类疫病之首，我国也将其列为 14 种一类动物疫病之首。其原因在于该病有以下几个特征。

1）分布广：广泛存在于除北美、中美及日本以外的国家和地区，特别是亚洲大陆南部、中东附近地区及南美等地。

2）传播快：由于风媒传播及易于通过呼吸道感染，该病能借助风力而实现快速跳跃式的传播，可在短时间内陆陆传播，甚至漂洋过海。

3）变异频：该病的病原为最小的 RNA 病毒，在实验室研究过程中、在疾病的流行过程中乃至在经过免疫的动物体内都会发生变异。

4）分型多：该病的病原有 7 种血清型，各血清型又分众多的亚型。各血清型之间几乎没有免疫交叉，各型的亚型之间也仅仅有部分的交叉免疫，因此，增加了疫苗预防的难度。

5）贸易停：该病流行地区的易感动物及其产品的国际贸易因该病而被停止，影响动物及其产品的进、出口，造成严重的经济损失。

6）产能降：发生该病的动物的各种生产性能都有不同程度的下降（乳、肉、役）。

7）扑杀众：对疫区内曾与发病动物接触过的易感动物均要全部扑杀。

8）花费昂：发病国家和地区要投入大量的人力、物力和财力扑灭该病，并投入巨额的经费研究该病的防控。

口蹄疫目前仍然广泛流行，发病率高，死亡率低，但幼龄家畜死亡率高。我国为控制该病，科研人员投入了大量的精力开展疫苗的研究工作。目前，研究人员对全病毒灭活疫苗、基因工程弱毒疫苗、蛋白质载体苗、合成肽苗、空衣壳疫苗、表位疫苗、细胞因子增强型疫苗、基因工程活载体（腺病毒、痘病毒、伪狂犬病病毒、大肠杆菌）苗、基因缺失苗、感染性克隆疫苗、基因疫苗、可饲疫苗等开展了大量的研究，并取得了丰硕的成果。新西兰是唯一未发生口蹄疫的国家，澳大利亚（1872年）、日本（1933年）（但2000年发生口蹄疫）、美国（1929年）、加拿大（1952年）、墨西哥（1954年）先后宣布消灭口蹄疫。韩国和朝鲜也曾是多年无口蹄疫，但由于国际贸易的频繁等原因，近年来韩国和朝鲜均饱受口蹄疫危害之苦。

1. 病原 口蹄疫病毒（foot and mouth disease virus，FMDV）是微小核糖核酸病毒科（Picornaviridae）口蹄疫病毒属（*Aphthovirus*）的代表病毒。病毒呈圆形或六角形，病毒粒子直径为20～30nm。该病毒结构简单，内部为单链正股线状RNA，占全病毒质量的31.5%，决定病毒的感染性和遗传性，由8500个核苷酸组成；外部为蛋白质，占全病毒质量的68.5%，决定病毒的抗原性、免疫原性和血清学反应能力。该病毒核衣壳由VP1～VP4 4种多肽各60个组成，VP1与中和抗体和抗感染免疫有关，VP1～VP3为组成核衣壳蛋白的亚单位，VP4与RNA紧密结合构成病毒粒子的内部成分。

口蹄疫病毒通常用牛舌上皮组织或乳仓鼠肾传代细胞（BHK-21）进行培养，也可用犊牛肾细胞、仔猪肾细胞、仓鼠肾细胞乃至鸡胚进行病毒的培养、分离鉴定和致弱。培养物中含有4种大小不同的粒子。第一种为完整的病毒粒子，直径为（23±2）nm，沉降系数为146S，具有感染性和免疫原性。第二种为空衣壳，直径为21nm，沉降系数为75S，具有良好的型特异性和免疫原性，但因不含RNA而无感染性。第三种为构成衣壳蛋白的亚单位，直径为7nm，沉降系数为12S，有抗原性但无感染性。第四种为病毒感染相关抗原（VIA），沉降系数为4.5S，为尚无活性的RNA聚合酶，需在病毒进入感染细胞内由细胞内的蛋白酶激活而获得酶活性，激发机体产生抗体（具有群特异性而无型特异性）。口蹄疫病毒侵染宿主细胞后迅速繁殖，并同时终止宿主细胞的蛋白质合成，侵染细胞后45s就出现RNA的复制，感染后20min左右就合成出完整的病毒粒子，导致该病的潜伏期排毒及快速传递。

目前发现口蹄疫病毒具有7种血清型，即A、O、C、SAT1（南非1型）、SAT2（南非2型）、SAT3（南非3型）和AsiaⅠ（亚洲Ⅰ型）。每个血清型又包含若干种亚型，其中A型有32种亚型，O型有11种亚型，C型有5种亚型，SAT1型有7种亚型，SAT2型与AsiaⅠ型各有3种亚型，SAT3型有4种亚型。该病毒各型、亚型之间的免疫交叉小及高变异性，为该病的防治带来了困难，特别是其善变性使免疫预防更加困难。我国主要流行的毒型有A型、O型和亚洲Ⅰ型，欧洲主要流行的是A型和O型，均以O型多见。

口蹄疫病毒各型的致病力一致，主要引起口腔黏膜、蹄部和乳头皮肤的融合性水疱和破溃。该病毒在水疱皮内和水疱液中含量最高，因此常用50%甘油生理盐水（或50%甘油磷酸盐缓冲液）保存送检的水疱皮或水疱液检样和病毒。

口蹄疫病毒对环境的抵抗力强，存活时间与病料性质、病毒浓度及环境条件关系密切。在自然条件下，含毒组织及被病毒污染的饲料、饮水、饲草、皮毛及土壤在数日至数周的时间仍能检出具有感染性的病毒。在低温和有蛋白质保护的条件下，该病毒可以长期存活，在吃剩的含病毒的猪肉、牛肉剩菜中也能存活。夏季在阴沟内的稀便和未发酵的堆粪中都可以存活一个月，冬季可以数月不死。宰后未经排酸的冻肉更可以长时间保存活毒，并导致口蹄疫的散播甚至暴发。水疱皮内的病毒在−30℃以下可存活12年。该病毒在5℃的50%甘油生理盐水中可存活1年以上，常用此方法保存送检的病料。口蹄疫病毒对酸、碱和紫外线敏感。1%氢氧化钠、2%甲醛、0.2%过氧乙酸、4%碳酸钠、1%络合碘等制剂均可以在短时间内杀死该病毒。但食盐、酚类、乙醇、三氯甲烷（氯仿）等对该病毒无效。肉品在屠宰后排酸（10～12℃、24h，4～6℃、24～48h，pH 5.3～5.7）可杀灭病毒，但因为骨髓和淋巴结内产酸不良，病毒可在此存活多年，并可由此传播。

不同血清型的病毒在世界上具有一定的地理分布，A型和O型主要分布于亚洲、南美、中东附近和非洲，C型主要分布于亚洲、非洲和南美地区，南非1～3型主要分布于非洲，亚洲Ⅰ型主要发生于亚洲。

2. 流行病学

（1）**传染源**　患病动物是最主要的传染源，而处于潜伏期和愈后的动物也是非常危险的传染源。传染源从多种途径排出病毒，病毒含量在舌面水疱皮和蹄部水疱皮内含量最高，其次为粪、乳、尿、呼出气体和精液。病猪破溃的蹄部水疱皮含毒量最高，约为牛舌面水疱皮含毒量的10倍，病猪经呼吸道排出病毒的数量是牛的20倍，因此，有猪是口蹄疫病毒的"放大器"之说。牛舌水疱皮所含毒量至少可使100万头易感牛发病，再加上其他途径大量排毒，因此，放过一个患病动物，将贻害无穷。约有50%的患病动物在病愈后可带毒并排毒4～6个月，个别病例带毒达5年以上，且可以导致口蹄疫的传播。病羊则由于病症轻（仅短期跛行）而易被忽略，但长达2～3个月的带毒期使之成为羊群中长期的传染源。从牛体分离的毒株对猪具有更强的致病力，且可以在猪体增强毒力，并可以引起牛口蹄疫的广泛流行。

（2）**传播途径**　口蹄疫属于接触性传染病，既可以通过群牧和密集饲养而直接接触传播，也可以通过各种媒介如患病动物的分泌物、排泄物、脏器、血液、精液和各种动物产品（皮毛、肉品、骨髓、淋巴结），被污染的车辆、水源、牧地、饲养用具、饲料、饲草，以及人（饲养人员、病畜看护人员、兽医）和非易感动物（马、候鸟、犬、猫、昆虫）等传播。潜伏期和发病盛期屠宰的动物的肉品、骨头、厨房里的泔水都可传播本病。特别是空气传播，在本病的大范围、跨越式传播上具有重要作用。该病可以通过消化道、呼吸道及损伤的皮肤、黏膜传播。呼吸道形成感染需要的病毒量是口服感染量的1/100 000～1/10 000。由此导致该病经风媒以50～100km的距离跳跃式传播。

（3）**易感宿主**　口蹄疫病毒的易感宿主达33种，但以偶蹄动物易感性高，最易感的是黄牛，其次依次为牦牛、水牛、骆驼、绵羊、山羊和猪。野生动物中羊（黄羊、驼羊、岩羚羊）、牛（野牛、瘤牛）、鹿（长颈鹿、梅花鹿、扁角鹿）、麝、野猪和大象均可感染发病。实验动物中鼠（豚鼠、小鼠、仓鼠）、兔均有易感性。马对本病具有强抵抗力。

（4）流行特征　　本病在一次流行中既可在不同种动物中传播，也可仅在一种动物中流行。本病在新疫区可100%发病，而老疫区发病率仅50%左右。该病流行没有明显的季节性，但在牧区等有一定的季节性，牛口蹄疫多从秋末开始，冬季加剧，春季减轻，气温高、光照充足的夏季流行趋于平息。猪口蹄疫以冬春为流行盛期，夏季较少发生。口蹄疫在饲养周期长的动物中流行具有一定的周期性，主要与畜群更新、高易感性后代的不断增多及病毒变异等因素有关，常隔3~5年流行一次。另外，各种应激因素、气候骤变等可诱发该病。

（5）发病机理　　病毒侵入机体后，首先在侵入部位的上皮细胞内生长繁殖，引起浆液渗出而形成原发性水疱（常不易发现）。在出现水疱后10~12h进入血液形成短暂的病毒血症，导致体温升高和全身临床症状。病毒随血液分布到嗜好组织（如口腔黏膜、蹄部、乳房皮肤）生长繁殖，引起局部组织内的淋巴管炎，造成局部淋巴淤滞、淋巴栓、淋巴液渗出淋巴管外而形成继发性水疱。邻近的水疱不断融合成大水疱并最终破裂，此时患畜的体温恢复至正常，血液中的病毒量减少乃至消失，但仍然从乳汁、粪尿、泪液、涎水排出病毒。之后进入恢复期，多数逐渐好转，但可在痊愈后的一定时间内排出病毒造成新的传染。幼龄动物常因心肌损害（急性心肌炎、心肌变性和坏死）而死亡。

3. 临床症状

（1）牛　　潜伏期为2~5d，之后体温升高至40~41℃，表现为食欲减退，精神沉郁，口流黏性带泡沫的涎水（图3-49），开口时有咂嘴声。继之可见口腔黏膜出现水疱（图3-50），多发生于唇内侧、舌、牙龈和颊部黏膜，水疱融合并破溃，露出红色烂斑。蹄部的蹄冠、趾间及蹄踵皮肤出现水疱与破溃，如果继发细菌感染甚至导致不能站立乃至蹄匣脱落而淘汰，抵抗力强者，蹄匣脱落又可新长出，可见愈合的牛蹄匣有裂纹（图3-51）。偶有鼻镜、乳房（图3-52）、阴唇、阴囊等部位出现水疱与破溃。有时继发纤维素性坏死性口腔黏膜炎、咽炎、胃肠炎，有时在鼻咽部形成水疱引起呼吸障碍和咳嗽。病牛体重减轻和泌乳量显著减少，特别是乳腺感染时，奶牛产奶量下降，有时高达75%，甚至泌乳停止乃至不可恢复。成牛多在发病后一周左右痊愈，但也有的病程在2~3周甚至以上。病死率在3%以下，但也有些患牛往往发生心肌损害而全身虚弱、肌肉震颤，因心脏骤停而突然死亡。犊牛感染时水疱不明显，主要表现为出血性肠炎和心肌麻痹，死亡率高。

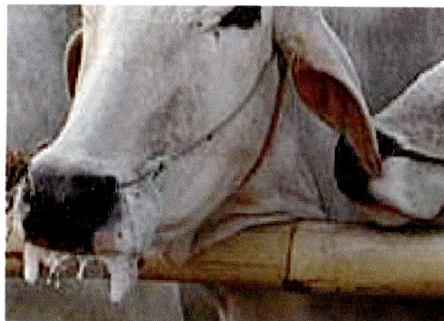

图3-49　口蹄疫（1）
病牛流涎

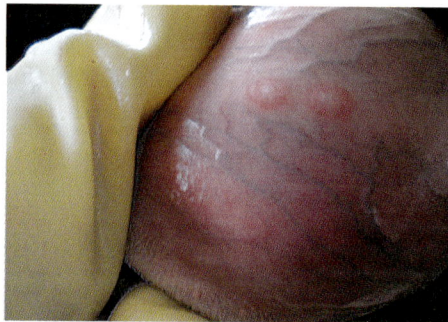

图3-50　口蹄疫（2）
牛舌黏膜形成水疱

（2）猪　　潜伏期1~2d，体温升高至40~42℃，精神沉郁，食欲减退后废绝，主

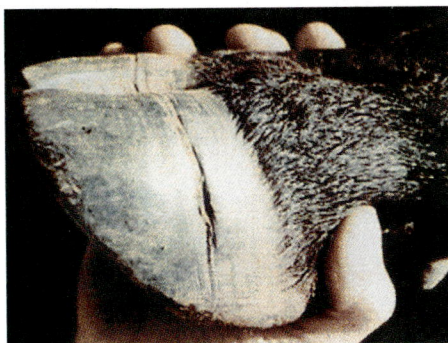

图 3-51 口蹄疫（3）
愈合的牛蹄蹄匣有裂纹

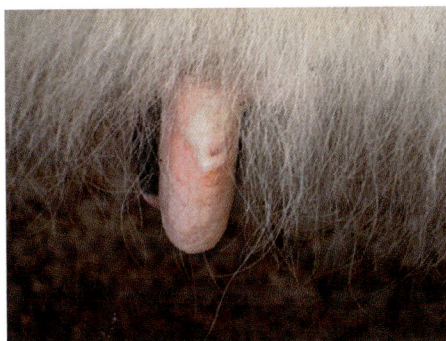

图 3-52 口蹄疫（4）
牛乳头皮肤形成水疱

要在蹄冠、蹄叉、蹄踵等部位先是红、热、痛，之后形成米粒至蚕豆大小的水疱，水疱破裂后创面发红或糜烂，严重者蹄匣脱落（图 3-53）。如无细菌感染则一周左右痊愈，如继发细菌感染则蹄部出现蹄匣脱落而不能站立（图 3-54）。口腔黏膜（舌、唇、齿龈、咽、腭）及鼻周围和乳房部形成小的水疱和破溃（图 3-55，图 3-56）。哺乳仔猪感染后常呈急性出血性胃肠炎和心肌炎，多突然死亡，死亡率可达 60%～80%，有的甚至全窝死亡。

图 3-53 口蹄疫（5）
猪蹄匣脱落

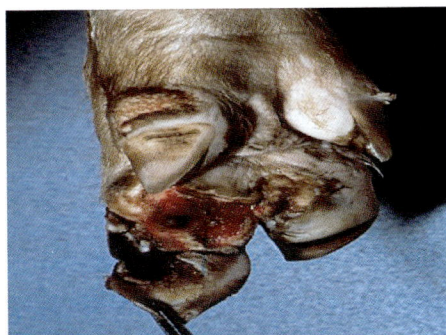

图 3-54 口蹄疫（6）
猪蹄匣脱落

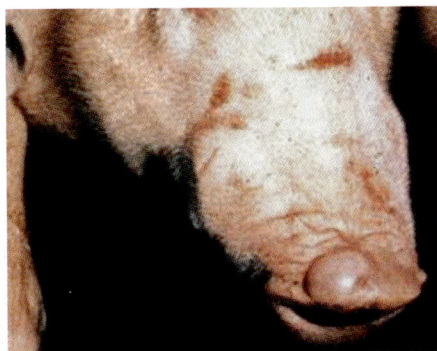

图 3-55 口蹄疫（7）
猪吻部水疱

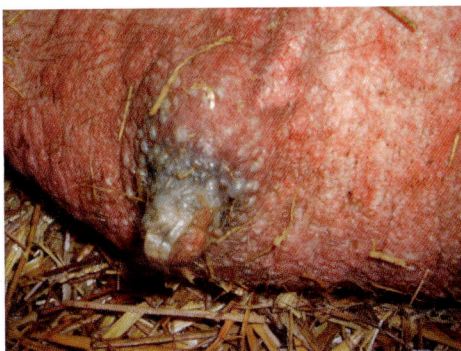

图 3-56 口蹄疫（8）
猪乳房部水疱

（3）羊　　潜伏期 1 周左右，感染率低，临床症状不明显。往往在齿龈、硬腭和舌面形成小的水疱，之后水疱破溃形成烂斑。最明显的临床症状是跛行，但蹄部损伤轻微，极少有脱匣情况（图 3-57）。羔羊感染后多因出血性胃肠炎和心肌炎而死亡。

（4）骆驼与鹿　　主要是口腔内和蹄部的水疱，出现流涎与跛行，严重时也导致蹄匣脱落。多经 5～10d 痊愈。

4. 病理变化　　主要病理变化发生在患病动物的口腔、蹄部、乳房、咽喉、气管、支气管和前胃。主要表现为皮肤、黏膜的水疱和水疱破溃后的烂斑，表面覆盖棕黑色的痂块。在真胃和肠黏膜可见出血性胃肠炎表现。心脏包膜有弥漫性或点状出血，心肌切面有灰白色或淡黄色的斑纹，似老虎身上的条纹，故称"虎斑心"（图 3-58），心肌松软似煮肉样。病理组织学变化为皮肤的棘细胞呈球形肿大、渗出乃至溶解。心肌细胞变性、坏死和溶解。

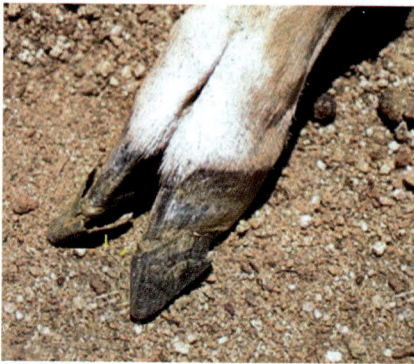

图 3-57　口蹄疫（9）
羊蹄匣脱落

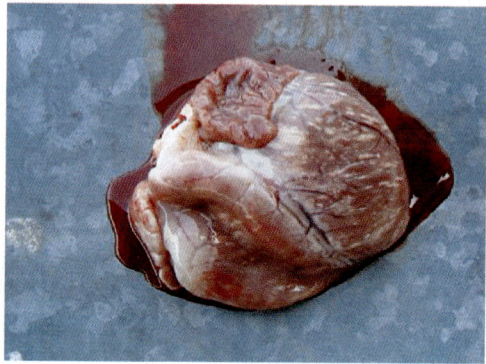

图 3-58　口蹄疫（10）
病死猪"虎斑心"

5. 诊断　　该病根据流行病学、临床症状和病理变化的特点一般易于做出初步诊断，但其易与相似的疫病相混淆，且该病为法定报告性疾病，因此，必须按照下列程序进行实验室诊断。

（1）采集病料与送检　　采集患畜的水疱皮、水疱液、脱落的上皮组织、咽部黏液、肝素抗凝血（约 5mL）及血清（约 10mL），采集死亡动物的淋巴结、肾上腺、肾、心脏等组织（各 10g）和水疱皮、咽部黏液及血清，将病料（血清除外）浸入 50% 甘油磷酸盐缓冲液（0.04mol/L，pH 7.2～7.6）中密封低温保存，在严格保证不外漏的情况下送检。

（2）病原学检测　　需要在严格隔离的生物安全三级实验室（P3 实验室）内进行，可将病料接种于易感动物，或通过细胞培养分离病毒，也可通过腹腔接种于乳鼠及豚鼠增殖病毒。对采集的病料可参照 GB/T 18935—2003 推荐的微量补体结合试验、食道探杯查毒试验、反转录-聚合酶链反应（RT-PCR）进行病毒的血清型鉴定。

（3）血清学检测　　应用恢复期动物的血清可以参照 GB/T 18935—2003 推荐的病毒中和试验（VN）、液相阻断酶联免疫吸附试验（LPB-ELISA）、病毒感染相关抗原（VIA）、琼脂凝胶免疫电泳试验（AGID）等方法来鉴定感染病毒的血清型。ELISA 方法逐步替代了补体结合试验（CFT），该方法具有快速、敏感、准确的特点，既可以检测病料，又可以检测血清，可以用于直接鉴定病毒的亚型，并且能够同时进行水疱性口炎病毒（VSV）

和水疱病病毒（SVDV）的鉴别检测。

（4）**分子生物学检测**　运用生物素标记的探针可使口蹄疫的诊断更加简便、快捷、特异和敏感。

目前，国际贸易推荐的口蹄疫的检测方法是CFT。

（5）**鉴别诊断**　牛瘟、牛恶性卡他热、牛病毒性腹泻/黏膜病、水疱性口炎、茨城病等在口唇部的损害上与牛口蹄疫相近，猪的水疱性口炎、猪水疱疹、猪水疱病均容易与猪口蹄疫混淆，羊的蓝舌病、羊传染性脓疱及小反刍兽疫也与羊口蹄疫相似。

1）牛瘟：是由牛瘟病毒引起的牛和水牛的一种急性、热性、致死性传染病，绵羊、山羊、猪和竞赛动物也可感染。该病临床上以发热、黏膜（齿龈、舌、颊和硬腭）糜烂、眼和鼻流出浆液性或黏液性分泌物为特征，有时出现严重血性腹泻。该病可以通过成龄动物的发病率高、死亡率高，鼻孔、阴门、阴道、阴茎等部位出现明显的坏死，死亡患畜广泛性的出血性变化，以及病原学、血清学检测而与口蹄疫相区别。

2）牛恶性卡他热：是由恶性卡他热病毒引起的反刍动物的急性高度致死性传染病。临床上以持续性发热、口鼻流出黏脓性鼻汁、双侧角膜浑浊、严重的神经扰乱、淋巴结肿大、全身性单核细胞浸润及血管炎为特征。本病口腔黏膜充血、浅在性糜烂和坏死与口蹄疫相似，可通过舌乳头的坏死、眼角膜浑浊、腹泻及病原学、血清学检测与口蹄疫等相鉴别。

3）牛病毒性腹泻/黏膜病：又称牛黏膜病或牛病毒性腹泻，是由牛病毒性腹泻/黏膜病病毒引起的牛、羊和猪的一种急性热性传染病。牛、羊临床上以黏膜发炎、糜烂、坏死和腹泻为特征。本病通过舌上皮坏死，呼出恶臭气体，排出恶臭混合黏液、气泡和血液的腹泻便，以及病牛的消瘦、眼鼻分泌物、鼻镜糜烂、母牛流产、犊牛缺陷（小脑发育不全等），特别是口腔黏膜、食道和整个胃肠道黏膜的充血、出血、水肿、糜烂和溃疡等，可以与口蹄疫相鉴别，确诊需要进行病毒鉴定及血清学检查。

4）水疱性口炎：是由水疱性口炎病毒引起的马、牛、羊、猪等动物和人的一种急性、热性传染病。其特征是患病动物的口腔黏膜发生水疱，泡沫样口涎，间或在蹄冠或趾间皮肤上发生水疱。本病因通过损伤的皮肤黏膜传播，特别是蚊等昆虫传播，故具有明显的季节性（夏季和初秋多发），马可以感染发病，可以根据病毒学鉴定或血清学鉴定，与口蹄疫相鉴别。猪的水疱性口炎可在唇、舌、鼻端和蹄冠出现水疱，特别是蹄冠严重，不久水疱破裂而形成痂皮，严重时蹄匣脱落，但两周左右愈合良好。

5）茨城病：又称类蓝舌病，是由茨城病病毒引起的一种急性、热性传染病。临床上以突发高热、结膜水肿、口腔黏膜坏死及溃疡、咽喉部麻痹及关节肿胀、蹄部溃疡为特征。该病口腔黏膜糜烂、流泡沫样口涎及蹄冠皮肤溃烂与口蹄疫相近，但黏膜病理变化无水疱过程，结膜水肿甚至外翻，眼流浆液性或脓性分泌物，因食道麻痹而吞咽困难及食物的逆流导致异物性肺炎而致死。也可通过病原学或血清学方法与口蹄疫相鉴别。

6）猪水疱病：是由猪水疱病病毒引起的急性接触性传染病。临床上以蹄部、口部、鼻端和腹部、乳头周围皮肤发生水疱为特征。该病与口蹄疫的区别是本病牛、羊不发病，与水疱性口炎的区别是马并不发生。可以通过病毒分离鉴定及血清学试验相鉴别。

7）猪水疱疹：是由嵌杯样病毒引起的猪的以口唇黏膜、蹄部皮肤出现水疱为特征的疾病。临床症状和病理变化与口蹄疫、猪水疱病、水疱性口炎基本相同，但本病自然条件下只感染猪，人工舌皮内接种可以感染马，但其他动物无论是自然感染还是人工接种均不发病。取水疱液或水疱皮进行 CFT 或 ELISA 检测可以确诊。

8）蓝舌病：是由蓝舌病病毒引起的反刍动物的急性传染病。主要发生于绵羊，临床特征是发热、白细胞减少、黏膜（口腔、唇、胃）糜烂性炎症、蹄叶炎及心肌炎等。由于舌、齿龈黏膜肿胀、淤血呈青紫色而得名。发病羊消瘦、羊毛及肉品质下降、怀孕母羊流产、胎儿畸形、羔羊长期发育不良而导致死亡，直接和间接经济损失巨大。本病的黏膜糜烂及跛行与口蹄疫相似，但黏膜没有水疱过程，舌与齿龈黏膜呈青紫色，以及通过病原学、血清学等检测可以鉴别。

9）羊传染性脓疱：俗称羊口疮，是由羊口疮病毒引起的绵羊和山羊的一种急性传染病，临床上以唇、鼻、眼睑、乳房、四肢皮肤及口腔黏膜发生丘疹、水疱、脓疱和痂皮为特征，羔羊常因继发感染而死亡。该病与口蹄疫的区别是在口腔黏膜以外的部位也出现水疱、脓疱，但水疱时间短，难以察觉就变成易于破溃的黄色脓疱，之后变成坚硬的褐色痂皮而突出于皮肤表面，强行剥离痂皮，下面露出易出血成粉红色、乳头状似桑葚的真皮。可以通过血清学和变态反应方法进行确诊。

10）小反刍兽疫（PPR）：是由小反刍兽疫病毒引起的小反刍兽的急性接触性传染病，表现与牛瘟相似，故又称为伪牛瘟，其临床特征是发病急剧、高热稽留、眼鼻分泌物增加、口腔黏膜糜烂、腹泻和肺炎。主要感染绵羊和山羊。主要在非洲和中东地区流行。口腔黏膜糜烂并无水疱过程，主要是以黏膜的充血、坏死为主，呼出恶臭的气体，羔羊的出血性水样腹泻及高死亡率也与口蹄疫相似，但剖检心脏不具特征性"虎斑心"病理变化。可以通过病原学、血清学诊断与口蹄疫及牛瘟相鉴别。

6. 防治　　口蹄疫是不允许治疗的法定报告性疾病，发现可疑病例必须在 24h 内向当地动物防疫部门报告，并应积极配合进行诊断和扑灭。

防疫措施如下。

1）预防措施：根据《国际动物卫生法典》的要求，口蹄疫的控制分为非免疫无口蹄疫国家（地区）、免疫无口蹄疫国家（地区）和口蹄疫感染国家（地区）。各控制区之间要求有监测带、缓冲带、自然屏障及地理屏障。由于该病病原血清型的复杂性和传播的快速与广泛性，为防止该病原的传入，建立定期和快速的动物疫病报告及记录系统，严禁从流行地区或国家引入易感动物和动物产品，对来自非疫区的动物及其产品和各种装运工具，进行严格的检疫和消毒，这是所有国家和地区均应遵循的共同原则。

应用于流行毒株相同血清亚型的疫苗进行春、秋两次免疫接种（我国采取强制性免疫措施，全部疫苗由政府招标采购，免费接种），是我国现行的较为有效的预防措施，对该病的防控更具有战略意义，我国已经在海南成功建成了无口蹄疫区，同时在多地正在有序有效地开展无口蹄疫区域的建设工作。

2）扑灭措施：当口蹄疫暴发时，必须立即上报疫情，迅速做出确诊并划定疫区、疫点和受威胁区，以早、快、严、小为原则，进行严厉的封锁和监督，禁止人、动物和动物产品流动。在严格封锁的基础上，扑杀患病动物及其同群动物，并对其进行无害化处理；对剩余的饲料、饮水、场地，患病动物污染的道路、圈舍、动物产品及其他物品进行全面而严格的消毒；对其他动物及受威胁区动物进行紧急免疫接种。当疫区内最后一头动物被扑杀后，3 个月内不出现新病例时，经专家考察、进行终末大消毒后，报封锁令发布机关请其批准解除封锁。常用的环境消毒药物是 2% 氢氧化钠、2% 甲醛、10% 石灰乳；皮张和毛可以用环氧乙烷或甲醛高锰酸钾熏蒸消毒；肉品可用 2% 乳酸或排酸处理即可；粪便采用堆积发酵处理。

7. 公共卫生学　人可以通过饮食来源于病畜的乳汁、榨乳，处理口蹄疫病畜及皮肤黏膜创伤而感染口蹄疫病毒。潜伏期为 2～18d，多突然发病，临床表现为体温升高，全身不适，头疼。1～2d 后口腔发干、灼热，进食和讲话时疼痛，继之唇、齿龈和颊黏膜潮红并出现水疱，舌面、咽喉、指尖、指甲基部、手掌、足趾、鼻翼和面部的皮肤和黏膜也出现水疱，水疱破裂后形成薄痂，有时形成溃疡，但可逐渐愈合而不留疤痕。甲床发生水疱可致指甲脱落。有的患者出现头痛、眩晕、四肢和背部疼痛、胃肠痉挛、恶心、呕吐、咽喉疼痛、吞咽困难、腹泻、循环紊乱乃至高度衰弱等表现。幼儿感染出现胃肠道症状，严重时可因心肌损伤而死亡。因此，在口蹄疫流行时，应注意个人防护，非工作人员不准接触病畜，以防感染或散毒。破裂的水疱涂以结晶紫，口腔黏膜可用 30g/L 的硼酸水漱口，之后涂以碘甘油，配合病毒唑等抗病毒药物及防止继发感染的抗生素治疗。患儿剪短指甲以防抓破，静卧，给予易消化半流质食物，必要时静脉补液。

预防措施：不食生奶，不接触病畜及病畜的分泌物、排泄物及污染的物品。接触病畜后立即洗手消毒，不慎入眼、鼻、口，则立即用消毒液进行冲洗消毒。

二、痘病

痘病（variola pox）是一种由痘病毒引起的各种家畜、家禽和人类的急性、烈性、接触性传染病。痘病毒科脊椎动物痘病毒亚科中有 6 属能够引起畜禽痘病，分别是正痘病毒属、山羊痘病毒属、禽痘病毒属、兔痘病毒属、猪痘病毒属和副痘病毒属。各种动物的痘病毒分属于各个属。哺乳动物痘病的特征是在皮肤上发生痘疹，禽痘则在皮肤上产生增生性肿瘤样病理变化。各种痘病中以绵羊痘、鸡痘和猪痘较为常见，山羊痘、牛痘和马痘较少发生。

（一）绵羊痘

1. 病原　绵羊痘（variola ovina；sheep pox）是各种家畜痘病中危害最为严重的一种热性接触性传染病。由山羊痘病毒属的绵羊痘病毒引起，其特征是皮肤和黏膜上发生特异的痘疹，可见到典型的斑疹、丘疹、水疱、脓疱和结痂等病理过程。

2. 流行病学　自然条件下，只发生于绵羊，不传染山羊和其他家畜。病羊和带毒羊为主要传染源，主要经呼吸道感染传播，也可通过损伤的皮肤或黏膜感染。饲养管理人员、护理用具、皮毛、饲料、垫草和外寄生虫等都可成为传播的媒介。不同品种、性别、年龄的绵羊都有易感性，羔羊比成年羊易感，病死率也高。妊娠母羊易引起流产，因此在产羔前流行羊痘，可招致很大损失。本病多发生于冬末春初，气候严寒、饲草缺乏和饲养管理不良等因素都可促使发病和加重病情。

3. 临床症状　病羊体温升高达 41～42℃，食欲减少，精神不振，结膜潮红，有浆液、黏液或脓性分泌物从鼻孔流出（图 3-59）。痘疹多发生于皮肤无毛或少毛部分，如眼周围、唇、鼻、乳房、外生殖器、四肢和尾内侧。开始为红斑，1～2d 后形成丘疹，突出皮肤表面，坚实而苍白。随后丘疹逐渐扩大，变成灰白色或淡红色、半球状的隆起结节（图 3-60）。结节在几天之内变成水疱，水疱内容物起初像淋巴液，后变成脓

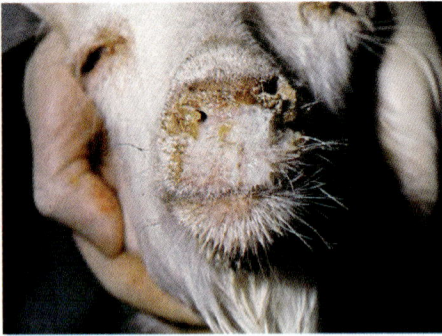

图 3-59　绵羊痘（1）
病羊口鼻分泌物

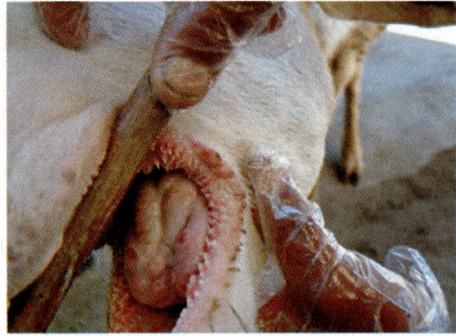

图 3-60　绵羊痘（2）
病羊舌上有丘疹，红色结节

性，如果无继发感染则在几天内干燥成棕色痂块，痂块脱落遗留一个红斑，后颜色逐渐变淡。非典型病例仅出现体温升高和黏膜卡他性炎症，不出现或仅出现少量痘疹，或痘疹出现硬结状，在几天内经干燥后脱落，不形成水疱和脓疱，此为良性经过，即所谓的顿挫型。

4. 病理变化　　有的病例见痘疱内出血，呈黑色痘。还有的病例痘疱发生化脓和坏疽，形成相当深的溃疡，发出恶臭，常为恶性经过，病死率达 20%～50%。

5. 诊断　　典型病例可根据临床症状、病理变化和流行情况诊断。对非典型病例，可结合群的不同个体发病情况做出诊断，或可采取丘疹组织涂片，按莫洛佐夫镀银染色法染色，而后镜检，如在胞质内见有深褐色的球菌样圆形小颗粒（原生小体），即可确诊。也可用吉姆萨或苏木紫-伊红染色，镜检胞质内的包涵体，前者包涵体呈红紫色或淡青色，后者包涵体呈紫色或深亮红色，周围绕有清晰的晕。

6. 防治　　平时加强饲养管理，特别是冬春季适当补饲，注意防寒过冬。在绵羊痘常发地区的羊群，每年定期预防接种，对尚未发病的羊只或邻近已受威胁的羊群均可用羊痘鸡胚化弱毒疫苗进行紧急接种，不论羊只大小，一律在尾部或股内侧皮内注射疫苗 0.5mL，注射后 4～6d 产生可靠的免疫力，免疫期可持续一年。发生疫情时，立即隔离病羊、彻底消毒环境，病死羊的尸体应深埋，防止扩散病毒。本病尚无特效药，常采取对症治疗等综合性措施。发生痘疹后，局部可用 0.1% 高锰酸钾溶液洗涤，擦干后涂抹紫药水或碘甘油等。康复血清有一定防治作用，预防量成年羊每只 5～10mL，小羊 2.5～5mL，治疗量加倍，皮下注射。

（二）禽痘

1. 病原　　禽痘（variola avium; avian pox）是一种由禽痘病毒引起的禽类的接触传染性疾病，通常分为皮肤型和黏膜型，前者多以皮肤（尤以头部皮肤）的痘疹，继而结痂、脱落为特征，后者可引起口腔和咽喉黏膜的纤维素性坏死性炎症，常形成假膜，故又名禽白喉，有的病禽两者可同时发生。

2. 流行病学　　本病呈世界性分布。家禽中以鸡的易感性最高，不分年龄、性别和品种都可感染，其次是火鸡，其他如鸭、鹅等家禽虽也能发生，但并不严重。鸟类如金丝雀、麻雀、燕雀、鸽等也常发痘疹，但病毒类型不同，一般不交叉感染，偶有例外。鸡以雏鸡和青年鸡最常发病，其中最易引起雏鸡大批死亡。禽痘的传染常由健康禽与病禽接触引起，脱落和碎散的痘痂是病毒散布的主要形式。一般须经有损伤的皮肤和黏膜而感染。蚊及体表寄生虫可传播本病。蚊的带毒时间可达10～30d。本病一年四季均可发生，以春、秋两季和蚊活跃的季节最易流行。拥挤、通风不良、阴暗、潮湿、体表寄生虫、维生素缺乏和饲养管理恶劣，可使病情加重。如有葡萄球菌病、传染性鼻炎、慢性呼吸道病等并发感染，可造成大批死亡。

3. 临床症状　依侵犯部位不同，分为皮肤型、黏膜型和混合型。

1）皮肤型：常见于冠、肉髯、喙角、眼皮和耳球上出现痘疹（图3-61）。起初出现细薄的灰色麸皮状覆盖物，迅速长出结节，初呈灰色，后呈黄灰色，逐渐增大如豌豆，表面凹凸不平，干而硬，内含有黄脂状糊块。一般无明显的全身临床症状，但病重的小鸡则精神萎靡、食欲消失、体重减轻等。产蛋鸡产蛋减少或停止。

2）黏膜型：多发于小鸡，病死率较高，小鸡可达50%，病初呈鼻炎临床症状。病禽委顿厌食，流浆性黏液性鼻液，后转为脓性，气管喉头黏膜因形成结痂造成窒息死亡（图3-62）。眼睑

图 3-61　皮肤型鸡痘
鸡冠、肉髯及喙角有痘疹

肿胀，结膜充满脓性或纤维蛋白渗出物，甚至引起角膜炎而失明（图3-63）。

图 3-62　黏膜型鸡痘（1）
有结痂，导致鸡窒息

图 3-63　黏膜型鸡痘（2）
眼睑肿胀、结膜充满渗出物，甚至失明

3）混合型：即皮肤黏膜均被侵害。发生严重的全身临床症状，继而发生肠炎，病禽有时迅速死亡，有时急性临床症状消失，转为慢性腹泻而死。

4. 病理变化　肝、脾和肾常肿大，肠黏膜有出血点，心肌实质变性。组织学检查见病理变化部位的上皮细胞内有胞质内包涵体。

5. 诊断　皮肤型和混合型的临床症状很有特征，不难诊断。单纯的黏膜型易与传染性鼻炎混淆。必要时进行病原学检查、鸡胚接种、动物接种及血清学检查。可采用病料接种鸡胚或人工感染于健康易感鸡。方法是：取病料（一般用痘疹或其内容物或口腔中的假膜）做成1:（5～10）的悬浮液，擦入划破的冠、肉髯或皮肤上及拔去羽毛的毛囊内，如有痘毒存在，被接种鸡在5～7d出现典型的皮肤痘疹症状。此外，也可采用琼脂扩散沉淀试验、血凝试验、血清学试验等方法进行诊断。

6. 防治　　平时要搞好禽场及周围环境的清洁卫生，做好定期消毒，尽量减少或避免蚊虫叮咬。有计划地进行预防接种，这是防治本病的有效方法。我国目前使用的是鸡痘鹌鹑化弱毒疫苗，一般出生 6 日龄以上雏鸡用 200 倍稀释疫苗于鸡翅内侧无血管处皮下刺种 1 针；20 日龄以上鸡用 100 倍稀释疫苗刺种 1 针；1 月龄以上鸡可用 100 倍稀释疫苗刺种 2 针。免疫期 4 个月。一旦发生本病，应隔离病鸡，轻者治疗，重者淘汰，死者深埋或焚烧，健康鸡应进行紧急预防接种，污染场所要严格消毒。存在于皮肤病灶中的病毒对外界环境的抵抗力很强，因此隔离的病鸡应在完全康复 2 个月后方可合群。

对病鸡皮肤上的痘疹一般不需治疗。如治疗时可先用 1% 高锰酸钾液冲洗痘痂，而后用镊子小心剥离，伤口用碘酊或结晶紫消毒。口腔病灶可先用镊子剥去假膜，用 0.1% 高锰酸钾液冲洗，再涂碘甘油，或撒上冰硼散。眼部肿胀的病鸡，可先挤出干酪样物，然后用 2% 硼酸液冲洗，再滴入 5% 蛋白银溶液或氯霉素眼药水。

（三）猪痘

1. 病原　　猪痘（variola suilla；swine pox）是一种由痘病毒引起的猪的急性、热性、接触性传染病，常称为天花。猪痘的病原为两种形态近似的病毒，一种是猪痘病毒，属痘病毒科（Poxviridae）猪痘病毒属（*Suipoxvirus*）成员；另一种是痘苗病毒（vaccinia virus），属正痘病毒属（*Orthopoxvirus*）的成员。前者是发生猪痘的主要病原。病毒粒子为砖形或椭圆形，基因组为双股 DNA，有囊膜，是大型病毒，大小约 300nm×250nm×200nm。猪痘病毒只能使猪发病，只能在猪源组织（猪肾、睾丸、胎猪肺、胎猪脑）细胞内增殖。痘苗病毒能使猪和其他多种动物感染，能在鸡胚绒毛尿囊膜中、牛、绵羊胚胎细胞内增殖，在胞质内形成包涵体。

2. 流行病学　　猪痘常发生于 1～2 月龄的仔猪，成年猪发病较少。但由痘苗病毒引起者，则无年龄之分。以春秋季多发，可呈地方性流行。常被误认为由蚊虫叮咬所致。病猪和病愈带毒猪是本病的传染源。病毒随病猪的水疱液、脓汁和痂皮污染周围环境，经损伤的皮肤黏膜感染，也可经呼吸道、消化道传染。

3. 临床症状　　猪痘潜伏期 5～7d，典型病例病初呈现红斑，遍布全身，继而出现孤立圆形丘疹，突出于皮肤，发展成水疱，转为脓疱破溃形成痂皮。一般很少影响进食，饮水正常。整个发展过程患猪表现奇痒难耐，磨蹭墙壁、围栏。传染快，同群猪感染率可达 100%，但死亡率一般不超过 3%～5%，多数由并发症造成。

4. 病理变化　　在组织切片中，可见皮肤的表皮棘细胞水肿、变性，并见细胞质内有包涵体，包涵体内有小颗粒状的原生小体，胞核中可见大小不等的空泡化。由痘苗病毒感染的猪痘，则不见空泡化。在痘病的后期，常见上皮细胞坏死，真皮和表皮下层出现中性粒细胞和巨噬细胞的浸润。

5. 诊断　　本病主要根据流行病学及临床症状进行诊断。在同一时期内，较多的仔猪先后发病，在发病猪群中，常可见到猪体皮肤上有明显的痘疹变化，根据这些临床症状就可以确诊。

6. 防治　　目前尚无疫苗可用于免疫，采用常规治疗方法，结合本场防疫程序，在定期预防的基础上，应用百毒杀、菌毒灭等药品，按药品说明，中等施药比例喷洒猪体、圈舍，消除病原。为防感冒可在每日气温高时喷洒，每日 1 次或隔日 1 次。一般 5～7d

结痂、脱落后康复。如不怕麻烦，可涂擦碘酊、结晶紫溶液，其治疗效果更好。对个别出现体温升高的患猪，可用抗生素加退热药（青霉素、安乃近或安痛定等）控制细菌性并发症。

（四）牛痘

1. 病原 牛痘（variola vaccina；cow pox）是由痘苗病毒或牛痘病毒引起的。两种病毒同属于正痘病毒属，性状相似，具有同样范围的易感宿主，两者在牛引起的临床症状也相似，但可用交叉补体结合试验、琼脂扩散试验和抗体吸收试验等加以区别。

2. 流行病学 病毒能感染多种动物，主要发生于乳牛。传染源是病牛，通过挤奶工人的手或挤奶机而传播。人受感染是从接触牛的乳房或乳头病理变化而来，人之间的传播非常罕见。

3. 临床症状和病理变化 潜伏期4～8d，病牛体温轻度升高，食欲减退，反刍停止，挤奶时乳头和乳房敏感，不久在乳房和乳头（公牛在睾丸皮肤）上出现红色丘疹，1～2d后形成约豌豆大小的圆形或卵圆形水疱，疱上有一凹窝，内含透明液体，逐渐形成脓疱，然后结痂，10～15d痊愈。若病毒侵入乳腺，可引起乳腺炎。

4. 诊断 根据临诊特征和流行特点可做出初步诊断。确诊可采取病理变化部组织做包涵体检查，或采水疱液做电镜检查。也可将水疱液接种鸡胚、单层细胞或做实验动物感染试验。为区分牛痘病毒和痘苗病毒可进行鸡的皮肤试验，痘苗病毒可在接种处发生典型的原发性痘疹，而牛痘病毒则无接种反应。

5. 防治 预防应注意挤奶卫生，发现病牛及时隔离。治疗可用各种软膏（如氧化锌、磺胺类、硼酸或抗生素软膏）涂抹患部，促使愈合和防止继发感染。

（五）山羊痘

1. 病原 山羊痘（variola caprina；goat pox）病毒和绵羊痘病毒均为痘病毒科山羊痘病毒属的成员。两者有共同抗原。该病毒是一种亲上皮性的病毒，大量存在于病羊的皮肤、黏膜的丘疹、脓疱及痂皮内。鼻黏膜分泌物也含有病毒，发病初期血液中也有病毒存在。痘病毒对热的抵抗力不强，加热55℃、20min或37℃、24h均可使病毒灭活；病毒对寒冷及干燥的抵抗力较强，冻干的病毒可存活3个月以上；在毛中保持活力达2个月，在开放羊栏中达6个月。

2. 流行病学 本病主要通过呼吸道感染，病毒也可通过损伤的皮肤或黏膜侵入机体。饲养管理人员、护理用具、皮毛产品、饲料、垫草和寄生虫等都可成为传播的媒介。不同品种、性别和年龄的羊均可感染。在自然条件下，绵羊痘主要感染绵羊，山羊痘则可感染山羊和绵羊。本病流行于冬末春初。

3. 临床症状和病理变化 山羊痘的临床症状和病理变化与绵羊痘相似，主要在皮肤和黏膜上形成痘疹。

4. 诊断 采用琼脂免疫扩散试验和补体结合交叉试验诊断病原。在诊断时注意与羊的传染性脓疱鉴别，后者发生于绵羊和山羊，主要在口唇和鼻周围皮肤上形成水疱、脓疱，后结成厚而硬的痂，一般无全身反应。据典型临床症状和病理变化可做出初步诊断，确诊需进一步做实验室诊断。体表有水疱、痘疹症状的猪传染病的鉴别诊断见表3-6。

表 3-6　体表有水疱、痘疹症状的猪传染病的鉴别诊断

项目	口蹄疫	猪痘	水疱病	渗出性皮炎
病原	口蹄疫病毒	痘病毒	水疱病病毒	葡萄球菌
侵害对象	偶蹄兽	猪	猪	哺乳仔猪
流行病学	偶蹄兽最易感，不分年龄、品种，并感染人；多途径传播，冬季多发，传播快，大流行，发病率高，死亡率低	各种年龄均可发生，春秋多见，地方流行性，很少死亡	只感染猪，不分年龄、品种，无季节性，发病率高，死亡率低	哺乳仔猪多见，散发，与外伤、卫生条件差等因素有关
主要症状	体温40～41℃；鼻端、唇、口腔黏膜、蹄、乳房有水疱、烂斑，跛行，重者蹄匣脱落，行走困难；孕猪流产，仔猪死亡率高，可达100%	体温41～42℃，毛少处有红斑—丘疹—水疱—脓疱—结痂经过，很少死亡，易继发感染	排黄绿色稀粪，体温40～42℃，先于蹄部出现水疱、烂斑，跛行，后有少数猪鼻端出现水疱，仔猪有神经症状	体温正常，体表黏湿，血清及皮脂渗出，有水疱及溃疡、污浊皮痂，气味难闻
病程	2～21d	10～15d	7～14d	3～6d
病理变化特征	仔猪呈"虎斑心"，其他病理变化同生前所见	可见皮肤的表皮棘细胞水肿、变性，并见细胞质内有包涵体	蹄部、鼻盘、唇、舌面（有时在乳房）出现水疱。其他脏器无可见的病理变化	全身黏胶样渗出，恶臭，形成黑色痂皮，体表淋巴结肿大，肾盂及输尿管积聚黏液样尿液
实验室诊断方法	病毒分离，琼脂扩散试验，补体结合反应，乳鼠接种	病毒分离鉴定	病毒分离，琼脂扩散试验，补体结合反应，接种乳鼠	涂片镜检，分离细菌
治疗	对症治疗，加强护理，可用灭活苗预防	对症治疗，无疫苗可用	对症治疗，加强护理，弱毒苗免疫	外用药物护理，抗生素治疗，自家苗预防

5. 防治　　山羊痘病毒能免疫预防羊传染性脓疱（口疮），但羊传染性脓疱病毒对山羊痘却无免疫性。中国兽医药品监察所将山羊痘病毒通过组织细胞培养制成的细胞弱毒苗对山羊安全，以 0.5mL 皮内或 1mL 皮下接种免疫效果较好，已推广应用。平时加强饲养管理，注意防寒过冬。一旦发现病畜，立即向上报告疫情，按《中华人民共和国动物防疫法》规定，采取紧急、强制性的控制和扑杀措施，扑杀病羊、深埋尸体。畜舍、饲养管理用具等进行严格消毒，污水、污物和粪便无害化处理，健康羊群实施紧急免疫接种。

三、狂犬病

狂犬病（rabies），又名恐水症，俗称疯狗病，是一种由狂犬病病毒引起的、可感染所有温血动物和人的急性、致死性脑脊髓炎，特征是神经兴奋、意识障碍、行为反常、攻击性强、进行性麻痹，最终死亡。病理解剖以非化脓性脑炎和神经细胞质内出现内氏小体为主要特征。一旦发病，死亡率几乎高达 100%，是迄今为止人类病死率最高的急性传染病。

狂犬病是最古老的人畜共患自然疫源性疾病。我国早在公元前 556 年的《左转》中即有记载，西方在古罗马、古埃及、古希腊时代的古籍中俱有描述。狂犬病呈世界性分布，全球除南极洲外，其他各大洲均有狂犬病。目前，全球 150 余个国家有本病发生，这些国家人口超过全球人口的半数；至少65个国家通报过野生动物狂犬病。每年，全球近7万人死于狂犬病，平均每10min就有一人因该病死亡。亚非地区（超过30亿人）狂犬病控制能力最差，属高风险地区，死亡病例数超过全球总数的95%。

1. 病原 狂犬病病毒（rabies virus）属于弹状病毒科（Rhabdoviridae）狂犬病病毒属（*Lyssavirus*）成员。核酸类型为不分节段的单链负股RNA，编码5种结构蛋白，即核蛋白、磷蛋白、基质蛋白、糖蛋白和转录酶大蛋白。典型病毒粒子呈长炮弹状，直径约75nm，长200～300nm，也有短于200nm的，形如子弹或接近三角形的粒子（图3-64）。病毒粒子中心为核衣壳，外壳为囊膜，上有糖蛋白纤突。

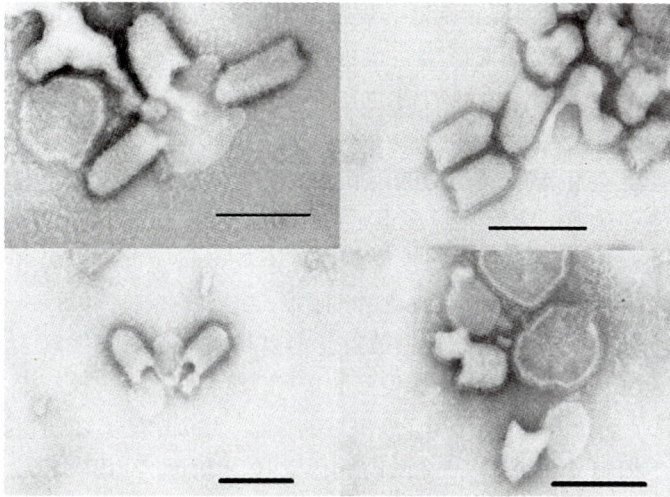

图 3-64 狂犬病病毒粒子
图中比例尺均代表200nm

自然情况下分离到的狂犬病病毒毒株，称为街毒（street virus）。街毒经过长期在家兔脑或脊髓内传代，会使家兔发病的潜伏期缩短，但对原宿主的毒力下降，称为固定毒。固定毒具有相对固定的特征，与街毒的主要区别在于街毒接种动物后引起发病所需的潜伏期延长，自脑外部位接种容易侵入脑组织和唾液腺，感染的神经组织中出现病毒包涵体（即内氏小体）的比例增加；缩短家兔的潜伏期，主要引起麻痹，不侵犯唾液腺，对人和犬的毒力几乎完全消失。固定毒常用来制备狂犬病疫苗。

狂犬病病毒可在原代仓鼠肾细胞、鸡胚成纤维细胞及BHK-21细胞、Vero细胞等细胞中增殖，并可能出现光学显微镜下可见的嗜酸性包涵体（图3-65）。接种于乳鼠脑内，可以获得高滴度的病毒，因此乳鼠常用于毒株的传代。

狂犬病病毒不稳定，但能抵抗尸体的自

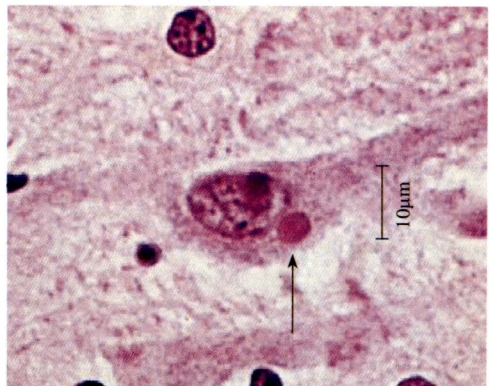

图 3-65 狂犬病病毒细胞内嗜酸性包涵体

溶和腐烂，在自溶的脑组织中可以保持活力 7～10d。在冻干条件下可以长期保存。加热 70℃ 15min、100℃ 2min 即可被杀死。在 50% 甘油生理盐水中可保持活力 1 年，4℃时在脑组织中可存活数月；－70℃时保存数年仍有传染性。反复冻融可使病毒灭活。紫外线照射、蛋白酶、乙醚、升汞溶液、酸、碱、石炭酸、新洁尔灭等消毒剂及自然光、热都可迅速破坏病毒活力。加热 56℃ 15～30min，1% 甲醛溶液、3% 来苏水 15min 均可使病毒灭活。

2. 流行病学　狂犬病可感染所有哺乳动物，在自然条件下一般不感染禽类、爬行类、鱼类及其他动物［世界卫生组织（WHO），2010］。主要的贮存宿主是犬、猫、野生食肉动物及蝙蝠等。包括我国在内的发展中国家中，病犬和带毒犬是家畜和人最主要的传染源，而发达国家则以狼、狐、浣熊、蝙蝠等野生动物为主要传播来源。

本病主要由患病动物咬伤而感染，也可经病犬、病猫舐触健康动物的伤口而感染。尤其是黏膜等薄弱部位，病毒可因动物舌上倒刺舐舐形成微小伤口而侵入机体。野生动物可因啃食病尸而经消化道感染。

狂犬病病毒主要存在于患病动物的延脑、大脑皮质、海马角、小脑和脊髓等中枢神经系统中；唾液腺和唾液中含有大量病毒。一些外观正常的犬可能处于狂犬病的潜伏期，也能传播狂犬病。吸血蝙蝠及食虫、食果蝙蝠感染狂犬病病毒后，可成为显性或亚临床感染，本身并不死亡，但能排毒并袭击人和动物。

人的狂犬病无明显的季节性，多为散发，但夏秋季节相对高发。人与人之间极少传播。群居的狼或其他动物群可能出现暴发而大量死亡。

3. 发病机理　狂犬病病毒具有高度嗜神经性。病毒粒子经伤口进入体内后，首先吸附并侵入宿主细胞（肌细胞），在其内进行复制、增殖，经出芽释放，再感染末梢神经，并在神经细胞内扩散上行至脊神经节或背跟神经节，随后在此大量复制。病毒一旦进入脊髓，可在数小时内迅速进入脑，随后经外周神经散布到全身各器官，尤其是唾液腺。

4. 临床症状　狂犬病的潜伏期差别很大，各种动物之间也不相同。一般为 2～8 周，短的为 8d，长的可达一年以上。人和动物的临诊表现，均分为狂暴型和麻痹型。

（1）犬　犬的狂暴型可分为前驱期、兴奋期和麻痹期。

1）前驱期：半天到 2d。病犬精神沉郁，喜欢躲在暗处。初期往往会改变习性，躲避主人；强行驱赶则可能咬其主人。病犬食欲反常，吞食异物，喉头麻痹，吞咽困难，流涎增多，性欲亢进。反射机能亢进，轻微刺激即引起强烈兴奋。

2）兴奋期：也称为狂暴期。病犬高度兴奋，狂暴不安，攻击性强，常攻击其他动物或撕咬自身，咬住不放。病犬常在野外游荡，数日不归。病犬有时表现沉郁，卧地不起，眼睛斜视、惶恐不安。当受到外界刺激时，再次发作。随着病程进展，逐渐陷于意识障碍，反射紊乱，狂咬，吞食异物，极度消瘦，下颌麻痹，流涎、夹尾等。整个病程持续 6～8d，少数可延长到 10d。

3）麻痹型（或称沉郁型）：表现为兴奋期很短或仅有轻微表现，随即转入麻痹期，经 2～4d 后死亡。

（2）猫和其他家畜　均会出现兴奋或沉郁症状。猫的狂犬病主要表现为狂暴型，兴奋症状出现后 2～4d 出现麻痹。牛会出现怪叫和磨牙；马频繁啃咬或摩擦局部躯体，易于惊恐；猪表现兴奋，频频拱地，继而攻击人畜。

（3）野生动物　潜伏期差异很大，多在 10d 到 6 个月。多数动物的临床症状与犬类似，表现为狂暴型。吸血蝙蝠咬人主要引起麻痹型。

5. 病理变化　缺乏特征性的肉眼病理变化。一般表现为尸体消瘦、血液黏稠、血凝不良。狂咬和异食导致口腔及舌黏膜溃疡。

病理组织学检查呈弥漫性非化脓性脑脊髓炎。在大脑海马回神经细胞内形成病毒特异的包涵体，即内氏小体，是病毒复制的部位，含有病毒的蛋白质和其他组分。

6. 诊断　根据咬伤史，结合临床症状可做出初步诊断。确诊需进行实验室诊断。实验室诊断常用以下方法。

（1）内氏小体检查　取新鲜未固定的脑组织制成压印标本或制作病理切片，用 Seller 氏染色，显微镜观察可见内氏小体呈鲜红色，其中有嗜碱性小颗粒。内氏小体在海马回、大脑皮层锥体细胞和小脑浦肯野细胞内检出率较高。

（2）动物接种实验　取脑组织制成乳剂，接种到 3～5 周龄的鼠脑内，在接种第二天后开始每天扑杀并取鼠脑进行荧光抗体实验检测，检为阳性即可确诊。若接种 1～2 周出现麻痹、脑炎等临床症状，脑内检出内氏小体，也可做出诊断。

（3）免疫学检测

1）荧光抗体试验（AF）：是 WHO 推荐的方法，能在疾病初期做出诊断。我国将这种方法作为检查狂犬病的首选方法。

2）酶联免疫吸附试验（ELISA）：既可检测抗原，也可检测抗体。前者多用于诊断，后者多用于免疫后抗体水平高低的检测。

7. 防治　根据狂犬病的流行特点和危害程度，预防和控制本病主要依靠综合措施。狂犬病的宿主主要是犬，因此世界上大多数国家都高度重视对犬的管理。国际上多采用"QDV"，即检疫管理（quarantine）、消灭流浪犬（destruction of stray dog）和免疫接种（vaccination）的综合防治措施。

（1）大力开展宣传教育，普及防治狂犬病的知识　提倡城镇居民不养犬或限制养犬。加强对犬、猫的管理，在流行地区给家犬和家猫实行强制性免疫并登记挂牌。

（2）加强动物检疫，控制传染源　目前狂犬病仍无法治愈，因此发现患病动物或可疑动物，应尽快捕杀，防止其攻击人或动物；捕杀的动物必须焚烧、深埋，不得食用。对用作食用的犬必须严格检疫。在动物交易、出入境等行为中也必须进行狂犬病的严格检疫。对无主犬、流浪犬及野犬，应进行捕杀。

（3）对所有犬、猫进行狂犬病疫苗预防接种　犬群大面积普防是发达国家控制狂犬病的最重要措施。所有犬在 3 月龄进行直免，1 年后加强免疫一次。普防时至少要有 75% 的犬在一个月内接种疫苗。一般认为，犬群的免疫率达到 70%～75% 即可控制犬之间狂犬病的流行，从而阻断人类间狂犬病的发生。除传统的疫苗外，现已有有效的口服疫苗可对野生动物进行普遍免疫，并得到世界卫生组织的推荐。

8. 公共卫生　我国人狂犬病的病死率多年来一直高居各种传染病首位。人感染后潜伏期长短不一，一般在 1～2 个月，多数在 3 个月以内，只有 1% 的人超过 1 年。潜伏期的长短与年龄、伤口深浅、伤口位置、入侵病毒的数量及毒力等因素有关。人发生狂犬病时，最初出现非特异性表现，包括呼吸、胃肠道及中枢神经系统的症状。部分患者伤口位置有"蚁走感"，此为病毒增殖刺激神经细胞所致。患者脉搏增加，瞳孔散大，多泪，多汗，吞咽困难。患者因咽喉麻痹而难以饮水，导致呛入肺内而引起剧烈痛苦，进而产生对水的极度恐惧，以至于听到"水"这个字便极为惊恐。患者还可有幻听、幻视，有时狂躁、抽搐，失去自制。在急性阶段，以功能亢进（狂暴型）或麻痹（早瘫型）临床症状为主。最终都发展为完全麻痹，心肺功能衰竭导致昏迷和死亡。

狂犬病可防不可治。在与疑似患有狂犬病的动物接触之后立即采取伤口局部处理和免疫措施，可以有效预防狂犬病的发生。伤口的局部处理应在伤后立即进行（尽可能在几分钟内）。即使伤后已数小时，局部处理仍应按照规定进行。伤口的正确处理方法是：挤压伤口，使之尽可能排血，然后用20%肥皂水（可用刀片将肥皂刮成碎末后用4倍重量的水溶解）反复冲洗，再用大量清水反复冲洗，然后用70%~75%乙醇或2.5%~5%碘酒消毒。不论使用何种消毒液，都应彻底冲洗以清除和灭活局部伤口的病毒，尤其是深部伤口，可用注射器插入伤口进行液体灌输、冲洗。若无明显出血，一般不必缝合或包扎。如有必要，可在局部伤口处理之后注射抗生素及破伤风抗毒素等以防止感染。免疫注射应在24h内进行。咬伤严重者，如多处伤口或咬伤头、面、颈部或手指者，在接种疫苗的同时应注射抗狂犬病病毒免疫血清或免疫球蛋白。由于狂犬病100%的死亡率，为安全起见，不论伤人的动物是否患有狂犬病，受伤后均应立即接种狂犬病疫苗并完成一个疗程。

WHO在2010年的《狂犬病疫苗世卫组织立场文件》中曾提出"十日观察法"，认为："如果经适当的实验室检查证明可疑动物未患狂犬病，或家养犬、猫或雪貂被咬伤后经过10d观察期仍然健康，可终止暴露后预防"。考虑到现在新型狂犬病疫苗已由先进的"四针法"（即第0天打两针、第7和21天各打一针，简称2-1-1法）逐步取代传统的五针法（第0、3、7、14、28天各一针），大大缩短了疗程，同时多数情况下人们不具备连续10d隔离观察疑似患病动物的条件，因此仍建议完成四针法的一个注射疗程。在免疫接种时，成年人必须注射于上臂三角肌，小儿注射于大腿前外侧区，切不可注射于臀部。

对从事狂犬病病毒研究的实验室工作人员、兽医、动物管理员和野外工作人员，应进行预防性免疫。世界卫生组织建议在第0、7和28天各注射一剂疫苗，并每两年加强一次。有条件可进行中和抗体的检测，一般认为抗狂犬病病毒中和抗体滴度在0.5IU/mL以上时，即具有保护力。

狂犬病目前仍无有效的治疗方法。目前的治疗多属于安慰性或探索性治疗，措施包括镇静、抗痉挛、维持心肺功能和抗病毒等。

四、流行性乙型脑炎

流行性乙型脑炎（epidemic encephalitis B）又称日本乙型脑炎，简称乙脑，是一种由流行性乙型脑炎病毒引起的蚊媒性人畜共患传染病。主要侵害动物中枢神经系统，人、猴、马和驴感染后出现明显的脑炎临床症状，病死率较高。本病分布很广，特别是遍及亚洲各国，我国大部分地区也时有发生，多散发，偶尔呈地方性流行。人畜共患，危害严重，因此被世界卫生组织列为需要重点控制的传染病。

1. 病原 流行性乙型脑炎病毒属于黄病毒科（Flaviviridae）黄病毒属（*Flavivirus*）。病毒粒子呈球形，核酸为单链RNA，包以脂蛋白囊膜，外层为含糖蛋白的纤突。纤突具有血凝活性，能凝集鹅、鸽、绵羊和雏鸡的红细胞，减毒株血凝特性基本丧失。常用消毒药对流行性乙型脑炎病毒都有良好的灭活作用。同时，病毒对热抵抗力弱，加热 56℃ 30min 或 100℃ 2min 即可灭活。在酸碱性条件下也不稳定，在 pH 7 以下或 pH 10 以上活性迅速下降，但对低温和干燥的抵抗力很强，可在 −70℃ 条件下或冷冻干燥后在 4℃ 中保存毒株。本病毒适宜在鸡胚卵黄囊内繁殖，也能在鸡胚成纤维细胞、仓鼠肾细胞、猪肾细胞、牛胚肾细胞及 BHK-21、PK-15、HeLa、Vero 等传代细胞中增殖，并产生细胞病理变化和形成蚀斑。

病毒在感染动物血液内存留时间很短，主要存在于中枢神经系统及肿胀的睾丸内。流行地区的吸血昆虫体内常能分离出病毒。小鼠是最常用来分离和繁殖病毒的实验动物，各种年龄的小鼠都有易感性，但以 1~3 日龄小鼠最易感。

2. 流行病学 本病为自然疫源性传染病，主要通过带病毒的蚊虫叮咬而传播，主要传播媒介是三带喙库蚊（*Culex triaeniorhynchus*）。病毒能在蚊体内繁殖和越冬，且可经卵传至后代，带毒越冬蚊能成为次年感染人和动物的传染源，形成一个在蚊和脊椎动物宿主之间循环往复的过程，因此蚊不仅是传播媒介，也是病毒的贮存宿主。

多种动物和人感染后都可成为本病的传染源。经检查发现，在本病流行地区，畜禽的隐性感染率均很高，特别是猪，仔猪经过一个流行季节几乎 100% 受感染，其次是马和牛。猪感染后出现病毒血症的时间较长，血中病毒含量较高，感染公猪的精液也可作为媒介感染猪，且猪的饲养数量大、更新快，容易通过猪→蚊→猪的循环，扩大病毒传播，所以猪是本病毒的主要增殖宿主和传染源。其他温血动物虽能感染本病毒，但随着血中抗体的产生，病毒很快从血中消失。

马属动物、猪、牛、羊等均有易感染性。猪不分品种和性别均易感，发病年龄多与性成熟期相吻合。本病在猪群中的流行特征是感染率高，发病率低，绝大多数在病愈后不再复发，成为带毒猪。未成年马，尤其是当年幼驹发病率高，一般为散发，成年马多为隐性感染，但在新疫区常可见到猪、马集中发生和流行。

本病属于反复暴发的流行病，有明显的季节性和区域性。在亚热带和温带地区，发病通常是在温暖的季节，一般是在每年的 6~10 月，这与蚊的生态学有密切关系。我国华南地区的流行高峰在 6~7 月，华北地区为 7~8 月，而东北地区则为 8~9 月。在热带地区，本病全年均可发生，只是在雨季较为集中。在自然条件下，每 4~5 年流行 1 次。

3. 临床症状

（1）猪 潜伏期一般为 3~4d。常突然发病，体温高达 40~41℃，呈稽留热，精神沉郁、嗜睡。食欲减退，饮欲增加。粪便干燥呈球状，表面常附有灰白色黏液，尿呈深黄色。有的猪后肢轻度麻痹，步态不稳，或后肢关节肿胀疼痛而跛行。个别表现出明显的神经症状，视力障碍，摆头，乱冲乱撞，后肢麻痹，最后倒地身亡。

妊娠母猪感染本病后，会发生流产，或产死胎、木乃伊胎、畸形胎（图 3-66）；如产活胎，可能在数日内发生神经症状而死亡；一旦存活，大多生长发育良好，部分仔猪哺乳期生长良莠不齐。流产多在妊娠后期发生，流产前仅有轻度减食或发热，常不被人们所注意，只有个别猪兴奋、乱撞及后肢轻度麻痹，也有的后肢关节肿胀而跛行。流产后临床症状减轻，体温、食欲恢复正常。少数母猪流产后从阴道流出红褐色乃至灰褐色黏液，胎衣不下。母猪流产后对继续繁殖无影响。

公猪除有上述一般临床症状外，突出表现是发热后发生睾丸炎（图 3-67）。睾丸水肿淤血，附睾变硬，性欲减弱。发病公猪的精液中，精子总数和有活力的精子数明显减少，且存在大量异常精子。可见两侧睾丸或单侧睾丸大小为正常的 1.5～2 倍，向后方突出下垂，睾阴囊皱褶消失，按压有热感和波动性，白猪阴囊皮肤发红。两三天后肿胀消退或恢复正常，或变小、变硬，丧失形成精子的功能。如一侧萎缩，尚能有配种能力。

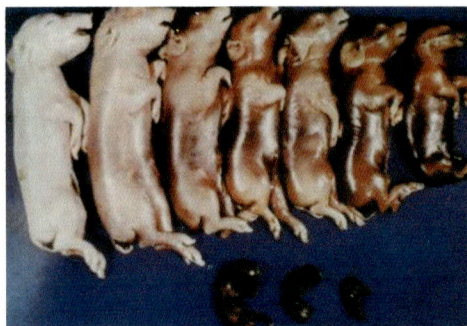

图 3-66　流行性乙型脑炎（1）
死胎

图 3-67　流行性乙型脑炎（2）
公猪睾丸肿胀

猪发生 1 次本病后当年可以再发，第二年还可再感染，但临床症状一次比一次轻，最后成为无临床症状的隐性感染。

（2）马　潜伏期为 1～2 周。病初体温升高，精神不振，食欲减退，粪球干小。严重者由于病毒侵害脑和脊髓，出现明显的神经症状，表现沉郁、兴奋或麻痹。一般病马多为沉郁和兴奋交替出现。以沉郁为主的病马呆立不动，低头垂耳，眼半开半闭，常出现异常姿势，后期卧地昏迷。兴奋为主的病马狂躁不安，乱冲乱撞，后期因过度疲劳，倒地不起，麻痹衰竭而死。还有的病马后躯麻痹，步行摇摆，容易跌倒，甚至不能站立。

（3）牛、羊　多呈隐性感染，自然发病者极为少见。牛感染发病后主要见有发热和神经症状，食欲废绝，呻吟、磨牙、痉挛、转圈及四肢强直和昏睡。山羊病初发热，从头部、颈部、躯干和四肢渐次出现麻痹临床症状。

4. 病理变化

（1）马　脑脊髓液增加，脑膜和脑实质充血、出血、水肿，肺水肿，肝、肾浊肿，心内、外膜出血，胃、肠有急性卡他性炎症。脑组织学检查，见非化脓性脑炎变化。

（2）猪　肉眼病理变化主要在脑、脊髓、睾丸和子宫。脑的病理变化与马相似。肿胀的睾丸实质充血、出血和坏死。子宫内膜充血，水肿黏膜上覆有黏稠的分泌物，胎盘呈炎性浸润。流产胎儿常见脑水肿，皮下有血样浸润，胸腔积液，腹水，浆膜有小的出血点，淋巴结充血，肝和脾内有坏死灶，脊膜和脊髓充血等。脑水肿的仔猪中枢神经区域性发育不良，特别是大脑皮层变得极薄，也可见小脑发育不全和脊髓鞘形成不良。全身肌肉褪色，似煮肉样。胎儿大小不等，有的木乃伊化。

（3）牛、羊　脑组织学检查，均有非化脓性脑炎变化。

5. 诊断　本病的流行有明显的季节性、地区性及临床特性，根据现有的病理学资料及临床表现比较容易做出诊断。幼龄动物和 10 岁以下的儿童有明显的脑炎临床症状，怀孕母猪发生流产，公猪发生睾丸炎。死后取大脑皮质、丘脑和海马角进行组织学检查，发现非化脓性脑炎等，可作为诊断的依据。确诊必须进行病原学检查和血清学试验等特异性诊断。

在本病流行初期，采取濒死期脑组织或发热期血液，立即进行鸡胚卵黄囊接种或 1～5 日龄乳鼠脑内接种，可分离到病毒，但分离率不高。分离获得病毒后，可用标准毒株和标准免疫血清进行交叉补体结合试验、交叉中和试验、交叉血凝抑制试验、酶联免疫吸附试验、小鼠交叉保护实验等鉴定病毒。

血凝抑制试验、中和试验和补体结合试验是本病常用的血清型诊断方法。由于这些抗体在病初期效价较低，且隐性感染或免疫接种过的人和禽畜血清中都可出现这些抗体，因此均以双份血清抗体效价升高 4 倍以上作为诊断标准。这些血清学方法只能用于回顾性诊断或流行病学调查，无早期诊断价值。机体感染本病毒后 3～4d 即可产生特异性 IgM 抗体，2 周后达高峰，因此确定单份血清中的 IgM 抗体，可以达到早期诊断的目的。检测血清中 IgM 抗体，通常采用 2-巯基乙醇法，早期诊断率可达 80% 以上。针对流行性乙型脑炎病毒保守型序列设计特异引物，使用反转录聚合酶链反应（RT-PCR）的方法进行快速检测，已经成功地在人的脑脊液样本中检测到本病毒的 RNA，该技术特异性好、灵敏度高，能够有效用于早期诊断，目前已成为一种重要的诊断方法。

荧光抗体法、酶联免疫吸附试验、乳胶凝集试验、间接免疫荧光试验、反向间接血凝试验、免疫黏附血凝试验和免疫酶组化染色法等也可用于诊断。

另外，当猪发病时，应注意与猪布鲁氏菌病、猪繁殖与呼吸综合征、猪伪狂犬病、猪细小病毒病等相区别。

6. 防治 预防流行性乙型脑炎，应从动物免疫接种、消灭传播媒介和宿主动物的管理 3 个方面采取措施。目前本病无特效疗法，应积极采取对症疗法和支持疗法。在早期采取降低颅内压、调整大脑机能、解毒为主的综合性治疗措施，同时加强护理，可收到一定的疗效。

（1）免疫接种 为了提高动物的免疫力，可接种乙脑疫苗。预防注射应在当地流行开始前 1 个月内完成。

1）灭活疫苗：目前用于防治的灭活疫苗主要是鼠脑纯化灭活疫苗，最初由日本研制，是目前得到国际广泛认可和使用的乙脑疫苗，具有较好的安全性和免疫原性。种猪于 6～7 月龄（配种前）或蚊虫出现前 20～30d 注射疫苗 2 次（间隔 10～15d），经产母猪及成年公猪每年注射 1 次，每次 2mL。

2）减毒活疫苗：主要采用减毒株 SA14-14-2，具有毒力低、抗原性强的优点，能激发较强的特异性免疫反应。6～7 月龄后备母猪和种公猪配种前 20～30d 肌内注射 1mL，以后每年春季加强免疫一次。经产母猪和成年种公猪，每年春季免疫 1 次，肌内注射 1mL。使用减毒活疫苗应注意：一定要在当地蚊、蝇出现季节的前 1～2 个月接种；为防止母源抗体干扰，种猪必须在 5 月龄以上接种。该疫苗对孕猪无不良反应。

在流行性乙型脑炎重疫区，为了提高防疫密度，切断传染锁链，对其他类型猪群也应进行预防接种。

（2）杜绝传播媒介　以灭蚊防蚊为主，尤其是三带喙库蚊，应根据其生活规律和自然条件采取有效措施。做到清除场内的各种杂草，清理好猪舍、马栅、羊圈等家畜饲养地内外的排水渠道、死水，及时清理粪便和污水，以减少蚊生长的有利环境。定期进行喷药灭蚊。对贵重种动物畜舍必要时应加设防蚊设备。这是控制流行性乙型脑炎流行的一项重要措施。

（3）加强宿主动物的管理　应重点管理好没有经过夏、秋季节的幼龄动物和从非疫区引进的动物。这类动物大多没有感染过流行性乙型脑炎，一旦感染则容易产生病毒血症，成为传染源。应在流行性乙型脑炎流行前完成疫苗接种。经常保持圈舍干净，粪便堆积发酵。对圈舍定期消毒，猪定期驱虫，每年春秋两季各驱虫1次。

（4）西药治疗　对有治疗价值的发病种猪进行治疗时，要给予病猪充足的营养，以防止病猪出现脑水肿、并发症和后遗症为原则，密切观察病情，细心护理，对提高疗效具有重要意义。对于成年种猪可采用复方氨基比林注射液10mL、先锋霉素3～4g、地塞米松注射液4mL混合肌内注射，每日1次，连用3～5d。出现脑水肿的，应配合脱水药物治疗，可用20%甘露醇（1～1.5g/kg），静脉滴注，必要时4～6h重复使用。

（5）中药治疗　有条件的可以采用或结合中兽医对猪进行治疗，中兽医对猪流行性乙型脑炎的辨证施治，认为猪流行性乙型脑炎为疫毒火热入侵阳明，热在气分，热毒炽盛，逆传心包，下至肾脏，命门之火受损，影响胎元，导致流产或死胎等综合征。治则宜清热泻火、凉血解毒。比较适宜的方剂为白虎汤、清瘟败毒饮和银翘散等。

五、流行性感冒

流行性感冒（influenza）简称流感，是一种由流行性感冒病毒引起的人和多种动物共患的急性、热性、高度接触性传染病。其临床特征是高热、呼吸困难及其他各系统程度不同的临床症状。该病的流行特点是发病急、传播快、病程短、流行广，并可引起鸡和火鸡的大批死亡。

流感在世界各地流行广泛，普遍存在于多种动物和人群中，是危害最重的人畜共患病之一。有关各种动物流感的最早的报道是1878年的鸡群流感（意大利）、1918年的猪群流感（美国）、1955年的马流感（欧洲）及1918年的人流感（美国）。人类流感至今已经流行上百次，其中有详细记载的世界大流行6次（1918年、1946年、1957年、1967年、1976年和1999年），而且每一次的流行均与动物的流感有关。研究表明，猪流感与人流感的流行关系密切，加上猪特殊的生态学特点，因此认为猪在禽流感与猪流感病毒变异及感染人并致人发病乃至死亡上，说明这样的种间传播在某些条件下是可能的，而且后果是严重的。现已证明禽流感病毒的某些毒株可感染特殊的人群并可致死。一般来说，流感为非致死性疾病，但有些毒株可以引起人或动物的高死亡率。例如，1918年的流感导致全球约2000万人丧生。高致病性禽流感（HPAI）是毁灭性的疾病，可导致高达100%的死亡率。HPAI被世界动物卫生组织（OIE）和我国均列为烈性疫病，2003年在意大利仅3个月就死亡和扑杀家禽1300万只，经济损失达上亿欧元，我国2004年暴发禽流感，死亡和扑杀家禽2.9亿只，仅用于政府补偿就高达30亿元。近年来，禽流感在全球危害严重，并且导致百余人患病死亡。

1. 病原　　流行性感冒病毒（*Influenzavirus*）简称流感病毒，为正黏病毒科（Ortho-myxoviridae）、A 型流感病毒属（*Influenzavirus* A）的代表病毒。正黏病毒科分 4 属，即 A、B、C 型流感病毒属和托高土病毒属。在动物和人群中均引起感染发病的只有 A 型和 B 型流感病毒，C 型流感病毒仅感染人类而很少感染动物。

A 型流感病毒粒子形态多样，呈球形、椭圆形及长丝管状，直径 20～120nm。核酸为分 8 个片段的单链负股 RNA，外被螺旋对称的核衣壳。病毒的核蛋白（NP）和膜蛋白（M）是病毒分型（A、B、C 型）的依据，具有较强的保守性。核衣壳外被囊膜，囊膜上分布有形态和功能不同的两种纤突，即血凝素（HA）和神经氨酸酶（NA），二者是流感病毒的表面抗原，具有良好的免疫原性，同时又有很强的变异性，是流感病毒血清亚型及毒株分类的重要依据。HA 能与宿主细胞上的特异性受体（唾液酸受体）结合，与病毒侵袭宿主有关，是产生病毒宿主特异性的原因。HA 能吸附继而凝集红细胞，同时这种凝集作用能被其诱导的特异性的抗血清（单抗）所中和，因此应用 HA-HI 试验来鉴定病毒及其血清型，以及免疫个体的血清抗体水平。HA 与病毒在宿主细胞内成熟后从感染细胞的出芽释放有关，出芽的病毒仍与宿主细胞膜的 HA 受体结合，需要 NA（也叫作唾液酸酶）水解后才能游离，从而再侵入其他细胞。当 NA 被抑制则释放的病毒就不能游离再侵入新的宿主细胞，避免进一步感染，具有治疗流感的作用。对流感有特效的药物——达菲（Oseltamivir）的作用机制正是抑制 NA 的活性。

不同 HA 与 NA 的组合使流感病毒具有了不同的血清亚型，HA 有 16 种亚型（H1～H16），NA 有 10 种亚型（N1～N10），它们之间的不同组合，使 A 型流感病毒有许多亚型，如导致 HPAI 的 H5N1、H5N2、H7N1，导致人流感的 H1N1（如 2009 年开始流行的"甲流"）、H2N2、H3N2，导致猪发病的 H1N1、H3N2 等。由于流感病毒的基因组具有多个片段，在病毒复制时容易发生不同片段的重组和交换，从而出现新的亚型，尤其是同一细胞中感染了两个不同血清型或血清亚型的病毒更是如此。流感病毒的变异主要发生在 HA 抗原和 NA 抗原上，这种变异只出现个别氨基酸或抗原位点的变化时称为"抗原漂移"，这时只产生新的毒株；但当抗原的变异幅度较大时，即发生了 HA 或 NA 型的变化时，则称抗原转换，这时产生新的亚型。人流感病毒的变异趋势是 2～3 年一漂移，15 年一转换，且每次大变异都会导致大的流行。由于流感不同亚型之间不能相互交叉保护，这就给本病的疫苗研制和防治带来了巨大困难，必须每年监控流行毒株的血清型状况来安排疫苗生产，因此，监测与预警预报就显得尤为重要。

不同血清亚型的流感病毒对宿主的特异性与致病性是不同的，特异性取决于 HA 对宿主细胞受体的特异性识别。感染人的流感病毒的血清亚型主要有 H1N1、H2N2、H3N2，感染猪的流感病毒的主要血清亚型有 H1N1、H3N2，感染禽的主要血清亚型为 H9N2、H5N1、H5N2、H7N1 等，感染马的主要血清亚型为 H3N8。由此看来，猪流感与人流感的病原有的血清亚型相同，因此认为禽流感如果能够感染人，多需通过猪这一中间宿主的转换杂交，但到目前尚无由此途径引起人感染禽流感的直接证据，而感染禽流感甚至致死的个案都是由于感染者具有与禽相同（近）的受体结构。同一血清亚型的病毒的致病性并不完全相同，这种致病性的差异主要取决于 HA 上蛋白水解酶位点处的碱性氨基酸的多寡，连续的碱性氨基酸数量越多，越容易被蛋白水解酶分解从而越易获得对细胞的侵袭性使其致病。

流感病毒对机体组织的嗜好性广泛，但由于不同组织蛋白分解酶的活性差异，病毒的组织致病性存在一定的差异，最易受病毒危害且含毒量最高的组织是呼吸道、消化道及禽的生殖道，在这些组织的上皮细胞内增殖的病毒释放后随分泌物排出体外，感染其他易感动物及污染环境。流感病毒可感染鸡胚及多种动物的原代或继代肾细胞，以9～11日龄鸡胚的增殖作用最好。

流感病毒对温热、紫外线、酸、碱、有机溶剂等均敏感，但耐寒冷、低温和干燥。流感病毒在分泌物、排泄物等有机物保护下4℃可存活一个月以上，在羽毛中可存活18d，骨髓中的流感病毒可存活10个月。下列条件可将其杀灭：0.1%新洁尔灭、0.5%过氧乙酸、1%氢氧化钠、2%甲醛、阳光照射、加热60℃10min、堆积发酵等。

2. 流行病学

1）传染源：患病动物是本病的主要传染源，其次是康复或隐性感染动物。携带流感病毒的鸟类和水禽是鸡和火鸡流感的重要传染源，由于这些禽类不受地域限制，活动范围广，同时带毒时间长（约为一个月），且并不表现临床症状，通过粪便等途径排泄病毒污染环境，从而造成该病的流行。

2）传播途径：本病可经直接接触传播，但主要通过呼吸道和消化道间接接触传播，带毒动物经咳嗽、喷嚏（禽类也可通过粪便）等排出病毒，经污染的空气、饲料、饮水及其他物品传播。鼠类、犬、猫及昆虫也可机械性地传播本病，但经卵垂直传播的证据不足。

3）易感宿主：A型流感病毒可以感染禽类、猪、人、马、貂、海豹和鲸等，通常只有自然宿主感染，但某些亚型具有同时感染人和猪或禽的能力。各种动物不分年龄、品种、性别均可感染，以禽（鸡、火鸡）、猪、马和人的病情严重。小鼠对某些毒株易感并发病，但仓鼠、豚鼠、犬、猫等多为隐性感染。

4）流行特征：该病一年四季均可发生，但以晚秋和冬春多见，特别是饲养环境条件恶劣，更易发病和加重病情，如畜舍的阴暗、潮湿、寒冷，过于拥挤，营养不良，环境卫生差，消毒不佳（不严格、不及时、药物选择不合理），寄生虫感染等。本病多突然发生，迅速传播，发病率高而死亡率低。但鸡和火鸡感染高致病力禽流感时，可导致100%死亡。该病的大规模流行通常具有一定的周期性。

在自然条件下B型和C型流感病毒仅感染人，一般呈散发或地方性流行，偶尔暴发。人类流感在健康成人多呈良性经过，但在老年人和儿童则往往导致肺炎及肾等器官的损害，甚至导致死亡，因此，人用流感疫苗适于老年人和儿童接种。

3. 发病机理

流感病毒经呼吸道或（和）消化道侵入机体，病毒囊膜上的血凝素与宿主细胞的特异性受体结合，在细胞蛋白酶的作用下血凝素分解为HA1和HA2亚单位，获得入侵宿主细胞的能力，在呼吸道和消化道上皮细胞内增殖，并引起轻微的初期临床症状，如精神沉郁、食欲减退、咳嗽、粪便变软等。当病毒在宿主细胞内复制组装完成后，通过出芽方式释放，病毒粒子与宿主细胞上的受体结合需要神经氨酸酶的水解才能够游离而进一步入侵新的细胞，这时如果应用抑制神经氨酸酶的药物（如达菲），便可以阻止病毒的游离而终止病情的发展。由于病毒的大量增殖和释放，更多的黏膜细胞受到侵害而引起相应的组织病理变化和临床症状，同时病毒随淋巴进入血流而侵入全身各组织器官，造成更广泛的损害。特别是在血凝素水解位点附近碱性氨基酸越多，越容易被蛋白酶水解而入侵宿主细胞,高致病性禽流感病毒便拥有这一结构特征,从而造成全身更广泛的损害,引起组织细胞的肿胀、变性和坏死,出现高热、咳嗽、流鼻汁、呼吸困难、精神极度沉郁、腹泻、全身肌肉和关节酸痛等一系列临床症状甚至导致死亡。马流感病毒主要在呼吸道黏膜上皮细胞增殖致病,很少入血和侵害其他组织器官。

4. 临床症状 各种动物临床表现均以呼吸道症状为主,但不同动物表现不完全一样,特别是禽流感表现多样。

（1）猪 自然感染潜伏期为3~4d,人工感染则为1~2d。突然发病,体温升至40.5~42.5℃,卧地不动,食欲减退或废绝,阵发性痉挛性咳,急速腹式呼吸,因肌肉和关节疼痛而跛行,流鼻涕、眼泪且有黏性眼屎,粪便干燥,妊娠母猪后期可发生流产。如无继发感染则病程为3~7d,绝大部分可康复（病死率为1%~4%）。若继发细菌感染则病情加重、病程延长、病死率升高。常见的继发性感染细菌有多杀性巴氏杆菌、胸膜肺炎放线杆菌、副猪嗜血杆菌和猪链球菌Ⅱ型等;常见的继发性感染病毒有猪繁殖与呼吸综合征病毒、猪呼吸道冠状病毒等。个别病猪转为慢性,呈现消化不良、生长缓慢、消瘦及长期咳嗽,病程1个月以上,最终多以死亡为转归。

（2）禽 自然感染潜伏期为3~5d,人工感染为1~2d。根据临床表现与转归分成高致病性禽流感（highly pathogenic avian influenza,HPAI）和低致病性禽流感（low pathogenic avian influenza,LPAI）。

1）HPAI:突然发病,体温升高,食欲废绝,精神极度沉郁（呆立、闭目昏睡,对外界刺激无反应）;产蛋大幅下降或停止,头颈部水肿,无毛处皮肤和鸡冠、肉髯出血发绀（图3-68）,流泪;呼吸高度困难,不断吞咽、甩头、口流黏液、叫声沙哑,头颈部上下点动或扭曲颤抖,甚至角弓反张;排黄白色、黄绿色或绿色稀便;后期两腿瘫痪,俯卧于地。急性病例发病后几小时死亡,多数病程为2~3d,病死率可达100%。鸵鸟也感染,死亡率也较高,且与年龄有关,而野禽和家鸭多不出现明显的临床症状。

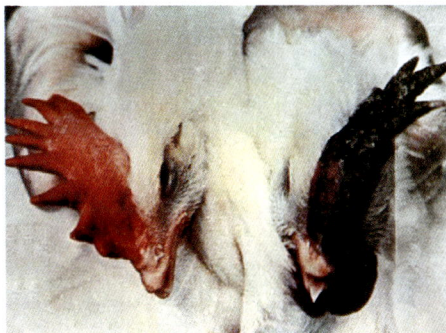

图3-68 禽流感（1）
肿头肿眼,肉髯出血

2）LPAI:临床症状比较复杂,其严重程度随感染毒株的毒力,家禽的品种、年龄、性别,饲养管理状况,发病季节,是否并发或继发感染和家禽群健康状况的不同而表现不同,鸡和火鸡可表现为不同程度的呼吸道症状、消化道症状、产蛋量下降或隐性感染等。病程长短不定,单纯感染时死亡率很低,但H9N2型在肉鸡中有时可导致20%~30%的致死率。

（3）马 潜伏期为2~10d,平均3~4d。根据感染毒株不同,临床表现不一,H3N8亚型所致的病情较重,体温升高可达41.5℃,而H7N7亚型所致的病情较温和,有些马常呈顿挫型或隐性感染。典型病例表现为体温升高,并稽留1~5d。病初干咳,后为湿咳,流涕（先为水性后为黏性甚至脓性）、流泪、结膜充血与肿胀,呼吸频数、脉搏加快,食欲减退、精神沉郁、肌肉震颤、不爱运动。若无继发感染,多为良性经过,病程1~2周,很少死亡。合理的治疗可减轻症状和缩短病程。

5. 病理变化

（1）猪　单纯流感无特征性病理变化并很少引起死亡。有些病例可见呼吸道黏膜出血，上覆大量泡沫样黏液；在肺的心叶、尖叶和中间叶出现气肿或肉样变。颈、纵隔和支气管淋巴结出现水肿和充血，胃、肠有卡他性炎症。如继发细菌感染则病理变化相对复杂。

（2）禽　依流感病毒的毒力不同，病理变化不同。

1）HPAI：表现为广泛的出血，主要发生在皮下、浆膜下、肌肉及内脏器官。腿部特别是角质鳞片出血（图3-69），头（鸡冠、肉髯、肉垂）颈部水肿且出血而呈青紫色。腺胃黏膜出现点状或片状出血，腺胃与食道及肌胃的交界处出现出血带或溃疡（图3-70）。喉头、气管黏膜存在出血点或出血斑，气管腔内存在黏液或干酪样分泌物。卵巢和卵充血、出血（图3-71）。输卵管内存在大量黏液或干酪样物（图3-72）。整个肠管特别是小肠黏膜存在出血斑或坏死灶，从浆膜层便可见到大小如蚕豆至黄豆大小的枣核样变化。盲肠、扁桃体肿胀、出血、坏死。胰腺出血（图3-73）或存在黄色坏死灶。此外，可见肾肿大、有尿酸盐沉积，法氏囊肿大且时有出血，肝和脾出血时有肿大。

组织学变化是多个器官的坏死和（或）炎症，主要发生在脑、心脏、脾、肺、胰、淋巴结、法氏囊、胸腺，常见的变化是淋巴细胞的坏死、凋亡和减少。发生细胞坏死的

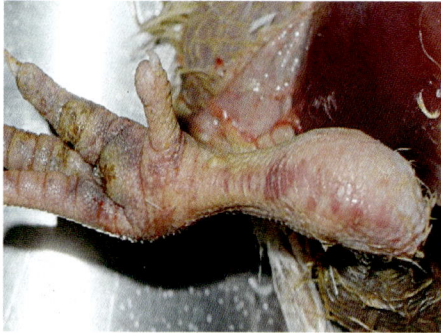

图 3-69　禽流感（2）

腿部角质鳞片出血

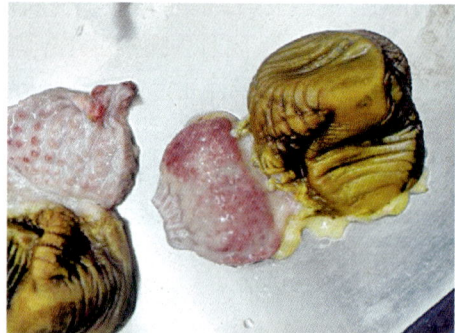

图 3-70　禽流感（3）

腺胃乳头出血

图 3-71　禽流感（4）

卵出血

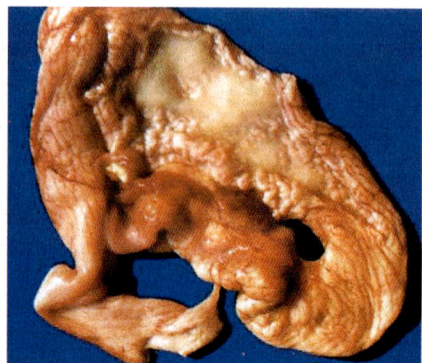

图 3-72　禽流感（5）

输卵管内有白色黏稠分泌物

有骨骼肌、肾小管上皮、血管内皮、肾上腺皮质、胰腺腺泡。

2）LPAI：主要表现为呼吸道和生殖道内存在较多的黏液或干酪样物，输卵管和子宫质地柔软易碎。个别病例可见呼吸道和消化道黏膜出血。

（3）马　H7N7亚型主要在下呼吸道，H3N8亚型则肺感染严重，出现细支气管炎、肺炎和肺水肿。

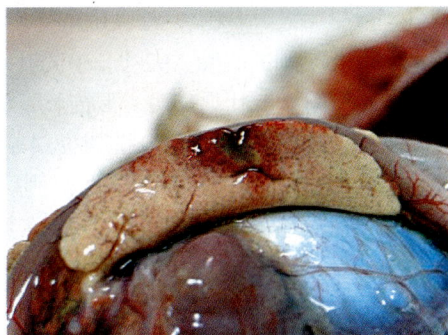

图3-73　禽流感（6）
胰腺出血

6. 诊断　该病根据流行病学特点、临床症状、病理变化一般不难对马流感和猪流感做出初步诊断。禽流感则由于临床症状和病理变化比较复杂，与其他疾病容易混淆，因此，单靠临床表现进行诊断比较困难，必须依靠实验室进行确诊。主要的实验室诊断方法如下。

（1）病毒分离与鉴定　在发热期或发病初期用灭菌拭子采取动物的呼吸道分泌物或禽类泄殖腔样本，以及发病动物病理变化脏器，将病料除菌后接种9~11日龄鸡胚尿囊腔、羊膜腔或MDCK细胞，35℃培养2~4d，取其尿囊液、羊水或细胞培养上清进行血凝试验（HAT），对HA阳性病料培养物进行血凝抑制（HI）试验以鉴定病毒及其亚型。

（2）快速病原检测　可将死亡动物组织制成切片或抹片，用直接荧光抗体试验检测病毒；也可以用酶标抗体进行免疫组化染色直接检测病料中的病毒；尚可以应用斑点ELISA试纸直接对病料进行检测定性，但不能确定病原的具体血清型及病原的感染性。

（3）血清学试验　可取发病初期和恢复期动物的双份血清，用HI试验检测抗体滴度的变化，当恢复期血清抗体滴度升高4倍以上便可确诊。此外，ELISA、补体结合试验也是常用的血清学方法。

（4）分子生物学诊断　最常用的是RT-PCR法进行快速准确而灵敏的诊断，此外荧光PCR、实时定量荧光PCR、环介导等温扩增技术PCR及核酸探针等也可用于该病的诊断和病毒血清型的鉴定。

（5）鉴别诊断　猪流感应与猪肺疫、猪气喘病、猪接触性传染性胸膜肺炎相鉴别。禽流感应与鸡新城疫、禽霍乱、传染性喉气管炎、传染性鼻炎和慢性呼吸道病相鉴别。

1）猪肺疫：由多杀性巴氏杆菌引起，多由环境应激（营养不良、寄生虫感染、长途运输、气候骤变、闷热潮湿、饲养管理不良）等引起，可引起临床上特征的最急性的锁喉风（咽喉部组织血性热肿而导致呼吸困难，肺水肿而口鼻流泡沫样液体，腹侧、耳根、四肢内侧皮肤红斑，胸腔、腹腔、心包腔积液，最后窒息而死）、急性纤维素性胸膜肺炎（咳、呼吸困难而发绀、黏脓性结膜炎、纤维素性肺炎、纤维素性胸膜炎、气管支气管有大量泡沫样液体、多窒息而死亡）、慢性肺炎（持续性咳与呼吸困难、鼻流黏脓性分泌物、消瘦、关节肿、皮肤湿性疹块、支气管淋巴结坏死）或慢性胃肠炎（腹泻、肠系膜淋巴结坏死）等。病料涂片用吉姆萨、瑞氏或亚甲蓝染色镜检为典型的两极浓染的巴氏杆菌。应用青霉素、磺胺类药物、链霉素、丁胺卡那霉素等治疗有效。

2）猪喘气病：是猪支原体性肺炎的俗称，是由猪肺炎支原体引起的慢性呼吸道病。饲养管理不良、饲料质量差、寒冷潮湿、气候骤变、拥挤、通风不良均易诱发本病。咳嗽（冷空气刺激更明显），气喘，呼吸困难，X线检查肺的心叶、尖叶等出现云雾状阴影为特征，主要病理变化是肺的心叶、尖叶、中间叶、膈叶出现肉样变或虾肉样变。应用泰妙菌素、泰乐菌素、林可霉素、壮观霉素、丁胺卡那霉素、环丙沙星、恩诺沙星和土霉素碱油等治疗有效。

3）猪接触性传染性胸膜肺炎：是由胸膜肺炎放线杆菌引起的猪的以肺炎或胸膜肺炎为特征病理变化的疾病。急性病例病猪出现咳嗽、呼吸困难、胸腔积存大量血性液体，肺实质与胸膜粘连，慢性病例肺存在界限明显的硬的化脓灶。根据病原通过葡萄球菌划线呈卫星生长及对多种抗生素敏感但易产生耐药性等可以推断。

4）新城疫：又称亚洲鸡瘟，是由新城疫病毒（NDV）引起的以呼吸困难、下痢、神经机能紊乱、黏膜和浆膜出血等败血症症状为特征的急性、高度接触性传染病。该病原可感染鸡、鸽和火鸡，可实验性感染多种鸟类，也可感染人类出现结膜炎、头痛和发热等症状。将可疑病料接种9～11日龄鸡胚增毒，收获尿囊液进行HAT和HI试验以确诊。也可应用病毒中和试验、ELISA及RT-PCR诊断。

5）禽霍乱：是由巴氏杆菌引起的以高产母鸡多发的败血性传染病，病程短，死亡率达90%。病鸡体温升高达43℃以上，呆立或俯卧而闭目不食，张口呼吸，不断吞咽、甩头，鸡冠肿胀、发绀，排出黄白色或绿色的稀便。剖检可见肝存在针尖大小的坏死点，十二指肠出血并充满红色内容物，心包积满黄色纤维素性的渗出液。实验室通过涂片镜检而发现两极浓染的巴氏杆菌，通过生化试验和小白鼠接种进一步鉴定。应用青霉素及广谱抗生素治疗有效。

6）传染性喉气管炎：是由传染性喉气管炎病毒（ILTV）引起的以呼吸困难、气喘、呼吸道啰音、咳嗽并咳出血样的分泌物、喉头和气管黏膜上皮肿胀、糜烂、坏死和大面积出血为特征，也出现排黄绿色下痢便、鸡冠发紫及产蛋率锐减等症状，病程持续较长，抗生素治疗无效。采集可疑病鸡的肺组织及气管分泌物，经无菌处理后接种敏感鸡胚或鸡（胚）肾细胞等增毒，再应用中和试验、荧光抗体试验、PCR和核酸探针等进行鉴定，也可以应用上述方法直接测定病料中的病原。

7）传染性鼻炎：是由鸡副嗜血杆菌引起的以流鼻涕、打喷嚏、面部肿胀、结膜发炎、鼻腔和窦腔发炎及产蛋下降为特征的急性上呼吸道传染病。主要侵害2月龄以上的育成鸡和产蛋鸡，严重影响鸡群生长发育和产蛋，常造成严重的经济损失。无菌采取眶下窦或气管、气囊的病料，与葡萄球菌交叉划线于琼脂平板培养，出现鸡副嗜血杆菌在葡萄球菌周围生长的"卫星现象"，并通过染色镜检和生化试验进一步鉴定。本病发病急、传播快、病程短，虽有呼吸道症状但很少死亡。用磺胺类药物和土霉素等治疗有效，此外用庆大霉素、丁胺卡那霉素、链霉素等也有治疗效果。

8）慢性呼吸道病：是由鸡毒支原体感染所致，又称鸡败血霉形体感染。可发生于各种年龄的鸡，尤其是幼鸡感染发病重，传播慢、病程长，可反复发生。主要表现为浆液性或黏液性鼻汁、频频摇头、咳嗽、喷嚏、窦炎、结膜炎、气囊炎、眼睑肿胀。该病原对培养条件要求苛刻，且生长缓慢，因此，直接应用病料进行PCR或核酸探针检测具有快速准确的优点。该病应用磺胺类药物治疗无效，但支原净、泰乐菌素、红霉素、链霉素、氧氟沙星等疗效较好，由于疗程长、易产生耐药性，临床上常应采用交替用药的方法。

7. 防治　　目前尚无特效治疗流感的动物专用药物，对于猪、马和低致病性禽流感可以在严格隔离的情况下进行针对性治疗。例如，应用达菲、病毒唑、干扰素、黄芪多糖等进行对因治疗；应用解热药物，应用抗生素防治继发细菌感染，投给利尿解毒药物防治肾损害和衰竭等。

8. 防疫措施

1）加强饲养管理：坚持自繁自养。禁止混养不同种动物，搞好杀虫灭鼠工作。

2）引入隔离：需要新引进畜禽时，要对引进畜禽在严格隔离观察下进行检疫，防止引入染有本病的畜禽。

3）圈舍消毒：应用 1% 氢氧化钠等进行圈舍及出入口的消毒，特别是用可带畜禽消毒的药物以一定的间隔定期预防性消毒。

4）免疫预防：目前猪和马尚无理想的疫苗，而禽流感的血清型众多，各亚型之间无免疫交叉，同源疫苗又有散毒的危险，但目前随着我国疫苗研究水平的不断提高，禽流感 H9N2 亚型、H5N1 亚型等适于低致病性保护和高致病性保护的疫苗已经成为了防治禽流感的主要武器，且禽痘活载体疫苗等已经在生产上广泛使用。此外，RNA 干扰技术，以及多联转基因活载体疫苗、基因疫苗等，也将在不远的将来在预防禽流感的战斗中发挥其应有的作用。

5）扑杀措施：发生高致病性禽流感应立即封锁疫区，对所有感染和易感禽只一律扑杀、焚烧或深埋，封锁区内严格消毒，封锁区外 3～5km 半径内的易感禽只进行紧急疫苗接种，建立免疫隔离带。经本病最长潜伏期 21d 过后且无新病例出现，经检疫确认无感染性病原，进行终末彻底大消毒后可报请封锁令发布机关解除封锁。

9. 公共卫生学

人流感多发生于 11 月至翌年 2 月，传播迅速，常呈流行或大流行，发病率高但死亡率低，老年人及儿童继发感染且治疗不当可致死亡。主要表现为发热、咳嗽、流鼻涕、流泪、浑身酸痛无力、头眩晕等症状。个别人可感染高致病性禽流感而发病，引起全身感染及肾衰竭而死亡，但仅限于与禽类具有相同（似）受体的人，且不能通过人与人之间传播而造成大面积扩散。1997 年香港禽流感事件，报道有 18 人感染 H5N1 亚型 AIV，其中有 6 人死亡，引起全世界对该亚型病毒的关注。尽管禽流感病毒还未能真正意义地感染人类，但由于该病毒的频繁变异，以及人-猪-禽的密切接触，因此对这种传播方式决不能掉以轻心。

人可感染 H1N1 亚型猪流感病毒，引起所谓的"甲流"。该病毒不但可以导致猪发病，而且可以导致人类感染，并通过人与人之间传播。2009 年 4 月，墨西哥公布发生人传染人的甲型 H1N1 流感病例，在基因分析的过程发现该病毒基因内有猪、鸡及来自亚洲、欧洲及美洲人种的基因。该病传播速度快，由于人体对新变异病毒没有天然抗体，故抵抗力低。截至 2010 年 12 月 21 日，全世界共有 143 个国家发现确诊甲流病例，共有 5397 万确诊病例，死亡 13 318 人，死亡率近 2.5/10 000。我国包括港澳台在内的 34 个省（自治区、直辖市）全部有发病病例，共确诊病例 146 444 例，死亡 526 人，死亡率近 4/1000。本病通过打喷嚏、咳嗽和物理接触都有可能传播。人主要通过接触受感染的生猪或接触被猪流感病毒污染的环境或通过与感染猪流感病毒的人发生接触而感染。人感染猪流感后的临床症状与普通人流感相似，包括发热、咳嗽、喉咙痛、全身肌肉疼痛、头痛、发冷和疲劳等，有些还会出现腹泻和呕吐，重症者会继发肺炎和呼吸衰竭，甚至导致死亡。易感人群大多数以 25～45 岁青壮年为主，而非老年人和儿童。可以通过充足睡眠、勤于锻炼、勤洗手、保持室内通风、养成良好的个人卫生习惯等来预防。在感染早期应用达菲和乐感清治疗有效。护理患者要注意，要与患者保持至少 1m 的距离，照料患者时应佩戴口罩，口罩每次使用后要彻底清洁消毒。保持患者居所空气流通，与患者接触后要用肥皂彻底洗净双手。利巴韦林对该病具有一定的预防和治疗作用，中药八角茴香也有较好的预防作用。华西医科大学研制了适合正常体质人群的口服汤药"华西ⅠA号"：黄芩 15g、藿香 10g、板蓝根 15g、鱼腥草 20g、甘草 4g。还有适合于较弱体质人群提高免疫力的口服汤药"华西ⅠB号"：黄芪 20g、防风 15g、黄芩 15g、藿香 10g、板蓝根 15g、甘草 4g，具有较好的防治效果。

<h1 style="text-align:center">第三节　其他共患传染病</h1>

一、曲霉菌病

曲霉菌病（aspergillosis）是一种由曲霉属真菌感染禽类、哺乳动物和人后引起的人畜共患传染病。临床以烟曲霉感染居多，主要感染呼吸器官，发生干酪样、坏死性炎症，形成肉芽肿结节或霉菌斑。

本病呈世界性分布。1855 年，G. Fresenius 在野雁上首先发现本病。人类曲霉菌病最早由 Virchow（1856）发现并报道。此后多位学者相继报道了牛、马、羊、猪、兔、犬、猫、鹿、猴等哺乳动物的曲霉菌病。迄今为止，南美洲、北美洲、英国、法国、德国、新西兰、印度、日本、意大利、澳大利亚和苏联等国家和地区都有过该病发生的报告。

1. 病原　曲霉属（*Aspergillus*）真菌在分类上属子囊菌门（Ascomycota）盘菌亚门（Pezizomycotina）散囊菌纲（Eurotiomycetes）散囊菌亚纲（Eurotiomycetidae）散囊菌目（Eurotiales）发菌科（Trichocomaceae）。曲霉属分为 18 群，132 种和 18 变种，绝大部分为非致病菌。曲霉属的致病种有 10 余种，即烟曲霉（*A. fumigatus*）、黄曲霉（*A. flavus*）、黑曲霉（*A. niger*）、棒曲霉（*A. clavatus*）、杂色曲霉（*A. versicolor*）、米曲霉（*A. oryzae*）、灰绿曲霉（*A. glaucus*）、构巢曲霉（*A. nidulans*）、聚多曲霉（*A. sydowii*）和土曲霉（*A. terreus*）等，其中烟曲霉和黄曲霉为本病的主要致病菌，黄曲霉主要引起毒素中毒，烟曲霉可感染组织造成病理变化。

室温培养时，烟曲霉在察氏琼脂培养基（CDA）上生长迅速，菌落光滑，初期呈白色丝绒状或茸毛状、束状，有的呈现絮状；气生菌丝呈暗烟绿色，老后近黑色。培养基无色或黄褐色，少数呈红色。背面一般无色，有时溶出黄色至黄绿色的色素。

分生孢子头呈短柱状（图 3-74），长短不一，长的可达 400μm，宽 50μm；分生孢子梗短，光滑，长 200～500μm，直径 2～8μm，常带绿色；顶囊烧瓶形，直径 18～35μm，与分生孢子梗一样带绿色；小梗单层，顶囊上半部的 2/3 部分生小梗，密集，一般（5.6～6）μm×（1.8～3.2）μm；分生孢子呈球形或近球形，数量较多，粗糙，带细刺，直径 2～3.5μm。

烟曲霉、黄曲霉等曲霉菌对自然条件变化的适应能力很强，一般自然气候下的冷热干湿都不能破坏其孢子的生活能力。烟曲霉孢子装在试管内，室温条件下保存 6 年仍不失其生命力。

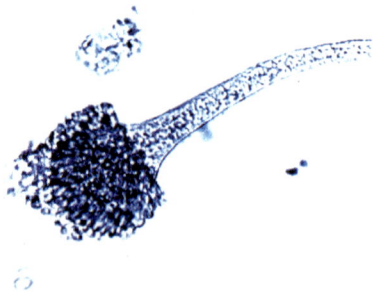

图 3-74　曲霉菌的分生孢子头

120℃干热 1h 或煮沸 5min 方可将其杀死。

曲霉菌对许多化学药物有较强的抵抗力。但对部分消毒剂敏感，0.1% 氯胺、0.1% 碘化钾、0.1% 氯化碘、0.1% 甲醛、0.1% 石炭酸可抑菌；1% 氯胺 30min、5% 氯胺 10min、2% 碘化钾 100min、1% 甲醛 240min、2% 甲醛 60min、5% 甲醛 5min、5% 石炭酸 10min 可杀菌。

2. 流行病学 几乎所有的哺乳动物、禽类和人都可以感染发病。哺乳动物的曲霉菌病多为条件性致病，主要见于免疫功能低下者，健康感染发病者较少见。成禽只有当垫料和饲料严重污染曲霉菌，吸入大量分生孢子时才可导致发病，且常为散发。但雏禽对曲霉菌病原特别敏感，常呈暴发性流行，发病率和病死率都很高。

在自然条件下，本病主要经呼吸道感染，也可经消化道和皮肤伤口感染，静脉注射、手术等也可使菌体侵入血管引起全身性曲霉菌病。孵化期间的鸡胚对烟曲霉感染非常敏感，种蛋表面的烟曲霉孢子可穿过蛋壳使胚胎感染，使刚出壳的雏禽发病。例如，孵化器或育雏室被曲霉菌严重污染，则雏禽出壳不久即可受到感染而发病。

曲霉菌产生的孢子广泛分布于自然界，畜禽舍的土壤、垫草和发霉的谷物及饲料中常大量存在，人类和动物通常是在这样的环境中接触了孢子后而感染。

3. 临床症状 自然感染潜伏期为 2～8d，人工感染可于 24h 发病。因为机体抵抗力和组织器官的差异，曲霉菌病感染不同动物时可出现不同的临床症状表现。

（1）禽 雏禽，特别是一个月以内的雏禽常发生急性曲霉菌病，发病率和死亡率高。发病后表现特征性的呼吸系统症状，常常张嘴伸颈，腹式呼吸，张口呼吸（图 3-75），发出啰音和哨音，有时摇头连续打喷嚏，腹式呼吸，两翼扇动，尾巴上下摆动。由于呼吸极度困难，颈向上前方伸长，一伸一缩，口黏膜和面部呈青紫色，最后窒息死亡。鸭、鹅症状不明显而突然死亡，但剖检病理变化却很严重。少数病例有神经症状，摇头，头有的向后背，甚至不能保持身体的平衡。成禽，尤其是火鸡，常发生慢性曲霉病。病禽发育不良，羽毛蓬乱无光，不喜运动，闭目呆立，眼窝下陷，步态不稳，喜立于墙角或热源处，有的口腔黏膜有溃疡，逐渐消瘦而死亡。雌禽停止产卵。

图 3-75 曲霉菌病（1）
病鸡张口呼吸

（2）牛 表现为咳嗽、呼吸困难、腹泻、低热和食欲丧失，多数病牛伴乳房炎。感染母牛常于妊娠的第 6～8 个月流产，发生胎盘炎。偶尔也发生皮肤肉芽肿。

（3）羊 羊的曲霉病少有报道。成年羊常表现为慢性支气管炎和卡他性肺炎。也可引起孕羊在怀孕后的 2～3 个月流产、死胎。流产胎羔多为死胎，活羔常因体质虚弱，在产后几小时内死亡。

（4）猪 猪皮肤曲霉菌病的特征性变化，是在耳、眼、口腔周围、颈、胸、腹股沟、肛周、蹄冠、腕关节、跗关节及背部等皮肤出现红斑，形成肿胀性结节。病猪表现为奇痒，在墙脚、厩门、食槽上摩擦，以致形成破溃及红色烂斑，表面有浆液性渗出，不化脓，后期呈现灰黑色痂皮或甲壳，一般经35～50d后痂皮逐渐脱落，全身状况好转而自愈，但病愈猪消瘦，生长发育受阻。

（5）犬、猫 犬一般表现为单侧性鼻曲霉菌病，长期频发喷嚏，流黏液、脓性鼻液等。猫患传染性胃肠炎时易继发肠曲霉菌病，出现腹泻等症状。此外，患泛白细胞减少症后也可继发以呼吸困难、咳嗽和高热为主要症状的肺曲霉菌病。

（6）水貂 患貂精神沉郁，食欲减少，1～2d后完全废绝，频频饮水。病初步态不稳、跛行，以后完全瘫痪，粪便色暗带血，呼吸困难，气喘。

（7）人 曲霉菌作为过敏原可引起过敏性曲霉菌病，表现低热、咽痒、咳嗽、哮喘、寒战、乏力，痰中带有嗜酸性粒细胞，血中带有反应性抗体（IgE），外周血中嗜酸性粒细胞升高。也可在免疫机能低下、抵抗力降低时发生支气管、肺曲霉菌病，表现为低热、盗汗、疲乏、体重减轻、胸痛、气急，常咳黏液性痰，并带血丝，痰中可检出曲霉菌。偶尔还可引起鼻窦、眼、脑、皮肤等部位的曲霉菌病。

4. 病理变化 曲霉菌最常侵犯支气管和肺，早期为弥漫性浸润渗出性改变；晚期为坏死、化脓、肉芽肿或霉菌斑形成。肺出现典型的直径1～3μm、黄白色、粟粒大结节（图3-76），被暗色的浸润带所包围。结节中心坏死区边缘，常可见到曲霉菌的孢子、萌芽孢子及形成分支的放射状菌丝团或不规则分支的菌丝团。气囊的浆膜肥厚，可达5mm，中心隆起，气管、支气管中有淡黄色至黄色脓稠炎性渗出物或干酪样物栓塞，有的硬似软骨。慢性经过时肺常可见干酪样坏死性炎症，形成肉芽肿结节。口腔、眼睑、嗉囊、肠道、肝、脾、肾、胎盘和卵巢也可出现结节性病理变化（图3-77，图3-78）。

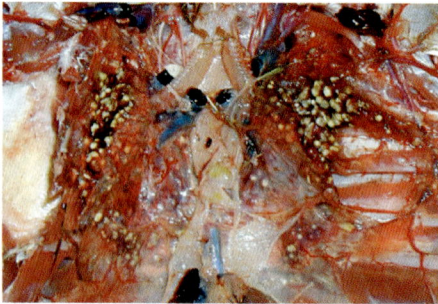

图 3-76 曲霉菌病（2）
病死鸡肺部有大量霉菌结节

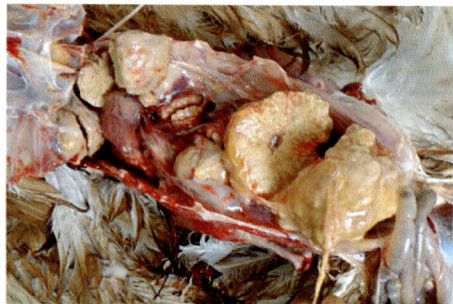

图 3-77 曲霉菌病（3）
病死鸡气囊有大量霉菌结节

图 3-78 曲霉菌病（4）
鸡眼睑上的霉菌结节

5. 诊断 曲霉菌病的诊断主要依据流行资料、临床症状、病理变化和病原真菌的鉴定进行确诊。雏禽发病、有较典型的呼吸道症状、病畜禽肺和气囊内见到白色干酪样结节、肉芽肿时可初步诊断是曲霉菌病。但需要检查结节或肉芽肿内的菌体来排除其他肉芽肿性疾病。有霉菌斑时可确诊有曲霉菌病感染。

（1）直接镜检 取霉菌斑、肉芽肿结节、痰、脓液、皮损破溃分泌物等做直接镜检，显微镜下可见分支的无色有隔菌丝。

培养疑似病料可接种于沙氏培养基，室温培养可形成生长快，毛发状，有黄绿色、黑色、棕色等色素分泌的菌落。镜下可见分生孢子头和足细胞等曲霉特征性结构。

（2）免疫学检测　　主要是对曲霉特异性抗体的检测，可用于诊断过敏性曲霉病、肺曲霉病、慢性坏死性曲霉病及其他免疫功能正常者的侵袭性曲霉感染。

（3）分子生物学检测　　主要是应用 PCR 技术对血液、霉菌斑、肉芽肿等组织中的曲霉特异性 DNA 片段进行检测，具有较好的敏感性和特异性。

6. 防治　　该病预防的关键是防止霉菌的感染和增生。常用的预防措施有：①建立孵化场和育雏室的清洁卫生制度，防止舍内潮湿，做好保温、通风工作；②经常更换垫料，防止发霉；③合理贮存饲料，避免温度过高、湿度过大引起霉菌生长；④每日清扫和消毒饮水器，经常更换喂食地点，在容器周围的地面喷洒药液等；⑤加强饲养管理，增强动物的体质和抵抗力，降低易感性也很重要。

克霉唑、5-氟胞嘧啶、两性霉素 B、灰黄霉素、制霉菌素、伊曲康唑、氟康唑、伏立康唑、阿尼芬净、卡泊芬净等都是治疗曲霉菌病的有效药物，但在实际工作中常用药为制霉菌素。哺乳动物曲霉菌病可采用碘化钾静脉注射。但要根据不同的感染部位和类型，选用不同的用药途径和处理方法，同时配合对症治疗。

二、附红细胞体病

附红细胞体病（eperythrozoonosis）简称附红体病，是由附红细胞体感染后引起的一种人畜共患传染病。该病感染广泛，多呈隐性感染，临床发病主要表现为发热、黄疸、贫血、淋巴结肿大等临床症状。

该病历史悠久，早在 1928 年 Schilling 等就已从啮齿动物中发现附红体。此后，许多学者从不同国家和地方发现了多种动物的附红体，迄今已有美国、南非、英国、法国、挪威、芬兰、澳大利亚等近 30 个国家先后发生该病病例。

1980 年，我国首次在家兔中发现附红体，而后相继在牛、羊、猪、犬等多种家畜中检出附红体，在人群中也证实了附红体病的存在。

1. 病原　　附红细胞体现被归为支原体科附红细胞体属（*Eperythrozoon*）。目前已发现的附红体有 14 种，主要有寄生于猪的猪附红体（*E. suis*）、小附红体（*E. parvum*）；寄生于绵羊、山羊及鹿类中的绵羊附红体（*E. ovis*）；寄生于鼠的球状附红体（*E. coccoides*）；寄生于牛的温氏附红体（*E. wenyoni*）；兔附红体（*E. lepus*）、犬附红体（*E. perekropovi*）、猫附红体（*E. felis*）和人附红体（*E. humanus*）等。除羊和山羊附红体外，其余均具有宿主特异性。

附红体呈多形性，有点状、杆状、丝状、球形等，大小不一，寄生在人、牛、羊及啮齿类中的较小，直径为 $0.3\sim0.8\mu m$；在猪体中的较大，直径为 $0.8\sim1.5\mu m$。可通过 $0.1\sim0.45\mu m$ 细菌滤膜。革兰氏染色阴性，吉姆萨染色呈紫红色，瑞氏染色呈蓝色。

附红体主要存在于红细胞表面、血浆和骨髓中，鲜血滴片直接镜检可见其呈不同形式的运动（图 3-79）。感染严重时可导致红细胞变形，使其变为齿轮状、星芒状等不规则形状（图 3-80）。

附红体对热、干燥及常用消毒药物均敏感，60℃水浴中 1min 即停止运动，100℃水浴中 1min 可灭活。70% 乙醇、0.5% 石炭酸、含氯消毒剂 5min 内可将其杀死，0.1% 甲醛、

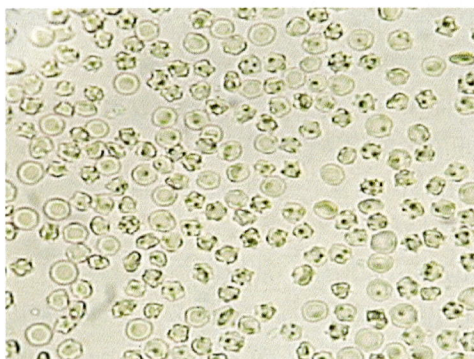

图 3-79　猪附红体病（1）
病猪鲜血涂片见到附着在红细胞表面的虫体（400×）

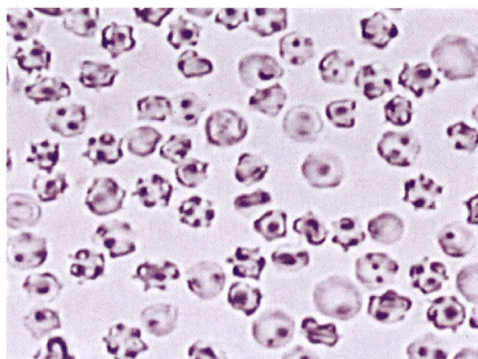

图 3-80　猪附红体病（2）
病猪血涂片吉姆萨染色，红细胞表面有多形态的粉红或紫红色的虫体（1000×）

0.5%苯酚溶液、乙醚、氯仿可迅速将其灭活。附红体耐低温，4℃可存活 60d，−30℃可存活 120d，−70℃可存活数年。

2. 流行病学　　附红体宿主范围广，存在于多种动物体内，在啮齿类、家畜、鸟类及人体内都能检出。其可通过接触传播、血源性传播、垂直传播及经媒介传播。

附红体感染率很高，但多为隐性感染，当自身抵抗力下降和环境条件恶劣时，可引起发病或流行。多发于高温多雨、吸血虫媒繁殖滋生的季节，夏、秋季为发病高峰。

流行形式多呈散发，也有地方流行性。在环境条件恶劣、饲养管理不好、应激、抵抗力下降、感染其他疾病（尤其是发热性、免疫抑制性疾病）时，可能表现暴发流行。

附红体病还可导致免疫抑制，附红体破坏血液中的红细胞，使红细胞变形，表面内陷，使其携氧功能丧失而引起抵抗力下降，易并发感染其他疾病。

3. 临床症状　　本病多呈隐性感染，当受染机体受到强烈的应激、免疫功能低下、感染红细胞达 70%以上时才出现临床症状。因畜种和个体体况的不同，临床症状差别很大。在猪上表现得比较明显，主要引起仔猪体质变差、贫血、肠道及呼吸道感染增加；育肥猪日增重下降，急性溶血性贫血；母猪生产性能下降等。

1）哺乳仔猪：一般 7～10 日龄多发，发病临床症状明显，出现体温升高，精神沉郁，哺乳减少或废绝，身体皮肤潮红，眼结膜皮肤苍白或黄染，贫血，四肢抽搐，发抖，腹泻，粪便深黄色，有腥臭味，死亡率为 20%～90%，部分很快死亡。大部分仔猪临死前四肢抽搐或划地，有的角弓反张。部分治愈的仔猪会变成僵猪。

2）育肥猪：根据病程长短不同可分为三种类型，急性型病例较少见，病程 1～3d。亚急性型病猪体温升高，达 39.5～42℃。病初精神委顿，食欲减退，颤抖转圈或不愿站立，离群卧地。出现便秘或拉稀，有时便秘和拉稀交替出现。病猪耳朵、颈下、胸前、腹下、四肢内侧等部位皮肤红紫，指压不褪色，成为红皮猪（图 3-81）。部分病畜可见耳廓、尾、四肢末端坏死。有的病猪两后肢发生麻痹，不能站立，卧地不起。有的病猪流涎，心悸，呼吸加快，咳嗽，眼结膜发炎，病程 3～7d，或死亡或转为慢性经过。慢性型病猪体温在 39.5℃左右，主要表现贫血和黄疸（图 3-82）。患猪尿呈黄色，粪便干燥如栗状，表面带有黑褐色或鲜红色的血液。生长缓慢，出栏延迟。

3）母猪：分为急性和慢性两种。急性感染的临床症状为持续高热（体温可高达

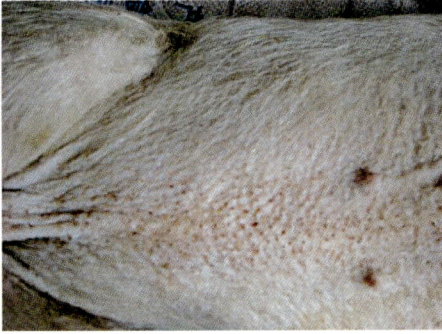

图 3-81 猪附红体病（3）
病死猪腹部皮肤铁锈色出血点

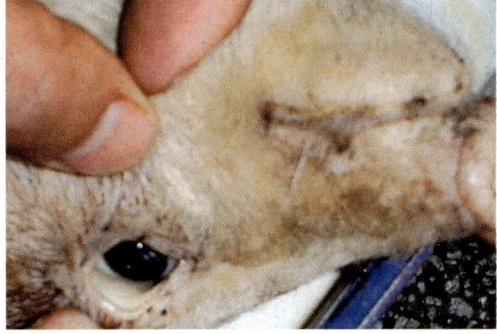

图 3-82 猪附红体病（4）
病死猪眼结膜苍白，病猪贫血

42℃），厌食，偶有乳房和阴唇水肿，产仔后奶量少，缺乏母性。慢性感染猪呈现衰弱、黏膜苍白及黄疸，不发情或屡配不孕，如有其他疾病或营养不良，可使临床症状加重，甚至死亡。

4）牛、犬、山羊被感染后一般不发病或出现轻微贫血。发病时以高热、贫血、黄疸为主要临床症状。

4. 病理变化 皮肤及黏膜苍白或黄染，血液稀薄、不易凝固，颜色变淡；淋巴结肿大，常见于颈部浅表淋巴结。肝肿大变性，棕黄色，表面偶有黄色条纹状或灰白色坏死灶。胆囊膨胀，内部充满浓稠明胶样胆汁。脾肿大变软，呈暗黑色，有的脾有针尖大至米粒大灰白（黄）色坏死结节。肾肿大，有微细出血点或黄色斑点。心包积水，心外膜有出血点，心肌松弛，色熟肉样，质地脆弱（图 3-83）。病程长者皮下组织水肿，多数有胸水和腹水（图 3-84）。

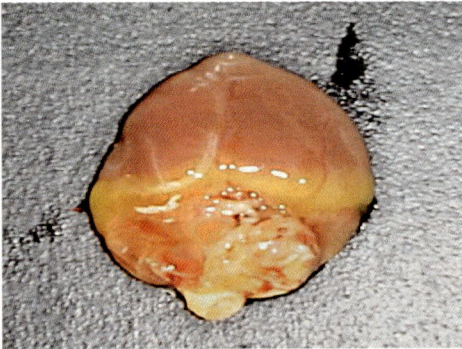

图 3-83 猪附红体病（5）
病死猪心冠脂肪黄染，心脏柔软松弛成煮熟样

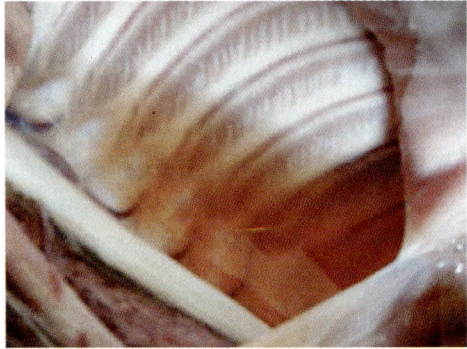

图 3-84 猪附红体病（6）
病死猪胸腔积水

5. 诊断 夏秋季、应激状态、有其他疾病先期感染、自身免疫力低下者多发，主要表现为发热、红背、贫血、黄疸、淋巴结肿大等临床症状和病理变化时可考虑本病。确诊需进行实验室病原检查，并排除相关疾病。

1）当前实验室诊断时最好的方法是镜检，肝素抗凝的鲜血压片镜检可发现血浆中运动、转动或翻滚的菌体，且变形红细胞比例超过 70% 可基本确诊该病。更可靠的确诊方法是将该抗凝血温浴后再进行镜检，会发现红细胞恢复为圆形，周边附着有多量运动活泼的多形性菌体。

2）涂片染色检查也有助于进行诊断，吉姆萨染色红细胞表面可见紫红色小体、瑞氏染色呈淡蓝色的小体时，可判为附红细胞体阳性。但该方法常常会因为染色液含有染料颗粒而误诊，同时固定和染色时常导致红细胞变形，增大了误诊的概率。血象、血液生化结果支持贫血诊断。

3）补体结合试验、间接血凝试验、荧光抗体试验、酶联免疫吸附试验等血清学检测和基于基因序列的 PCR、DNA 探针、DNA 杂交方法、原位杂交技术等分子生物学方法可用于病原的诊断检测和流行病学研究。呈阳性反应时，可怀疑是附红体病，并不能进行附红体发病的判定，因为正常健康动物常携带有附红体。

6. 防治　　目前尚无疫苗用于预防接种，加强饲养管理，注意环境卫生及定期消毒，给予全价饲料，增强机体抵抗力，减少不良应激等，对本病的预防及控制有重要意义。

对动物加强免疫抑制病的免疫，减少附红体病的继发是控制附红体病的另一重要措施。

治疗应选用阿奇霉素、四环素、土霉素等对支原体敏感的药物进行治疗。同时进行退热、补血等对症治疗方法常能取得满意的效果。但要注意的是用药疗程要长，一般2～3周为一个疗程。

复 习 题

一、填空题

1. 死于炭疽的牛外观病理特征：_____、_____、_____、_____。

2. 破伤风梭菌产生_____毒素、_____毒素和_____毒素三种。_____毒素引起本病的特征性症状和刺激保护性抗体的产生。_____毒素引起局部组织坏死。_____毒素对神经末梢有麻痹作用。

3. 大肠杆菌（致病性）有_____、_____和_____三种抗原。猪大肠杆菌病由于猪的病原血清型的差异，引起的疾病可分为_____、_____和_____三种。

4. 沙门氏菌病又名_____，是由沙门氏菌属细菌引起的各种动物的疾病。临床上多表现为_____和_____，也可使_____。猪沙门氏菌病也称猪_____，急性者为_____，慢性者为_____。

5. 巴氏杆菌是各种家畜、家禽和野生动物主要由_____所引起的一种传染病的总称。急性病例以_____和_____为主要特征。本病过去曾称为_____，简称_____。

6. 布鲁氏菌属有6种：_____有_____生物型；_____有_____生物型；_____有_____生物型；_____；_____；_____。

7. 结核病是由_____所引起的人畜和禽类的一种_____。其病理特点是在多种组织器官形成_____，_____和_____病变。

8. 狂犬病俗称_____，是由_____引起的一种_____传染病，临诊特征是_____和_____，继而局部或全身_____而死。

9. 狂犬病的传播方式是由_____后而感染。各种动物的临床症状相似，一般可分为两种类型，即_____型和_____型。狗的狂暴型分为_____、_____和_____。马患狂犬病，病初往往见咬伤局部_____，以致_____，_____。

10. 口蹄疫病毒属于_____病毒科中的_____病毒属，在病畜_____及其_____中含量最多。在发热期_____含毒量最高。病毒结构简单，是内部为_____（31.5%），外部有_____（68.5%）。前者决定病毒的_____和_____。后者决定病毒的_____、_____和_____反应能力。

11. 日本乙型脑炎病毒感染妊娠猪后可通过_____侵害_____，即所谓_____，在临床上患病妊娠母猪的主要症状是_____或_____。患病公猪除一般症状外，病初高温后常发生_____。多呈_____，但也有_____同时发生。

二、选择题

1. 猪水疱病是一种由肠道病毒引起的急性传染病，症状类似口蹄疫，易混淆，简易鉴别诊断采集病料接种 2 日龄和 7 日龄乳鼠，根据以下结果判为水疱病（　　　）

    A. 2 日龄和 7 日龄乳鼠均死亡　　　　　　B. 2 日龄乳鼠死亡，7 日龄乳鼠不死亡

    C. 2 日龄和 7 日龄乳鼠均存活

2. 潜伏期最长的传染病有（　　　）

    A. 猪气喘病　　　　B. 布氏杆菌病　　　　C. 坏死杆菌病　　　　D. 狂犬病

3. 布氏杆菌病的主要症状是怀孕母畜发生流产，采样做细菌学检查时，检出率最高的是（　　　）

    A. 母畜的阴道分泌物　　　　　　　　　　B. 母畜分泌的乳汁

    C. 流产胎儿的胃内容物

4. 产蛋禽的大肠杆菌病在临诊上最常见的病型是（　　　）

    A. 急性败血症　　　　　　　　　　　　　B. 大肠杆菌性的肉芽肿

    C. 卵黄性腹膜炎

5. 炭疽病主要的传染途径（　　　）

    A. 经空气由呼吸道感染　　　　　　　　　B. 经皮肤、黏膜伤口感染

    C. 经消化道感染

6. 狂犬病的临床症状是（　　　）

    A. 运动神经中枢应激性升高，肌肉持续性痉挛性收缩，最后因窒息或继发肺炎而死

    B. 局部奇痒，无休止啃咬，摩擦，后期磨牙，吼叫，痉挛而死

    C. 神经兴奋，意识障碍，麻痹而死

    D. 局部肌肉强硬，有疼痛感，并有结节性肿胀，水杨酸制剂疗效较好

7. 各种畜禽的痘病中，临诊表现有丘疹、水疱、脓疱和结痂的完整的疾病演变过程的是（　　　）

    A. 鸡痘　　　　　　B. 绵羊痘　　　　　　C. 猪痘　　　　　　D. 牛痘

8. 各种家畜对炭疽的易感性不同，最易感的是（　　　）

    A. 猪　　　　　　B. 羊、牛、马　　　　C. 犬和猫　　　　D. 家禽

9. 有一畜主送来一份病牛病料，经接种家兔发病后，接种部位有奇痒症状应首先考虑是（　　　）

    A．狂犬病　　　　　B．李氏杆菌病　　　C．伪狂犬病　　　D．绵羊痒病

10．下列临床症状对诊断破伤风最有意义的是（　　　）

    A．意识清楚，体温一般正常　　　　　B．肌肉强直

    C．呼吸浅表增数　　　　　　　　　　D．血液检查无多大变化

11．鉴定病原性大肠杆菌的简便方法是（　　　）

    A．用实验动物检查其内毒素　　　　　B．用猪或兔结肠结扎试验测定肠毒素

    C．分离培养观察菌落生长特点　　　　D．补体结合试验

12．沙门氏菌性食物中毒属于（　　　）

    A．过敏型食物中毒　　　　　　　　　B．感染型食物中毒

    C．神经型食物中毒　　　　　　　　　D．感染毒素型食物中毒

13．属于病原性革兰氏阳性杆菌的是（　　　）

    A．鸡白痢沙门氏菌　　　　　　　　　B．多杀性巴氏杆菌

    C．布鲁氏菌　　　　　　　　　　　　D．猪丹毒杆菌

14．给破伤风病马注射抗生素血清的目的是（　　　）

    A．控制和解除痉挛　　　　　　　　　B．抑制破伤风梭菌生长

    C．减少毒素的产生　　　　　　　　　D．中和体内的游离毒素

15．下列哪一种病毒不是 RNA 病毒（　　　）

    A．口蹄疫病毒　　　　　　　　　　　B．猪瘟病毒

    C．猪传染性胃肠炎病毒　　　　　　　D．伪狂犬病病毒

三、问答题

1．如何来消灭乳牛场的结核病，建立健康牛群？

2．如何来防治口蹄疫病的流行？

3．猪日本乙型脑炎和猪布氏杆菌病在临床上是什么类症，如何来进行鉴别诊断？

4．目前防治狂犬病的主要措施有哪些？

5．试述动物沙门氏菌感染在公共卫生方面的意义，如何防止本病从家畜传给人？

6．如何来预防牛破伤风的发生？牛发生破伤风后如何来进行综合性的治疗？

7．综合分析致病性大肠杆菌的发病机理。

第四章

猪主要传染病

【学习目标】

1. 知识性目标：了解猪丹毒、猪链球菌病、猪传染性胸膜肺炎、猪传染性萎缩性鼻炎、猪梭菌性肠炎、猪瘟、猪繁殖与呼吸综合征、猪传染性胃肠炎、猪流行性腹泻、猪圆环病毒感染、猪支原体肺炎、猪痢疾等传染病的危害、分布及病原特点；熟悉其流行病学特点、特征性临床表现和病理变化及其诊断方法。

2. 技能性目标：掌握猪丹毒、猪链球菌病、猪传染性胸膜肺炎、猪传染性萎缩性鼻炎、猪梭菌性肠炎、猪瘟、猪繁殖与呼吸综合征、猪传染性胃肠炎、猪流行性腹泻、猪圆环病毒感染、猪支原体肺炎、猪痢疾等传染病的诊断方法及防治措施。

第一节　猪细菌性传染病

一、猪丹毒

猪丹毒（swine erysipelas）是一种由猪丹毒杆菌引起的猪的急性、热性传染病。急性病例表现为败血症。亚急性病例表现为皮肤疹块。慢性病例主要表现为慢性心内膜炎、慢性关节炎和皮肤坏死。人也可以感染，称为类丹毒。本病呈世界性分布，我国许多地区也有发生。

1. 病原　丹毒杆菌（*Erysipelothrix rhusiopathiae*）是一种纤细的小杆菌，革兰氏染色阳性，在老龄培养物中菌体着色能力差，呈阴性。无鞭毛、无荚膜，不产生芽胞。在感染动物组织触片或血片中，呈单个、成对或小丛状。从心脏瓣膜疣状物等慢性病灶中分离的菌体常呈不分支的长丝状或中等长度的链状。本菌为微需氧菌，在普通培养基上能生长，在血琼脂或血清琼脂中生长更佳。明胶穿刺培养三四天后，沿穿刺线呈试管刷状横向四周生长，但明胶不液化。

本菌对盐腌、烟熏、腐败、干燥和日光等自然因素的抵抗力较强，对酸的耐受性也较强，猪的胃酸不能将其杀死，但对热的抵抗力弱。在常用消毒药如 3% 来苏水、2% 氢氧化钠溶液、2% 福尔马林、5% 石灰乳、1% 漂白粉溶液中很快死亡，但对石炭酸的抵抗力较强。本菌对青霉素类、四环素类药物敏感。

2. 流行病学　本病主要发生于猪，3～12 月龄的猪最易感。随着年龄的增长易感性降低，3 月龄以下或 3 岁以上的猪很少发病。在其他家畜和禽类也有发病的报道。

病猪和带菌猪是本病的传染源，35%～50% 健康猪的扁桃体和其他淋巴组织中存在猪丹毒杆菌。已知多种哺乳动物、鸟类和鱼类带菌，主要通过排泄物、分泌物污染饲料、饮水、土壤、用具和猪舍，经消化道传染给易感猪。本病也可经损伤的皮肤及蚊、蝇、虱、蜱等吸血昆虫传播。用屠宰场、肉品加工厂的废料、废水，饭店泔水喂猪常引发本病。鱼粉、肉骨粉等动物性蛋白饲料中有时可检出本菌。富含腐殖质、沙质和石灰质的土壤中适宜本菌的生存，因此土壤污染在本病的流行病学上有极其重要的意义。

猪丹毒一年四季均可发病，但多发于炎热多雨季节（5～9月），常呈散发或地方性流行。同时，其他传染病、寄生虫病及环境因素如营养、湿度、温度条件突然改变时也可诱发本病。

3. 临床症状　潜伏期最短1d，最长7d，一般为3～5d。根据病程长短，临床表现可分为急性败血型、亚急性疹块型、慢性型。

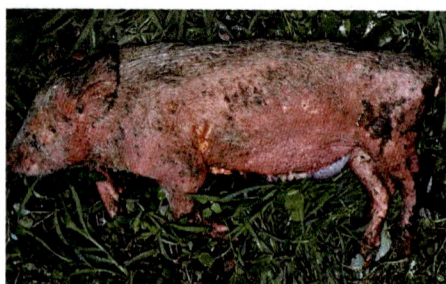

图4-1　猪丹毒（1）
急性败血型病死猪头部、颈部淤血、出血

（1）急性败血型　多见于流行初期，往往有一头或几头猪无任何临床症状而突然死亡，其他的猪相继发病。病猪表现为体温升高达42～43℃，稽留、虚弱、不愿走动、卧地不食，有时有呕吐。结膜充血，很少有分泌物。粪便干硬呈栗状，附有黏液，后期出现下痢。严重的呼吸加快，黏膜发绀。部分病猪皮肤潮红，继而发紫，以耳、颈、背等部较为多见（图4-1），治愈后这些部位的皮肤坏死、脱落。孕母猪可能出现流产。病程3～4d，死亡率80%左右。耐过者转入亚急性疹块型或慢性型。

（2）亚急性疹块型　其特征是皮肤表面出现疹块。病猪表现为食欲减退，饮欲增强，便秘，精神不振，体温升高达41℃以上。发病后2～3d，背、胸、腹、颈、耳、四肢等处皮肤出现大小不等、皮肤表面隆起的、触感坚实的粉红色或黑褐色方形、菱形疹块（图4-2）。初期疹块充血，指压褪色；后期淤血，指压不褪色。疹块形成后体温随之下降，病状也减轻，经数日后，病猪多自行恢复健康。病情严重者，长期不愈，则部分或大部分皮肤坏死，病程长者变成皮革样的痂皮。少数病例可转为败血症而死亡。病程1～2周。

（3）慢性型　多由急性或亚急性转归而来，也有原发性感染的。主要表现为慢性关节炎、慢性心内膜炎和皮肤坏死（图4-3）。慢性关节炎表现为病猪四肢关节（腕、跗关节较为常见）的炎性肿胀，有疼痛感，病腿僵硬，急性临床症状消失后，出现关节变形、跛行或卧地不起。病猪食、饮欲正常，但生长缓慢，消瘦。病程数周到数月。慢性心内膜炎病猪表现为消瘦、贫血、体质衰弱、喜卧、不愿走动。听诊心脏有杂音，心跳加快，心律不齐，呼吸急促，通常因心脏骤停而突然死亡。皮肤坏死常见于背、肩、耳、

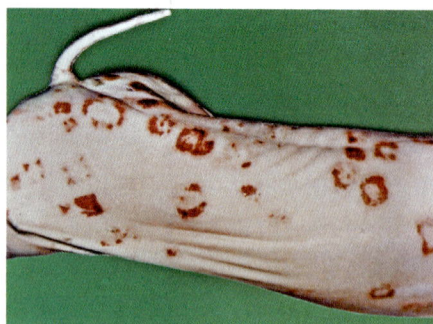

图4-2　猪丹毒（2）
亚急性疹块型病死猪皮肤上疹块

图4-3　猪丹毒（3）
慢性型病死猪皮肤坏死

蹄和尾部皮肤，局部皮肤出现肿胀、隆起、坏死、干硬似皮革，随着病程的发展，逐渐与其下层新生组织脱离，经2～3个月，坏死皮肤脱落，形成一片无毛、色淡瘢痕组织。如有继发感染则病情复杂且病程延长。

4. 病理变化

（1）急性败血型　　口鼻、唇、耳、腹部及腿内侧等处皮肤和可视黏膜呈现不同程度的紫红色。心内外膜有点状出血，肺充血、水肿，肝充血、肿大，脾充血、肿大，呈樱桃红色（图4-4），切面可见"白髓周围红晕"现象。肾淤血、肿大，呈暗红色，皮质部有出血点，有"大红肾"之称（图4-5）。全身淋巴结充血、肿胀、切面多汁，呈浆液性出血性炎症。消化道有卡他性或出血性炎症，胃底部黏膜有点状和弥漫性出血，十二指肠和回肠有轻重不等的充血和出血。

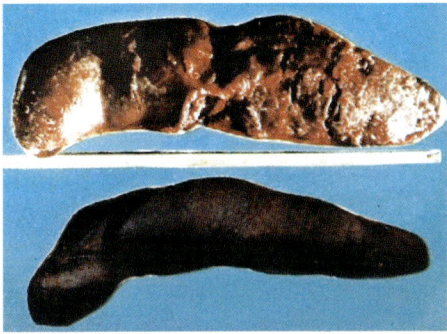

图4-4　猪丹毒（4）
急性败血型病死猪脾肿大呈樱桃红色，下为正常

图4-5　猪丹毒（5）
急性败血型病死猪肾肿大，表面布满针尖大出血点

（2）亚急性疹块型　　以皮肤疹块为特征性变化。

（3）慢性型　　慢性心内膜炎多见二尖瓣膜上有由肉芽组织和纤维素性凝块组成的溃疡性或菜花状赘生物（图4-6）。慢性关节炎是一种多发性关节炎，关节肿大，关节腔内积有多量的、黏稠的、红色的浆液性纤维素性渗出物，后期滑膜绒毛增生肥厚（图4-7）。

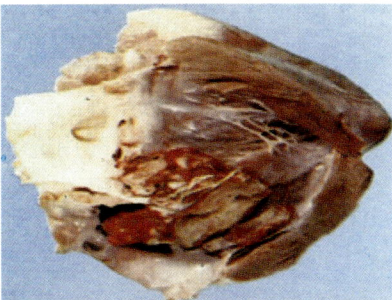

图4-6　猪丹毒（6）
慢性型病死猪二尖瓣疣状心内膜炎

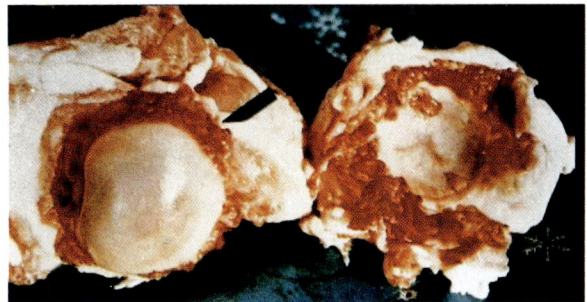

图4-7　猪丹毒（7）
关节肿大，变形，内有多量纤维素性渗出物，滑膜绒毛增生肥厚

5. 诊断　　根据流行病学、临床症状和病理变化，可做出初步诊断，但进一步确诊须进行细菌分离、鉴定和血清学诊断。

（1）**病原学诊断**　　无菌采集急性病例耳静脉血，死后心血、肝、脾、肺、肾、关节、淋巴结；亚急性病例皮肤疹块边缘处血液；慢性病例心内赘生物、关节液、坏死与健康组织交界处的血液，直接涂片或触片，革兰氏染色镜检。如果发现革兰氏阳性纤细小杆菌，菌体呈单个、成对、小丛状、不分支的长丝状或短链状排列的可做初步诊断。新鲜病料接种鲜血琼脂培养，48h 后长出表面光滑、边缘整齐、有蓝绿色荧光的小菌落。进一步明胶穿刺培养呈试管刷状生长，不液化明胶；或将病料制成 1∶10 悬液接种小鼠、鸽和豚鼠后，小鼠、鸽于 2～5d 死亡，尸体内检出本菌，豚鼠无反应，则可确诊。

（2）**血清学诊断**　　主要应用于猪丹毒的流行病学调查及类属疾病鉴别。常用方法有血清凝集试验、SPA 协同凝集试验、琼脂扩散试验、荧光抗体试验。血清凝集试验主要用于血清抗体的测定及免疫效果的评价。SPA 协同凝集试验主要用于菌体的鉴定和菌株的分型。琼脂扩散试验主要用于菌株血清型鉴定。荧光抗体试验主要用于快速诊断。

在本病的诊断中，急性败血型猪丹毒与急性猪瘟、最急性猪肺疫和急性链球菌病极易混淆，应注意鉴别诊断。

6. 防治　　免疫接种是预防本病最有效的方法。目前使用的疫苗有猪丹毒 GC₄₂ 或 CT（10）弱毒菌苗、猪丹毒氢氧化铝甲醛菌苗、猪瘟-猪丹毒二联苗、猪瘟-猪丹毒-猪肺疫三联苗等。仔猪免疫可能受到母源抗体的干扰，应于断奶后进行免疫，如哺乳期免疫，则应在仔猪断奶后进行补免，以后每 6 个月免疫一次。由于猪丹毒杆菌存在于关节软骨的软骨细胞的胞质内逃避宿主免疫而获得保护，因此免疫预防对慢性关节炎型的免疫效果并不理想。加强饲养管理，提高猪群的抗病力。购入种猪时，必须隔离观察 2～4 周，确认健康后，方可混群饲养。对用具、猪舍及运动场实行定期消毒。

对发病猪群应及时诊断，发现病猪立即隔离治疗。对猪舍、用具、运动场等彻底消毒。粪便和垫料最好烧毁或堆肥发酵处理。病猪尸体、急宰病猪的血液和割除的病理变化组织、器官等化制和深埋。对同群未发病的猪只实施预防性治疗，可收到控制疫情的效果。

猪丹毒杆菌对青霉素高度敏感，是治疗的首选药物，尤其在感染的早期（24～36h）效果更为明显，青霉素按每千克体重 2 万～3 万 IU，肌内注射，每天 3 次，连续 2～3d。体温恢复正常、临床症状好转后，再继续注射 2 或 3 次。个别病猪用青霉素无效时，可改用四环素，按每千克体重 1 万～2 万 IU，肌内注射，每天 2 次，直到痊愈为止。同时在急性暴发期，可采用猪丹毒免疫血清治疗，按每千克体重 0.5mL，肌内注射，这种被动免疫保护的持续时间高达 2 周，与青霉素同时应用效果更佳。

类丹毒可经皮肤损伤感染，因此工作中要注意自我防护，发现感染后应及时用抗生素治疗。

二、猪链球菌病

猪链球菌病（swine streptococcicosis）是由不同血清群链球菌引起的猪传染病的总称。临床上主要表现为急性败血型和脑膜炎，慢性型表现为关节炎、心内膜炎及组织化脓，以及 E 群链球菌引起的淋巴脓肿。

1. 病原　　病原为致病性链球菌的主要包括：马链球菌兽疫亚种（*Streptococcus equi* subsp. *zooe-pidemicus*），马链球菌类马亚种（*Streptococcus equi* subsp. *equi*），兰氏

（Lancefield）分群中 D、E、L 群链球菌及猪链球菌（*Streptococcus suis*）。链球菌呈圆形或卵圆形，除了个别 D 群菌外，均无鞭毛，没有运动性，多数链球菌在幼龄培养物中可见荚膜，不形成芽胞。革兰氏染色呈阳性，老龄培养物或被吞噬细胞吞噬的细菌呈现阴性，可单个、成对或以长短不一的链状存在。本菌为需氧或兼性厌氧菌，在普通培养基上生长不良，在含血清或血液的培养基上生长较好，菌落周围形成 β 型溶血环。

按兰氏分类法，链球菌有 20 种血清群（A～V，缺 I、J），能引起猪发病的有 C、D、E、L、R、S、T 等群。根据菌体荚膜抗原特性，猪链球菌有 35 种血清型（1～34 型和 1/2 型），有致病性的为 1～5 型、7～9 型、11 型和 1/2 型，其中流行最广、对猪的致死性最强的是 2 型，其次是 1 型。

本菌在自然界中分布很广，对外界环境的抵抗力较强，但对热和常用消毒药的抵抗力不强，多数链球菌加热 60℃ 经 30min 即可灭活，煮沸可瞬间死亡。常用消毒药如 2% 石炭酸溶液、1% 来苏水 3～5min 可将其杀死。本菌对青霉素类和磺胺类药物敏感。

2. 流行病学　　猪链球菌的自然感染部位是猪的上呼吸道（特别是扁桃体和鼻腔）、生殖道和消化道。任何年龄、品种的猪均可感染。仔猪、育成猪和怀孕母猪的发病率较高，其中仔猪最敏感，育成猪发病急、病程短、死亡快。病猪和带菌猪是主要的传染源。主要经呼吸道和损伤的皮肤或黏膜感染，但由于猪链球菌存在于阴道和消化道，在分娩和哺乳过程中仔猪也可以被感染。同时新生仔猪常因断脐、阉割、注射时消毒不严而发生感染。

本病一年四季均可发生，但以 7～10 月炎热多雨季节多发，常呈地方性流行。新疫区及流行初期可呈暴发流行，多表现为急性败血型和脑炎型，发病率和死亡率较高。老疫区及流行后期呈散发流行，多表现为关节炎或组织化脓型，发病率和死亡率较低。同时饲养管理不当、环境卫生差、长途运输、炎热干燥、寒冷潮湿等因素也可促进本病的发生。

3. 临床症状　　潜伏期一般为 7d，因感染猪链球菌血清型及猪群日龄不同，呈现的临床表现各异。根据临床表现和病程长短可分为最急性型、急性败血型、急性脑膜脑炎型、亚急性型和慢性型。

（1）最急性型　　多见于流行的初期。发病急、病程短，常无任何临床症状即突然死亡。体温高达 41～43℃，呼吸迫促，多在 24h 内死于败血症。

（2）急性败血型　　表现为突然发病，体温升高达 40.5～43℃，呈稽留热，精神沉郁、食欲减退。呼吸困难，鼻镜干燥，鼻腔流出浆液性或黏液性鼻液。眼结膜潮红，有分泌物。耳、颈、腹下皮肤出现紫斑。有的猪出现多发性关节炎，表现为跛行、爬行或不能站立。病程后期出现呼吸困难、衰弱、麻痹，多数 1～3d 死亡，死前天然孔流出暗红色血样的液体，病死率高达 80%～90%。

（3）急性脑膜脑炎型　　多见于仔猪，表现为体温升高达 40.5～42.5℃，精神沉郁，厌食，鼻腔流有浆液性或黏液性鼻液，很快出现神经症状，如共济失调、震颤发抖、转圈、磨牙、空嚼、角弓反张，继而出现后肢麻痹、前肢爬行、倒地、四肢划动似游泳状（图 4-8），最后昏迷死亡。病程短者几小时，长者 1～5d，死亡率极高。

（4）亚急性型　　临床表现与急性型相似，但较急性型病例临床症状缓和。

（5）慢性型　　主要表现为慢性关节炎和慢性心内膜炎。慢性关节炎表现为关节肿

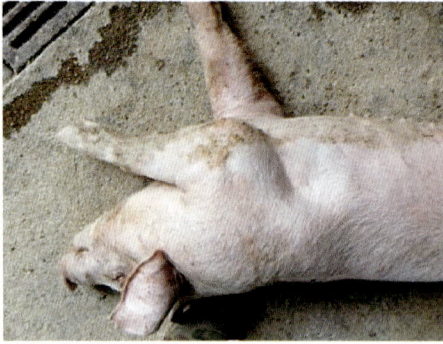

图 4-8　猪链球菌病（1）

病死猪神经症状

胀、增粗导致猪只跛行、运动障碍；慢性心内膜炎表现为不同程度的呼吸困难、发绀和消瘦，有时可突然出现死亡。流行缓慢，病情缓和，病程可达 1 个月以上，病猪发育迟缓。

（6）淋巴结脓肿型　　常见颌下、咽部、颈部等处淋巴结出现肿胀、硬固，皮温升高，随病程发展逐渐化脓，形成脓肿。

4. 病理变化

（1）最急性型　　由于发病急、死亡快，常见不到肉眼可见的病理变化。

（2）急性败血型　　以败血症为主，表现为血液凝固不良，皮下、黏膜、浆膜出血。全身淋巴结不同程度的肿大、充血和出血；鼻腔、喉头及气管黏膜充血，腔内有大量气泡；心肌出血（图 4-9），心包液增加，严重病例发生纤维素性心包炎（图 4-10）；脾肿大 1～3 倍，出血，呈暗红色，少数病例边缘有紫黑色的出血性梗死灶；肾轻度肿大，颜色暗红（图 4-11）；胃及肠黏膜充血、出血；脑膜充血和出血，有的脑切面可见针尖大的出血点；关节腔积液，有纤维素性渗出物。

（3）脑膜脑炎型　　脑膜充血、出血，重者溢血。少数脑膜下积液，脑实质有点状出血，脑膜、脊髓也有类似变化（图 4-12）。其他病理变化与急性败血型相同。

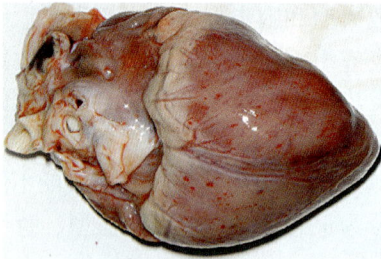

图 4-9　猪链球菌病（2）

病死猪心肌出血

图 4-10　猪链球菌病（3）

纤维素性胸膜炎、肺炎、心包炎

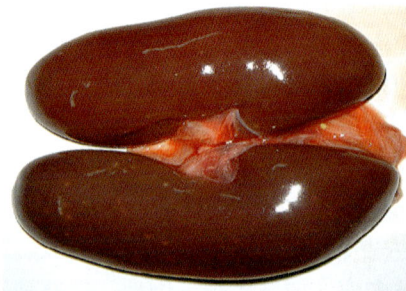

图 4-11　猪链球菌病（4）

肾稍肿，表面有灰白色坏死灶

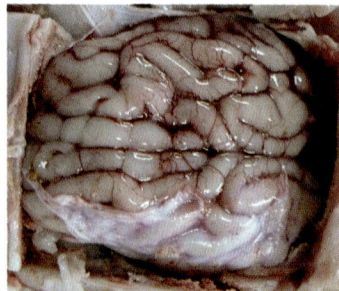

图 4-12　猪链球菌病（5）

病死猪脑膜充血出血，脑脊液增多

（4）慢性型　慢性关节炎，可见关节肿大，关节囊内有黄色胶冻样液体或纤维素性脓性渗出物（图4-13）。慢性心内膜炎可见心瓣膜增厚，表面粗糙，有菜花样"疣状物"（图4-14）。

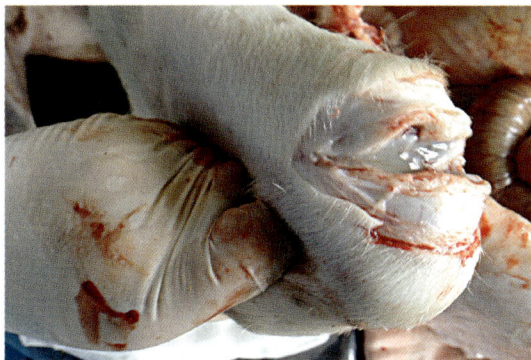

图4-13　猪链球菌病（6）
病猪关节肿大，关节囊内有浆液性渗出物

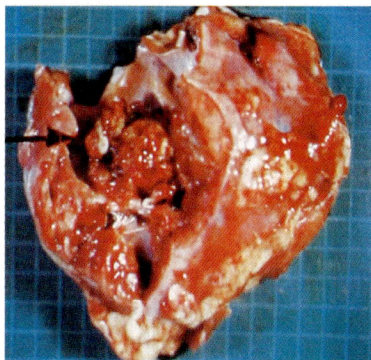

图4-14　猪链球菌病（7）
病死猪心内膜菜花状"疣状物"

（5）淋巴结脓肿型　颌下、咽部、颈部等处淋巴结化脓和形成脓肿（图4-15）。

5. 诊断　根据流行病学、临床症状和病理变化，可做出初步诊断，但进一步确诊须进行实验室诊断。

（1）细菌学检查　取发病或病死猪的脓汁、关节液、肝、脾、心血、淋巴结等制成涂片或触片，革兰氏染色，镜检。可见球形或卵圆形革兰氏阳性菌，呈单个、成对或短链状排列。

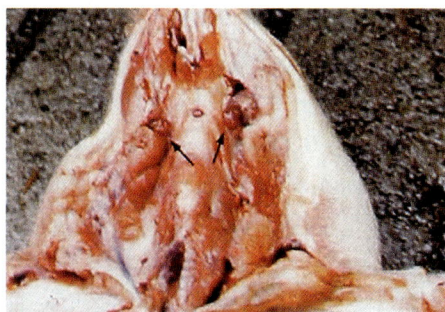

图4-15　猪链球菌病（8）
病死猪下颌淋巴结肿大，有化脓灶

（2）培养检查　选上述病料，接种于血液琼脂培养基，置于37℃培养24h。可见到无色、透明、湿润、黏稠、露珠状小菌落，菌落周围出现β型溶血环。

（3）动物接种　用肝、脾或血液制成1:10悬液，小白鼠皮下接种0.1~0.2mL，2~3d死亡。剖检取肝或脾制成触片，革兰氏染色，镜检，若发现大量链球菌，即可确诊。

6. 防治　加强饲养管理和卫生消毒，改善饲养环境、降低饲养密度、加强通风、保持干燥，提高动物机体的免疫抗病力。建立和健全消毒隔离制度。常用疫苗有猪链球菌弱毒冻干苗和氢氧化铝甲醛苗，种猪每年注射2次，仔猪断乳后注射1次。

发生疫情时应及时诊断，制订紧急防治措施。按照农业部《猪链球菌病应急防治技术规范》划定疫点、疫区，隔离发病猪只，实施严格封锁，限制生猪流动，对患病猪实施无血扑杀，对同群猪立即进行强制免疫接种或选用高敏药物（如头孢类、青霉素类、喹诺类、磺胺类）进行预防性治疗5~7d，并隔离观察14d，必要时可对同群猪进行扑杀处理。对被扑杀的猪、病死猪及排泄物，可能被污染的饲料、污水等进行无害化处理，对被污染的圈舍、用具进行消毒，再进行彻底的清洗、干燥。粪便和褥草堆积发酵。对假定健康猪群进行抗菌类药物预防，或用疫苗进行紧急接种。

7. 治疗 可选用青霉素、头孢菌素及磺胺类药物进行治疗，或根据药物敏感试验筛选敏感性较高的药物进行治疗。

局部治疗：先将局部溃烂组织剥离，切开脓肿，清除脓汁，清洗和消毒。然后用抗生素或磺胺类药物以悬液、软膏或粉剂置于患处，必要时应实施包扎。

三、猪传染性胸膜肺炎

猪传染性胸膜肺炎（porcine contagious pleuropneumonia）是一种由胸膜肺炎放线杆菌引起的猪急性呼吸道传染病。临床上以急性败血症和纤维素性胸膜肺炎为主要特征。急性病例死亡率高；慢性者常能耐过，但影响猪的生长发育。

本病于 1957 年由英国的 Pattison 首次报道，目前该病在世界范围内广泛存在，我国近几年由于引种频繁，发生和流行日趋严重。

1. 病原 胸膜肺炎放线菌（*Actinobacillus pleuropneumoniae*，APP）属于巴氏杆菌科（Pasteurellaceae）放线菌属（*Actinobacillus*）的成员，为一种革兰氏阴性小球杆菌，有荚膜，不形成芽胞，新鲜病料中呈两极染色。本菌为兼性厌氧菌，在 50% 的小牛血液琼脂中，与葡萄球菌做交叉划线培养，在 10% CO_2 条件下培养 24h，可见在葡萄球菌菌落的周围有 β 溶血的小菌落。

目前有 15 种血清型，分别以 1～15 阿拉伯数字表示，其中血清型 1 型和 5 型又分为 A、B 两个亚型，即 1A、1B 和 5A、5B，各血清型具有特异性。血清型 1、9、11 之间，血清型 3、6、8 之间及血清型 4 和 7 之间可交叉免疫。根据菌体对烟酰胺腺嘌呤二核苷酸（nicotinamide adenine dinucleotide，NAD，又称 V 因子）的依赖性可将 15 种血清型分为 2 种生物型。生物 I 型为 NAD 依赖菌株，包括血清 1～12 型和 15 型，生物 II 型为非 NAD 依赖菌株，但需要特定的嘌呤或嘌呤前产物，包括血清 13 型和血清 14 型。

2. 流行病学 各种年龄、性别的猪都有易感性，但以 3 月龄仔猪、体重 30～60kg 最易感。病猪和带菌猪是主要的传染源，病菌主要存在于病猪呼吸道，尤以坏死的肺部病理变化组织和扁桃体中含量最多，而且在鼻液中也有大量细菌存在。主要通过飞沫和猪与猪之间的直接接触感染。人员和用具被污染也可造成间接的感染。本病在猪群之间的传播主要由引进带菌猪所致。拥挤、气温剧变、湿度过大和通风不良等可促进本病的发生和传播，从而使发病率和死亡率升高。我国北方地区以血清 5 型和血清 7 型居多，南方有血清 2 型存在。本病有明显的季节性，多在 4～5 月和 9～11 月发生。

3. 临床表现 潜伏期依菌株毒力和感染量而定，自然感染 1～2d，人工感染 24h。根据猪的免疫状态、不良的环境和病原的毒力等，可分为最急性型、急性型和慢性型。

（1）最急性型 多见于断乳仔猪，在同一猪群中有一头或几头仔猪突然发病，表现为体温升高达 41.5℃，精神沉郁，食欲减退，有时出现短期轻度的腹泻和呕吐。呼吸困难（图 4-16），呈犬坐姿势，张口呼吸，心跳加快，并逐渐出现循环和呼吸衰竭，一般于 24～36h 死亡。病死猪的鼻、耳、腹部、四肢的皮肤发绀，口、鼻流出大量带血的泡沫（图 4-17）。偶尔也有无任何临床症状突然死亡者。

（2）急性型 体温升高达 40.5～41℃，精神沉郁，食欲减退或废绝，呼吸困难，咳嗽，有时可见张口呼吸。鼻盘和耳尖、四肢皮肤发绀，如来不及治疗，常于 1～2d 死亡。能耐过 4d 以上者，可自行康复或转为慢性型。

图 4-16　猪传染性胸膜肺炎（1）
病死猪呼吸困难

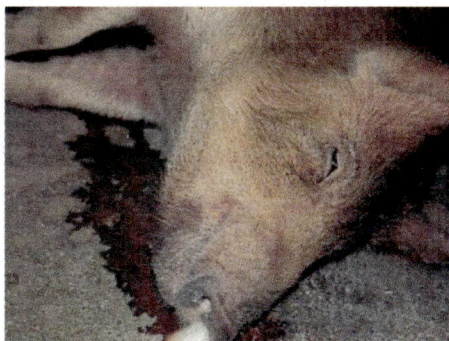

图 4-17　猪传染性胸膜肺炎（2）
病死猪口、鼻有血样分泌物

（3）慢性型　　多数由急性型转化而来。临床症状较轻，病猪表现为偶尔咳嗽，食欲减退，消瘦，生长缓慢，很少有体温升高者。

4. 病理变化　　剖检变化主要在呼吸道。急性病例仅见肺，以纤维素性出血性胸膜肺炎为主要特征，两侧肺肿大、充血、出血（图 4-18），呈暗红色，间质充满血色胶样液体，病理变化部位与正常组织界限明显，肺间质增宽（图 4-19）。胸腔内有大量血色液体。慢性病例可见肺叶上有不同大小的坏死结节，周围包有结缔组织形成的厚包囊，并与胸膜或心包粘连（图 4-20，图 4-21），肺门淋巴结肿大，并有轻度出血。

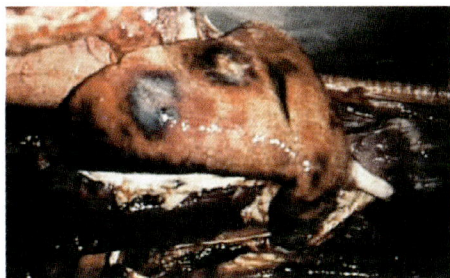

图 4-18　猪传染性胸膜肺炎（3）
病死猪肺出血，有化脓灶

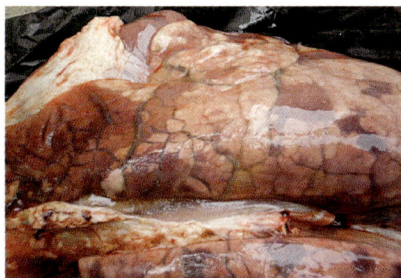

图 4-19　猪传染性胸膜肺炎（4）
病猪肺间质增宽

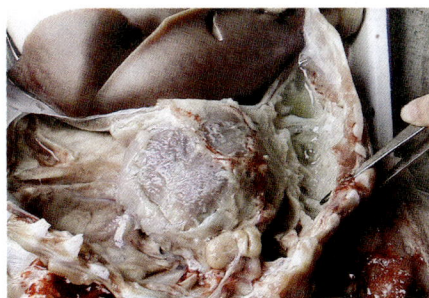

图 4-20　猪传染性胸膜肺炎（5）
病死猪心包粘连

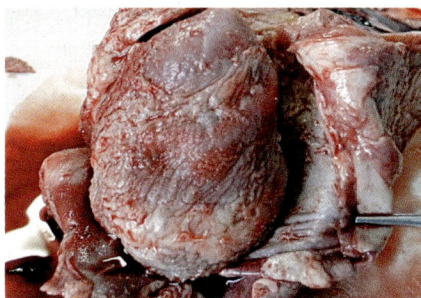

图 4-21　猪传染性胸膜肺炎（6）
病死猪绒毛心，心包粘连

5. 诊断　　根据流行病学、临床症状和病理变化，可以做出初步诊断。确诊需要做细菌学和血清学试验。

（1）细菌学试验　　取病猪的鼻腔、支气管分泌物或肺炎病理变化部位组织制成涂片或触片，革兰氏染色，镜检，如发现有革兰氏阴性、两极着色的球杆菌，结合流行病学特点、临床症状、剖检变化，即可确诊。

（2）血清学试验　　以荧光抗体染色鼻腔、支气管分泌物涂片或肺炎病理变化部位触片，能做出快速诊断，并可区别血清型特异性抗原。用间接血凝试验、琼脂扩散试验和酶联免疫吸附试验可对肺组织提取物中的特异性抗原进行检测。

6. 防治　　无本病的猪场，应采取严格的防疫措施防止病原体的传入；引入种猪时应进行严格的隔离饲养和血清学试验，以避免引入病猪。免疫接种是预防本病发生的最好方法。疫苗包括灭活苗和亚单位苗，由于本病血清型较多，不同血清型间交叉免疫性不强，因此灭活苗以从当地分离的菌株制备为宜。用灭活菌苗对后备种猪进行免疫，6 月龄首免，3 周后加强免疫 1 次；仔猪断奶前首免，2~3 周后再加强免疫 1 次，均肌内注射 2mL，可有效地控制本病的发生。

早期可采用抗生素进行治疗。本菌对青霉素、四环素、土霉素、环丙沙星、恩诺沙星、卡那霉素、庆大霉素及磺胺类药都有一定的敏感性。对未发病猪可在饲料中添加土霉素，每 1000kg 饲料加 400g 作预防性给药。

四、猪传染性萎缩性鼻炎

猪传染性萎缩性鼻炎（swine infectious atrophic rhinitis，AR）是一种由支气管败血波氏杆菌和产毒素性多杀性巴氏杆菌引起的猪慢性接触性呼吸道传染病。以鼻炎、鼻甲骨萎缩和生长迟缓为特征。目前已将这种疾病归类于两种表现形式：非进行性萎缩性鼻炎（non-progressive atrophic rhinitis，NPAR）和进行性萎缩性鼻炎（progressive atrophic rhinitis，PAR）。

1. 病原　　猪传染性萎缩性鼻炎的病原为支气管败血波氏杆菌（*Bordetella bronchiseptica*，Bb）和产毒素性多杀性巴氏杆菌（toxigenic *Pasteurella multocida*，T⁺Pm）。单独支气管败血波氏杆菌虽然可引起鼻甲骨的损伤，但是是可恢复的，称为非进行性萎缩性鼻炎。感染产毒素性支气管败血波氏杆菌后再感染产毒素性多杀性巴氏杆菌或仅产毒素性多杀性巴氏杆菌感染，则可引起严重的不可逆转鼻甲骨损伤，称为进行性萎缩性鼻炎。

支气管败血波氏杆菌为球杆状的小杆菌，呈两极染色，革兰氏染色为阴性。有周鞭毛，能运动，不形成芽胞，有的有荚膜。为需氧菌，在血液琼脂培养基上能够良好生长。在葡萄糖中性红琼脂平板上，菌落呈中等大小，呈透明烟灰色，肉汤培养物有腐霉味。本菌有三种菌相，Ⅰ相菌病原性较强，是有荚膜的球菌或短杆菌，具有表面 K 抗原和强坏死毒素（一种类内毒素）。Ⅱ、Ⅲ相菌毒力较弱，外界环境不利时，Ⅰ相菌可变异为Ⅱ、Ⅲ相菌。

本菌对外界环境的抵抗力不强，以常用消毒剂如 3% 来苏水、2%~4% 氢氧化钠溶液、5% 石灰乳溶液等都能将其杀死。

2. 流行病学　　各个年龄的猪均可感染，但以仔猪的易感性最高，品种有一定的差异，土种猪较少发生。其发病率随年龄的增长逐渐下降，临床症状也随之减轻。1 月龄以内仔猪感染，发生鼻炎并引起鼻甲骨萎缩。断奶仔猪感染，仅有鼻炎临床症状和轻微的鼻甲骨萎缩。1月龄以上仔猪感染，一般只产生轻微的病理变化。

病猪和带菌猪是主要的传染源，犬、猫、家禽、家畜、兔、狐等其他动物和人均可带菌，可能成为传染源。主要是通过飞沫传播，仔猪通过接触病猪或带菌母猪，经呼吸道感染。同时不同日龄的猪混合饲养、拥挤、过冷、过热、饲养管理不良、环境卫生条件差、营养缺乏及遗传因素等均能促进本病的发生。

3. 临床表现　　多见于6～8周龄仔猪，病猪感染后2～3d后，出现鼻炎的临床症状，吸气困难，打喷嚏，鼻腔有浆液性、黏液性或脓性分泌物。个别猪只因强烈喷嚏而发生鼻出血（图4-22）。病猪表现不安，摇头，拱地，搔扒或在饲槽边缘、墙角摩擦鼻部。鼻泪管阻塞，眼结膜发炎，流泪，眼眶下的区域形成半月形的湿润区，黏结污物变成灰黑色斑块形成泪斑（图4-23）。

图4-22　猪传染性萎缩性鼻炎（1）
病猪发生鼻出血

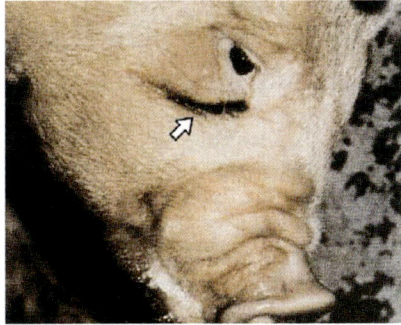

图4-23　猪传染性萎缩性鼻炎（2）
病猪出现泪斑

鼻炎后常出现鼻甲骨萎缩导致的鼻梁和面部变形（图4-24），两侧鼻甲骨病理损伤相同时导致鼻短缩，鼻盘正后部皮肤形成较深的皱褶；单侧鼻甲骨萎缩严重时，则鼻腔弯曲至损害严重的一侧；若额窦受害，则两眼间的宽度变窄，始终保持小猪的头部轮廓，形成小头症；鼻甲骨萎缩与猪只日龄有密切关系，日龄越小，感染后出现鼻甲骨萎缩的可能性越大。病猪体温、精神状态、食饮欲一般正常。病猪生长发育停滞，多数成为僵猪。有的病例由于炎症蔓延和出现继发症，常发展为脑炎或肺炎，使病情进一步恶化。

4. 病理变化　　病理变化一般局限于鼻腔及邻近组织，最特征的变化是鼻软骨和鼻甲骨软化、萎缩，尤其是鼻甲骨的下卷曲最为常见（图4-25）。鼻中隔弯曲或消失，鼻腔

图4-24　猪传染性萎缩性鼻炎（3）
病猪面部歪斜

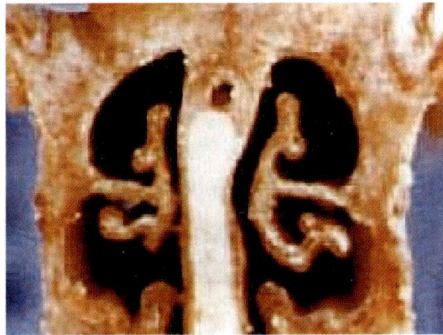

图4-25　猪传染性萎缩性鼻炎（4）
病猪鼻甲骨萎缩、变形

变成一个鼻道。鼻腔常有多量的脓性渗出物，鼻黏膜充血、水肿，有黏液性渗出物。

5. 诊断　　根据流行病学、临床症状、病理变化等可做出初步诊断，有条件时可用 X 线进行早期检查。

（1）病理解剖学诊断　　沿两侧第一、二对前臼齿间的连线将鼻腔横断锯开，观察鼻甲骨的形状和变化。正常的鼻甲骨有明显的上下两个卷曲，当鼻甲骨萎缩时，卷曲变小而钝直，甚至卷曲消失。

（2）微生物学诊断　　主要针对 Bb 和 T$^+$Pm 两种病原体进行检查，鼻拭子的细菌培养法是最为常见的方法。T$^+$Pm 可用血液、血清琼脂或胰蛋白大豆琼脂进行培养，根据菌落形态和荧光性、细菌的形态、染色和生化反应进行诊断。Bb 可用改良麦康凯琼脂培养基或胰蛋白胨培养基进行培养，根据菌落形态、菌体染色、生化试验和凝集反应进行鉴定。

此外，还可应用血清学、荧光抗体技术和 PCR 技术进行诊断。

6. 防治　　免疫接种是预防本病最有效的措施。目前应用的疫苗有支气管败血波氏杆菌（Ⅰ相菌）油剂灭活苗和支气管败血波氏杆菌-多杀性巴氏杆菌油剂二联灭活苗，母猪于产前 2 个月和 1 个月各免疫 1 次，也可对 1～2 周龄仔猪进行首免，间隔 2 周后进行二免。同时应加强饲养管理，严格卫生防疫制度，搞好环境卫生，提高猪只的抵抗力。

为了防止母源传播，可在母猪分娩前的 1 个月内应用磺胺嘧啶（100g/t 饲料）和土霉素（400g/t 饲料）进行药物预防。3 周龄以内的仔猪可选用敏感的抗生素进行注射或喷鼻，育肥猪可用磺胺类药物或抗生素进行防治。

五、猪梭菌性肠炎

猪梭菌性肠炎（clostridial enteritis of piglet）也称仔猪传染性坏死性肠炎（infectious necrotic enteritis），俗称仔猪红痢，是由 C 型产气荚膜梭菌引起的新生仔猪的高度致死性肠毒血症。以血性下痢，小肠后段黏膜出血、坏死，病程短，死亡率高为特征。1955 年，英国 Field 和 Gibson 首次报道，以后在美国、丹麦、匈牙利、德国等国家有陆续报道。据调查我国也已有 15 个省发现过本病的存在。

1. 病原　　病原为 C 型产气荚膜梭菌（*Clostridium perfringens* types C），产气荚膜梭菌旧称魏氏梭菌，为厌氧大杆菌，有荚膜，不能运动，芽胞呈卵圆形，位于菌体中央或近端，但在人工培养基中不易形成芽胞。革兰氏染色阳性。主要产生 α 和 β 毒素，尤其是 β 毒素，可引起仔猪肠毒血症、坏死性肠炎。

本菌对外界抵抗力不强，但形成芽胞后，对热、消毒剂和紫外线的抵抗力明显增强，加热 80℃经 15～30min，100℃经 5min 才能将其杀死。冻干保存 10 年以上，其毒力和抗原性不发生变化。

2. 流行病学　　本病主要感染 1～3 日龄仔猪，最早可在出生后 12h 出现，1 周龄以上仔猪很少发病。病猪和带菌猪是主要传染源，病原菌随粪便排出体外，污染饲料、饮水、用具和周围环境等。初生仔猪常因接触被污染的母猪体表如乳头等，经口通过消化道而感染发病。本病发生急，死亡快，病程短，病死率一般为 20%～70%，未免疫猪群最高可达 100%，温和型的感染能持续超过 1 个月。

3. 临床症状　　按病程长短可分为最急性型、急性型、亚急性型和慢性型。

（1）最急性型　　仔猪出生后 1d 内就可发病，突然出现血痢，会阴部被粪便污染，仔猪虚弱，勉强运动，迅速转入濒死期，腹部皮肤死前会变黑，多数病例在出生后 12～36h 死亡。一些仔猪没有出现肠炎症状便死亡。

（2）急性型　最为多见。发病仔猪排出血样稀便（图4-26），粪便中含有灰色组织碎片。迅速脱水、消瘦、衰竭，一般在 3d 内死亡。

（3）亚急性型　病猪一般呈现非出血性的腹泻，病初排出黄色或黄褐色软便，然后变化为含坏死组织碎片的清亮液体。病猪消瘦、脱水，一般 5～7d 死亡。

图4-26　猪梭菌性肠炎（1）
仔猪腹泻，排血样稀便

（4）慢性型　病猪呈现间歇性或持续性腹泻，排灰白色黏液样粪便。病猪逐渐消瘦，生长停滞，于数周后死亡或淘汰。

4. 病理变化　主要病理变化见于空场和回肠，以空肠病理变化最为明显。

（1）最急性型　最显著的变化是小肠严重出血（图4-27），腹腔中积聚有血样液体。肠黏膜弥漫性出血（图4-28），肠腔内充满含血的液体（图4-29），肠壁上有气泡。肠系膜淋巴结红肿。

图4-27　猪梭菌性肠炎（2）
病死猪小肠浆膜呈红色

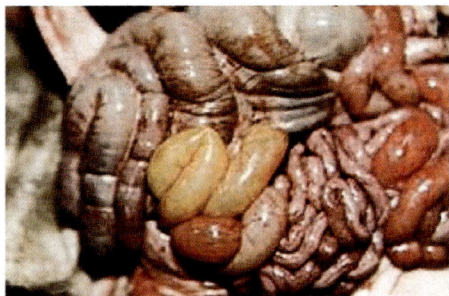

图4-28　猪梭菌性肠炎（3）
仔猪肠黏膜出血

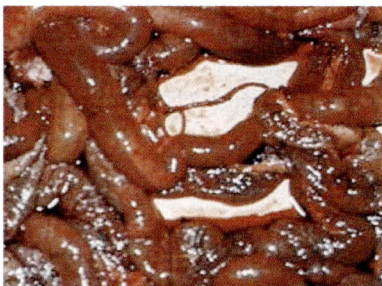

图4-29　猪梭菌性肠炎（4）
病死猪小肠浆膜出血，有血样内容物

（2）急性型　肠道可见局灶性淡红色区。肠壁增厚，肠黏膜呈黄色或灰白色，肠内容物有时呈血样，含有坏死组织碎片，肾常有尿酸盐结晶。

（3）亚急性型　肠壁增厚、质碎，肠黏膜表面覆盖一层紧密黏着的坏死膜，从浆膜表面观察似一条灰黄色的纵带。

（4）慢性型　肠壁局灶性增厚，肠黏膜表面的坏死膜呈局灶性分布，且界限清楚。

5. 诊断　根据流行病学、临床症状和病理变化的特点可进行初步诊断，进一步确诊需进行实验室检查。

（1）毒素中和试验　取病猪空肠内容物或腹腔液，加等量灭菌生理盐水混匀，

3000r/min 离心 30～60min，取上清液经细菌滤器过滤，取滤液 0.2mL 静脉注射一组（5～10 只）小白鼠，同时以上述液体与 C 型产气荚膜梭菌抗毒素血清混合，作用 40min 后，静脉注射另一组小白鼠作对照。如只注射滤液的一组小白鼠迅速死亡，而对照组不死，则可确诊。

（2）泡沫肝试验　取分离菌肉汤培养物 3mL 给家兔静脉注射，1h 后将家兔处死，放 37℃恒温 8h，剖检可见肝充满气体，出现泡沫肝现象。肝涂片镜检可见荚膜清晰的革兰氏阳性杆菌，可确诊。

6. 防治　平时应加强饲养管理，搞好猪舍卫生和消毒工作，特别是给产房和哺乳母猪的乳头消毒，以减少本病的发生和传播。目前预防本病最有效的方法是给怀孕母猪注射 C 型产气荚膜梭菌氢氧化铝菌苗，在临产前 1 个月肌内注射 5mL，2 周后再肌内注射 10mL，使母猪获得免疫，仔猪出生后吃初乳可获被动免疫。或仔猪出生后尽早注射抗仔猪红痢血清，每千克体重 3mL，肌内注射，可获得充分保护。

由于本病发病急，病程短，发病后用药治疗往往效果不佳。必要时可在出生后立即投喂 3d 抗生素进行药物预防。在母猪产前和产后注射亚甲基双水杨酸杆菌肽可预防仔猪的梭菌感染。

第二节　猪病毒性传染病

一、猪瘟

猪瘟（hog cholera；classical swine fever）又称猪霍乱，是一种由猪瘟病毒引起的猪急性、热性、败血性的高度接触性传染病。强毒株引起死亡率高的急性猪瘟，呈败血症变化；温和毒株一般引起亚急性或慢性感染，除见不同程度败血症变化外，还表现纤维素性、坏死性肠炎或肺炎；低毒株胚胎感染或初生猪感染可导致死亡，出生后感染只造成轻度疾病，往往不显临床症状。本病分布于世界各国，由于其危害程度较高，对养猪业造成的经济损失巨大，世界动物卫生组织将本病列入法定 A 类传染病，并规定为国际重点检疫对象。

1. 病原　猪瘟病毒（hog cholera virus，HCV）属黄病毒科（Flaviviridae）瘟病毒属（*Pestivirus*），呈球形，直径为 40～50nm，有囊膜。为单一血清型，尽管分离到很多变异株，毒力差异较大，但都属于一个血清型。

HCV 能在猪源地原代细胞和传代细胞如 PK-15、SK-6 上增殖，但不产生细胞病理变化。若与新城疫病毒（NDV）共同培养，则可增强后者的致细胞病理变化作用，此为新城疫病毒强化试验（END），是鉴定 HCV 的方法之一。

2. 流行病学　猪（包括野猪）是本病唯一自然宿主，不同年龄、品种的猪均可感染。其他动物有抵抗力。主要传染源是病猪或病愈后带毒猪、潜伏期带毒猪。可通过消化道（口腔黏膜和扁桃体）和呼吸道（鼻腔黏膜和眼结膜）传染，也可通过伤口感染。

本病流行过程缓慢，无季节性。在新疫区和未免疫的猪发病率高，致死率也高；在一些常发地区，发病率和致死率均较低。不论猪的品种、年龄、性别都可感染，但免疫母猪所生仔猪1月龄内一般不易感染。病程较长的猪常继发猪副伤寒、猪肺疫或猪气喘病等。

3. 临床症状　　自然感染潜伏期为5~7d，短的2d，长的21d。人工感染强毒株，一般在36~48h，体温升高。根据临诊特征，猪瘟分为以下几种。

（1）最急性型　　突然发病，高热稽留（41~42℃），无明显临床症状，很快死亡。

（2）急性型　　精神沉郁，食欲减退或停食，畏寒战栗，挤卧一堆或钻草窝；站立行走时拱背弯腰，四肢无力，行动迟缓，摇摆不稳。体温升高，达41~42℃，高热稽留；体温升高时，白细胞减少（可由正常值下降到1万以下），血小板减少（由正常值减少到0.5万~1万），血磷增加，血钙减少。结膜潮红，肿胀，有出血点、分泌物（图4-30），严重时分泌物黏稠，上下眼睑粘连，睁不开眼睛。初期充血，末期贫血，皮肤薄的部位（如鼻端、耳、四肢、腹下、会阴等处）有出血点（图4-31）。初期便秘（排干硬的小球状粪便），随后腹泻，粪便中带有黏液或血液。部分病猪表现神经症状，局部麻痹，运动失调，昏迷和惊厥等现象。病程10~20d。死亡率高。

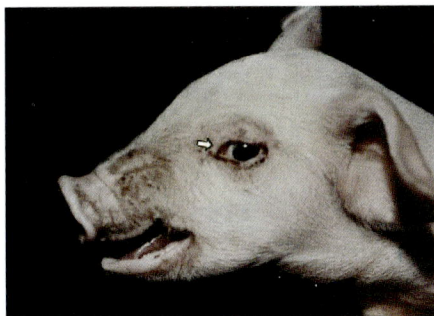

图4-30　猪瘟（1）
仔猪脓性结膜炎

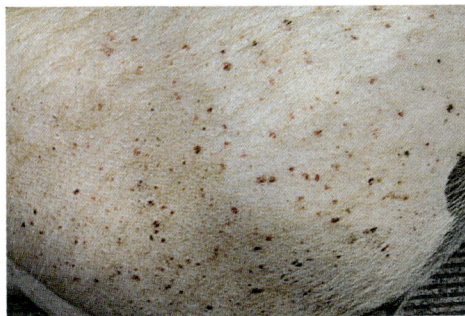

图4-31　猪瘟（2）
猪皮肤表面有出血点

（3）亚急性型　　多见于流行的中后期或猪瘟常发区，临床表现与急性型相似，但临床症状轻，较缓和。病程稍长，一般为20~29d。

（4）慢性型　　大多数是混合感染。表现消瘦、贫血、全身衰弱；体温升高，达41℃，弛张热；有食欲，便秘与腹泻交替出现；皮肤上有紫斑。部分病猪可以恢复，病程1个月以上。

（5）先天性猪瘟　　妊娠母猪感染低毒株猪瘟病毒后，本身不表现临床症状，但病毒可通过胎盘传给胎儿。导致流产、早产、木乃伊、死产、畸形、产出有颤抖临床症状的弱仔或外表健康的感染仔猪。子宫内感染仔猪皮肤常见出血，且初生死亡率高。外表健康的感染仔猪，在出生后几个月可表现正常，随后发生轻度食欲减退、精神沉郁、结膜炎、皮炎、下痢和运动失调；病猪体温正常，大多数能存活6个月以上，但最终不免死亡。

近年来，我国出现一些温和型猪瘟（非典型猪瘟）或无名高热病猪，临床症状较轻，体温一般在40~41℃。有的病猪耳、尾、四肢末端皮肤坏死，发育停止，到后期站立不稳，后肢瘫痪，部分猪跗关节肿大。

4. 病理变化　　猪瘟的病理变化随着毒力的强弱和机体抵抗力的不同而有所差异。

（1）最急性型　　常缺乏明显变化，一般仅见浆膜、黏膜和内脏有少数出血点。

（2）急性型　　可见皮肤出血，全身浆膜、黏膜（如呼吸道、消化道、泌尿生殖道、心包膜、胸膜、腹膜、脑膜、肺等，尤其是会厌软骨、膀胱、胆囊等）均可出现大小不一、数量不等的出血点或出血斑（图4-32～图4-35）；淋巴结肿大、出血，呈暗红色，切面红白相间，呈大理石样花纹；肾不肿大，呈土黄色，包膜下有针尖大小的出血点，外观似麻雀卵，俗称麻雀卵肾（图4-36），切面肾皮质、肾盂、肾乳头也有出血点；脾不肿大，边缘有突出于表面的黑褐色出血性梗死灶（图4-37）；扁桃体出血、坏死。

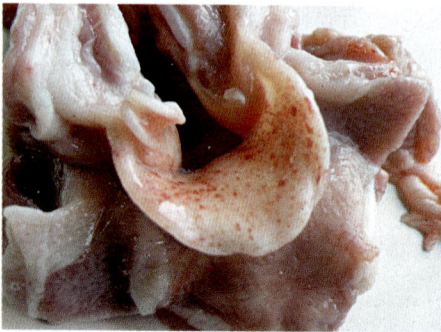

图4-32　猪瘟（3）
病死猪会厌软骨点状出血

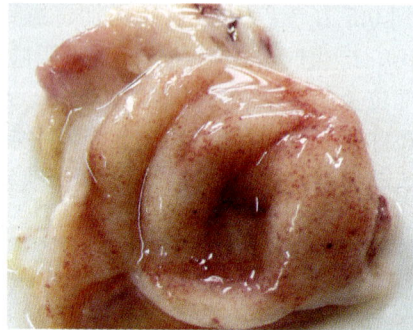

图4-33　猪瘟（4）
病死猪膀胱黏膜出血

图4-34　猪瘟（5）
病死猪膀胱黏膜出血

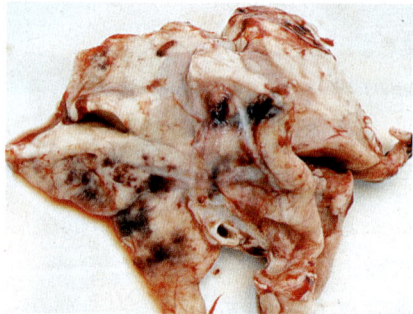

图4-35　猪瘟（6）
病死猪肺出血

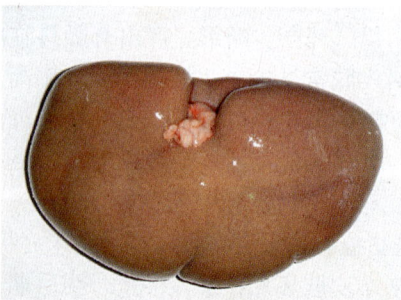

图4-36　猪瘟（7）
肾贫血，表面有针尖大小的出血点

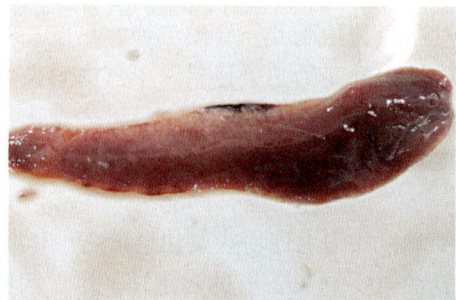

图4-37　猪瘟（8）
病死猪脾出血性梗死

（3）亚急性型　　除见皮肤、淋巴结、肾、膀胱等处有明显出血病理变化外，还可有纤维素性胸膜肺炎病理变化、回盲口附近有小溃疡。

（4）慢性型　　出血和梗死变化较不明显或完全没有，但回肠末端、盲肠和结肠常有特征性的坏死和溃疡变化，呈扣状肿，胃底有时也见扣状肿。胎儿木乃伊化；死产胎儿最显著的病理变化是全身性皮下水肿、腹水和胸水；胎儿畸形包括头和四肢变形，小脑和肺发育不良，肌肉发育不良；在出生后不久死亡的子宫内感染仔猪，皮肤和内脏器官常有出血点；先天感染仔猪发病死亡后，其突出的变化是胸腺萎缩，肾小球肾炎，淋巴结肿大，肋骨和肋软骨的连接处形成致密、发白的钙化线。

温和型猪瘟一般轻于典型猪瘟，如淋巴结呈现水肿状态，轻度出血或不出血，肾出血点不一致，脾稍肿，有1或2处梗死；回盲瓣很少出现扣状肿，但有溃疡和坏死病理变化。

5. 诊断　　急性猪瘟可根据流行病学、临床症状和病理变化做出准确诊断。其他类型猪瘟因临床症状和病理变化存在很大差异，临床诊断比较困难，必须采取病料进行实验室诊断，包括血液学（白细胞、血小板减少）、细菌学和组织学检查；病毒分离和血清学检查（免疫荧光抗体技术、免疫酶标试验、琼脂扩散试验、对流免疫电泳等）和动物试验（猪体试验、兔体交互免疫试验）。急性猪瘟与急性败血型猪丹毒、副伤寒、猪肺疫、弓形虫病等皮肤有充血、出血的传染病易混淆，应注意鉴别诊断，详见表4-1。

表 4-1　急性猪瘟与急性败血型猪丹毒、副伤寒、猪肺疫、弓形虫病鉴别诊断

项目	急性猪瘟	急性败血型猪丹毒	副伤寒	猪肺疫	弓形虫病
病原	猪瘟病毒	丹毒杆菌	沙门氏菌	巴氏杆菌	弓形虫
侵害对象	猪唯一自然宿主	主要发生于猪，其他家畜如牛、羊、犬、马及禽类也有病例报道	人、畜及其他动物均有致病性	家畜、野兽、家禽、野生水禽和人均有致病性	人、畜、禽和多种野生动物均具有易感性
流行特点	各年龄猪均可感染发病，无季节性；流行广、流行期长，易继发或混合感染其他疾病；多途径传播，可垂直传播	3～6月龄猪多见，夏季多发，经皮肤、黏膜、消化道感染病程短	1～4月龄多发，与饲养条件、环境、气候等有关（内源性感染），流行期长，发病率高	架子猪多见，散发，与季节、气候、饲养卫生环境等有关；发病急，病程短，病死率高	各年龄的猪均易感
主要临床症状	体温41～42℃，先便秘，粪便呈算盘珠样，带血和黏液，后腹泻；后腿交叉步，后躯摇摆；颈部、腹下、四肢内侧发绀，皮肤出血，公猪包皮积尿，眼部有分泌物，终归死亡	体温42℃以上，体表有规则或不规则疹块，并可结痂、坏死脱落；慢性型多为关节炎和心内膜炎临床症状	急性体温41～42℃，腹痛、腹泻、耳、胸、腹下发绀；慢性者下痢，排灰白色或黄绿色恶臭稀粪，皮肤有痂状湿疹，易继发其他疾病，最终死亡或为僵猪	体温41～42℃，呼吸困难、张口吐舌，犬坐姿势，咳、喘，口吐白沫，咽、喉、颈、腹部红肿，常窒息死亡	高稽留热，咳、喘、呼吸困难有神经临床症状；后期体表有紫斑及出血点；孕猪多流产或产死胎
病程	10～20d	哺乳仔猪和刚断奶小猪不超过1d，其他猪3～4d	多数为2～4d	数小时至3d	数天至半个月

续表

项目	急性猪瘟	急性败血型猪丹毒	副伤寒	猪肺疫	弓形虫病
病理变化特征	皮肤、黏膜、浆膜广泛出血，雀斑肾，脾边缘梗死，回、盲肠扣状肿；淋巴结边缘出血，黑紫色，切面呈大理石状；孕猪流产，产死胎、木乃伊胎等	急性者脾樱桃红色，肿大柔软，皮肤有疹块；慢性病理变化为增生性、非化脓性关节炎，菜花心	急性型多为败血症、脾肿大、淋巴结索状肿；慢性者特征病理变化为坏死性肠炎，大肠黏膜呈糠麸样坏死	咽喉、颈部皮下水肿；纤维素性胸膜肺炎；水肿，气肿，肝变，切面呈大理石状条纹	皮肤出血；发生出血性肺炎，肺肿大、淤血，间质增宽；脾肿大，淋巴结肿大
实验室诊断方法	分离病毒，测定抗体，接种家兔	涂片镜检，分离细菌，血清学试验	涂片镜检，分离鉴定细菌	涂片镜检，鉴定细菌，接种小鼠	涂片镜检，测定抗体
治疗	无法治疗，主要依靠疫苗预防和紧急接种	青霉素治疗有效，可用弱毒菌苗预防	广谱抗生素有疗效；预防可用弱毒菌苗，但效果不理想	链霉素及多种抗菌药物有效；可用疫苗预防	磺胺类药物有良好疗效

6. 防治　无特效药治疗，主要靠预防。

平时加强饲养管理，坚持自繁自养；不从疫区引进猪只，引进猪只要严格检疫；不喂未经煮沸的泔水；做好猪舍的清洁卫生和消毒工作。对大多数农村散养猪多采用春、秋两季集中免疫、每月定期补免的方法。对于专业化猪场及养猪专业户，应对猪群进行抗体水平监测，依照各地区和猪群的不同抗体水平情况，制订出相应免疫程序；没有条件进行抗体监测的，可采用乳前免疫，即仔猪在吃初乳前进行免疫注射，注射后1.5～2h吃初乳，或采用仔种在20～25日龄和60～65日龄进行免疫，以后每年加强免疫一次。种公猪春、秋各免疫1次；种母猪每次配种前1周免疫1次。

发病时应及早诊断，立即隔离病猪。严格消毒，一般用碱性消毒剂。对病猪集中屠宰，肉品经无害化处理后方可利用；对病死猪、废弃物和污水应妥善处理。对疫区内假定健康猪和受威胁区的猪加大免疫剂量进行紧急接种。

二、猪繁殖与呼吸综合征

猪繁殖与呼吸综合征（porcine reproductive and respiratory syndrome，PRRS）是由猪繁殖与呼吸综合征病毒引起的以母猪繁殖障碍和仔猪呼吸道临床症状为特征的一种接触性传染病，也称猪蓝耳病（blue-ear disease）。主要特征为厌食、发热、怀孕后期流产，产死胎和木乃伊胎；幼龄猪发生呼吸系统疾病和大量死亡。此病目前在世界各地传播，对养猪业造成了严重的经济损失。

1. 病原　猪繁殖与呼吸综合征病毒（PRRSV）属动脉炎病毒科（Arteriviridae）动脉炎病毒属（Arterivirus），呈球形，直径为45～65μm，有囊膜，表面有细小纤突。分为欧洲分离株（LV）和美洲分离株（VR-2332），LV株和VR-2332株的形态和理化性状相似，但抗原性有差异。根据PRRSV基因变异程度将其分为两种地理群或基因型，即以LV株为代表的欧洲基因型（简称A亚群）和以VR-2332株为代表的美国基因型（简称B亚群）。两种类型病毒均有典型的免疫抑制性。可在猪肺泡巨噬细胞（PAM）、Marc-145、CL-2621和MA-104等细胞上增殖，并产生病理变化。

2. 流行病学 猪是唯一的自然宿主，各种年龄、品种和各种饲养条件下的猪均可感染，但主要侵害妊娠母猪和2～28日龄仔猪。病猪和带毒猪是本病的主要传染源，耐过猪可长期带毒和不断向外排毒。本病传播迅速，主要通过呼吸道传播，也可通过胎盘、精液传播。

本病无明显季节性，但主要与母猪妊娠有关。初发地区呈暴发式、地方性流行，发生过的地区则流行缓和、多为散发。许多因素对病情的严重程度都有影响，如猪群的抵抗力、环境、管理及细菌、病毒的混合感染等。

3. 临床症状 潜伏期不定，人工感染孕猪潜伏期为4～7d，自然感染一般为14d。不同年龄和性别的猪感染后临床症状差别很大。

（1）妊娠母猪 主要是妊娠期在100d以后的母猪，表现突然发病。精神不振、食欲废绝、体温稍高（39.5～40℃）。有的母猪可能出现喷嚏、咳嗽等，类猪流感；有的可能出现呼吸困难等（图4-38），耳尖、耳边呈蓝紫色（蓝耳病）（图4-39）。妊娠后期（107～112d）母猪出现大批流产或早产，产出死胎、弱仔或木乃伊胎（图4-40），死产率可达80%～100%。有的四肢末端、腹侧有水肿（图4-41），有的皮肤有红斑、大面积梗死和大的疹块，阴部肿胀。

图4-38 猪繁殖与呼吸综合征（1）
病猪呼吸困难

图4-39 猪繁殖与呼吸综合征（2）
病猪两侧耳部呈蓝紫色

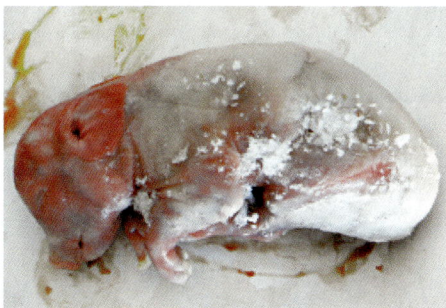

图4-40 猪繁殖与呼吸综合征（3）
病母猪流产，产出的死胎

图4-41 猪繁殖与呼吸综合征（4）
病死猪颈部和前胸腹下浮肿

（2）初生仔猪 可以在窝内感染，表现为呼吸加快，厌食，一过性发热，被毛粗乱，生长慢，丧失吃奶能力。有时可见结膜炎和眼周水肿。死亡率一般为33%～50%。有时可达80%～100%。仔猪以2～28日龄感染后临床症状明显，死亡率高达80%，主要表现为早产猪出生后当天或几天内死亡，大多数仔猪表现呼吸困难、打喷嚏、共济失调、肌肉阵颤、后肢麻痹、嗜睡，本病还可引起产仔瘦小、弱胎。有的仔猪在耳部和躯干部（耳尖、颈胸、腹下、四肢内侧）出现淤血、出血斑，短时间内皮肤全部变为紫色而死亡。

（3）育肥猪和较大的仔猪　双眼肿胀、发生结膜炎和腹泻，并有肺炎。感染本病后只呈现一过性反应，而且临床症状较缓和，如短时间的厌食、轻度咳嗽。若继发感染，可使临床症状加剧、生长不良或死亡。

（4）空怀母猪和种公猪　精神沉郁、食欲减退，咳嗽、打喷嚏、呼吸急促和运动障碍，性欲下降、精液质量下降、射精量减少。感染后也可出现厌食、呼吸困难、咳嗽、发热等临床症状。配种时，可见配种率、受精率和产仔率下降。种公猪还可出现暂时性精液减少和精子活力下降。

近年发生的高致病性 PRRS 临床表现为，体温明显升高，可达 41℃ 以上；眼结膜炎、眼睑水肿；咳嗽、气喘等呼吸道临床症状；部分猪有后躯无力、不能站立或共济失调等神经症状；仔猪发病率可达 100%、死亡率可达 50% 以上，母猪流产率可达 30% 以上，成年猪也可发病死亡。

4. 病理变化　　间质性肺炎是最常见的病理变化，或以多病灶散在分布肺四周，或呈局部广泛性病理变化（图 4-42）。气管内多量泡沫样液（图 4-43），颌下淋巴结肿胀（图 4-44）。子宫、胎盘、胎儿及新生仔猪外观无肉眼可见变化。

近年发生的高致病性 PRRS 可见脾边缘或表面出现梗死灶，显微镜下见出血性梗死；肾呈土黄色，表面可见针尖至小米粒大的出血点斑，皮下、扁桃体、心脏、膀胱、肝和肠道均可见出血点和出血斑。显微镜下见肾间质性炎，心脏、肝和膀胱出血性、渗出性炎等病理变化；部分病例可见胃肠道出血、溃疡、坏死，脑膜充血，脑回肿胀（图 4-45）。

图 4-42　猪繁殖与呼吸综合征（5）
病死猪肺红色实变，有出血斑

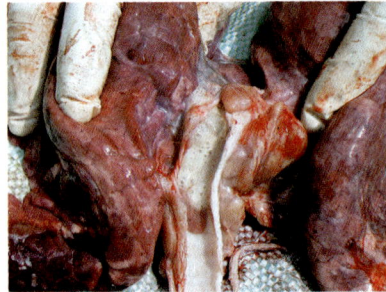

图 4-43　猪繁殖与呼吸综合征（6）
病死猪气管中多量泡沫样的液体

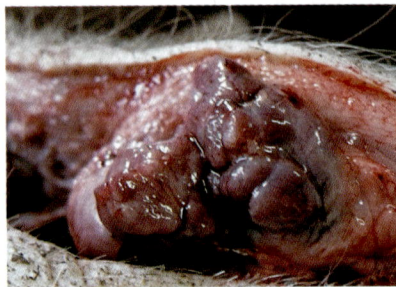

图 4-44　猪繁殖与呼吸综合征（7）
病死猪颌下淋巴结肿胀潮红

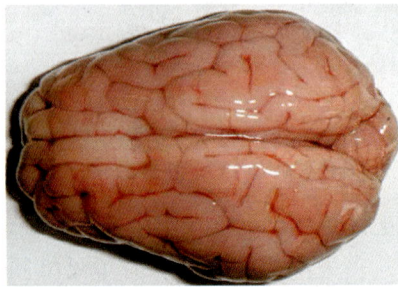

图 4-45　猪繁殖与呼吸综合征（8）
病死猪脑膜充血，脑回肿胀

5. 诊断　　根据流行病学、临床症状结合病理变化可做出初诊。但进一步确诊须进行病原分离鉴定和血清学检查。猪繁殖与呼吸综合征与猪细小病毒感染、猪伪狂犬病、猪日本乙型脑炎、猪瘟等繁殖障碍性传染病极易混淆，应注意鉴别诊断，详见表4-2。

表4-2　猪繁殖与呼吸综合征、猪细小病毒感染、猪日本乙型脑炎、猪伪狂犬病和猪瘟的鉴别诊断

项目	猪繁殖与呼吸综合征	猪细小病毒感染	猪日本乙型脑炎	猪伪狂犬病	猪瘟
病原	蓝耳病病毒	细小病毒	乙型脑炎病毒	伪狂犬病病毒	猪瘟病毒
侵害对象	猪是唯一自然宿主	猪是唯一易感动物	多种动物和人都可感染	多种动物都可感染	猪是唯一自然宿主
流行病学	孕猪和新生仔猪感染率高，新疫区发病率高，仔猪死亡率高，母猪无死亡，垂直传播	大小猪均易感，但仅初产猪表现临床症状；垂直传播，流行期长	初产母猪、仔猪和育肥猪多发，夏、秋多见，与蚊虫有关，散发，感染率高，发病率低	孕猪和新生仔猪最易感，感染率高，发病严重，流行期长，无季节性；仔猪死亡率高，母猪主要流产，垂直传播	不分品种、年龄、性别，发病率、死亡率均高，流行期长，可垂直传播
主要临床症状	流产、死产多见于妊娠后期，偶见木乃伊胎，母猪有全身临床症状，并影响再次配种，新生仔猪死亡率高	妊娠早期感染，胚胎死亡，产仔数少或屡配不孕；中期感染产木乃伊胎；后期感染产仔正常	侵害各时期胎儿，多产出死胎和木乃伊胎，少数为活仔，但1~2d发病死亡，公猪睾丸单侧性肿胀、发热、疼痛	侵害妊娠40d以上胎儿，流产、死产、木乃伊胎及弱仔多见，弱仔发病死亡快，母猪无其他临床症状，仔猪有呼吸道和神经症状	体温41~42℃，先便秘，后腹泻；皮肤出血，公猪包皮积尿，个别有神经临床症状
病理变化特征	仔猪淋巴结肿大、出血，脾肿大，肺淤血、水肿、肉变	发育不良，死胎充血、水肿、出血、体腔积液或木乃伊化	胎儿脑水肿，脑膜、脊髓充血，非化脓性脑炎，脑发育不全，皮下水肿，体腔积液，肝、脾坏死	无明显肉眼病理变化，非化脓性脑炎，脑组织有核内包涵体	败血症，全身皮肤及脏器广泛出血，雀斑肾，脾边缘梗死，肠道扣状溃疡
实验室诊断方法	分离病毒，检测抗体	分离病毒，测定抗体	分离病毒，接种小鼠，测定抗体	免疫荧光抗体试验，酶标抗体检测病毒，脑组织检查包涵体	分离病毒，测定抗体，接种家兔
治疗	无法治疗，可用疫苗预防	无法治疗，可用疫苗预防	无法治疗，可用疫苗预防	无法治疗，可用疫苗预防	无法治疗，主要依靠疫苗预防和紧急接种

6. 防治　　目前对PRRS的防治尚无切实有效的方法，主要采取综合防治及对症疗法。平时加强饲养管理，搞好消毒工作。防止引入传染源，禁止从疫区引进猪只；到非疫区引进猪只，也应进行血清学检查，阴性者方可引入；引入后隔离观察21d以上，确认安全后方可入场、合群。受威胁区的猪群应进行免疫接种。

目前国内外均已研制成弱毒疫苗和灭活疫苗，一般认为弱毒疫苗效果最佳，能保护猪不出现临床症状，但不能阻止强毒感染，而且存在散毒的可能，并且返强的概率相当高，因此多在受污染的猪场使用。后备母猪在配种前进行2次免疫，首免在配种前2个月，间隔1个月进行二次免疫。小猪在母源抗体消失前首免，母源抗体消失后进行二次免疫。公猪和妊娠母猪不能接种。弱毒疫苗能跨越胎盘导致先天感染；有的毒株保护性抗体产生较

慢；有的免疫猪不产生抗体；疫苗毒在公猪体内可通过精液散毒；成年母猪接种效果较佳。

三、猪伪狂犬病

伪狂犬病（pseudorabies）是一种由伪狂犬病病毒（pseudorabies virus，PRV；Aujeszky's disease virus，ADV）引起的传染病，该病最早发现于美国，由匈牙利科学家首先分离出该病毒。

1. 病原　伪狂犬病病毒属于疱疹病毒科（Herpesviridae）α-疱疹病毒亚科，是疱疹病毒科中抵抗力较强的病毒。37℃半衰期为7h，8℃可存活46d，25℃干草、树枝、食物上可存活10～30d，病毒短期保存于4℃、pH 4～9较为适宜。该病毒除对乙醚、氯仿及福尔马林和紫外线照射敏感外，5%石炭酸2min可将该病毒灭活，0.5%～1%氢氧化钠迅速使其灭活。

伪狂犬病病毒不同毒株的毒力和生物学特征存在差异。该病毒具有泛嗜性，能在多种组织培养细胞内增殖，以兔肾和猪肾细胞（包括原Ⅰ代细胞和传代细胞系）最为敏感，并能引起明显的细胞病理变化，细胞肿胀变圆。当病毒接种量大时，18～24h后即能看到典型的细胞病理变化。

2. 流行病学　伪狂犬病自然发生于猪、牛、绵羊、犬和猫。此外，多种野生动物、肉食动物也易感。实验动物中家兔最为敏感，小鼠、大鼠、豚鼠等也能感染。关于人感染伪狂犬病病毒的报道很少。猪是伪狂犬病病毒最主要的自然宿主。病猪、带毒猪及被伪狂犬病病毒污染的工作人员和器具均为本病的重要传染源，空气和接触是本病扩散最主要的传播途径。该病发生无明显的季节性，但以冬末春初较为多发。

3. 临床症状　伪狂犬病病毒的临床表现取决于感染病毒的毒力和感染量，除猪以外的其他动物感染伪狂犬病病毒后死亡率为100%。而猪感染伪狂犬病的临床症状因日龄而异。新生仔猪感染伪狂犬病病毒的第1天表现正常，第2天开始发病，仔猪体温上升达41℃以上，精神极度委顿、发抖、运动不协调、痉挛、呕吐、腹泻，极少康复（图4-46），3～5d时死亡率可达100%；断奶仔猪感染伪狂犬病病毒主要表现为神经症状、拉稀、呕吐等，发病率为20%～40%，死亡率为10%～20%；成年猪一般为隐性感染，主要表现为发热、精神沉郁，有些病猪呕吐、咳嗽，临床症状轻微，一般于4～8d恢复；怀孕母猪感染此病可发生流产、产木乃伊胎或死胎；公猪感染伪狂犬病病毒后表现出睾丸肿胀、萎缩，丧失繁殖能力。

4. 病理变化　该病感染一般无特征性病理变化，眼观可见肾有针尖状出血点（图4-47），有时可见不同程度的卡他性胃炎和肠炎。当中枢神经系统症状明显时，脑

图 4-46　猪伪狂犬病（1）
5日龄仔猪瘫痪、口吐白沫

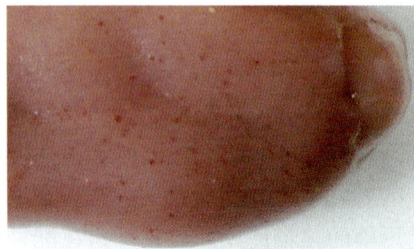

图 4-47　猪伪狂犬病（2）
病死猪肾表面的出血点和灰白色病灶

膜明显充血，脑脊髓液量过多，心、肝、脾、肺等实质脏器常可见灰白色坏死病灶（图 4-48～图 4-51）。子宫内感染后可发展为溶解坏死性胎盘炎。

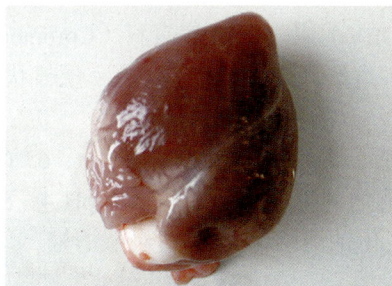

图 4-48　猪伪狂犬病（3）
病死猪心肌的灰白色病灶

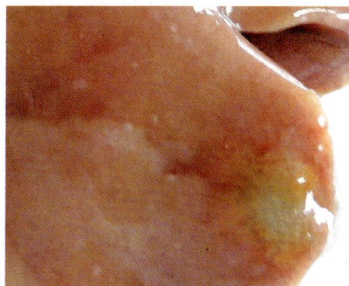

图 4-49　猪伪狂犬病（4）
病死猪肝表面的灰白色病灶

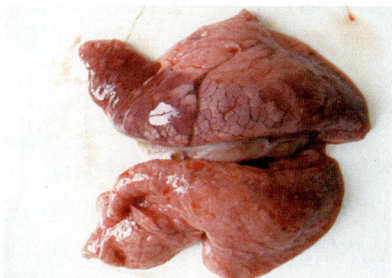

图 4-50　猪伪狂犬病（5）
病死猪肺的暗红色实变和灰白色病灶

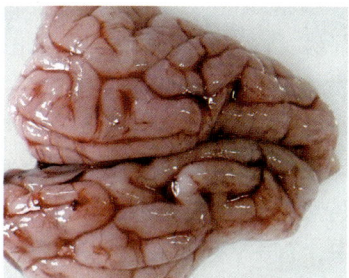

图 4-51　猪伪狂犬病（6）
脑膜充血出血

5. 诊断　　根据流行病学、临床症状和病理变化，可做出初步诊断，但进一步确诊须进行病原分离鉴定和血清学检查。病毒分离和鉴定时，可采取脑组织、扁桃体，用磷酸缓冲液（PBS）制成 10% 悬液或鼻咽洗液接种猪、牛肾细胞或鸡胚成纤维细胞，于 18～96h 出现病理变化，有病理变化的细胞用 HE 染色，镜检可见嗜酸性核内包涵体。血清学诊断以中和试验、酶联免疫吸附试验最为常见，免疫荧光抗体试验、核酸探针检测技术及 PCR 技术也可借鉴。

6. 防治　　本病尚无特效治疗药物。净化猪群和免疫接种是预防和控制伪狂犬病的根本措施。净化猪群时要保证各个阶段猪只的合理营养供给，同时做好清洁、消毒工作。采用全进全出及同日龄阶段饲养，每个环节设一个专用的病猪隔离场所，及时把病猪隔离出来。合理使用疫苗要根据抗体水平决定免疫程序。后备猪应在配种前实施至少 2 次伪狂犬病疫苗的免疫接种。经产母猪在怀孕后期实行 1 或 2 次免疫。哺乳仔猪免疫根据本场猪群感染情况而定。本场及周围环境未发生过伪狂犬病疫情的猪群，可在 30d 以后免疫 1 头份灭活苗。若本场或周围发生过疫情的猪群应在 19 日龄或 23～25 日龄免疫 1 头份弱毒苗。保育和育肥猪群应在首免 3 周后加强免疫 1 次。

四、猪传染性胃肠炎

猪传染性胃肠炎（transmissible gastroenteritis of pig，TGE）是一种由猪传染性胃肠炎

病毒引起的猪急性、高度接触性肠道传染病。以 2 周龄以下仔猪呕吐、严重腹泻和高死亡率为特征。1946 年，Doyle 和 Hutchings 首次报道该病在美国发生，此后世界上大多数国家都有相继报道，我国也时有发生。

1. 病原 猪传染性胃肠炎病毒（TGEV）属于冠状病毒科（Coronaviridae）冠状病毒属（*Coronavirus*），呈球形、椭圆形和多边形，有囊膜，表面有一层棒状纤突的 RNA 病毒。

该病毒对乙醚、氯仿及去氧胆酸钠敏感，不耐热，56℃经 45min、65℃经 10min 能将其杀死，阳光暴晒 6h 即被灭活，紫外线能使其迅速死亡。病毒在 pH 4～8 时稳定，但 pH 2.5 时则被灭活。常用消毒药如 2% 氢氧化钠溶液、0.5% 石炭酸溶液、1%～2% 甲醛溶液能将其杀死。

2. 流行病学 各年龄猪均可发病，以 10 日龄以下的哺乳仔猪发病率和病死率最高，随日龄增加，发病率和死亡率降低。此外，德国有报道猎犬可自然发病，且可参与本病的传播。病猪和带毒动物是主要的传染源，通过粪便、分泌物、乳汁、呕吐物排出病毒，污染饲料、饮水和用具，经消化道或呼吸道感染易感猪。

本病的发生和流行有明显的季节性，一般以冬、春季节多发，1～2 月为发病高峰。新疫区呈流行性，当有 TGEV 侵入猪场时，可快速感染所有年龄的猪，10 日龄以内仔猪的发病率和死亡率很高，可达 100%；老疫区呈地方性流行或间歇性流行，病毒和易感猪在一个猪场持续存在，多发生于常有仔猪出生和不断有易感猪增加的猪场；同时在本病流行间隙期中，TGEV 可重新侵入猪场引起易感猪群重新感染而呈现周期性地方性流行。

3. 临床症状 潜伏期短，一般 18～72h，感染一般很快地传遍整个猪群。仔猪突然发病，短暂的水样呕吐（图 4-52），接着发生急剧的腹泻，粪便呈黄色、绿色或灰白色，恶臭（图 4-53），常含有未消化的凝乳块，脱水，体重迅速下降，2 周龄以下猪的发病率和死亡率较高。7 日龄以内仔猪出现临床症状，2～7d 后死亡。3 周龄以上耐过仔猪生长发育不良，成为僵猪。断乳猪、育肥猪和成年猪发病较轻，表现为食欲减退，短暂的呕吐、腹泻，粪便呈黄白色、灰色或褐色（图 4-54），一般 3～7d 后康复，极少死亡。某些与仔猪接触密切哺乳母猪临床症状较重，会出现体温升高、泌乳停止、呕吐和腹泻；但也有一些与仔猪接触后哺乳母猪无临床症状可见。

4. 病理变化 主要是严重脱水和卡他性胃肠炎。胃和小肠内充满乳白色凝乳块，胃底黏膜潮红充血，有的可见出血和溃疡（图 4-55）。小肠壁充血，肠管膨胀，小肠内充

图 4-52　猪传染性胃肠炎（1）

仔猪呕吐

图 4-53　猪传染性胃肠炎（2）

仔猪腹泻

图 4-54　猪传染性胃肠炎（3）
呕吐未消化凝乳块，腹泻黄白色粪便

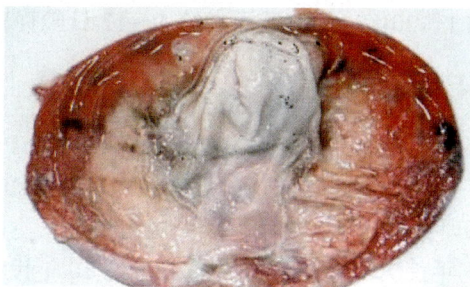

图 4-55　猪传染性胃肠炎（4）
病死猪胃底出血

满黄绿色或灰白色液状物，含有泡沫和未消化的小乳块，小肠壁变薄，弹性降低，呈半透明状（图 4-56）。回肠、空肠绒毛萎缩，明显变短，绒毛长度和肠腺隐窝深度的比例由正常的 7 : 1 变为 1 : 1（图 4-57）。

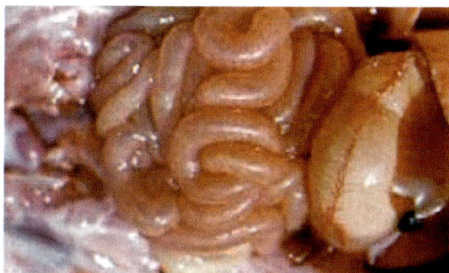

图 4-56　猪传染性胃肠炎（5）
病死猪肠壁变薄

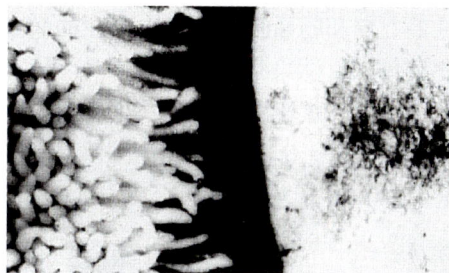

图 4-57　猪传染性胃肠炎（6）
病猪绒毛变短脱落（左为正常）

5. 诊断　　根据流行病学、临床表现和病理变化可进行初步诊断，要进一步确诊，必须进行实验室诊断。

（1）病毒分离和鉴定　　感染猪粪便或肠道内容物病毒用细胞培养的方法分离，常用的细胞有原代和传代猪肾细胞，连续传代 2 代以上，分离病毒接种仔猪，根据典型的临床症状、病理变化，在细胞培养上产生细胞病理变化，并用标准抗 TGEV 的血清做中和试验进行鉴定。

（2）荧光抗体检查病毒　　取腹泻早期病猪空肠和回肠的刮取物做涂片，或空肠、回肠的冰冻切片，进行直接或间接荧光染色，然后用缓冲甘油封裱，在荧光显微镜下检查，呈现荧光者为阳性。此法快速，2～3h 可报告结果。

（3）血清学诊断　　取发病猪急性期和康复期血清，用中和试验、双抗体夹心 ELISA 法、间接 ELISA 法检查病毒抗体。

6. 防治　　平时注意不从有疫情的地区或猪场引进种猪。从外地购入的种猪，严格执行引种隔离检疫制度，血清学检查阴性，隔离观察 1 个月，确定健康后方可混群。注意猪舍的消毒和冬季保暖工作。妊娠母猪在产前 45d 和 15d 各通过后海穴注射 TGE H 和 CV777 二价活苗进行免疫接种，仔猪出生后可通过乳汁获得被动免疫。发病后应及时隔离病猪，对假定健康猪群进行紧急免疫接种，同时对猪舍、环境、用具等进行彻底消毒。本病无特效药物治疗，发病后只能采取对症疗法，以减轻脱水、防止酸中毒和继发感染，另外可用 1~20IU 人 α 干扰素给 1~12 日龄仔猪口服，连用 4d，有一定的治疗效果。

五、猪流行性腹泻

猪流行性腹泻（porcine epidemic diarrhea，PED）是一种由猪流行性腹泻病毒引起的猪急性、高度接触性肠道传染病。以呕吐、下痢、脱水为特征。本病的流行特点、临床症状和病理变化与猪传染性胃肠炎极为相似。

1971 年首次发生在英格兰，20 世纪 70 年代和 80 年代曾在欧洲广泛流行，80 年代初我国也陆续报道本病的发生，目前西半球及澳大利亚尚无本病的发生。

1. 病原　猪流行性腹泻病毒（PEDV）属于冠状病毒科（Coronaviridae）冠状病毒属（*Coronavirus*），呈多形性，但倾向于圆形，是一种有囊膜的 RNA 病毒。目前还没有发现有不同的血清型。本病毒对多种动物及人的红细胞无凝集性。对乙醚和氯仿敏感。

2. 流行病学　本病只感染猪，各年龄猪均可感染。哺乳仔猪、断奶仔猪和育肥猪感染发病率接近 100%，成年母猪发病率高低不一，达 15%~90%。病猪是主要传染源，在肠绒毛上皮和肠系膜淋巴结内存在的病毒，随粪便排出，污染周围环境和饲养用具等，经消化道传播。感染猪可持续排毒 7~9d，易感猪场常于销售或购入猪只后 4~5d 发病。本病的发生有一定季节性，多发生于冬季，我国多在 12 月至次年 2 月寒冬季节发生，呈地方性流行。

3. 临床症状　潜伏期一般为 5~8d，人工感染潜伏期为 8~24h。

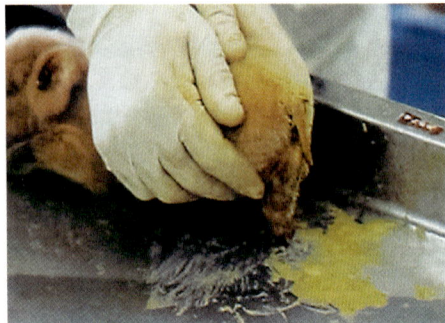

图 4-58　猪流行性腹泻（1）
病死猪腹泻，排黄色水样稀便

病猪精神沉郁，食欲减退或废绝，体温正常或稍有升高。最为明显的临床症状是腹泻，排灰黄色或灰色水样的稀便（图 4-58），临床症状的轻重随日龄的大小而有差异，日龄越小，临床症状越重。1 周龄内的仔猪发生腹泻 3~4d 后，因严重脱水而死亡，死亡率平均达 50%，严重的可达 100%。日龄较大的仔猪和育肥猪约 1 周后自行康复。母猪可能出现腹泻，或不发生腹泻，仅表现厌食和精神沉郁。

临床上与 TGE 的临床表现极为相似，但 PEDV 在封闭的种猪场内及同一育肥猪群内或不同育肥猪群间传播较慢，通常要 4~6 周才能感染不同猪舍的猪群，甚至有的猪舍的猪群不感染。

4. 病理变化　新生仔猪严重脱水，眼观病理变化局限在小肠，肠管扩张，肠道内充满黄色液体（图 4-59），肠系膜充血，肠系膜淋巴结水肿。小肠上皮脱落，多见于绒毛上部，最早发生于腹泻后 2h；小肠绒毛萎缩，绒毛长度和肠腺隐窝深度的比例由正常的 7:1 变为 3:1 或 2:1（图 4-60），肠道内酶活性显著下降。这些病理变化与 TGEV 的病理变化极其相似，但 PED 范围较小。在结肠未能观察到病理组织学变化。

5. 诊断　根据流行病学、临床表现和病理变化可进行初步诊断，本病在流行病学和临床表现上与 TGE 无显著差别，只是病死率较 TGE 稍低，且在猪群中的传播速度也较为缓慢。进一步确诊须进行实验室诊断。

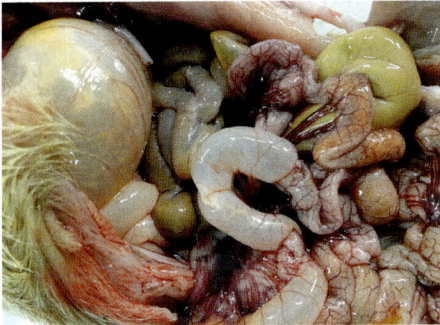

图 4-59 猪流行性腹泻（2）
4 日龄仔猪胃肠壁菲薄呈透明状，胃肠内充满气体
或黄色液体

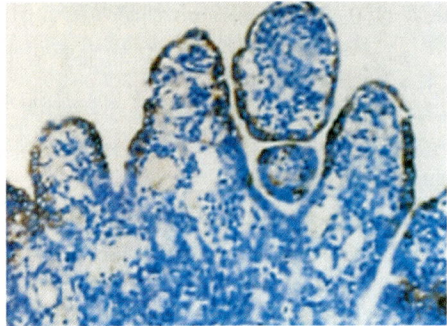

图 4-60 猪流行性腹泻（3）
病死猪小肠绒毛萎缩变短

（1）病原学诊断　应用人工感染试验，取病猪小肠组织或肠内容物制成悬液，经口服感染 2～3 日龄不泌初乳的仔猪，如果试验猪发病，再取小肠组织做免疫荧光染色检查。

（2）免疫荧光染色检查　本法具有特异性，范围广泛。方法是取病猪小肠做冰冻切片或小肠黏膜抹片，风干后丙酮固定，加荧光抗体染色，充分水洗，封盖在荧光显微镜下镜检，绒毛上皮细胞内有荧光颗粒者为阳性。

此外，还可以采用 ELISA、RT-PCR 等方法进行诊断。

6. 防治　可参照 TGE 防治办法。在本病的流行地区，可于母猪分娩前 2 周采用病猪粪便或小肠内容物进行人工感染，使其产生主动免疫，使仔猪获得被动免疫；也可用猪流行性腹泻氢氧化铝灭活疫苗或猪 TGE H 和 CV777 二联灭活疫苗，对母猪进行免疫接种。

本病无特效治疗方法。感染 PED 的哺乳仔猪应让其自由饮水，以减少脱水的发生，对于育肥猪可建议停止喂料。

六、猪圆环病毒感染

猪圆环病毒感染（porcine circovirus infection）是一种由猪圆环病毒引起的猪新的传染病。主要感染 8～13 周龄猪，其临床症状表现多种多样，主要特征为体质下降、消瘦、贫血、黄疸、生长发育不良、腹泻、呼吸困难、母猪繁殖障碍、内脏器官及皮肤的广泛病理变化，特别是肾、脾及全身淋巴结的高度肿大、出血和坏死。本病还可以引起严重的免疫抑制，从而容易导致继发或并发其他传染病。猪圆环病毒病已经成为严重危害世界养猪业的一种新的重要传染病，并引起了国际上的高度重视。

1. 病原　猪圆环病毒（porcine circovirus，PCV）属于圆环病毒科圆环病毒属。该科病毒有鸡贫血病毒、鹦鹉喙羽病毒。它是动物病毒中最小的一员。病毒粒子直径为 14～25nm，二十面体对称，无囊膜，基因组为单股 DNA。PCV 有两种血清型，即 PCV-1 型和 PCV-2 型，PCV-1 型没有致病性，但可持续污染 PK-15 细胞，PCV-2 型对猪有致病性，对猪危害极大。通过病毒的分子生物学技术研究，如细胞克隆技术、交叉免疫荧光、核酸探针、PCR 扩增技术、基因序列比较等，证明 PCV 在猪体内长时间演变过程中产生了变异株。

PCV 能在 PK-15 和 Vero 细胞增殖，但不引起明显的细胞病理变化。

2. 流行病学　　猪是 PCV 的主要宿主。猪对 PCV 有较强的易感性，各种年龄的猪均可感染，但仔猪感染后发病严重。胚胎期或出生后早期感染的猪，往往断奶后才可以发病，一般集中在 5～18 周龄，尤其在 6～12 周龄最多见。怀孕母猪感染 PCV 后，可经胎盘垂直传染给仔猪，并导致繁殖障碍。感染猪可自鼻液、粪便等废物中排出病毒，经呼吸道、消化道和精液及胎盘传染。

血清学调查发现，国外猪群血清阳性率达 20%～80%，国内猪群血清阳性率达 52.8%～100%。

PCV 是致病的必要因素，但不是充分条件，必须在其他因素的共同参与下才能导致明显的和严重的临诊病症，这些因素除了一些常见、重要病原体外，还包括饲养条件差、通风不良、饲养密度高、免疫接种应急、不同日龄猪混养等应激因素，均可加重病情的发展。本病无明显的季节性，流行以散发为主，有时可呈现暴发。

3. 临床症状和病理变化　　猪圆环病毒感染后潜伏期较长，即便是胚胎期或出生后早期感染，也多在断奶后才陆续出现临床症状。PCV-2 可以引起以下多种病症。

（1）断奶后多系统衰弱综合征（post-weaning multisystemic wasting syndrome，PMWS）　　是断奶仔猪发生的一种慢性消耗性疾病。Clark 于 1997 年首次报道该病，随后世界上许多国家和地区，如加拿大、美国、西班牙、英国、法国等都有该病的报道，目前我国的很多猪场均有该病存在，给我国的养猪业造成了严重的经济损失。本病主要发生于断奶仔猪，而哺乳仔猪很少发病。可发生于 5～16 周龄的猪，但 5～8 周龄的仔猪多发。猪舍拥挤、穿堂风、不同日龄的猪混养等应激因素，均可促使本病发生。本病的发病率和死亡率不定，如呈地方性流行时，发病率和死亡率均较低，但急性暴发时发病率可达 50%，死亡率可达 20%。

图 4-61　猪圆环病毒感染（1）
病猪进行性消瘦，皮肤苍白

1）临床主要表现为精神沉郁，食欲减退，体温略偏高，肌肉衰弱无力，进行性消瘦，发育障碍，呼吸困难、咳嗽、喘气、贫血、皮肤苍白（图 4-61），体表淋巴结肿大；有的皮肤与可视黏膜黄染。

2）病理变化，剖检可见间质性肺炎和黏液脓性支气管炎变化，肺肿胀，间质增宽，质坚硬似象皮样，其上面散在有大小不等的褐色实变区（图 4-62）。肝变硬、发暗。肾水肿、呈灰白色，皮质部有白色病灶。全身淋巴结肿大 4～5 倍，切面为灰黄色，可见出血（图 4-63）。

（2）猪皮炎和肾病综合征（porcine dermatitis and nephropathy syndrome，PDNS）主要影响未断奶的仔猪和生长猪，偶尔也会影响成年猪。该病在感染的猪群中流行率较低，一般不到 1%（通常为 0.05%～0.5%）。但是，在英国和其他的一些国家，曾经发生较高的流行率，感染猪的死亡率可达 0.25%～20%，有的甚至更高。3 月龄以上（包括 3 月龄）的猪死亡率接近 100%，而 1.5～3 月龄感染猪的死亡率大约为 50%。严重的急性病例在出现临床症状后几天内死亡。有些猪可以被治愈。耐过的猪逐渐康复，在开始发

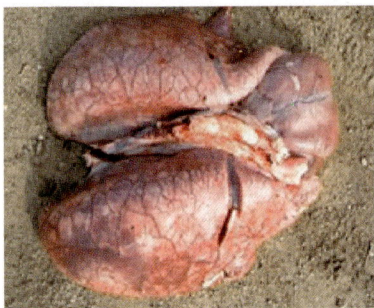

图 4-62　猪圆环病毒感染（2）
病猪出现间质性肺炎

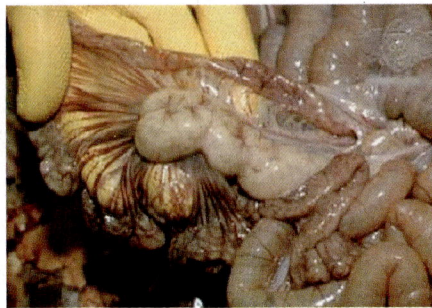

图 4-63　猪圆环病毒感染（3）
病死猪肠系膜淋巴结肿大

病 7～10d 后体重开始增加。

1）临床表现为食欲减退、精神沉郁、步态僵直、不爱运动，体温一般正常或者轻度升高；不食、消瘦、苍白；特征性临床症状是在会阴部、四肢、胸腹部及耳朵等处的皮肤上出现圆形或不规则形的红紫色病理变化斑点或斑块（图 4-64）。随着病程的延长，损伤部位的皮肤上会出现黑色痂皮，接着痂皮逐渐褪色，有时留有疤痕；有时这些斑块相互融合成条带状，不易消失。通常 3d 内死亡，有时可维持 2～3 周。

2）病理变化主要是出血性坏死性皮炎和动

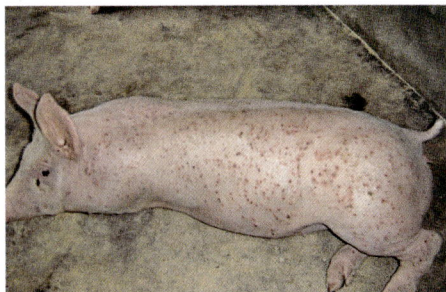

图 4-64　猪圆环病毒感染（4）
病死猪皮肤有红紫色隆起的不规则斑块

脉炎，在坏死组织的皮肤表面可见有红色或者暗红色的斑点和丘疹。研究表明：坏死组织主要与皮肤、皮下毛细血管、小动脉的坏死性脉管炎及广泛性出血有关。坏死性脉管炎是本病的全身临床症状，虽然在皮肤、肾盂、肠系膜和脾中的损伤表现得更为明显，

图 4-65　猪圆环病毒感染（5）
病死猪肾肿大、苍白，有坏死灶

但损伤可以发生在任何组织，以及会有渗出性肾小球性肾炎和间质性肾炎。肾肿大、苍白，表面覆盖有坏死灶（图 4-65），脾轻度肿大，有出血点。通常情况下，PDNS 病猪的皮肤和肾都会同时出现损伤。但是，也有少数病例，肾和皮肤的损伤不同时出现。肝呈橘黄色外观。心包积液、胸腔和腹腔积液。有时会出现脾梗死，是由脾的动脉和微动脉的坏死性脉管炎造成的。

（3）仔猪先天性震颤（congenital tremors of piglet，CT）　仔猪先天性震颤病，又称"小猪跳跳病"，或"小猪抖抖病"，是仔猪刚出生不久，出现全身或局部肌肉阵发性痉挛的一种疾病。

该病仅见于新生仔猪，受感染母猪怀孕期间不显示临床症状，成年猪多为隐性感染。本病由母猪经胎盘传给仔猪，未发现仔猪之间相互传播现象。公猪可能通过交配传给母猪。母猪若生过一窝发病仔猪，则以后出生的几窝仔猪都不发病。

仔猪出生后即出现震颤，一般表现在头部、四肢和尾部。轻的仅见于耳、尾，重的

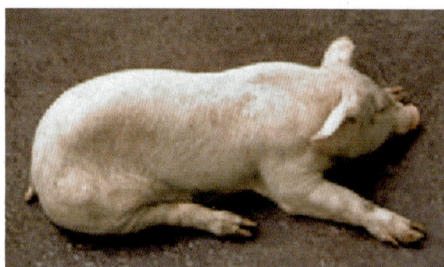

图 4-66　猪圆环病毒感染（6）
仔猪先天性震颤

可见全身抖动，表现剧烈的有节奏的阵发性痉挛（图 4-66）。由于严重震颤，仔猪行动困难，无法吃奶，常饥饿而死。

有的全窝仔猪发病，有的一窝仔猪中部分发病。若全窝发病则临床症状往往严重，若部分发病，则临床症状较轻。震颤呈双侧性，主要侵害骨骼肌，仔猪如能活一周，则一般可不死，通常于 3 周内震颤逐渐减轻以至消失。临床症状轻微的病猪可在数日内恢复，临床症状严重者耐过后仍有可能长期遗留轻微的震颤，影响生长发育。

无明显肉眼可见的病理变化，组织学检查可见脑血管及脑膜有充血、出血性变化。

（4）猪呼吸道病综合征　此病主要危害 6～14 周龄的猪，与 PCV-2 有关，还有其他病原参与。发病率为 2%～30%，死亡率为 4%～10%。肉眼病理变化为弥漫性间质性肺炎，颜色为红色。组织学变化表现为增生性和坏死性肺炎。常由病毒和细菌的混合感染引起，如 PCV-2、PRRS、SIV、肺炎衣原体、胸膜肺炎和多杀性巴氏杆菌。

（5）PCV-2 相关性繁殖障碍　PCV-1 和 PCV-2 感染均可造成繁殖障碍，导致母猪返情率增加、产木乃伊胎、流产及死产和弱仔等。其中以 PCV-2 引起的繁殖障碍更严重。

4. 诊断　根据临床症状和淋巴组织、肺、肝、肾特征性病理变化和组织学变化，可以做出初步诊断。但进一步确诊须进行病原分离鉴定，免疫荧光或原位核酸杂交进行诊断。

5. 防治　目前尚无有效疗法，主要加强饲养管理和兽医防疫卫生措施。一旦发现可疑病猪应及时隔离，并加强消毒，切断传播途径，杜绝疫情传播。定期在饲料中添加抗生素类药物如支原净、金霉素、阿莫西林等，对预防本病或降低发病率有一定作用，这主要是因为抑制了猪群中一些常见细菌性病原体，增强了猪群抵抗力。对发病猪群最好淘汰，不能淘汰者使用上述药物同时配合对症治疗，可降低死亡率。

第三节　其他传染病

一、猪支原体肺炎

猪支原体肺炎（mycoplasmal pneumonia of swine，MPS）又称猪地方性肺炎（swine enzootic pneumonia），俗称气喘病，是一种由猪肺炎支原体引起的猪慢性呼吸道传染病。主要的临床症状表现为咳嗽、气喘，病理变化以肺的心叶、尖叶、中间叶、膈叶前下缘呈"肉样变"或"虾肉样变"为特征。

1965 年，美国的 Mare 和 Switzer 首次分离到病原体，我国是 1973 年由上海农业科学院畜牧兽医研究所首次分离到致病性支原体，以后在广东、广西等 8 个省份相继分离到肺炎支原体。

本病遍布世界各地，可导致患病猪生长发育不良，饲料转化率降低，规模化猪场猪支原体常与多种细菌、病毒及环境因素协同作用，引起猪呼吸道疾病综合征（PRDC），给养猪业带来了严重的经济损失。

1. 病原　猪肺炎支原体（*Mycoplasma hyopneumoniae*）是支原体科（Mycoplasmataceae）支原体属（*Mycoplasma*）的成员。无细胞壁，故具有多形性，呈球状、环状、点状、杆状、两极状。本菌不易着色，革兰氏染色为阴性，但吉姆萨或瑞氏染色法染色良好。能在无细胞的人工培养基上生长，但对生长条件要求严格，且生长缓慢，在接种液体培养基3～30d后产生浑浊且培养基颜色变黄，将其接种固体培养基并置于5%～10% CO_2 气体条件下进行培养，2～3d后几乎见不到菌落出现。对外界环境抵抗力不强，一般在2～3d失活，常用消毒药均可将其杀灭。本菌对壮观霉素、卡那霉素、土霉素敏感，但对青霉素、磺胺类药物不敏感。

2. 流行病学　本病自然病例仅见于猪，各年龄、性别和品种的猪均可感染，但乳猪和断奶仔猪易感染性最高，妊娠后期和哺乳母猪次之，肥育猪发病最少，母猪和育肥猪多呈慢性或隐性经过。病猪和带菌猪是传染源，通过咳嗽、喘气和喷嚏排出病原，形成飞沫，经呼吸道感染。

本病一年四季均可发生，但在冬春寒冷季节多见。阴雨潮湿、气候骤变、饲养管理不良均可诱发本病，加剧病情。若继发感染其他疾病，则病情更重，常见的继发性病原体有多杀性巴氏杆菌、肺炎球菌、猪鼻支原体等。

3. 临床症状　潜伏期一般为11～16d，最短3～5d，最长可达1个月以上，根据发病经过可分为急性型、慢性型和隐性型，以慢性型和隐性型多见。

（1）急性型　多见于仔猪和怀孕后期母猪。病猪突然精神不振，垂头孤立一隅或趴伏在地，呼吸频率剧增，可达60～120次/min及以上。呼吸困难，严重者张口喘气（图4-67），发出喘鸣声，呈腹式呼吸（图4-68），咳嗽次数少而低沉，偶见痉挛性阵咳。体温一般正常，如发生继发感染，则体温升高，常见于新疫区和新感染猪群。病程1～2周，死亡率较高。

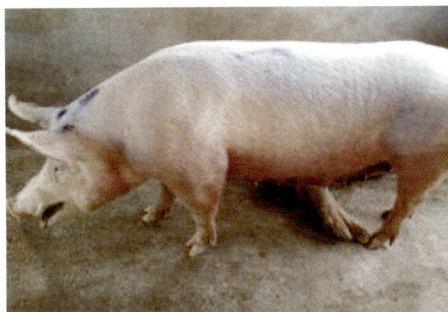

图4-67　猪支原体肺炎（1）
病猪咳嗽、呼吸困难

图4-68　猪支原体肺炎（2）
病猪腹式呼吸

（2）慢性型　常见于老疫区的育肥猪和后备母猪，多由急性型转变而来，也有原发慢性型的。病猪主要的临床症状是咳嗽、气喘。咳嗽多见于早晚、驱赶、运动或采食之后，表现为四肢叉开，站立不动，拱背、伸颈、头部下垂，用力咳嗽几次，严重的出现痉挛性咳嗽。不同程度的呼吸困难，呼吸次数增加。食饮欲影响不大，病情严重者食欲下降或停止，生长缓慢。病程可达2～3个月，甚至长达半年以上。

（3）隐性型　通常由急性型或慢性型转化来的，病猪饲养状况良好时，不表现任何临床症状，但 X 线检查或剖检，可见肺部有不同程度的肺炎病理变化。本型在老疫区猪中占相当大的比例，如饲养管理不当，则会转变为急性或慢性病例，甚至引起死亡。

4. 病理变化 主要见于肺、肺门淋巴结和纵隔淋巴结。急性病例可见肺部有不同程度的水肿和气肿。肺的心叶、尖叶、中间叶、隔叶前下缘发生两侧大致对称融合性支气管肺炎（图 4-69），病理变化部位多呈半透明的淡红色或灰红色，似鲜嫩的肌肉，俗称"肉变"（图 4-70）。随病程延长或病情加重，病理变化部位转变为浅紫色、灰黄色或灰白色，透明度降低，韧度增加，俗称"虾肉样变"或"胰样变"。肺门淋巴结、纵隔淋巴结肿大呈灰白色，切面多汁、外翻，边缘轻度充血。

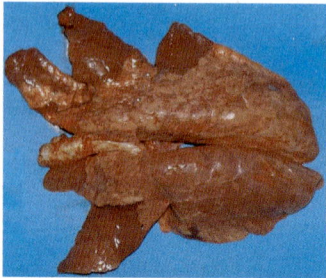

图 4-69　猪支原体肺炎（3）
病死猪两侧对称的融合性支气管肺炎

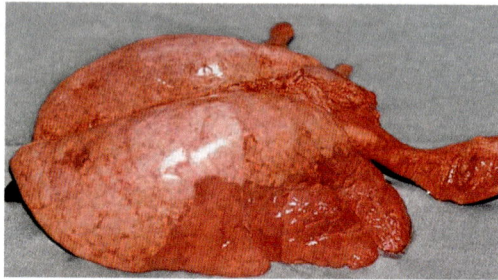

图 4-70　猪支原体肺炎（4）
病死猪肺间叶、中叶、膈叶肉样病变

5. 诊断 根据流行病学、临床表现和病理变化的特征可进行初步诊断，确诊需要做实验室检验。

X 线检查对本病有重要的诊断价值，可对慢性、隐性或早期病猪进行确诊。在检查时，猪只以直立背胸位为主，侧位或斜位为辅。病猪肺的内侧区及心膈角区呈现不规则的云絮状渗出性阴影，密度中等，边缘模糊，肺的外围区无明显变化。

此外，还可以通过荧光抗体（FA）或免疫组织化学技术（IHC）对肺组织中的肺炎支原体进行检测，这两种测定方法具有快速、检测技术成本低等优点。多种 PCR 诊断技术的发展也为多种样本的病原体提供了灵敏和特异的方法，而且越来越多地应用于实验室的常规诊断。

6. 防治

1）猪场应当坚持自繁自养，不从外地引进猪只，必须引进种猪时，应了解猪源地有无本病的流行，引进的种猪先隔离 3 个月，确认无病时方可合群饲养。

2）对断奶仔猪、育肥猪、种猪定期进行疫苗免疫，目前商品化疫苗有猪气喘病灭活疫苗和猪气喘病弱毒疫苗两类，种猪每年春秋季节各注射疫苗 1 次。

3）建立健康猪群，符合以下条件，可视为无气喘病猪群：①观察 3 个月以上，未发现气喘病症状的猪群，同时放入易感健康小猪两头同群饲养，也不被感染者。②1 年内整个猪群未发现气喘病症状，检查所宰杀的肥猪、淘汰猪及死亡猪，肺部均无气喘病病理变化者。③母猪连续生产两窝仔猪，在哺乳期、断奶后到架子猪均无气喘病症状，1 年内用 X 线透视全部仔猪和架子猪，间隔 1 个月左右再进行复查，均无气喘病病理变化者。

7. 治疗 可选用土霉素、卡那霉素、林可霉素、泰乐菌素等。土霉素每千克体重 40mg，一般小猪 1~2mL、中猪 1~5mL、大猪 5~8mL，肌内注射，每隔 3 天 1 次，5

次为一疗程，重病猪可进行 2～3 个疗程；卡那霉素按 3 万～4 万 IU/kg 肌内注射，每天 1 次，连续 5d 为一疗程，两药交替使用效果更佳。林可霉素按每吨饲料加入 200g，连喂 3 周，或按每千克体重 50mg 肌内注射，5d 为一个疗程，也有一定效果。泰乐菌素按每千克体重 4～9g，进行肌内注射，3d 为一个疗程，有一定的效果。

二、猪痢疾

猪痢疾（swine dysentery）又称血痢、黏膜出血性下痢或弧菌性痢疾，是一种由致病性猪痢疾短螺旋体引起的猪肠道传染病。主要以黏液性或黏液出血性下痢，大肠黏膜发生卡他性、出血性、纤维素性或坏死性炎症为特征。

Whiting 于 1921 年首次报道，1971 年 Taylor 和 Alexander 确定其病原体为猪痢疾短螺旋体，我国是 1978 年由美国进口种猪时发现本病，20 世纪 80 年代后疫情迅速扩大，遍布全国 20 多个省（直辖市），目前仍有散在发生。

1. 病原　猪痢疾短螺旋体呈螺旋状，有 4～6 个弯曲（图 4-71），两端尖锐，能运动，革兰氏染色阴性，苯胺染料或吉姆萨染色着色良好。猪痢疾短螺旋体厌氧，对培养基要求较高，常用胰大豆鲜血琼脂或胰胨大豆汤培养基，37～42℃条件下厌氧培养，3～5d 后，呈扁平薄雾状生长，菌落周围形成 β 溶血。

猪痢疾短螺旋体对外界环境有较强的抵抗力，在粪便中 5℃时存活 61d，25℃时存活 7d，在 10℃的土壤中可存活 10d，在混有 10% 猪粪便的泥土中可存活 78d，在纯粪便中存活长达

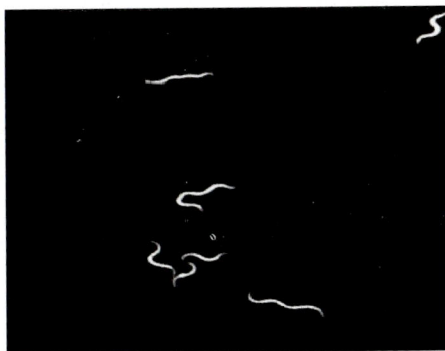

图 4-71　猪痢疾（1）
暗视野下的猪痢疾短螺旋体

112d，而在 37℃条件下存活不超过 24h。对消毒剂的抵抗力不强，酚类化合物和次氯酸钠是最好的消毒剂。

2. 流行病学　自然病例常见于猪，偶尔感染鸡、鸭、鹅、美洲鸵鸟等鸟类。不同年龄、品种和性别的猪均可感染，但以 7～12 周龄的猪发生较多，断奶后的仔猪发病率约为 75%，有的高达 90%，病死率为 5%～25%。哺乳仔猪发病较少。

病猪和带菌猪是本病的主要传染源，传染源排出的粪便中含有大量的病原体，污染周围环境、饲料、饮水及用具。经消化道传播。康复猪带菌率很高，同时感染猪场中捕获的小鼠、大鼠、犬和野鸟（包括海鸥）中均分离到病原菌，是本病不可忽视的传播者。

本病无发病季节性，一年四季均有发生。运输、拥挤、气候多变、阴雨潮湿、饲养管理不当等应激因素均可促进本病的发生和流行。本病流行经过比较缓慢，持续期长，且可反复发病。本病往往先从一个猪舍开始几头猪出现临床症状，以后逐渐蔓延开来。在较大的猪群流行时，常常拖延达几个月，很难根治。

3. 临床症状　自然感染潜伏期一般为 7～14d，短的为 2d，长的可达 2 个月以上。根据临床表现和病程可分为最急性型、急性型和慢性型。

（1）最急性型　多见于流行初期，往往不表现临床症状，突然死亡。

（2）急性型　较为多见，病猪体温升高到 40～40.5℃，精神沉郁，食欲减退，病

初排黄到灰色的粪便，感染后几个小时到几天，粪便中出现大量黏液和凝血块，随着腹泻进一步发展，粪便中出现黏液、血液、纤维素性物质和坏死组织碎片，病猪迅速脱水、消瘦、极度衰弱，最后死亡。病程一周左右。

（3）慢性型　　病情较轻。粪便中黏液和坏死组织碎片增多、血液较少，消瘦、生长停滞，多数病例可自行康复，但常常经过3～4周可能复发。病程1个月以上。

4. 病理变化　　主要病理变化局限于大肠，回盲结合处为其明显分界。急性病例典型病理变化是肠系膜淋巴结肿大，腹腔有少量清亮的积液，大肠黏膜肿胀、充血、出血（图4-72），表面覆盖有黏液和带血块的纤维素，大肠内容物软或成水样，混有黏液、血液和坏死的组织碎片。随着病程的发展，肠壁水肿逐渐减轻，而黏膜病理变化加重，纤维蛋白渗出增多并形成带有血液的纤维素性伪膜（图4-73～图4-75）。慢性病例大肠黏膜表面通常被薄而密集的纤维蛋白渗出物所覆盖，形似表面坏死。临床表现健康的动物也会出现病理变化，出现不连续的黏膜潮红，但肠内容物正常。其他脏器无明显病理变化。

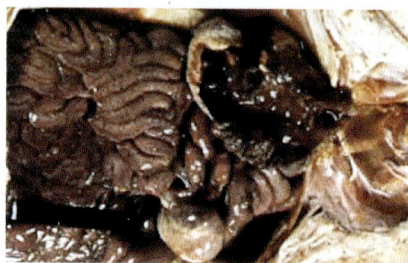

图 4-72　猪痢疾（2）
肠黏膜充血、水肿，肠内血样的内容物

图 4-73　猪痢疾（3）
肠系膜水肿，肠壁淤血、出血，呈红褐色

图 4-74　猪痢疾（4）
病死猪结肠黏膜红肿、出血

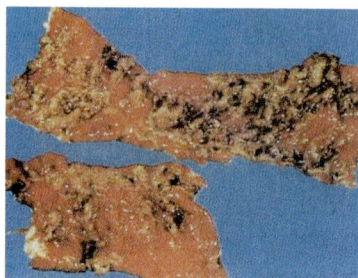

图 4-75　猪痢疾（5）
病死猪肠黏膜出血、坏死，并形成伪膜

5. 诊断　　根据流行病学、临床表现和病理变化的特点可以做出初步诊断。确诊需要实验室诊断。一般急性病例可采集粪便或肠系膜，涂片染色，用暗视野显微镜检查，每个视野能见到3～5个短螺旋体，可以做定性诊断的依据。但确诊还需要从结肠黏膜或粪便中分离和鉴定致病性猪痢疾短螺旋体。病料可直接以划线法接种于大豆酪蛋白琼脂（TSA）血平板；也可先将样品用生理盐水或PBS作5倍稀释，2000r/min离心10min，取上清液以6000～8000r/min离心20min，将沉淀物接种于TSA血平板；或者将原病料或离心后沉淀物做10倍递进稀释后再接种TSA血平板。为提高分离率，可在培养基中加入壮观霉素400μg/mL或多黏菌素B 200μg/mL。划线平板置厌氧罐内，以钯为催化剂，使

罐内气体浓度 H_2 为 80%、CO_2 为 20%，37～42℃培养 6d，每隔 2d 观察一次。猪痢疾短螺旋体呈明显的 β 溶血，条状溶血区内一般看不见菌落，有时可见到针尖大透明菌落或云雾状菌苔。取溶血区内的物质涂片，染色镜检，看到典型的菌体时，可移取小块琼脂于 TSA 血平板进行纯培养。经 48h 培养后，观察比较其溶血程度。猪痢疾短螺旋体呈强 β 溶血，而无害蛇形螺旋体和结肠菌毛样螺旋体呈弱 β 溶血。进一步鉴定可做肠致病性试验（口服感染试验猪和结肠结扎试验），15～25kg 试验幼猪 2 头，停食 48h 后，外科手术露出结肠袢，排空肠内容物后，每隔 5～10cm，间距 2cm，进行双重结扎，每段内注入分离菌悬液 5mL，其中一段作生理盐水对照。若为猪痢疾短螺旋体，则 48～72h 后，试验肠段肠腔内渗出液增多，内含有黏液、纤维素或血液，黏膜肿胀、充血或出血，涂片镜检可见到多量的典型菌体，对照肠段无上述变化。

血清学试验有凝集试验、间接荧光抗体、被动溶血试验、琼脂扩散试验和 ELISA 等，其中 ELISA 和凝集试验比较实用，常用于猪群检疫和综合诊断。此外，也可以通过 PCR 的方法进行病原体的快速诊断。

6. 防治　本病预防尚无有效疫苗，须采用综合防治措施。猪场实行全进全出制饲养，加强饲养管理，保持圈舍内外清洁干燥，防鼠灭鼠措施严格，定期对蚊、蝇滋生场所进行喷杀处理，粪便及时无害化处理，饮水用漂白粉进行处理。有条件的猪场，应当坚持自繁自养，不要从发病猪场引进种猪，外地引进的猪必须进行严格的检疫，并至少隔离检疫 2 个月，确定无病方可合群饲养。发病猪场最好全群淘汰，彻底清理和消毒，空舍 2～3 月，再引进健康猪。

使用药物治疗，可以减少经济损失。可应用痢菌净、新霉素、林可霉素、泰乐菌素等药物进行治疗。痢菌净每千克体重 5mg，每天 2 次，连续使用 5d，预防减半；新霉素每吨饲料 140g，连续使用 3～5d，预防量每吨饲料 100g；林可霉素每吨饲料 100g，连续使用 21d，预防量每吨饲料 40g；泰乐菌素每吨饲料 100g，连续使用 21d，预防量每吨饲料 40g。

复　习　题

一、填空题

1. 急性猪丹毒表现为_____，亚急性病例表现为_____，慢性病例主要表现为_____、_____和_____为特征。人也可以感染，称为_____。

2. 猪链球菌病一年四季均可发生，但以_____月_____季节多发。

3. 猪传染性胸膜肺炎是由_____引起的猪的一种急性呼吸道传染病。临床上以_____和_____为主要特征。

4. 猪传染性萎缩性鼻炎多见于_____周龄的仔猪，目前已将这种疾病归类于两种表现形式：_____和_____。

5. 猪梭菌性肠炎是由 C 型产气荚膜梭菌产生_____和_____毒素引起的，主要病理变化见于_____和_____。

6. 猪痢疾的病理变化局限于_____，其主要特征为_____。

7. 根据临床诊断特征，猪瘟可分为_____、_____、_____、_____和_____型。

8. 猪繁殖与呼吸综合征病毒有＿＿＿＿＿＿和＿＿＿＿＿＿两个基因型毒株。

9. 猪圆环病毒有两个血清型，分别为＿＿＿和＿＿＿，其中对猪致病力强的为＿＿＿。

10. 猪流行性腹泻可感染各年龄的猪，其中以＿＿＿猪严重，我国从＿＿＿月至＿＿＿月多发。

二、选择题

1. 猪丹毒常发年龄为（　　）
   A. 1～7 日龄　　　　B. 2～3 周龄　　　　C. 1～2　　　　D. 3 月龄
   E. 3～12 月龄

2. 按兰氏（Lancefield）分类法，猪 2 型链球菌属于（　　）
   A. C 群　　　　　　B. E 群　　　　　　C. L 群　　　　　D. R 群
   E. S 群

3. 胸膜肺炎放线菌分两个生物型，其分类根据菌体生长依赖于（　　）
   A. ATP　　　　　　B. GTP　　　　　　C. ADP　　　　　D. NAD
   E. NADPH

4. 猪传染性萎缩性鼻炎的病原为（　　）
   A. 坏死杆菌
   B. 肺炎支原体
   C. 巴氏杆菌
   D. 支气管败血波氏杆菌和产毒素性多杀性巴氏杆菌
   E. 肺炎放线菌

5. 仔猪红痢的病原为（　　）
   A. 大肠杆菌　　　　　　　　　　B. C 型产气荚膜梭菌
   C. D 型产气荚膜梭菌　　　　　　D. 沙门氏菌
   E. 曲霉菌

6. 猪痢疾的主要病原体为（　　）
   A. 沙门氏菌　　　　　　　　　　B. 大肠杆菌
   C. C 型产气荚膜梭菌　　　　　　D. 猪痢疾短螺旋体
   E. 冠状病毒

7. 猪传染性胃肠炎常发的季节为（　　）
   A. 夏季　　　　　　B. 秋季　　　　　C. 春、秋季节　　D. 冬、春寒冷季节
   E. 一年四季

8. 猪气喘病的特征性病理变化为（　　）
   A. 间质性肺炎　　　　　　　　　B. 融合性支气管肺炎
   C. 坏死性肺炎　　　　　　　　　D. 纤维素性胸膜肺炎
   E. 卡他性肺炎

9. 慢性猪瘟特征性病理变化为（　　）
   A. 心内膜有菜花状"疣状物"　　　　B. 肺呈"虾肉样变"
   C. 肝上有针尖大小的坏死灶　　　　D. 回盲交界纽扣样肿

E．皮肤坏死

10．能与猪瘟产生交叉免疫的病毒为（　　）

  A．PCV-2　　　　　B．FMDV　　　　　C．BVDV　　　　　D．PPV

  E．PRV

三、简答题

1．简述急性猪丹毒的病理变化。

2．简述猪链球菌的流行病学特点。

3．简述猪传染性萎缩性鼻炎的临床表现。

4．简述猪繁殖与呼吸综合征病毒的主要生物学特性。

5．简述猪流行腹泻的流行病学特点。

6．PCV-2可引起的病症有哪些？

7．简述猪断奶后多系统衰弱综合征的主要病理变化。

8．简述猪慢性气喘病的临床表现。

四、论述题

1．简述急性猪瘟、急性猪丹毒及急性链球菌病的鉴别诊断。

2．简述猪瘟的综合诊断及防治措施。

3．简述猪梭菌性肠炎与仔猪黄痢、猪流行性腹泻、猪传染性胃肠炎的鉴别诊断。

4．简述猪场猪气喘病的净化措施。

五、案例题

1．某猪场3～6月龄架子猪5月突然发病，体温可达42.5℃，精神沉郁，不食，呼吸高度困难，粪便干燥，下颌皮肤、腹部皮肤、四肢末端皮肤出现紫色或紫红色淤斑，喜卧，驱赶时尖叫，病程快的1～2d死亡，病程长的可见后肢关节肿大、跛行，注射器穿刺有纤维素和脓汁，后期出现腹泻。

1）该病可能是（　　）

  A．急性猪丹毒　　　　　　　　B．急性猪副伤寒

  C．最急性猪肺疫　　　　　　　D．急性猪瘟

  E．高致病性蓝耳病

2）对病死猪进行剖解可能出现的病理变化为（　　）

  A．麻雀卵肾　　　　　　　　　B．樱桃脾

  C．纤维素性胸膜肺炎　　　　　D．橡皮脾

  E．肝糠麸样坏死

3）采集心血、淋巴结、脾、肾等组织，染色涂片镜检，可见（　　）

  A．单个、成对或呈丛排列的G^+细小杆菌

  B．单个、成对或呈短链排列的G^+球菌

  C．G^-的小杆菌

  D．两极着色的G^-小杆菌

  E．未见有菌体存在

4）合理的治疗方案为（　　）

  A．应用干扰素治疗　　　　　　B．应用链霉素治疗

  C．应用青霉素治疗　　　　　　　　D．紧急免疫接种

  E．扑杀

  2．某猪场保育猪突然出现体温升高，体温达 41～42℃，精神沉郁，食欲减退，皮肤有针尖大小的出血点，眼睛有脓性分泌物，先便秘后腹泻，体表出现蓝紫斑。剖检可见，脾不肿大，边缘有出血性梗死，肾也不肿大，表面有细小的出血点，全身淋巴结周边出血，会厌软骨、膀胱黏膜出血，扁桃体坏死。

  1）临床诊断疑似哪种传染病？

  2）如何进行确诊？

  3）如何进行该传染病的防治？

牛、羊、马的主要传染病

【学习目标】

1. 知识性目标：了解气肿疽、副结核病、传染性角膜结膜炎、无浆体病、羊梭菌性疾病、羊支原体性肺炎、马鼻疽、马流行性淋巴管炎、牛流行热、牛病毒性腹泻 / 黏膜病、恶性卡他热、牛传染性鼻气管炎、茨城病、牛白血病、赤羽病、蓝舌病、梅迪-维斯纳病、山羊病毒性关节炎-脑炎、马传染性贫血、马传染性鼻肺炎等传染病的危害、分布及病原特点；熟悉其流行病学特点、特征性临床表现和病理变化及其诊断方法。

2. 技能性目标：了解气肿疽、副结核病、传染性角膜结膜炎、无浆体病、羊梭菌性疾病、羊支原体性肺炎、马鼻疽、马流行性淋巴管炎、牛流行热、牛病毒性腹泻 / 黏膜病、恶性卡他热、牛传染性鼻气管炎、茨城病、牛白血病、赤羽病、蓝舌病、梅迪-维斯纳病、山羊病毒性关节炎-脑炎、马传染性贫血、马传染性鼻肺炎等传染病的诊断方法及防治措施。

第一节　牛、羊、马的细菌性传染病

一、气肿疽

气肿疽（gangraena emphysematosa）又称黑腿病或鸣疽，主要是牛的一种急性、发热性传染病。其特征为肌肉丰满部位发生炎性气性肿胀，并常有跛行。

本病遍布世界各地，我国也曾分布很广，现已基本控制。

1. 病原　　气肿疽梭菌（*Clostridium chauvoei*），属于梭状芽胞杆菌属。为圆端杆菌，有周身鞭毛，能运动，在体内外均可形成中立或近端芽胞，呈纺锤状，专性厌氧，革兰氏染色阳性。在接种豚鼠腹腔渗出物中，单个存在或呈 3～5 个菌体形成的短链，这是与能形成长链的腐败梭菌形态上的主要区别之一。

实验动物中以豚鼠最敏感，仓鼠也易感，小鼠和家兔也可感染发病。

2. 流行病学　　在自然情况下，气肿疽主要侵害黄牛，而水牛、绵羊患病者少见，人对此病有抵抗力。

本病传染源为病畜，但并不是由病畜直接传给健康家畜，主要传递因素是土壤。芽胞随着泥土通过产羔、断尾、剪毛、去势等创伤进入组织而感染。草场或放牧地，被气肿疽梭菌污染，此病将会年复一年在易感动物中有规律的出现。

本病常在地区的牛只，6 个月至 3 岁容易感染，但幼犊或更大年龄者也有发病的。肥壮牛似比瘦弱牛更易罹患。性别在易感性方面无差别。本病多发生在潮湿的山谷牧场及低湿的沼泽地区。较多病例见于夏季，常呈地方流行性。

3. 发病机理　　病原体常以芽胞形态进入机体，在混有腐败物质的无氧肠腺中出芽繁殖，再通过淋巴及血液循环散播于肌肉及肝组织中潜伏，直待肌肉群受伤或其他原因发生改变，给病原体生长繁殖提供适宜的环境。

4. 临床症状　　潜伏期为 3～5d，人工感染 4～8h 即有体温反应及明显局部炎性肿胀。黄牛发病多为急性经过。体温升高到 41～42℃，早期即出现跛行。相继出现本病特征性肿胀，即在多肌肉部位发生肿胀（图 5-1），初期热而痛，后来中央变冷、无痛。患部皮肤干硬，呈暗红色或黑色，有时形成坏疽（图 5-2）。触诊有捻发音，叩诊有明显鼓音。切开患部，从切口流出污红色带泡沫酸臭液体。此等肿胀多发生在腿上部、臀部、腰部、荐部、颈部及胸部。食欲、反刍消失，呼吸困难，脉搏快而弱，最后体温下降或再稍回升，随即死亡。一般病程 1～3d，也有延长至 10d 者。老牛患病，其病势常较轻。绵羊多创伤感染，即感染部位肿胀。

图 5-1　气肿疽（1）
病牛肩胛部肿胀

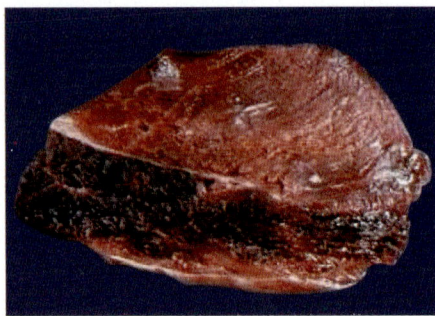

图 5-2　气肿疽（2）
病死牛肌肉气性炎症，中间坏死变黑

5. 病理变化　　由鼻孔流出血样泡沫，肛门与阴道口也有血样液体流出。患部皮肤或正常或表现部分坏死。皮下组织呈红色或金黄色胶样浸润，有的部位间杂有出血或小气泡。肿胀部的肌肉潮湿或特殊干燥，呈海绵状有刺激性酪酸样气体，触之有捻发音，切面呈一致污棕色，或有灰红色、淡黄色和黑色条纹，肌纤维束为小气泡胀裂。如病程较长，患部肌肉组织坏死性病理变化明显。胸腹腔有暗红色浆液，心包液暗红而增多。心脏内外膜有出血斑，心肌变性，色淡而脆。肺小叶间水肿，淋巴结急性肿胀和出血性浆性浸润。脾常无变化或被小气泡所胀大，血呈暗红色。肝切面有大小不等棕色干燥病灶，这种病灶死后仍继续扩大，由于产气，形成了多孔的海绵状态。肾也有类似变化，胃肠有时有轻微出血性炎症。

6. 诊断　　根据流行病学资料、临床症状和病理变化，可做出初步诊断。进一步确诊需采取肿胀部位的肌肉、肝、脾及水肿液，做细菌分离培养和动物试验。动物试验时可用厌气肉肝汤中生长的纯培养物肌肉接种豚鼠，豚鼠在 6～60h 死亡。

气肿疽易于与恶性水肿混淆，也与炭疽、巴氏杆菌病有相似之处，应注意鉴别。恶性水肿多由创伤引起，病畜无年龄区别，气肿不显著，发生部位不定，肌肉无海绵状病理变化，肝表面触片染色镜检，可见到特征的长丝状的腐败梭菌。炭疽可使各种动物感染，局部肿胀为水肿性，没有捻发音，脾高度肿大，取末梢血涂片镜检，可见到有荚膜竹节状的炭疽杆菌，炭疽沉淀反应（Ascoli 反应）阳性。巴氏杆菌病的肿胀部主要见于咽喉部和颈部，为炎性水肿，硬固热痛，但不产气，无捻发音，常伴有急性纤维素性胸膜肺炎的临床症状与病理变化，血液或实质脏器涂片染色镜检，可见到两极着色的巴氏杆菌。

7. 防治　本病的发生有明显的地区性。采取土地耕种或植树造林等措施，可使气肿疽梭菌污染的草场变为无害。疫苗预防接种是控制本病的有效措施。我国于1950年以后相继研制出几种气肿疽疫苗，效果良好。近年来又研制成功气肿疽、巴氏杆菌病二联疫苗，对两种病的免疫期各为1年。病畜应立即隔离治疗，死畜严禁剥皮吃肉，应深埋或焚烧，以减少病原的散播。病畜圈栏、用具及被污染的环境用3%福尔马林或0.2%升汞溶液消毒。粪便、污染的饲料和垫草等均应焚烧销毁。

早期可用抗气肿疽血清，静脉或腹腔注射，同时应用青霉素和四环素，效果较好。局部治疗，可用加有80万～100万IU青霉素的0.25%～0.5%普鲁卡因溶液10～20mL于肿胀部周围分点注射。

二、副结核病

副结核病（paratuberculosis）也叫副结核性肠炎，是主要发生于牛的一种慢性传染病。病的显著特征是顽固性腹泻和逐渐消瘦；肠黏膜增厚并形成皱襞。

本病分布广泛，一般养牛地区都可能存在。

1. 病原　副结核分枝杆菌（*Mycobacterium paratuberculosis*），为革兰氏阳性小杆菌，具抗酸染色的特性，与结核杆菌相似。在组织和粪便中多排列成团或成丛。初次分离培养比较困难，所需时间也较长；培养基中加入一定量的甘油和非致病性抗酸菌的浸出液，有助于其生长。属于分枝杆菌科（Mycobacteriaceae）分枝杆菌属（*Mycobacterium*）。

本菌对热和消毒药的抵抗力与结核杆菌相似。

2. 流行病学　副结核分枝杆菌主要引起牛（尤其是乳牛）发病，幼年牛最易感。除牛外，绵羊、骆驼、猪、马、驴、鹿等动物也可罹患。

在病畜体内，副结核杆菌主要位于肠黏膜和肠系膜淋巴结。患病家畜，包括没有明显临床症状的患畜，从粪便排出大量病原菌，病原菌对外界环境的抵抗力较强，因此可以存活很长时间（数月）。经过消化道传播，犊牛吸乳感染或子宫内感染本病。

本病的散播比较缓慢，各个病例的出现往往间隔较长的时间，因此从表面上似呈散发性，实际上它是一种地方流行性疾病。

虽然幼年牛对本病最为易感，但潜伏期甚长，可达6～12个月，甚至更长，一般在2～5岁时才表现出临床症状，特别是在母牛开始怀孕、分娩及泌乳时，易于出现临床症状。因此，在同样条件下，此病在公牛和阉牛中比母牛少见得多；高产牛的临床症状较低产牛严重。饲料中缺乏无机盐，可能促进疾病的发展。

3. 临床症状　病牛体温正常，早期临床症状为间断性腹泻，以后变为经常性的顽固拉稀。排泄物稀薄，恶臭，带有气泡、黏液和血液凝块。食欲起初正常，精神也良好，以后食欲有所减退，逐渐消瘦，眼窝下陷，精神不好，经常躺卧（图5-3）。泌乳逐渐减少，最后全部停止。皮肤粗糙，被毛粗乱，下颌及垂皮可见水肿。尽管病畜消瘦，但仍有性欲。腹泻有时可暂时停止，排泄物恢复常态，体重有所增加，然后再度发生腹泻。给予多汁青饲料可加剧腹泻临床症状。如腹泻不止，一般经3～4个月因衰竭而死。

绵羊和山羊的临床症状相似。潜伏期数月至数年。病羊体重逐渐减轻。间断性或持续性腹泻，但有的病羊排泄物较软。保持食欲，体温正常或略有升高。发病数月以后，病羊消瘦、衰弱、脱毛、卧地。病的末期可并发肺炎。染疫羊群的发病率为 1%～10%，多数归于死亡。

4. 病理变化 病畜的尸体消瘦。主要病理变化在消化道和肠系膜淋巴结。消化道的损害常限于空肠、回肠和结肠前段，特别是回肠。有时肠外表无大变化，但肠壁常增厚（图5-4）。浆膜下淋巴管和肠系膜淋巴管常肿大，呈索状。浆膜和肠系膜都有显著水肿。肠黏膜常增厚3～20倍，并发生硬而弯曲的皱褶，黏膜呈黄白色或灰黄色，皱褶突起处常呈充血状态，黏膜上面紧附有黏液，稠而浑浊，但无结节和坏死，也无溃疡。肠腔内容物甚少。肠系膜淋巴结肿大变软，切面浸润，上有黄白色病灶，但无干酪样变。

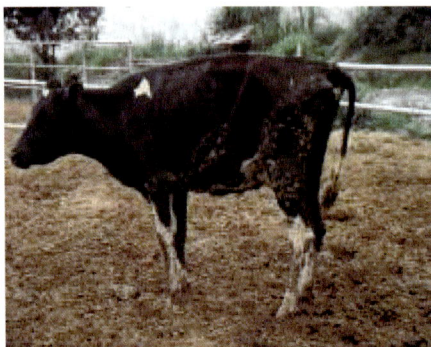

图5-3 副结核病（1）
病牛腹泻，逐渐消瘦

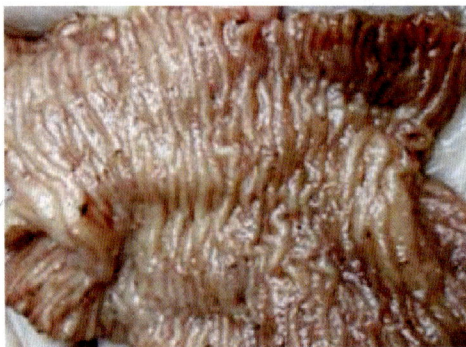

图5-4 副结核病（2）
病死牛空肠黏膜增厚，呈脑回样变

羊的病理变化与牛基本相似。

5. 诊断 根据临床症状和病理变化，一般可做出初步诊断。但顽固性腹泻和消瘦现象也可见于其他疾病，如冬痢、沙门氏菌病、内寄生虫、肝脓肿、肾盂肾炎、创伤性网胃炎、铅中毒、营养不良等，因此，应进行实验诊断以便区别。

（1）细菌学诊断 已有临床症状的病牛，可刮取直肠黏膜或取粪便中的小块黏液及血液凝块；尸体可取回肠末端与附近肠系膜淋巴结或取回盲瓣附近的肠黏膜，制成涂片，经抗酸染色后镜检。副结核杆菌为抗酸性染色（红色）的细小杆菌，成堆或丛状。镜检时，应注意与肠道中的其他腐生性抗酸菌相区别，后者虽然也呈红色，但较粗大，不呈菌丛状排列。在镜检未发现副结核杆菌时，不可立即做出否定的判断，应隔多日后再对病牛进行检查。有条件或必要时可进行副结核杆菌的分离培养。

（2）变态反应诊断 对于没有临床症状或临床症状不明显的家畜，可以用副结核菌素或禽结核菌素做变态反应试验。变态反应能检出大部分隐性型病畜（副结核菌素检出率为94%，禽型结核菌素为80%），这些隐性型病畜，尽管不显临床症状，但其中部分病畜（30%～50%）可能是排菌者。

（3）血清学诊断

1）补体结合试验：补体结合试验最早用于本病的诊断。与变态反应一样，病牛在出现临床症状之前即对补体结合试验呈阳性反应，但其消失却比变态反应迟。据实际观察，补体结合试验与变态反应具有互补关系，两者不能互相代替，而应配合使用。

2）酶联免疫吸附试验（ELISA）：近年来，国内外应用ELISA诊断本病的报道日益增多，认为其敏感性和特异性均优于补体结合试验，尤其适宜检测无临床症状的带菌牛和临床症状出现前补体结合试验呈阴性反应的牛。从世界趋势看，ELISA 有可能代替补体结合试验而获得广泛应用。

3）琼脂扩散试验：本法可用于确诊临床上疑似患病的绵羊和山羊。

4）免疫斑点试验：本法的敏感度可与 ELISA 相比，其优点是简便、快速，并且可在野外使用。

此外，还有间接血凝试验、免疫荧光抗体及对流免疫电泳等均可用来诊断本病。

（4）DNA 技术　最近，副结核分枝杆菌的特异性 DNA 探针已经研制成功。这项技术可快速地检出牛粪便中的副结核分枝杆菌 DNA 片段，使从粪便中检测病菌的时间从以往培养 8～12 周缩短到 24h 以内。本法比其他免疫学方法要特异得多，除了与禽分枝杆菌Ⅱ型有交叉外，还可以与其他分枝杆菌区别开来。

6. 防治　由于病牛往往在感染后期才出现临床症状，因此药物治疗常无效。预防本病重在加强饲养管理，特别是对幼年牛只更应注意给予足够的营养，以增强其抗病力。不要从疫区引进牛只，如已引进，则必须进行检查，确证健康时，方可混群。

曾经检出过病牛的假定健康牛群，在随时做观察和定期进行临床检查的基础上，对所有牛只用副结核菌素做变态反应进行检疫，每年要做 4 次（间隔 3 个月）。变态反应呈阴性的牛方准调群或出场。连续 3 次检疫不再出现阳性反应的牛，可视为健康牛群。

对应用各种检查方法检出的病牛，要及时扑杀处理，但对妊娠后期的母牛，可在严格隔离不散菌的情况下，待产犊后 3d 扑杀处理；对变态反应阳性牛，要集中隔离，分批淘汰，在隔离期间加强临床检查，有条件时采取直肠刮下物、粪便内的血液或黏液做细菌学检查；对变态反应疑似牛，隔 15～30d 检疫 1 次，连续 3 次呈疑似反应的牛，应酌情处理；变态反应呈阳性的母牛所生的犊牛，以及有明显临床症状或菌检呈阳性的母牛所生的犊牛，立即和母牛分开，人工喂母牛初乳 3d 后单独组群，人工喂以健康牛乳，长至 1、3、6 个月龄时各做变态反应检查 1 次，如均为阴性，可按健康牛处理。

被病牛污染过的牛舍、栏杆、饲槽、用具、绳索和运动场等，要用生石灰、来苏水、氢氧化钠溶液、漂白粉、石炭酸等消毒液进行喷雾、浸泡或冲洗。粪便应堆积高温发酵后作肥料用。关于本病的人工免疫，尚未获得满意的解决方法。国外曾应用菌苗对牛、绵羊进行预防接种，但因免疫效果不佳和使接种牛对变态反应呈阳性反应等问题，而未能推广。

三、传染性角膜结膜炎

传染性角膜结膜炎（keratoconjunctivitis infectiosa）又名红眼病（pink eye），是主要危害牛、羊的一种急性传染病，其特征为眼结膜和角膜发生明显的炎症变化，伴有大量流泪。其后发生角膜浑浊或呈乳白色。本病广泛分布于世界各国。

1. 病原　本病为一种多病原的疾病。已经报道的病原有牛摩勒氏杆菌（*Moraxella bovis*，又名牛嗜血杆菌）、立克次体、支原体、衣原体和某些病毒。较近的研究证明，牛摩勒氏杆菌是牛传染性角膜结膜炎的主要病原，但需在强烈的太阳紫外线照射下才产生典型的临床症状。有人认为，牛传染性鼻气管炎病毒可加强牛摩勒氏杆菌的致病作用。

羊传染性角膜结膜炎也是一种多病原的疾病，目前一般认为主要由衣原体（鹦鹉热衣原体）引起。

2. 流行病学　　牛、绵羊、山羊、骆驼、鹿等，不分性别和年龄，均对本病易感，但幼年动物发病较多。自然传播的途径还不十分明确，同种动物可以通过直接或密切接触而传染，蝇类或某种飞蛾可机械地传递本病。引进病牛或带菌牛，是牛群暴发本病的一个常见原因。据观察，牛和羊之间一般不能交互感染。

本病主要发生于天气炎热和湿度较高的夏秋季节，其他季节发病率较低。一旦发病，传播迅速，多呈地方流行性或流行性。青年牛群的发病率可高达60%～90%。刮风、尘土等因素有利于该病的传播。

3. 临床症状　　潜伏期一般为3～7d，病畜一般无全身临床症状，很少发热，初期患眼畏光、流泪、眼睑肿胀、疼痛，其后角膜突起，角膜周围血管充血、舒张，结膜和瞬膜红肿，或在角膜上发生白色或灰色小点（图5-5，图5-6）。严重者角膜增厚，并发生溃疡，形成角膜瘢痕及角膜翳。有时发生眼前房积脓或角膜破裂（图5-7），晶状体可能脱落。多数病例起初一侧眼患病，后为双眼感染。病程一般为20～30d。多数可自然痊愈，但往往导致角膜云翳、角膜白斑和失明（图5-8）。

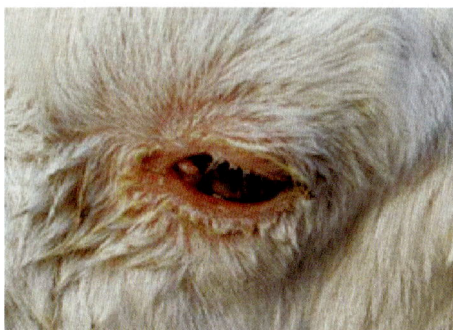

图5-5　传染性角膜结膜炎（1）
病羊眼结膜充血、潮红

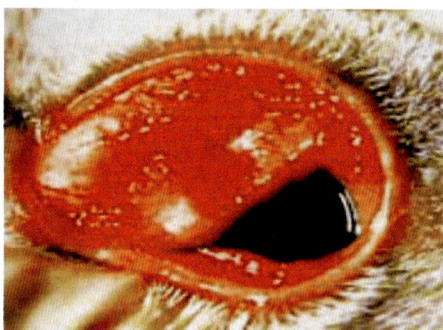

图5-6　传染性角膜结膜炎（2）
病羊眼结膜潮红

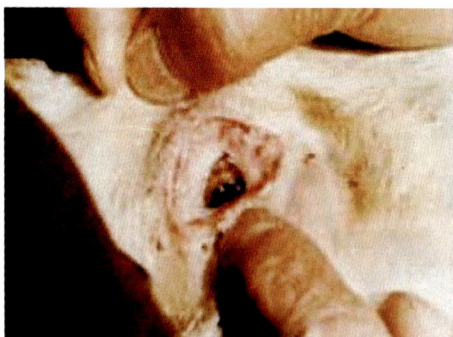

图5-7　传染性角膜结膜炎（3）
病羊结膜囊中有黏脓性分泌物

图5-8　传染性角膜结膜炎（4）
病羊角膜水肿，出现角膜白斑，几乎失明

由衣原体致病的羊，瞬膜和结膜上形成直径为1～10mm的淋巴样滤泡。有的病羊发生关节炎、跛行。

4. 诊断　　根据眼的临床症状，以及传播迅速和发病的季节性，不难对本病做出诊断。必要时可作微生物学检查或应用沉淀反应试验、凝集试验、间接血凝试验、补体结合试验及荧光抗体技术以资确诊。

5. 防治　患过本病的动物对重复感染有一定的抵抗力，这也许是成年动物发病较少的原因之一。牛摩勒氏杆菌有许多免疫性不同的菌株，用具有菌毛和血凝性的菌株制成多价苗才有预防作用。犊牛注苗后大约经过 4 周产生免疫力。

病畜立即隔离，早期治疗。彻底清除厩肥，消毒畜舍。在牧区流行时，应划定疫区，禁止牛、羊等牲畜出入流动。在夏、秋季尚需注意灭蝇。避免强烈阳光刺激。

病畜可用 1%～2% 硼酸水洗眼，拭干后再用 3%～5% 弱蛋白银溶液滴入结膜囊，每日 2 或 3 次。也可滴入青霉素溶液（每毫升含 5000IU），或涂四环素眼膏。如有角膜浑浊或角膜翳时，可涂 1%～2% 黄降汞软膏。

四、无浆体病

无浆体病（anaplasmosis）是由无浆体引起的反刍动物的一种慢性和急性传染病，其特征为高热、贫血、消瘦、黄疸和胆囊肿大。

本病广泛分布于世界热带和亚热带地区，在南北美洲、非洲、南欧、澳大利亚、中东等地流行。我国也有发生。

1. 病原　本病的病原是无浆体（*Anaplasma*），对牛、羊有致病性的无浆体有以下 3 种：边缘无浆体边缘亚种（*A. marginale* subsp. *margnae*）、边缘无浆体中央亚种（*A. marginale* subsp. *centrale*）和绵羊无浆体（*A. ovis*）。无浆体几乎没有细胞质，呈致密的、均匀的圆形结构，吉姆萨染色呈紫红色，一个红细胞中有含 1 个的，也有含 2 或 3 个的。用电子显微镜观察，这种结构是由一层限界膜与红细胞胞质分隔开的内含物，每个内含物包含 1～8 个亚单位或称初始体。

边缘无浆体边缘亚种的寄主主要是牛和鹿，边缘无浆体中央亚种主要寄生于牛，绵羊无浆体则侵害绵羊、山羊和鹿。这三种无浆体都具有一些共同抗原，用补体结合试验可以出现交叉反应。

2. 流行病学　黄牛是无浆体的特异宿主，水牛、野牛、骆驼、绵羊、山羊等可感染发病。幼畜的抵抗力较强。耐过感染的犊牛可成为带菌者。

本病的传播媒介主要是蜱，有 20 余种，多数是机械性传播。牛虻、厩蝇和蚊类等多种吸血昆虫及消毒不彻底的手术、注射器、针头等也可以机械性传播本病。

本病多发于高温季节。我国南方于 4～9 月多发，北方在 7 月以后多发。

3. 临床症状　潜伏期 17～45d（牛）或 20～30d（羊）。

（1）牛　中央亚种的病原性弱，引起的临床症状轻，有时出现贫血、衰弱和黄疸，一般没有死亡。边缘亚种病原性强，引起临床症状重。急性的体温突然升高达 40～42℃。病牛唇、鼻镜变干，食欲减退，反刍减少，贫血，黄疸。黏膜或皮肤变为苍白和黄染（图 5-9）。呼吸与心跳数增加。虽可见腹泻，但便秘更为常见，常伴有顽固性的前胃弛缓。粪暗黑，常血染并有黏液覆盖。患病后 10～12d，病牛的体重可减少 7%，还可出现肌肉震颤、流产和发情抑制。

（2）羊　病羊体温升高、衰弱无力、贫血和黄疸、委顿、厌食、失重很明显。血液检查发现红细胞总数、血红素和血细胞压容积均减少。在染色的血片中，可见到许多

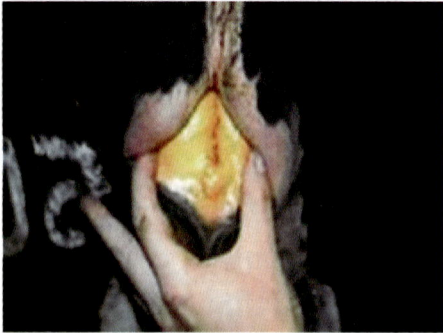

图 5-9　无浆体病
病羊黏膜黄染

红细胞中存在无浆体，感染后 20～60d，即可辨认出这种微生物。

4. 病理变化　病畜体表有蜱附着，大多数器官的变化都和贫血有关。牛尸消瘦，内脏器官脱水、黄染。体腔内有少量渗出液，颈部、胸下与腋下的皮下轻度水肿。心内外膜下和其他浆膜上可见大量淤斑。血液稀薄。脾肿大 3～4 倍，髓质变脆如果酱。淋巴结肿大，水肿。骨髓增生呈红色。肺气肿。胆囊扩张，充满胆汁。肝显著黄疸。真胃有出血性炎症。大、小肠有卡他性炎症。病羊的剖检特点为血液稀薄、黏膜苍白、黄染。

5. 诊断　根据临床症状、剖检变化和血片检查即可做出临床诊断。在病畜体表发现有传染媒介寄生，发热，贫血，黄疸，尿液清亮但常常起泡沫，对诊断具有重要意义。血片用瑞特法或吉姆萨法染色，可在一些红细胞中发现单个或多个无浆体，红细胞的侵袭率超过 0.5%，即可做出阳性诊断。

带菌动物可用补体结合试验、毛细管凝集试验、琼脂扩散试验和酶联免疫吸附试验检查。在野外，可应用玻片凝集试验，几分钟内即可得出结果。在进行血清学试验时，要考虑到无浆体种间由于存在共同抗原而出现的交叉反应。

本病应与钩端螺旋体病及焦虫病相鉴别。

6. 防治　灭蜱是防治本病的关键。经常用杀虫药消灭牛体表寄生的蜱。保持圈舍及周围环境的卫生，常做灭蜱处理，以防经饲草和用具将蜱带入圈舍。

引进牛只应做药物灭蜱处理。在本病常发区，有的国家用无浆体灭活苗或弱毒苗进行免疫接种，获得良好效果。有的国家为了防止牛进入疫区大批发病，给牛皮下注射 5mL 含有纯中央亚种的新鲜脱纤血，在 3～6 周牛出现轻微反应，同时牛体产生抵抗力。对幼龄牛或犊牛，在冬季接种带无浆体牛血 1～2mL，一般在接种后 17～48d 发生反应，愈后可产生带菌免疫。

病牛或病羊，应隔离治疗，加强护理。供给足够的饮水和饲料。每天喷药驱杀吸血昆虫。用四环素、金霉素或土霉素等药物治疗有效，而用青霉素或链霉素则无效。

五、羊梭菌性疾病

羊梭菌性疾病（clostridiosis of sheep）是由梭状芽胞杆菌属（*Clostridium*）中的微生物所致的一类疾病，包括羊快疫及羊猝击、羊肠毒血症、羊黑疫、羔羊痢疾等病。

（一）羊快疫及羊猝击

羊快疫及羊猝击（braxy and struck）是梭状芽胞杆菌属中两种不同病原菌引起的最急性传染病。两者可发生混合感染，其特征是突然发病，病程极短，几乎看不到临床症状即死；胃肠道呈出血性、溃疡性炎症变化、肠内容物混有气泡；肝肿大、质脆、色多变淡，常伴有腹膜炎。

羊快疫在百余年前就出现在北欧一些国家，现已遍及世界各地。羊猝击最先发现于英国，在美国和苏联也曾发生过。

1. **病原**　　羊快疫的病原为腐败梭菌（*Clostridium septicum*），是革兰氏染色阳性的厌气大杆菌，不形成荚膜。用病羊肝被膜做触片，经染色、镜检呈无关节长丝状的形态是腐败梭菌极突出的特征，具有重要的诊断意义。本病取菌血症经过，因此采心血和肝等病料接种于厌气肉肝汤培养基进行分离培养。

羊猝击的病原为 C 型产气荚膜梭菌，能产生主要的 β 毒素和次要的 α 毒素。本菌可在 10% 血琼脂培养基上进行厌氧培养。

2. **流行病学**

（1）羊快疫　　绵羊对羊快疫最易感，多在 6～18 月龄感染。一般经消化道感染。山羊、鹿也可感染本病。腐败梭菌常以芽胞形式存在。羊的消化道平时就有这种细菌存在，但并不发病。当存在不良的外界诱因，特别是在秋、冬和初春气候骤变、阴雨连绵之际，羊只受寒感冒或采食了冰冻带霜的草料，机体遭受刺激，抵抗力减弱时，特别是真胃黏膜发生坏死和炎症，同时经血液循环进入体内，刺激中枢神经系统，引起急性休克，使羊只迅速死亡。

（2）羊猝击　　本病发生于成年绵羊，以 1～2 岁绵羊发病较多。多发生于冬、春季节。常呈地方性流行。

3. **临床症状与病理变化**

（1）羊快疫　　本病突然发生，病羊往往来不及出现临床症状，就突然死亡。有的病羊离群独处，卧地，不愿走动，强迫行走时，表现虚弱和运动失调，腹部膨胀，有腹痛临床症状。病羊最后极度衰竭、昏迷而死。

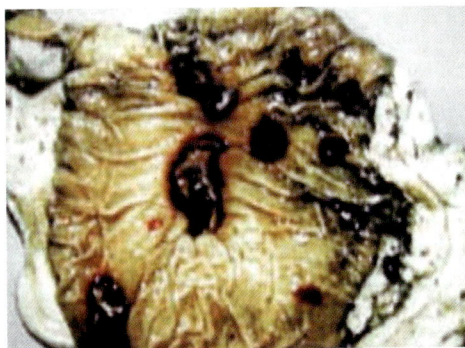

图 5-10　羊梭菌性疾病（1）
羊快疫病羊真胃黏膜可见大小不等的出血斑

病羊新鲜尸体的主要损害为真胃出血性炎症变化显著。真胃黏膜常有大小不等的出血斑块，其表面发生坏死，出血坏死区低于周围的正常黏膜（图 5-10）；黏膜下组织常水肿。胸腔、腹腔、心包有大量积液，暴露在空气中易于凝固。心内膜下和心外膜下有多数点状出血。肠道和肺的浆膜下也可见到肝出血，肾充血、出血，胆囊肿大（图 5-11，图 5-12）。

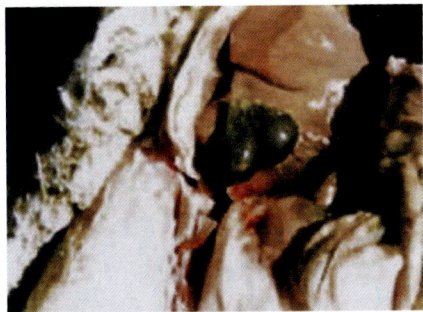

图 5-11　羊梭菌性疾病（2）
羊快疫病死羊胆囊肿大

图 5-12　羊梭菌性疾病（3）
羊快疫病死羊肾淤血

（2）羊猝击 病程短促，常未见到临床症状即突然死亡。有时发现病羊掉群、卧地，表现不安，衰弱，痉挛，眼球突出，在数小时内死亡。

病理变化主要见于消化道和循环系统。十二指肠和空肠黏膜严重充血、糜烂，有的区段可见大小不等的溃疡。胸腔、腹腔和心包大量积液，可形成纤维素絮块。浆膜上有小点出血。肌肉出血，有气性裂孔。

（3）羊快疫及羊猝击混合感染 根据在我国观察所见，有最急性型和急性型两种临床表现。

1）最急性型：一般见于流行初期。病羊突然停止采食，精神不振。四肢分开，弓腰，头向上。行走时后躯摇摆。喜伏卧，头颈向后弯曲。磨牙，不安，有腹痛表现。眼畏光、流泪，结膜潮红，呼吸促迫。从口鼻流出泡沫，有时带有血色。随后呼吸愈加困难，痉挛倒地，四肢作游泳状，迅速死亡。从出现临床症状到死亡通常为2～6h。

2）急性型：一般见于流行后期。病羊食欲减退，行走不稳，排粪困难，有里急后重表现。喜卧地，牙关紧闭，易惊厥。粪团变大，色黑而软，其中杂有黏稠的炎症产物或脱落的黏膜；或排油黑色或深绿色的稀粪，有时带有血丝；一般体温不升高。从出现临床症状到死亡通常为1d左右，也有少数病例延长到数天的。发病率为6%～25%，个别羊群高达97%。山羊发病率一般比绵羊低。发病羊几乎100%死亡。

3）混合感染死亡的羊，营养多在中等以上。尸体迅速腐败，腹围迅速胀大，可视黏膜充血，血液凝固不良，口、鼻等处常见有白色或血色泡沫。最急性的病例，胃黏膜皱襞水肿，增厚数倍，黏膜上有紫红斑，十二指肠充血、出血。急性病例前三胃的黏膜有自溶脱落现象，第四胃黏膜坏死脱落，黏膜水肿，有大小不一的紫红斑，甚至形成溃疡；小肠黏膜水肿、充血，结肠和直肠有条状溃疡，并有条、点状出血斑点，小肠内容物呈糊状，其中混有许多气泡，并常混有血液（图5-13，图5-14）。肝多呈水煮色，浑浊，肿大，质脆，被膜下常见有大小不一的出血斑，肝小叶结构模糊，多呈土黄色，有出血，胆囊胀大，胆汁浓稠呈深绿色。肾盂常储积白色尿液。大多数病例出现腹水，带血色。脾多正常，少数淤血。膀胱积尿，量多少不等，呈乳白色。部分病例胸腔有淡红色浑浊液体。肌肉出血，肌肉结缔组织积聚血样液体和气泡。肩前、股前、尾底部等处皮下有红黄色胶样浸润，在淋巴结及其附近尤其明显。

图5-13 羊梭菌性疾病（4）
羊猝疽病死羊出血性肠炎

图5-14 羊梭菌性疾病（5）
羊猝疽病死羊小肠出血坏死、呈暗红色

4. 诊断 羊快疫和羊猝击病程急速，生前诊断比较困难。如果羊突然发病死亡，死后又发现第四胃及十二指肠等处有急性炎症，肠内容物中有许多小气泡，肝肿胀而色淡，胸腔、腹腔、心包有积水等变化时，应怀疑可能是这一类疾病。确诊需进行微生物学和毒素检查。

羊快疫的病原腐败梭菌虽然可产生毒素，但直到目前，还没有直接从病羊体内检查出毒素的有效方法。它的微生物学诊断，是根据死亡羊只均有菌血症而检查心血和肝、脾等脏器中的病原菌。本菌在肝的检出率较其他脏器为高。由肝被膜做触片染色镜检，除可发现两端钝圆、单个及呈短链的细菌之外，常常还有呈无关节的长丝状者。在其他脏器组织的涂片中，有时也可发现。但并非所有病例都能发现这种特征表现。必要时可进行细菌的分离培养和实验动物（小鼠或豚鼠）感染。据报道，荧光抗体技术可用于本病的快速诊断。

羊猝击的诊断，是从体腔渗出液、脾取材做 C 型产气荚膜梭菌的分离和鉴定，以及用小肠内容物的离心上清液静脉接种小鼠，检测有无 β 毒素。

羊快疫、羊猝击与羊肠毒血症、羊黑疫、羊巴氏杆菌病、羊炭疽容易混淆，应注意区别。

5. 防治　由于本病的病程短促，往往来不及治疗，因此，必须加强平时的防疫措施。发生本病时，将病羊隔离，对病程较长的病例实行对症治疗。当本病发生严重时，转移牧地，可收到减少和停止发病的效果。因此，应将所有未发病羊只，转移到高燥地区放牧，加强饲养管理，防止受寒感冒，避免羊只采食冰冻饲料，早晨出牧不要太早。同时用菌苗进行紧急接种。在本病常发地区，每年可定期注射 1 或 2 次羊快疫、羊猝击二联菌苗或羊快疫、羊猝击、羊肠毒血症三联苗。由于吃奶羔羊产生主动免疫力较差，故在羔羊经常发病的羊场，应对怀孕母羊在产前进行二次免疫，第一次在产前 1～1.5 个月，第二次在产前 15～30d，但在发病季节，羔羊也应接种菌苗。

（二）羊肠毒血症

羊肠毒血症（enterotoxaemia）是由 D 型产气荚膜梭菌引起的绵羊的一种急性毒血症疾病，因该病死亡的羊肾组织易于软化，因此又常称此病为软肾病。本病在临床症状上类似羊快疫，故又称类快疫。

1. 病原　D 型产气荚膜梭菌（*Clostridium perfringens* type D）为革兰氏阳性厌氧粗大杆菌。无鞭毛，不能运动。菌体长 2～8μm，宽 1～1.5μm，多为单个，有时为短链状或成对。在动物体内可形成芽胞。芽胞的抵抗力强，在 95℃ 条件下需 2.5h 方可将其杀死，其繁殖体在 60℃ 时 15min 即可被杀死。3% 甲醛溶液 30min 可杀死芽胞，一般消毒液均易杀死其繁殖体。

2. 流行病学　D 型产气荚膜梭菌为土壤常在菌，也存在于污水中。正常情况下不引起发病。当春末夏秋季节从干草改吃大量谷类或青嫩多汁和富有蛋白质的草料之后，本菌在肠道内大量繁殖，产大量 E 原毒素，在胰蛋白酶的作用下转变成 ε 毒素，引起羊肠毒血症。因此，病羊作为传染源的意义有限。

羊肠毒血症的发生，就表现出明显的季节性和条件性。

本病多呈散发，绵羊发生较多，山羊较少。2～12 月龄的羊最易发病。发病的羊多为膘情较好的。

3. 临床症状　本病的特点为突然发作，很少能见到临床症状。病状可分为两种类型：一类以搐搦为其特征，另一类以昏迷和静静地死去为其特征。前者在倒毙前，四肢出现强烈的划动，肌肉颤搐，眼球转动，磨牙，口水过多，随后头颈显著抽缩，往往死于2～4h。后者病程不太急，其早期临床症状为步态不稳，以后卧倒，并有感觉过敏，流涎，上下颌"咯咯"作响，继以昏迷，角膜反射消失，有的病羊发生腹泻，通常在3～4h静静地死去。搐搦型和昏迷型在临床症状上的差别是由于吸收的毒素多少不一。

4. 病理变化　　病理变化常限于消化道、呼吸道和心血管系统。真胃含有未消化的饲料。肠道淤血、充血，回肠呈急性出血性炎性变化（图5-15～图5-17），心包常扩大，内含灰黄色液体和纤维素絮块，左心室的心内外膜下有多数小点出血。肺出血和水肿。胸腺常发生出血。肾比平时更易于软化（图5-18）。

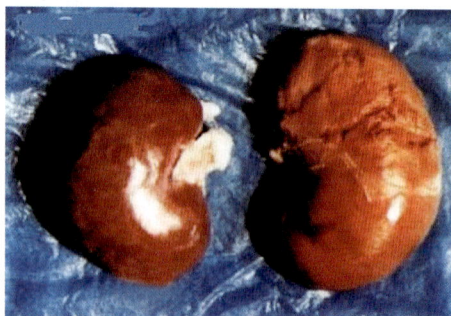
图5-15　羊梭菌性疾病（6）
羊肠毒血症病死羊肠道淤血、出血，呈暗红色
（左为对照）

图5-16　羊梭菌性疾病（7）
羊肠毒血症病死羊盲肠溃疡

图5-17　羊梭菌性疾病（8）
羊肠毒血症病死羊结肠增生、淤血

图5-18　羊梭菌性疾病（9）
羊肠毒血症病死羊肾软化，肾实质与被膜粘连

5. 诊断　　初步诊断可以依据本病发生的情况和病理变化，发现高血糖和糖尿也有诊断意义。但据报道，绵羊患地方性黄疸的末期，以及当绵羊食入过量尿素后，也可出现类似情况，应注意区别。确诊本病需依靠实验室检验。

据报道，仅从肠道发现D型产气荚膜梭菌，或检出ε毒素，尚不足以确定本病，因为D型产气荚膜梭菌在自然界广泛存在，且ε毒素可存在于有自然抵抗力的或免疫过的羊只肠道而不被吸收。因此，确诊本病根据以下几点：肠道内发现大量D型产气荚膜梭菌；小肠内检出ε毒素；肾和其他实质脏器内发现D型产气荚膜梭菌；尿内发现葡萄糖。可用小鼠或豚鼠做中和试验进行产气荚膜梭菌毒素的检查和鉴定。

6. 防治　　当羊群中出现本病时，可立即搬圈，转移到高燥的地区放牧。在常发地区，应定期注射羊肠毒血症菌苗，羊快疫、羊猝击、羊肠毒血症三联苗或厌气菌七联干粉苗。在牧区夏初发病时，应该少抢青，而让羊群多在青草萌发较迟的地方放牧，秋末发病时，可尽量到草黄较迟的地方放牧；在农区针对引起发病的原因，减少或暂停抢茬，少喂菜根、菜叶等多汁饲料。要加强羊只的饲养管理，加强羊只的运动。

（三）羊黑疫

羊黑疫（black disease）又名传染性坏死性肝炎（infectious necrotic hepatitis），是绵羊和山羊的一种急性高度致死性毒血症。

本病发生于澳大利亚、新西兰、法国、智利、英国、美国、德国，亚洲也有此病存在。

1. 病原和流行病学　诺维氏梭菌（*Clostridium novyi*）和羊快疫、羊猝击、羊肠毒血症的病原一样，同属于梭状芽胞杆菌属。本菌为革兰氏阳性大杆菌，严格厌氧，能形成芽胞，不产生荚膜。

本菌分为 A、B、C 三型。A 型菌能产生 α、γ、ε、δ 4 种外毒素；B 型菌产生 ε、β、η、ζ、θ 5 种外毒素；C 型菌不产生外毒素，此型菌与脊髓炎有关，但无病原学意义。本菌能使 1 岁以上的绵羊感染，以 2～4 岁的绵羊发生最多。发病羊多为营养佳良的肥胖羊只，山羊也可感染，牛偶可感染。实验动物中以豚鼠为最敏感，家兔、小鼠的易感性较低。

本病主要在春夏发生于肝片吸虫流行的低洼、潮湿地区。

2. 临床症状与病理变化　本病在临床上与羊快疫、羊肠毒血症等极其类似。病程十分急促，绝大多数情况是未见有病而突然发生死亡。少数病例病程稍长，可拖延 1～2d，但没有超过 3d 的。病畜掉群，不食，呼吸困难，体温 41.5℃左右，呈昏睡俯卧，并保持在这种状态下毫无痛苦地突然死去。

病羊尸体皮下静脉显著充血，其皮肤呈暗黑色外观（黑疫之名即由此而来）。胸部皮下组织经常水肿。浆膜腔有液体渗出，暴露在空气中易于凝固，液体常呈黄色，但腹腔液略带血色。左心室心内膜下常出血。真胃幽门部和小肠充血和出血。肝充血肿胀，从表面可看到或摸到有一至多个凝固性坏死灶，坏死灶的界限清晰，呈灰黄色，不整圆形，周围常为一鲜红色的充血带围绕，坏死灶直径可达 2～3cm，切面成半圆形（图 5-19）。羊黑疫肝的这种坏死变化是很有特征的，具有很大的诊断意义。

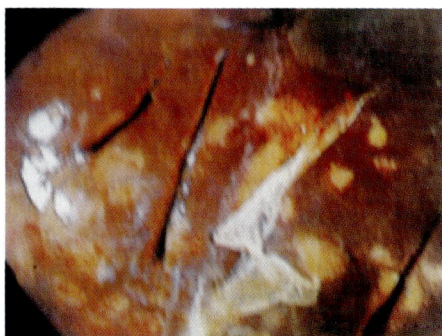

图 5-19　羊梭菌性疾病（10）
羊黑疫病死羊肝表面和实质出现的灰黄色坏死灶

3. 诊断　在肝片吸虫流行的地区发现急死或昏睡状态下死亡的病羊，剖检见特殊的肝坏死变化，有助于诊断。必要时可做细菌学检查和毒素检查。毒素检查可用卵磷脂酶试验。此法检出率和特异性均较高。其法为用病死动物的腹水或坏死灶组织悬浮液的沉淀上清液或澄清的滤液，加入试管 4 支，每支 0.5mL，再于第 1～3 管中分别加入 A 型诺维氏梭菌抗毒素血清、B 型诺维氏梭菌抗毒素血清及魏氏梭菌抗毒素血清 0.25mL，第 4 管不加抗毒素血清而加同量的生理盐水作为对照。混合均匀，置室温下作用 30min，然后每管加入卵磷脂卵黄磷蛋白液 0.25mL，混合后置温箱内 1～2h，取出观察结果。若对照产生乳光层，即表示被检材料中含有卵磷脂酶，在第 1～3 管中此反应被何种细菌的抗毒素所抑制，即证明此卵磷脂酶为该种细菌所产生。

卵磷脂卵黄磷蛋白液的制备方法是：打散鸡蛋黄一个，混于 250mL 生理盐水中，将此混合液以赛氏滤器过滤，无菌分装为少量，5℃冰箱保存备用。

据报道，荧光抗体技术可用来检查诺维氏梭菌，但其结果应结合病史、临床症状和病理变化。

羊黑疫、羊快疫、羊猝击、羊肠毒血症等梭菌性疾病由于病程短促，病状相似，在临床上不易互相区别，同时，这一类疾病在临床上与羊炭疽也有相似之处，因此，应注意类症区别。

4. 防治　　预防此病首先在于控制肝片吸虫的感染。特异性免疫可用羊黑疫、羊快疫二联苗或厌气菌七联干粉苗进行预防接种。

发生本病时，应将羊群移牧于高燥地区。对病羊可用抗诺维氏梭菌血清（每毫升含 7500IU）治疗。

（四）羔羊痢疾

羔羊痢疾（lamb dysentery）是初生羔羊的一种急性毒血症，以剧烈腹泻和小肠发生溃疡为其特征。本病常可使羔羊发生大批死亡，给养羊业带来重大损失。

1. 病原及流行病学　　本病病原为 B 型产气荚膜梭菌。羔羊在生后数日内，产气荚膜梭菌可以通过羔羊吮乳、饲养员的手和羊的粪便而进入羔羊消化道。在外界不良诱因如母羊怀孕期营养不良，羔羊体质瘦弱；气候寒冷，羔羊受冻；哺乳不当，羔羊饥饱不匀，羔羊抵抗力减弱时，细菌大量繁殖，产生毒素。

羔羊痢疾的发生和流行，就表现出一系列明显的规律性。本病主要危害 7 日龄以内的羔羊，其中又以 2～3 日龄的发病最多，7 日龄以上的很少患病。传染途径主要是通过消化道，也可能是通过脐带或创伤。

2. 临床症状　　自然感染的潜伏期为 1～2d，病初精神委顿，低头拱背，不想吃奶。不久就发生腹泻，粪便恶臭，有的稠如面糊，有的稀薄如水，到了后期，有的还含有血液，直到成为血便（图 5-20）。病羔逐渐虚弱，卧地不起。若不及时治疗，常在 1～2d 死亡。

羔羊以神经症状为主要特征，四肢瘫软，卧地不起，呼吸急促，口流白沫，最后昏迷，头向后仰，体温降至常温以下，常在几至十几小时死亡。

3. 病理变化　　尸体脱水现象严重。最显著的病理变化是在消化道。第四胃内往往存在未消化的凝乳块。小肠（特别是回肠）黏膜充血发红，溃疡周围有一出血带环绕；有的肠内容物呈红色（图 5-21）。肠系膜淋巴结肿胀充血，间或出血。心包积液，心内膜有时有出血点。肺常有充血区域或淤斑。

4. 诊断　　在常发地区，依据流行病学、临床症状和病理变化一般可以做出初步诊断。确诊需进行实验室检查，以鉴定病原菌及其毒素。

沙门氏菌、大肠杆菌和肠球菌也可引起初生羔羊下痢，应注意区别。

5. 防治　　本病发病因素复杂，应综合实施抓膘保暖、合理哺乳、消毒隔离、预防接种和药物防治等措施才能有效地予以防治。

每年秋季注射羔羊痢疾苗或厌气菌七联干粉苗，产前 2～3 周再接种一次。

羔羊出生后 12h 内，灌服土霉素 0.15～0.2g，每日一次，连续灌服 3d，有一定的预

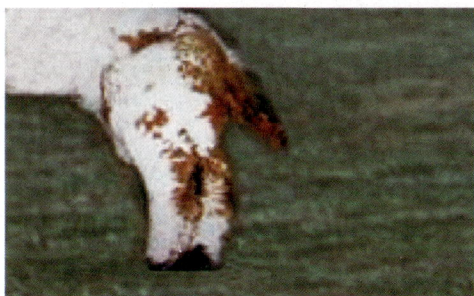

图 5-20　羊梭菌性疾病（11）
羔羊痢疾病羊腹泻，后躯被粪便污染

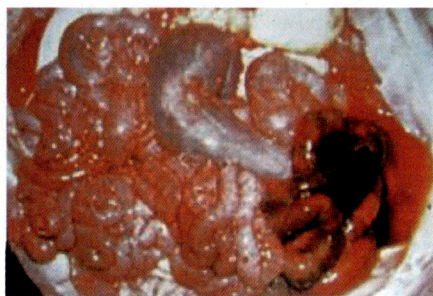

图 5-21　羊梭菌性疾病（12）
羔羊痢疾病死羊小肠出血，肠内容物呈红色

防效果。治疗羔羊痢疾的方法很多，各地应用效果不一，应根据当地条件和实际效果，试验选用。

1）土霉素 0.2～0.3g，或再加胃蛋白酶 0.2～0.3g，加水灌服，每日两次。

2）磺胺脒 0.5g，鞣酸蛋白 0.2g，次硝酸铋 0.2g，重碳酸钠 0.2g，加水灌服，每日 3 次。

3）先灌服含 0.5% 福尔马林的 6% 硫酸镁溶液 30～60mL，6～8h 后再灌服 1% 高锰酸钾溶液 10～20mL，每日服两次。

在选用上述药物的同时，还应针对其他临床症状进行对症治疗。也可使用中药治疗。

六、羊支原体性肺炎

羊支原体性肺炎（mycoplasmal pneumonia of sheep and goat）又称羊传染性胸膜肺炎（infectious pleuropneumonia of sheep and goat），是一种由支原体引起的高度接触性传染病，其临床特征为高热，咳嗽，胸和胸膜发生浆液性和纤维素性炎症，取急性和慢性经过，病死率很高。

本病见于许多国家，我国也有发生，特别是饲养山羊的地区较为多见。

1. 病原　引起山羊传染性胸膜肺炎的病原体为丝状支原体山羊亚种（*Mycoplasma mycoides* subsp. *capri*），为细小、多变性的微生物，革兰氏染色阴性，用吉姆萨法、卡斯坦奈达法或亚甲蓝染色法着色良好。

对培养基的要求苛刻，培养时低浓度（0.7%）琼脂培养基上菌落呈煎蛋状。

2. 流行病学　在自然条件下，丝状支原体山羊亚种只感染山羊，3 岁以下的山羊最易感染，而绵羊肺炎支原体则可感染山羊和绵羊。

病羊和带菌羊是本病的主要传染源。本病常呈地方流行性，接触传染性很强，主要通过空气-飞沫经呼吸道传染。阴雨连绵，寒冷潮湿，羊群密集、拥挤等因素，有利于空气-飞沫传染的发生；多发生在山区和草原，主要见于冬季和早春枯草季节，羊只营养缺乏，容易受寒感冒，因而机体抵抗力降低，较易发病，发病后病死率也较高；冬季流行期平均为 15d，夏季可维持 2 个月以上。

3. 临床症状　潜伏期短者 5～6d，长者 3～4 周，平均 18～20d。根据病程和临床症状，可分为最急性、急性和慢性 3 种类型。

（1）最急性　病初体温升高，可达 41～42℃，极度委顿，食欲废绝，呼吸急促而有痛苦的鸣叫。数小时后出现肺炎症状，呼吸困难，咳嗽，并流浆液带血鼻液，肺部叩诊呈浊音或实音，听诊肺泡呼吸音减弱、消失或呈捻发音。12～36h 时，渗出液充满病肺并进入胸腔，病羊卧地不起，四肢直伸，呼吸极度困难，每次呼吸则全身颤动；黏膜高度充血，发绀；目光呆滞，呻吟哀鸣，不久窒息而亡。病程一般不超过 4～5d，有的仅 12～24h。

（2）急性　　最常见。病初体温升高，继而出现短而湿的咳嗽，伴有浆性鼻漏。4～5d 后，咳嗽变干而痛苦，鼻液转为黏液-脓性并呈铁锈色，高热稽留不退，食欲锐减，呼吸困难和痛苦呻吟，眼睑肿胀，流泪，眼有黏液-脓性分泌物。口半开张，流泡沫状唾液。头颈伸直，腰背拱起，腹肋紧缩，最后病羊倒卧，极度衰弱委顿，有的发生膨胀和腹泻，甚至口腔中发生溃疡，唇、乳房等部皮肤发疹，濒死前体温降至常温以下，病期多为 7～15d，有的可达 1 个月。幸而不死的转为慢性。孕羊大部分（70%～80%）发生流产。

（3）慢性　　多见于夏季。全身症状轻微，体温降至 40℃ 左右。病羊间有咳嗽和腹泻，鼻涕时有时无，身体衰弱，被毛粗乱无光。在此期间，如饲养管理不良，与急性病

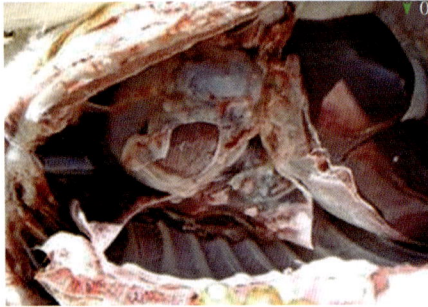

图 5-22　羊支原体肺炎
病死羊纤维素性胸膜肺炎

例接触或机体抵抗力由于种种原因而降低时，很容易复发或出现并发症而迅速死亡。

4. 病理变化　　多局限于胸部。胸腔常有淡黄色液体，间或两侧有纤维素性胸膜肺炎（图 5-22）；肝变区突出于肺表，颜色由红至灰色，切面呈大理石样；胸膜变厚而粗糙，上有黄白色纤维素层附着，直至胸膜与肋膜，心包发生粘连。心包积液，心肌松弛、变软。急性病例还可见肝、脾肿大，胆囊肿胀，肾肿大和膜下小点溢血。

5. 诊断　　由于本病的流行规律、临床表现和病理变化都很有特征，根据这三个方面做出综合诊断并不困难。确诊需进行病原分离鉴定和血清学试验。血清学试验可用补体结合试验，多用于慢性病例。

本病在临床上和病理上均与羊巴氏杆菌病相似，须以病料进行细菌学检查以资区别。

6. 防治　　平时预防，除加强一般措施外，关键问题是防止引入或迁入病羊和带菌者。新引进羊只必须隔离检疫 1 个月以上，确认健康时方可混入大群。

免疫接种是预防本病的有效措施。我国目前除原有的用丝状支原体山羊亚种制造的山羊传染性胸膜肺炎氢氧化铝苗和鸡胚化弱毒苗以外，最近又研制成绵羊肺炎支原体灭活苗。应根据当地病原体的分离结果，选择使用。

发病羊群应进行封锁，及时对全群进行逐头检查，对病羊、可疑病羊和假定健康羊分群隔离和治疗；对被污染的羊舍、场地、饲管用具和病羊的尸体、粪便等，应进行彻底消毒或无害化处理。用磺胺嘧啶钠皮下注射，能有效地治疗和预防本病。据报道，病初使用足够剂量的土霉素、四环素等有治疗效果。

在采取上述疗法的同时，必须加强护理，饮食疗法和必要的对症疗法相结合。

七、马鼻疽

马鼻疽（glanders）是一种由鼻疽伯氏菌引起的人畜共患传染病，但主要发生于马、

骡、驴等马属动物中。该病的特征是在鼻腔、喉头、气管黏膜或皮肤上形成特异性鼻疽结节、溃疡或斑痕，在肺、淋巴结或其他实质器官也有鼻疽性结节发生。人也可感染。OIE将其列为B类疫病。

1. 病原 鼻疽伯氏菌（*Burkholderia mallei*）旧称为鼻疽假单胞菌（*Pseudomonas mallei*）。本菌为中等大小的G⁻杆菌，菌体两端钝圆，无荚膜，没有运动性，不形成芽胞，呈单个、成对或成丛存在。幼龄菌形态比较整齐，老龄菌呈多形性，呈棒状、分支状和长丝状。一般苯胺染料易于着色，但在组织中及老龄培养物常着色不均，用碱性亚甲蓝染色后，出现着色不均的颗粒或两极浓染。本菌对干燥及常见消毒剂抵抗力不强，太阳光直射下24h，干燥1~2周，煮沸数分钟，加热50℃ 30min、55℃ 5~20min均可被杀死。在腐败的污水中能生存2~4周，石炭酸、煤酚皂、石灰水、氢氧化钠等一般消毒药具有良好的杀菌作用。

2. 流行病学 在自然条件下主要发生于马、骡、驴等马属动物，其中驴、骡易感，感染后常取急性经过，但感染率比马低，马多呈慢性经过。自然条件下，牛、羊、猪和禽类不感染，骆驼、狗、猫、羊及野生食肉动物也可感染。实验动物以猫和仓鼠易感性最强，豚鼠次之，小鼠和家兔较弱，大鼠不易感。人也能感染，多呈急性经过。鼻疽病马及其他患病动物为本病的传染源，尤其开放性鼻疽马最危险。病菌存在于鼻疽结节和溃疡中，随鼻液、皮肤的溃疡分泌物等排出体外。本病主要经消化道感染，多因摄入被污染的饲料、饮水而发生，也可经损伤的皮肤、黏膜感染。人主要是经受伤的皮肤、黏膜感染。本病一年四季都可发生，新疫区多呈急性、暴发性流行，老疫区多呈慢性经过。

3. 临床症状 本病潜伏期长短不一，自然感染为数周或更长时间，人工感染为2~5d，通常为6个月。根据病程分急性和慢性两种类型，根据临床症状和病理变化，急性型又分肺鼻疽、鼻腔鼻疽和皮肤鼻疽。

（1）急性鼻疽 体温升高至39~41℃，呈弛张热型，精神萎靡，食欲减退或废绝，颌下淋巴结肿胀（常为单侧），表面凹凸不平，可视黏膜潮红。重症病例胸腹、四肢下端、阴部浮肿。部分病例发生滑膜囊炎、关节炎、睾丸炎等。

1）肺鼻疽：表现短而无力的干咳，可咳出带血黏液，流鼻涕，呼吸迫促。肺部叩诊有浊音，听诊有啰音和支气管呼吸音。

2）鼻腔鼻疽：病初鼻黏膜潮红、肿胀，鼻孔流出浆液性或黏液性鼻液，鼻黏膜上出现小米粒至高粱米粒大的突起的黄白色小结节，周围绕以红晕。结节中心坏死，破溃形成溃疡。溃疡面呈油脂状。鼻液逐渐转为灰黄色脓性，有时混有血丝并带有臭味。溃疡愈合后可留下星芒状或冰花状疤痕。重者可致鼻中隔和鼻甲壁黏膜坏死脱落，甚至鼻中隔穿孔。

3）皮肤鼻疽：多发生于头、颈、胸侧、腹下、后肢及阴囊等部位的皮肤。患部表现热性肿痛并形成黄豆大至胡桃、鸡蛋大的结节。结节破溃后形成溃疡，溃疡面呈油脂样，并不断排出黏稠的灰黄色或混有血液的脓汁，难以愈合。病灶附近淋巴结呈索状肿胀，沿索状肿有许多串珠样结节，结节破溃又形成新的溃疡。由于病灶扩大蔓延、淋巴管肿胀和皮下组织增生，皮肤高度肥厚，使病肢变粗变大形成所谓的象皮腿。

（2）慢性鼻疽 马多发，临床症状不明显或无临床症状。由急性鼻疽转变而来的患畜鼻腔黏膜常见星芒状瘢痕或慢性溃疡糜烂性溃疡，鼻孔不断流出少量灰黄色脓性鼻液。

4. 病理变化　　鼻疽结节是本病的特征性病理变化，多见于肺，占 95% 以上，其次是鼻腔、皮肤、淋巴结、肝及脾等处。鼻疽结节有渗出性和增生性，渗出性鼻结节见于急性鼻疽或慢性鼻疽的恶化过程中，增生性结节多见于慢性鼻疽。肺鼻疽结节发生于肺表面及深部组织，粟粒至黄豆大，呈黄白色，结节中心坏死破溃可导致鼻疽性肺炎。鼻腔鼻疽的结节和溃疡多发生于鼻腔深部黏膜，黏膜坏死脱落，严重的可导致鼻中隔穿孔。皮肤鼻疽溃疡底面覆有坏死性物质或颗粒状肉芽组织。

5. 诊断　　根据流行病学、临床表现及特征性病理变化可进行初步诊断，确诊需进一步做实验室诊断。

（1）变态反应学检查　　是鼻疽诊断和检疫最常见的方法，所用反应原为鼻疽菌素（mallein），有点眼反应、眼睑试验、皮下试验、皮肤试验和喷雾诊断等 5 种方法。其中，以点眼反应最简单易行，检出率高，是无临床症状慢性鼻疽的主要诊断方法及开放性鼻疽的辅助诊断方法。眼结膜正常者方可进行点眼，规定间隔 5～6d 做两次点眼为一次检疫，两次点眼须点于同一眼中，一般点于左眼，左眼有疾可点于右眼。点眼应在早晨进行，固定马匹后，术者左手用食指插入上眼睑窝内使瞬膜露出，用拇指拨开下眼睑构成眼窝，右手持点眼器保持水平方向，手掌下缘支撑额骨眶部，点眼器尖端距眼窝约 1cm，拇指按胶皮乳头滴入鼻疽菌素 3～4 滴（0.2～0.3mL）。点眼后第 3、6、9 小时，各检查一次，尽可能于第 24 小时再检查一次。判定时先由马头正面两眼对照观察，在第 6 小时要翻眼检查，其余观察必要时须翻眼，细查结膜状况，有无眼眦。点眼后无反应或结膜轻微充血及流泪，为阴性（－）；结膜潮红，轻微肿胀，有灰白色浆液性及黏液性（非脓性）分泌物（眼眦）的，为疑似阳性（±）；结膜发炎，肿胀明显，有数量不等脓性分泌物（眼眦）的为阳性（＋）。

（2）血清学检查　　列入检疫规程者仅为补体结合试验，此方法特异性很高，主要用于鼻疽的辅助诊断，结果准确可靠。间接荧光抗体技术也可检测临床病料。

6. 防治　　当发生本病时，应及时上报疫情，划分疫区，并对疫区进行封锁。患病马属动物立即进行淘汰；对疑似感染动物和假定健康动物隔离饲养，每隔 6 个月用鼻疽菌素试验监测一次。患病动物和鼻疽菌素阳性动物，一律在非放血条件下进行扑杀，尸体做焚烧或深埋处理。对受污染的场所、用具、物品等用 10% 石灰水、2% 氢氧化钠溶液、10%～20% 漂白粉等进行消毒，粪尿、垫料等用生物发酵等方法进行无害化处理。疫区从最后一匹患病马属动物扑杀处理后，并经彻底消毒等处理后，对疫区内监测 90d，未见新病例；且经过半年时间采用鼻疽菌素试验逐匹检查，未检出阳性马属动物的，进行终末消毒，解除封锁。

本病尚无有效疫苗，平时应加强饲养管理，做好消毒等基础性防疫工作，提高动物的抗病能力。加强监测工作，受威胁区每年进行两次监测，无疫区每年进行一次监测。禁止从疫区购买马属动物，购买马属动物时应隔离观察 30d 以上，经连续两次鼻疽菌素试验检查，确认健康无病，方可混群饲养。

八、马流行性淋巴管炎

马流行性淋巴管炎（epizootic lymphangitis）又称假性皮疽，是一种由皮疽组织胞浆菌引起的马属动物（偶尔也感染骆驼）的慢性传染病。以淋巴管及临近淋巴结发炎、脓肿、溃疡、肉芽肿节为特征。

本病很早流行于非洲和欧洲地中海沿岸地区，后蔓延到世界各地，如意大利、北非、埃及、东西赤道非洲、南非、苏丹、伊朗、土耳其、希腊、德国、英国、芬兰、瑞典、丹麦、比利时、苏联、北美、秘鲁、日本、印度、印度尼西亚、缅甸、越南、中国、泰国等国家。我国各地区的马群中都有发生，主要是散发，有时呈地方性流行（东北、内蒙古和西南等地）。

1. 病原　　假皮疽组织胞浆菌（*Histoplasma farciminosum*）旧名为伪皮疽隐球菌（*Cryptococcus farciminosus*）或伪皮疽酵母菌（*Saccharomyces farciminosum*），属于半知菌亚门丝孢菌纲丝孢菌目丛梗孢科组织胞浆菌属。本菌为双相型，在动物机体内为以孢子芽裂繁殖为主的寄生型，在培养基上生长阶段呈以菌丝繁殖为主的腐生型。在动物体内寄生阶段以孢子繁殖为主，病料中常呈球形、卵圆形或瓜子形。具有双层膜的酵母样细胞，大小为（2～3）μm×（3～5）μm，一端或两端尖锐，多单个或2～3个排列，细胞质均匀，半透明，可清楚看到透明折光的类脂质包含物。新生体呈淡绿色，其中有2～4个折光率强、能回转运动的颗粒。人工培育时，菌体呈相互交织的不规则菌丝体，分支分隔，粗细不均，菌丝直径为2～9μm。菌丝末端形成瓶状假分生孢子。一般不需染色可清楚地看出，如用革兰氏、吉姆萨等方法染色，则可见到特征性的孢子、菌丝体和正在发育中尚未分离的母子孢子。其孢子在脓液涂片中常呈单个或成簇、成链状，有的游离，有的在白细胞或巨噬细胞中。

本菌为需氧菌，最适生长温度为25～30℃，最适生长pH为5～9，常见培养基有1%葡萄糖甘露醇甘油琼脂、2%葡萄糖甘油琼脂等。

对各种理化因素的抵抗力较强，在浓汁中，日光直射5～6d仍能存活，在厩舍内可存活6个月，干燥培养基中可存活1年，加热80℃ 20min才能杀死，0.2%升汞溶液、3%来苏水、1%福尔马林、5%石灰乳均需要1～5h才能将其杀死。

2. 流行病学　　自然情况下，马和骡易感，驴次之，尤以2～6岁马属动物多发，骆驼、水牛、猪、犬及人偶感。患畜是主要传染源。通过病畜的脓性分泌物直接或间接接触受伤的皮肤、黏膜等途径传染。也可通过昆虫传播，或通过受污染的物体传播。本病不能经消化道传染。无明显季节性，一年四季都可发生，但一般秋末到冬初发生较多。一般污染地区发病率为2%～5%，流行严重地区为10%左右，个别严重的发病率可达32%～51%。

3. 临床症状及病理变化　　潜伏期的长短与机体抵抗力、感染次数及病原菌毒力强弱等因素有关，可能数周至数月，一般为30～40d。

临床症状主要表现为皮肤、皮下组织和黏膜发生结节、溃疡及淋巴结索状肿、串珠状结节。

1）皮肤结节与溃疡：常见于四肢、头部（尤其是唇部），其次是颈、背、腰、胸部和腹侧。初为硬性无痛，以后逐渐软化形成脓肿，破溃后流出黄白色混有血液的脓汁，形成溃疡。继而愈合或形成瘘管。初期溃疡底部凹陷，后期出现肉芽组织增生，突出于周围的皮肤，呈蘑菇状，不易愈合，痊愈后常留有疤痕。

2）黏膜结节与溃疡：多发于全身感染病例，常见鼻腔黏膜、口唇、眼结膜及生殖器官黏膜等处出现大小不等的黄白色结节，结节逐渐破溃形成溃疡，颌下淋巴结肿大。此外，公畜的包皮、阴囊、阴茎和母畜的阴唇、会阴、乳房等处也可发生结节和溃疡。

3）淋巴管索状肿及串珠状结节：病菌进入淋巴管可引起淋巴管内膜炎和淋巴管周围炎，使之变粗变硬呈索状。如果病菌在淋巴管瓣膜上定居，则在淋巴管上形成串珠状结节，结节破溃后，也形成蘑菇状溃疡。

4. 诊断　结合流行病学特点、临床症状和病理变化可做出初步诊断，确诊须进行微生物学检测和变态反应学诊断。

（1）微生物学检测　取浓汁或分泌物，适当稀释、镜检，或取痂皮，经 10% 氢氧化钠溶液处理透明后，制片镜检，可见圆形或椭圆形的双层荚膜酵母样细菌。必要时可进行菌体的分离培养，病料应先用青霉素、链霉素处理 12h 后再接种。长出典型菌落时，再接种家兔或豚鼠，观察是否出现脓肿。

（2）变态反应学诊断　首先在颈中上 1/3 部位剪毛、消毒，用游标卡尺测量皮厚后，皮内注射皮疽组织胞浆菌素或浓缩皮疽组织胞浆菌素 0.3mL，注射皮疽组织胞浆菌素者于注射 24h、48h、72h 后各测量一次皮厚。皮肤炎性肿胀厚度增加 5.0mm 以上为阳性（＋），增加 3.0～5.0mm 为疑似，增加 3.0mm 以下为阴性。注射浓缩皮疽组织胞浆菌素者于注射 24h、48h、72h 后各测量一次炎性肿胀面积，炎性肿胀面积在 2cm×（4～8）cm或以上为阳性，在 2cm×（2～4）cm 为疑似，在 2cm×2cm 以下为阴性。

5. 防治　平时应加强饲养管理，消除各种可能发生外伤的因素，发生外伤后应及时治疗。对久治不愈的创伤或瘘管，应取脓液进一步检查。对新购进的马，应做细致的体检，注意有无结节和脓肿，防止混入病马。在常发地区，可采用灭活苗或活疫苗进行免疫预防接种。一旦发病应对病马及时隔离、诊断治疗，同厩马应逐一排查，发现病马应及时隔离。同时对污染的马厩、拴马场、诊疗场应用 10% 热氢氧化钠溶液或 20% 漂白粉溶液进行消毒，每 10～15d 一次，用具用 5% 甲醛浸泡消毒。粪便应做发酵处理，尸体应深埋。

治疗应将手术疗法与药物疗法相结合。

1）手术疗法：采用外科手术将结节、脓肿等摘除，病理变化面积大的可分批摘除，创面涂擦 20% 碘酊，以后每天用 1% 高锰酸钾溶液冲洗，再涂擦 20% 碘酊，并覆盖灭菌纱布。头部及四肢等部位不便实施手术的小块病理变化，可用烙铁烘烙。

2）药物疗法：可采用 4g 新胂凡纳明（914）溶于 200mL 5% 葡萄糖盐水中或取黄霉素 1.2g 溶于 100mL 10% 葡萄糖溶液中，一次注射，间隔 3～4d 再注射一次，4 次为一个疗程。也可将 2～3g 土霉素盐酸盐溶于 50mL 5% 氯化镁溶液中，一次涂布，1 次 /d，10 次为一个疗程；或溶于 5% 葡萄糖溶液中，做静脉注射。

第二节　牛、羊、马的病毒性传染病

一、牛流行热

牛流行热（bovine epizootic fever）又称三日热（three day fever）或暂时热（ephemeral fever），是一种由病毒引起的牛急性热性传染病，其临床特征为突发高热、流泪，有泡沫样流涎，鼻漏，呼吸促迫，后驱僵硬，跛行，一般取良性经过，发病率高，病死率低。

本病广泛流行于非洲、亚洲及大洋洲。我国也有本病的发生和流行，而且分布面较广。

1. 病原　　牛流行热病毒（bovine epizootic fever virus），又名牛暂时热病毒（bovine ephemeral fever virus），属弹状病毒科（Rhabdoviridae）暂时热病毒属（*Ephemerovirus*），呈子弹形或圆锥形。含单股 RNA，有囊膜。

本病毒可在牛肾、牛睾丸及牛胎肾细胞上繁殖，并产生细胞病变。也可在仓鼠肾原代细胞和传代细胞（BHK-21）上生长并产生细胞病变。猴肾传代细胞（Vero）上也能繁殖。

本病毒各分离株间的同源性很高，差异极小。

2. 流行病学　　本病主要侵害奶牛和黄牛，水牛较少感染。以 3～5 岁牛多发，1～2 岁牛及 6～8 岁牛次之，犊牛及 9 岁以上牛少发。6 月龄以下的犊牛不显有临床症状。肥胖的牛病情较严重。母牛尤以怀孕牛发病率略高于公牛。产奶量高的母牛发病率高。绵羊可人工感染并产生病毒血症，继而产生中和抗体。

病牛是本病的主要传染源，吸血昆虫是重要的传播媒介。本病的发生具有明显的周期性，6～8 年或 3～5 年流行一次，一次大流行之后，常有一次较小的流行。本病的发生具有明显的季节性，一般在夏末到秋初、高温炎热、多雨潮湿、蚊和蠓多生的季节流行。

本病的传染力强，传播迅速，短期内可使很多牛发病，呈流行性或大流行性。有时疫区与非疫区交错相嵌，呈跳跃式流行。

3. 临床症状　　潜伏期为 3～7d，发病突然，体温升高达 39.5～42.5℃，维持 2～3d 后，降至正常。在体温升高的同时，病牛流泪、畏光、眼结膜充血、眼睑水肿（图 5-23）。呼吸促迫，患牛发出"哼哼"声，食欲废绝，咽喉区疼痛，反刍停止。多数病牛鼻炎性分泌物呈线状，随后变为黏性鼻涕。口腔发炎、流涎，口角有泡沫。有的患牛四肢关节浮肿、僵硬、疼痛，病牛站立不动并出现跛行，最后因站立困难而倒卧（图 5-24）。皮温不整，特别是角根、耳、肢端有冷感。有的便秘或腹泻。发热期尿量减少，尿液呈暗褐色、浑浊，妊娠母牛可发生流产、死胎、泌乳量下降或停止。多数病例为良性经过。病程 3～4d，很快恢复。少数严重者可于 1～3d 死亡，但病死率一般不超过 1%。有的病例常因跛行或瘫痪而淘汰。

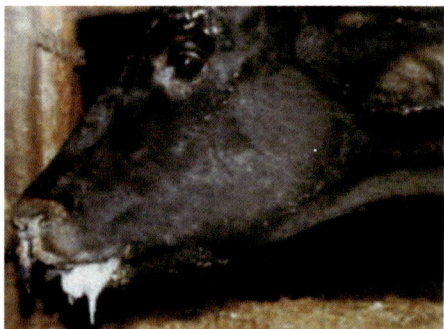

图 5-23　牛流行热（1）
病牛流涎、流泪、结膜发炎

图 5-24　牛流行热（2）
病牛四肢关节浮肿，卧地不起

4. 病理变化　　急性死亡的自然病例，可见有明显的肺气肿，还有一些牛可有肺充血与肺水肿（图 5-25）。肺气肿的肺高度膨隆，间质增宽，内有气泡，压迫肺呈捻发音。肺水肿病例胸腔积有多量暗紫红色液，两侧肺肿胀，间质增宽，内有胶冻样浸润，肺切面流出大量暗紫红色液体，气管内积有多量的泡沫状黏液（图 5-26）。淋巴结充血、肿胀

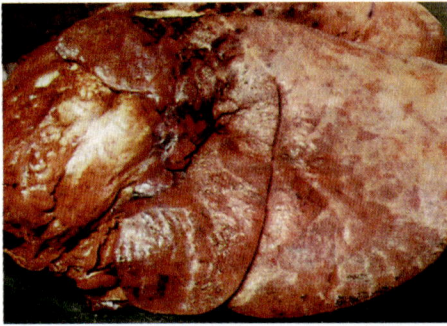

图 5-25 牛流行热（3）
病死牛肺气肿、充血、出血

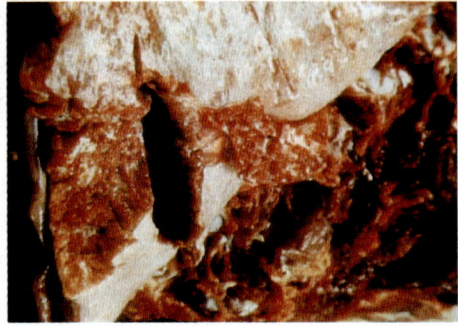

图 5-26 牛流行热（4）
病死牛纤维素性肺炎，支气管有泡沫样液体

和出血。实质器官浑浊肿胀。真胃、小肠和盲肠呈卡他性炎症和渗出性出血。

5. 诊断　本病的特点是大群发生，传播快速，有明显的季节性，发病率高、病死率低，结合病畜临床上表现的特点，不难做出诊断。但确诊本病还要做病原分离鉴定，或用中和试验、补体结合试验、琼脂扩散试验、免疫荧光法、酶联免疫吸附试验等进行检验。必要时采取病牛全血，用易感牛做交叉保护试验。

在诊断本病时，要注意与茨城病、牛病毒性腹泻 / 黏膜病、牛传染性鼻气管炎、牛副流行性感冒等相区别。

6. 防治　本病可选用 β-丙内酯灭活苗、亚单位疫苗及病毒裂解疫苗接种牛只。病初可根据具体情况用退热药及强心药，停食时间长可适当补充生理盐水及葡萄糖溶液。用抗生素等抗菌药物防止并发症和继发感染。治疗时，切忌灌药，因病牛咽肌麻痹，药物易流入气管和肺里，引起异物性肺炎。

自然病例恢复后可获得 2 年以上的坚强免疫力，而人工免疫迄今未达到如此效果。由于本病发生有明显的季节性，因此在流行季节到来之前应及时用能产生一定免疫力的疫苗进行免疫接种，即可达到预防的目的。

在本病的常发区，除做好人工免疫接种外，还必须加强消毒，扑灭蚊、蠓等吸血昆虫，切断本病的传播途径。发生本病时，要对病牛及时隔离，及时治疗，对假定健康牛群及受威胁牛群可采用高免血清进行紧急预防接种。

二、牛病毒性腹泻 / 黏膜病

本病简称牛病毒性腹泻或牛黏膜病（bovine viral diarrhea / mucosal disease，BVD/MD），其特征为黏膜发炎、糜烂、坏死和腹泻。

本病呈世界性分布，广泛存在于欧美等许多养牛发达国家。1980 年以来，我国从德意志联邦共和国（西德）、丹麦、美国、加拿大、新西兰等十多个国家引进奶牛和种牛，将本病带入我国，并分离鉴定出了病毒。

1. 病原　牛病毒性腹泻病毒（bovine viral diarrhea virus，BVDV），又名黏膜病病毒（mucosal disease virus），是黄病毒科（Flaviviridae）瘟病毒属（*Pestivirus*）的成员。为单股 RNA、有囊膜的病毒，呈圆形。

本病毒能在胎牛肾、睾丸、肺、皮肤、肌肉、鼻甲、气管、胎羊睾丸、猪肾等细胞培养物中增殖传代，也适应于牛胎肾传代细胞系。本病毒与猪瘟病毒、边界病毒为同属病毒，有密切的抗原关系。

2. 流行病学　本病可感染黄牛、水牛、牦牛、绵羊、山羊、猪、鹿及小袋鼠（wallaby），家兔可实验感染。

患病动物和带毒动物是本病的主要传染源。病畜的分泌物和排泄物中含有病毒。绵羊多为隐性感染，但妊娠绵羊常发生流产或生产先天性畸形羔羊，这种羔羊也为传染源。康复牛可带毒6个月。直接或间接接触均可传染本病，主要通过消化道和呼吸道感染，也可通过胎盘感染。

本病的流行特点是，新疫区急性病例多，不论放牧牛或舍饲牛，大或小均可感染发病，发病率通常不高，约为5%，其病死率为90%～100%，发病牛以6～18个月者居多；老疫区则急性病例很少，发病率和病死率很低，而隐性感染率在50%以上。本病常年均可发生，通常多发生于冬末和春季。本病也常见于肉用牛群中，关闭饲养的牛群发病时往往呈暴发式。

3. 发病机理　一般认为病毒侵入牛的呼吸道及消化道黏膜上皮细胞进行复制，然后进入血液形成病毒血症，再经血液和淋巴管进入淋巴组织。病毒血症一般结束于中和抗体的形成。在不给初乳的犊牛实验感染中，以循环系统中的淋巴细胞坏死，继而脾、集合淋巴结等淋巴组织损害为特征。由上皮细胞变性和坏死及黏膜脱落而形成的黏膜糜烂也是本病的特征。

4. 临床症状　潜伏期为7～14d，人工感染2～3d，就其临床表现，有急性和慢性过程。

1）急性病牛突然发病，体温升高至40～42℃，持续4～7d，有的还有第二次升高。病畜精神沉郁，厌食，鼻眼有浆液性分泌物（图5-27），2～3d可能有鼻镜及口腔黏膜表面糜烂，舌面上皮坏死（图5-28），流涎增多，呼气恶臭。通常在口腔损害之后发生严重腹泻，开始水泻，以后带有黏液和血液（图5-29）。有些病牛常有蹄叶炎及趾间皮肤糜烂坏死，从而导致跛行。急性病例恢复的少见，通常多死于发病后1～2周。

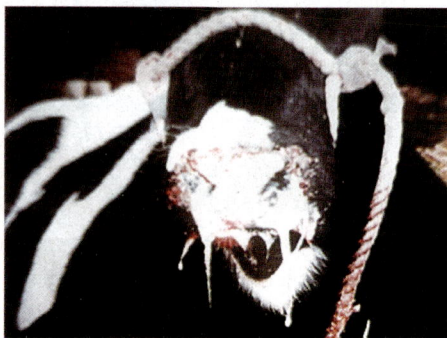

图5-27　牛病毒性腹泻/黏膜病（1）
病牛鼻眼分泌物增多，流涎

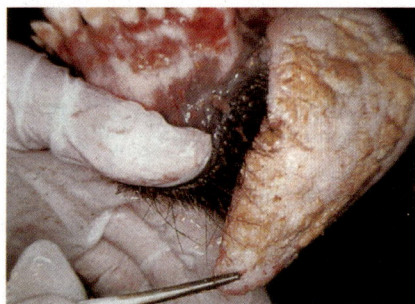

图5-28　牛病毒性腹泻/黏膜病（2）
病牛口腔黏膜表面糜烂，舌面上皮坏死

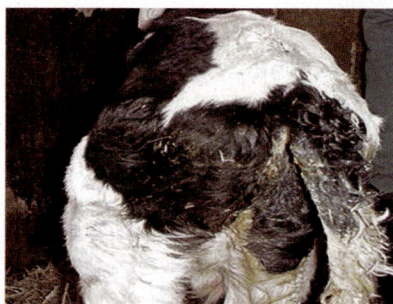

图5-29　牛病毒性腹泻/黏膜病（3）
病牛严重水泻，混有黏液、血液和小气泡

2）慢性病牛很少有明显的发热症状，但体温可能有高于正常的波动。最引人注意的临床症状是鼻镜上的糜烂，此种糜烂可在全鼻镜上连成一片。眼常有浆液分泌物。在口腔内很少有糜烂，但门齿齿龈通常发红。由蹄叶炎及趾间皮肤糜烂坏死而致的跛行是最明显的临床症状。大多数患牛均死于2～6个月。

3）母牛在妊娠期感染本病时常发生流产，或产下有先天性缺陷的犊牛。最常见的缺陷是小脑发育不全。患犊可能只呈现轻度共济失调或完全缺乏协调和站立的能力，有的可能失明。

4）绵羊可以用黏膜病病毒实验感染，但仅在妊娠绵羊被感染而病毒通过胎盘及胎儿时才会发病。妊娠12～80d的绵羊，可能导致胎儿死亡、流产或早产或产出已死亡的足月羔羊。

5. 病理变化　　主要病理变化在消化道和淋巴组织（图5-30～图5-33）。特征性损害是食道黏膜糜烂，形状大小不等，直线排列。瘤胃黏膜偶见出血和糜烂，第四胃炎性水肿和糜烂。肠壁因水肿增厚，肠淋巴结肿大，小肠急性卡他性炎症，空肠、回肠较为严重，盲肠、结肠、直肠有卡他性、出血性、溃疡性及坏死性等不同程度的炎症（图5-34）。在流产胎儿的口腔、食道、真胃及气管内可能有出血斑及溃疡。

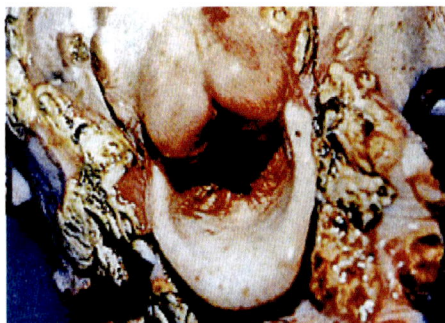

图 5-30　牛病毒性腹泻 / 黏膜病（4）
病牛咽喉部黏膜充血、出血、坏死

图 5-31　牛病毒性腹泻 / 黏膜病（5）
病牛腭部黏膜出血、糜烂

图 5-32　牛病毒性腹泻 / 黏膜病（6）
病牛食道黏膜出血、水肿、糜烂，呈线性排列

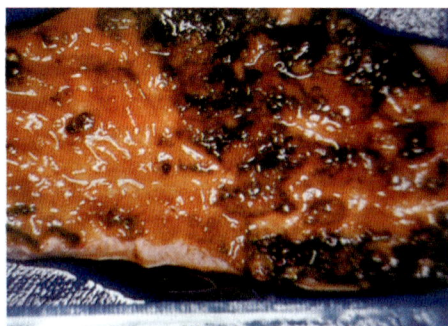

图 5-33　牛病毒性腹泻 / 黏膜病（7）
病死牛皱胃黏膜严重出血、水肿、糜烂和溃疡

6. 诊断　　在本病严重暴发流行时，可根据其发病史、临床症状及病理变化初步诊断，最后确诊须依赖病毒的分离鉴定及血清学检查。

病毒分离应于病牛急性发热期间采取血液、尿、鼻液或眼分泌物，剖检时采取脾、骨髓、肠系膜淋巴结等病料，人工感染易感犊牛或用乳兔来分离病毒；也可用牛胎肾、牛睾丸细胞分离病毒。血清学试验目前应用最广的是血清学试验，试验时采取双份血清（间隔3～4周），滴度升高4倍以上者为阳性，本法可用来定性，也可用来定量。此外，还可应用补体结合试验、免疫荧光抗体技术、琼脂扩散试验及聚合酶链反应（PCR）等方法来诊断本病。

本病应注意与牛瘟、口蹄疫、牛传染性鼻气管炎、恶性卡他热及水疱性口炎、牛蓝舌病等相区别。

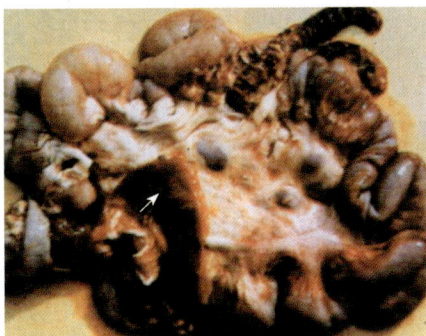

图 5-34　牛病毒性腹泻／黏膜病（8）
病死牛小肠黏膜坏死，脱落形成管型，肠系膜淋巴结肿胀

7. 防治　　本病在目前尚无有效疗法。应用收敛剂和补液疗法可缩短恢复期，减少损失。用抗生素和磺胺类药物，可减少继发性细菌感染。平时预防要加强口岸检疫，从国外引进种牛、种羊、种猪时必须进行血清学检查，防止引入带毒牛、羊和猪。国内在进行牛只调拨或交易时，要加强检疫，防止本病的扩大或蔓延。近年来，猪对本病病毒的感染率日趋上升，不但增加了猪作为本病传染来源的重要性，而且由于本病病毒与猪瘟病毒在分类上同属于瘟病毒属，有共同的抗原关系，猪瘟的防治工作变得复杂化，因此在本病的防治计划中对猪的检疫也不容忽视。一旦发生本病，对病牛要隔离治疗或急宰。目前可应用弱毒疫苗或灭活疫苗来预防和控制本病。

三、恶性卡他热

恶性卡他热（malignant catarrhal fever）又名恶性头卡他，是牛的一种致死性淋巴增生性病毒性传染病，以高热、呼吸道、消化道黏膜的黏脓性坏死性炎症为特征。本病散发于世界各地。

1. 病原　　本病病原为狷羚疱疹病毒Ⅰ型（Alcelaphine herpesvirus-1），属于疱疹病毒科（Herpesviridae）疱疹病毒亚科（Gammaherpesvirinae）。

病毒存在于病牛的血液、脑、脾等组织中，在血液中的病毒紧紧附着在白细胞上，不易脱离，也不易通过细菌滤器。病毒能在胸腺和肾上腺细胞培养物上生长，在这种细胞培养物几次传代后，移种到犊牛肾细胞中可能生长。适应了的病毒也可以在绵羊甲状腺、犊牛睾丸、角马及家兔肾细胞中生长，并产生细胞病变。病毒可适应于鸡胚卵黄囊。

病毒对外界环境的抵抗力不强，不能抵抗冷冻及干燥。含病毒的血液在室温中24h，冰点以下温度可使病毒失去传染性，因而病毒较难保存。较好的保存方法是将枸橼酸盐脱纤的含毒血液保存在5℃环境中。

2. 流行病学　　恶性卡他热在自然情况下主要发生在黄牛和水牛上，其中1～4岁的牛较易感，老牛发病者少见。绵羊及非洲角马可以感染，但其临床症状不易察觉或无临床症状，成为病毒携带者。

本病在流行病学上的一个明显特点是不能由病牛直接传递给健康牛。一般认为绵羊无临床症状带毒是牛群暴发本病的来源。许多工作者早就注意到，发病牛多与绵羊有接触史。据报道，狷羚在非洲也可带毒传播本病。

本病一年四季均可发生，更多见于冬季和早春，多呈散发，有时呈地方性流行。多数地区发病率较低，而病死率可高达 60%~90%。昆虫传播此病的作用，有待进一步证实。

3. 临床症状　　自然感染的潜伏期，长短变动很大，一般 4~20 周或更长，最多见的是 28~60d。人工感染犊牛通常 10~30d。

恶性卡他热已经报道的几种病型中，头眼型认为最典型，在非洲是常见的病型。在欧洲则以良性型及消化道型最常见。这些病型可能互相混合。

最初临床症状有高热稽留（41~42℃），肌肉震颤，寒战，食欲锐减，瘤胃弛缓，泌乳停止，初便秘，后拉稀，排尿频繁，有时混有血液和蛋白质，呼吸及心跳加快，鼻镜干热等。呈最急性经过的病例可能立即死亡。高热的同时还伴有少量鼻眼分泌物，一般在第二日以后，发生各部黏膜症状，口腔与鼻腔黏膜充血、坏死及糜烂。数日后，鼻孔前端分泌物变为黏稠脓样，在典型病例中，形成黄色长线状物垂直于地面。口腔黏膜广泛坏死及糜烂，并流出带有臭味的涎液（图 5-35）。每一典型病例，几乎均具有眼部症状，畏光、流泪、眼睑闭合，继而发生虹膜睫状体炎和进行性角膜炎（图 5-36），可能在8h 内变得完全不透明，也有发展较为迟缓的。炎症蔓延到额窦，会使头颅上部隆起；如蔓延到牛角骨床，则牛角松离，甚至脱落。体表淋巴结肿大。母畜阴唇水肿，阴道黏膜潮红、肿胀。有些患牛发生神经症状。病程较长时，皮肤出现红疹、小疱疹等。

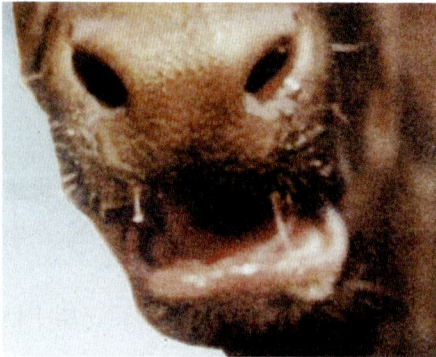

图 5-35　恶性卡他热（1）
病牛呼吸迫促，鼻孔张大，流出黏稠的分泌物；
口黏膜潮红，流涎

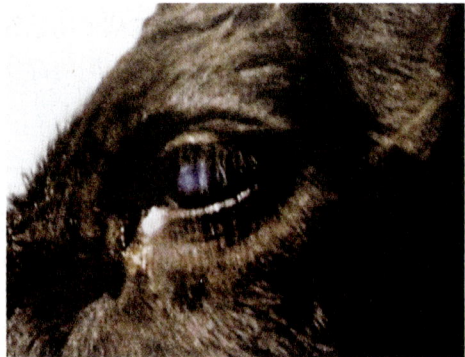

图 5-36　恶性卡他热（2）
病牛角膜水肿浑浊

4. 病理变化　　病理解剖变化依临床症状而定。

1）头眼型以类白喉性坏死性变化为主，可能由骨膜波及骨组织，特别是鼻甲骨、筛骨和角床的骨组织。喉头、气管和支气管黏膜充血，有小出血点，也常覆有假膜。肺充血及水肿，也见有支气管肺炎。眼的变化已在临床症状中述及。

2）消化道型以消化道黏膜变化为主。真胃黏膜和肠黏膜出血性炎症，有部分形成溃疡。在较长的病程中，泌尿生殖器官黏膜也呈炎症变化。脾正常或中等肿胀，肝、肾浊肿，胆囊可能充血、出血，心包和心外膜有小出血点，脑膜充血，有浆液性浸润。

3）组织学检查，在脑、肝、肾、心脏、肾上腺和小血管周围有淋巴细胞浸润；身体各部的血管有坏死性血管炎变化。

5. 诊断　　根据流行特点、临床症状及病理变化可做出初步诊断，确诊须进行实验室检查，包括病毒分离、培养鉴定、动物试验和血清学诊断等。血清学诊断有病毒-血清学试验、补体结合试验、间接免疫荧光试验、琼脂扩散试验、间接酶联免疫吸附试验等，近年来有人应用 DNA 探针和聚合酶链反应（PCR）确诊本病。

本病有时与牛瘟、牛病毒性腹泻 / 黏膜病、口蹄疫、牛蓝舌病等可能混淆，应注意鉴别。

6. 防治 目前本病尚无特效治疗方法。有人曾应用皮质类固醇类（如地塞米松静脉注射）、抗生素（如苄苯青霉素静脉注射、普鲁卡因青霉素肌内注射）、点眼药（如阿托品溶液、倍他米松新霉素混合液）治疗，有一定疗效。

控制本病最有效的措施是立即将绵羊等反刍动物清除出牛群，不让与牛接触，同时注意畜舍和用具的消毒。有人曾研制灭活疫苗，证明效果不佳，弱毒疫苗也已研制出来，但尚未推广使用。

四、牛传染性鼻气管炎

牛传染性鼻气管炎（infectious bovine rhinotracheitis，IBR）又称坏死性鼻炎（necrotic rhinitis）、红鼻病（red nose disease），是一种由病毒引起的牛接触性传染病，表现上呼吸道及气管黏膜发炎、呼吸困难、流鼻汁等临床症状，还可引起生殖道感染、结膜炎、脑膜脑炎、流产、乳房炎等多种病型。本病自 1955 年美国首次报道以来，世界许多国家和地区都相继发生和流行。本病的危害性在于，病毒侵入牛体后，可潜伏于一定部位，导致持续性感染，病牛长期乃至终生带毒，给控制和消灭本病带来极大困难。

1. 病原 牛传染性鼻气管炎病毒（infectious bovine rhinotracheitis virus，IBRV），又称牛（甲型）疱疹病毒 1 型 [Bovine（alpha）herpesvirus1]，是疱疹病毒科（Herpesviridae）甲型疱疹病毒亚科（Alphaherpesvirinae）水痘病毒属（*Varicellovirus*）的成员。本病毒为双股 RNA，有囊膜。

本病毒可于猪、羊、马、兔肾，牛胎肾细胞上生长，并可产生病理变化，使细胞聚集，出现巨核合胞体。无论在体内或体外，被感染的细胞用苏木紫伊红染色后均可见嗜酸性核内包涵体。本病毒只有一种血清型。与马鼻肺炎病毒、马立克病病毒和伪狂犬病病毒有部分相同的抗原成分。

2. 流行病学 本病主要感染牛，尤以肉用牛较为多见，其次是奶牛。肉用牛群的发病有时高达 75%，其中又以 20～60 日龄的犊牛最为易感。病死率也较高。

病牛和带毒牛为主要传染源，常通过空气经呼吸道传播，交配也可传播；病毒也可通过胎盘侵入胎儿引起流产；隐性带毒牛往往是最危险的传染源。

3. 临床症状 潜伏期一般为 4～6d，有时可达 20d 以上，人工滴鼻或气管内接种可缩短到 18～72h。本病可表现多种类型，主要有以下几种。

（1）呼吸道型 急性病例可侵害整个呼吸道，病初发高热达 39.5～42℃，极度沉郁，拒食，有多量黏液脓性鼻漏，鼻黏膜高度充血，出现浅溃疡，鼻窦及鼻镜因组织高度发炎而称为红鼻子（图 5-37），有结膜炎及流泪（图 5-38，图 5-39）。常因炎性渗出物阻塞而发生呼吸困难及张口呼吸。因鼻黏膜的坏死，呼气中常有臭味。呼吸频数常加快，常有深部支气管性咳嗽，有时可见带血腹泻。乳牛病初产乳量即大减，后完全停止，病

图 5-37　牛传染性鼻气管炎（1）

病牛鼻黏膜充血、溃疡

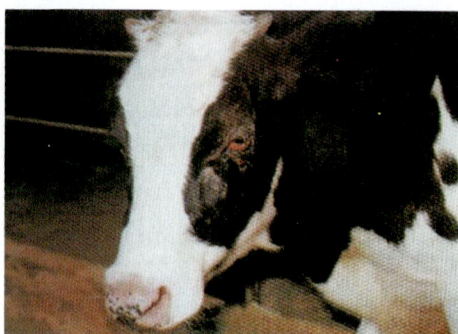

图 5-38　牛传染性鼻气管炎（2）

病牛眼结膜出血

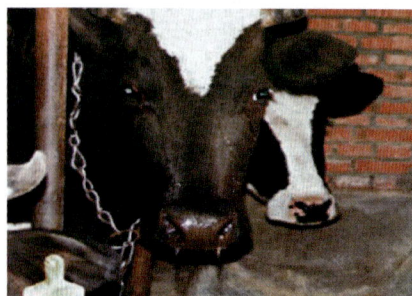

图 5-39　牛传染性鼻气管炎（3）

病牛流鼻汁、流泪

程如不延长（5～7d）则可恢复产量。

（2）生殖道感染型　　由配种传染。潜伏期为1～3d，可发生于母牛及公牛。病初发热，沉郁，无食欲。尿频，有痛感。产乳稍降。阴户联合下流黏液呈线条状，污染附近皮肤，阴门阴道发炎充血，阴道底面上有不等量黏稠无臭的黏液性分泌物。阴门黏膜上出现小的白色病灶，可发展成脓疱，大量小脓疱使阴户前庭及阴道壁形成广泛的灰色坏死膜。生殖道黏膜充血，轻症1～2d后消退，继而恢复；严重的病例发热，包皮、阴茎上发生脓疱，随即包皮肿胀及水肿，公牛可不表现临床症状而带毒，从精液中可分离出病毒。

（3）脑膜脑炎型　　主要发生于犊牛。体温升高达40℃以上。病犊共济失调，沉郁，随后兴奋、惊厥，口吐白沫，最终倒地，角弓反张，磨牙，四肢划动，病程短促，多归于死亡。

（4）眼炎型　　一般无明显全身反应，有时也可伴随呼吸型一同出现。主要临床症状是结膜角膜炎。表现结膜充血、水肿，并可形成粒状灰色的坏死膜。角膜轻度浑浊，但不出现溃疡。眼、鼻流浆液脓性分泌物，很少引起死亡。

（5）流产型　　一般认为是病毒经呼吸道感染后，从血液循环进入胎膜、胎儿所致。胎儿感染为急性过程，7～10d后以死亡告终，再经24～48h排出体外。因组织自溶，难以证明有包涵体。

4. 病理变化　　呼吸型时，呼吸道黏膜高度发炎，有浅溃疡，其上被覆腐臭黏液脓性渗出物，包括咽喉、气管及大支气管（图5-40，图5-41）。可能有成片的化脓性肺炎。呼吸道上皮细胞中有核内包涵体，于病程中期出现。第四胃黏膜常有发炎及溃疡。大、小肠可能有卡他性肠炎。脑膜脑炎的病灶呈非化脓性脑炎变化，阴道黏膜出血（图5-42）。流产胎儿肝、脾有局部坏死，有时皮肤有水肿。

非化脓性感觉神经节炎和脑脊髓炎与黏膜炎症一样，都是本病的主要特征性病理变化。

5. 诊断　　根据病史及临床症状，可初步诊断为本病。确诊本病要做病毒分离。分离病毒的材料，可在感染发热期采取病畜鼻腔洗涤物，流产胎儿可取其胸腔液，或用胎

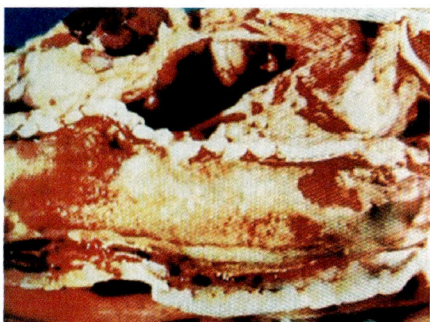

图 5-40　牛传染性鼻气管炎（4）
病牛局部溃疡性舌炎

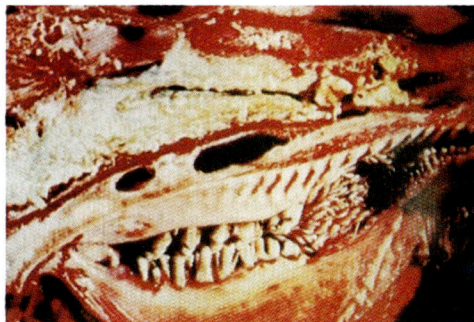

图 5-41　牛传染性鼻气管炎（5）
病牛鼻腔黏膜附有灰色黄色豆渣样的假膜

盘子叶。可用牛肾细胞培养分离，再用中和试验及荧光抗体来鉴定病毒。间接血凝试验或酶联免疫吸附试验等均可做本病的诊断或血清流行病学调查。近年来，检测病毒 DNA 的核酸探针技术，国内外均已有报道，利用生物素标记的病毒 DNA *Hind* Ⅲ 酶切片段作探针，可以检出 10pg 水平的病毒 DNA，而且在感染 2h 内收集的鼻拭子和分泌物即可呈现阳性结果。诊断本病的 PCR 技术也已建立。据报道，应用核酸探针、PCR 技术检测潜伏的病毒取得了较好的效果。

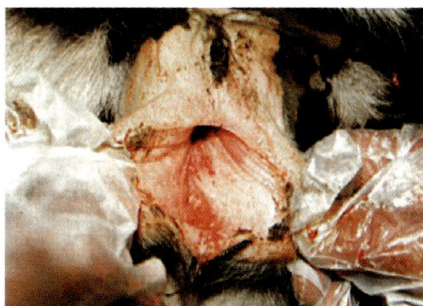

图 5-42　牛传染性鼻气管炎（6）
病牛阴道黏膜出血

本病应与牛流行热、牛病毒性腹泻／黏膜病、牛蓝舌病和茨城病等相区别。

6. 防治　由于本病病毒导致的持续性感染，防治本病最重要的措施是必须实行严格检疫，防止引入传染源和带入病毒（如带毒精液）。有证据表明，抗体阳性牛实际上就是本病的带毒者，因此具有抗本病病毒抗体的任何动物都应视为危险的传染源，应采取措施对其严格管理。发生本病时，应采取隔离、封锁、消毒等综合性措施，由于本病尚无特效疗法，病畜应及时严格隔离，最好予以扑杀或根据具体情况逐渐将其淘汰。

关于本病的疫苗，目前有弱毒疫苗、灭活疫苗和亚单位苗（用囊膜糖蛋白制备）三类。研究表明，用疫苗免疫过的牛，并不能阻止野毒感染，也不能阻止潜伏病毒的持续性感染，只能起到防御临床发病的效果。因此，采用敏感的检测方法（如 PCR 技术）检出阳性牛并予以扑杀可能是目前根除本病的唯一有效途径。

五、茨城病

茨城病（Ibaraki disease）是牛的一种急性、热性、病毒性的传染病，其特征是突发高热、咽喉麻痹、关节疼痛性肿胀。

本病除在日本最先发生流行外，后在朝鲜半岛、美国、加拿大、印度尼西亚、澳大利亚、菲律宾也有发生。美国除牛以外，绵羊和鹿也可发生感染。

1. 病原　本病病原为茨城病病毒（Ibaraki virus），属于呼肠孤病毒科（Reoviridae）环状病毒属（*Orbivirus*）。病毒粒子呈球形或圆形，内含双股 RNA，无囊膜。病毒结构基产物含群特异抗原和型特异抗原。

本病毒经卵黄囊接种鸡胚（在 33.5℃孵化）易生长繁殖并致死鸡胚；脑内接种乳鼠，可发生致死性脑炎。病毒可在牛、绵羊和仓鼠肾的原代细胞和传代细胞上繁殖并产生细胞病变。

2. 流行病学　　病牛和带毒牛是本病的主要传染源。本病的季节发生及地理分布，与气候条件及节肢动物的传递密切相关。本病毒是由库蠓（*Culicoides*）传播的。1 岁以下的牛一般不发病。在日本，肉牛比奶牛发病多，病情也较重。如取急性发热期病牛血液静脉接种易感牛，可发生与自然病例相似的疾病。

3. 临床症状　　人工接种的潜伏期为 3～5d，突然发高热，体温升高 40℃以上，持续 2～3d，少数可达 7～10d。发热时伴有精神沉郁，厌食，反刍停止，流泪，流泡沫样口涎、结膜充血，水肿，白细胞数减少。病情多轻微，2～3d 完全恢复健康。部分牛在口腔、鼻黏膜、鼻镜和唇上发生糜烂或溃疡，易出血。病牛腿部常有疼痛性的关节肿胀。发病率一般为 20%～30%，其中 20%～30% 病牛呈咽喉麻痹，吞咽困难。由于饮水逆出，而呈明显的缺水症状，常发生吸入性肺炎。蹄冠部、乳房、外阴部可见浅的溃疡。

4. 病理变化　　死亡病牛尸表可见到黏膜充血、糜烂等病理变化。第四胃变化明显，出现黏膜充血、出血、水肿，有时由于从黏膜到浆膜出现水肿而致胃壁增厚。组织学变化：引起吞咽障碍的病例，食道从浆膜到肌层见有出血和水肿，死亡病例的食道横纹肌形成无构造的玻璃样变，在该部有成纤维细胞、淋巴细胞、组织细胞增生，咽喉头、舌也发生出血，横纹肌坏死，另外，在肝也可发生出血和灶状坏死，以及网状内皮细胞的活化等。

5. 诊断　　根据流行季节、临床表现等情况，不难做出初步诊断，但确诊仍需分离病毒。分离病毒材料，以发病初期的血液为宜。在剖检病例，以脾、淋巴结为适宜，细胞培养可用牛肾细胞、BHK 或 HmLu-1 传代细胞，盲传 3 代，出现细胞病变。用已知阳性血清做中和试验来鉴定，或用已知病毒与急性期及恢复期血清做双份血清学试验进行鉴定。也可用补体结合试验、琼脂扩散试验、酶联免疫吸附试验等进行诊断。

本病的流行季节、临床表现与牛流行热、牛传染性鼻气管炎、牛蓝舌病等有很多相似之处，应注意区别。

6. 防治　　患畜只要没有发生吞咽障碍，预后一般良好。发生吞咽障碍的，由于严重缺水和异物性肺炎，可造成死亡，这是淘汰的主要原因。因此，补充水分和防止误咽是治疗的重点。为此，可使用胃导管或左肷部插入套管针的方法补充水分。也可经此注入生理盐水或林格液（可加入葡萄糖、维生素、强心剂等）。

日本采用鸡胚化弱毒冻干疫苗来预防本病的发生。在无本病发生的国家和地区，重点是加强进口检疫，防止引入病牛和带毒牛。

六、牛白血病

牛白血病（bovine leukosis）是牛的一种慢性肿瘤性疾病，其特征为淋巴样细胞恶性增生、进行性恶病质和高度病死率。

本病早在 19 世纪末即被发现，目前本病分布广泛，几乎遍及全世界养牛的国家。

1. 病原 本病病原为牛白血病病毒（bovine leukemia virus，BLV）。本病毒属于反转录病毒科（Retroviridae）丁型反转录病毒属（*Deltaretrovirus*）。病毒粒子呈球形，外包双层囊膜，病毒含单股RNA，能产生反转录酶。本病毒是一种外源性反转录病毒，存在于感染动物的淋巴细胞DNA中。本病毒具有凝集绵羊和鼠红细胞的作用。

病毒有多种蛋白质，囊膜上的糖基化蛋白主要有gp_{35}、gp_{45}、gp_{51}、gp_{55}、gp_{60}、gp_{69}，芯髓内的非糖基化蛋白主要有P_{10}、P_{12}、P_{15}、P_{19}、P_{24}、P_{80}，其中以gp_{51}和P_{24}的抗原活性最高，用这两种蛋白作为抗原进行血清学试验，可以检出特异性抗体。

病毒可用羊胎肾传代细胞系和蝙蝠肺传代细胞系进行培养。

2. 流行病学 本病主要发生于牛、绵羊、瘤牛，水牛和水豚也能感染。在牛，本病主要发生于成年牛，尤以4～8岁的牛最常见。病畜和带毒者是本病的传染源。潜伏期平均为4年。血清流行病学调查结果表明，本病可水平传播、垂直传播及经初乳传染给犊牛。

近年来的研究结果证明，吸血昆虫在本病传播上具有重要作用。被污染的医疗器械（如注射器、针头），可以起到机械传播本病的作用。

目前尚无证据证明本病毒可以感染人，但要做出本病毒对人完全没有危险性的论断还需进一步研究。

3. 临床症状 本病有亚临床型和临床型两种表现。亚临床型无瘤的形成，其特点是淋巴细胞增生，可持续多年或终身，对健康状况没有任何扰乱。这样的牲畜有些可进一步发展为临床型。此时，病牛生长缓慢，体重减轻。体温一般正常，有时略微升高。从体表或经直肠可摸到某些淋巴结呈一侧或对称性增大。腮淋巴结或股前淋巴结常显著增大，触摸时可移动。如一侧肩前淋巴结增大，病牛的头颈可向对侧偏斜；眶后淋巴结增大可引起眼球突出。

出现临床症状的牛，通常均为死亡转归，但其病程可因肿瘤病理变化发生的部位、程度不同而有所差异（图5-43～图5-46），一般为数周至数月。

图5-43 牛白血病（1）
病牛胸腺淋巴肉瘤：皮肤明显隆起

图5-44 牛白血病（2）
淋巴结淋巴肉瘤：病牛肩前与股前淋巴结肿胀

4. 病理变化 尸体常消瘦、贫血。腮淋巴结、肩前淋巴结、股前淋巴结、乳房上淋巴结和腰下淋巴结常肿大，被膜紧张，呈均匀灰色，柔软，切面突出。心脏、皱胃和脊髓常发生浸润。心肌浸润常发生在右心房、右心室和心膈，色灰且增厚。循环扰乱导致全身性被动充血和水肿。脊髓被膜外壳里的肿瘤结节，使脊髓受压、变形和萎缩。皱胃壁由于肿瘤浸润而增厚变硬。肾、肝、肌肉、神经干和其他器官也可受损，但脑的病

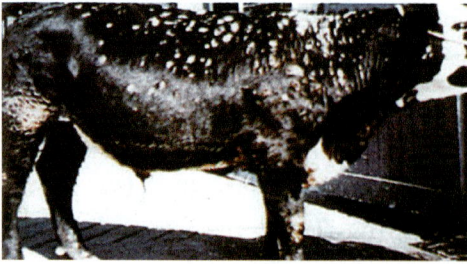

图 5-45　牛白血病（3）
皮肤淋巴瘤：病牛颈、背与腹部皮肤与
皮下形成灰色肿瘤结节

图 5-46　牛白血病（4）
眼淋巴肉瘤：病牛肉瘤病变使左眼突出

理变化少见。

5. 诊断　　临床诊断基于触诊发现增大的淋巴结（肋淋巴结、肩前淋巴结）。疑有本病的牛只，直肠检查具有重要意义。尤其在病的初期，触诊骨盆腔和腹腔的器官可以发现白细胞总数明显增加，淋巴细胞增加（超过 75%）等变化，常在表现淋巴结增大之前。具有特别诊断意义的是腹股沟和髂淋巴结的增大。

对感染淋巴结做活组织检查，发现有成淋巴细胞（瘤细胞），可以证明有肿瘤的存在。尸体剖检可以见到特征的肿瘤病理变化。最好采取组织样品（包括右心房、肝、脾、肾和淋巴结）做显微镜检查以确定诊断。

根据牛白血病病毒能激发特异抗体反应的观察，已创立了用 gp_{51}、P_{24} 作为抗原的许多血清学试验，包括琼脂扩散试验、补体结合试验、中和试验、间接免疫荧光技术、酶联免疫吸附试验等，一般认为这些试验都比较特异，可用于本病的诊断。

6. 防治　　本病尚无特效疗法。根据本病的发生呈慢性持续性感染的特点，防治本病应采取以严格检疫、淘汰阳性牛为中心，包括定期消毒，驱除吸血昆虫，杜绝因手术、注射可能引起的交互传染等在内的综合性措施。无病地区应严格防止引入病牛和带毒牛；引进新牛必须进行认真的检疫，发现阳性牛立即淘汰，但不得出售，阴性牛也必须隔离 3～6 个月甚至以上方能混群。疫场每年应进行 3 或 4 次临床、血液和血清学检查，不断剔除阳性牛；对感染不严重的牛群，可借此净化牛群，如感染牛只较多或牛群长期处于感染状态，应采取全群扑杀的坚决措施。对检出的阳性牛，如因其他原因暂时不能扑杀时，应隔离饲养，控制利用；肉牛可在肥育后屠宰。阳性母牛可用来培养健康后代，犊牛出生后即行检疫，阴性者单独饲养，喂以健康牛乳或消毒乳，阳性牛的后代均不可作为种用。

七、赤羽病

赤羽病（Akabane disease）又称阿卡班病，是牛、羊的一种以流产、早产、死胎、胎儿畸形、木乃伊胎、新生胎儿发生关节弯曲积水性无脑综合征（arthrogryposis-hydranencephaly syndrome，AH 综合征）为特征的病毒性传染病。

1. 病原　　本病的病原赤羽病病毒是布尼安病毒科（Bunyaviridae）辛波（Simbu）病毒群的成员。病毒颗粒呈球形，有囊膜，含单股 RNA，病毒含 4 种蛋白，分别为 G_1、G_2、N、L。

本病毒适于多种细胞培养，易增殖并产生细胞病变，除适应牛、猪、豚鼠和仓鼠肾细胞及鸡胚原代细胞培养外，还能适应于 Vero、BHK-21、HmLu-1 等各种传代细胞，其中 HmLu-1 细胞株的敏感性高。实验动物中小鼠易感，小鼠脑内接种可引起脑炎致死，但脑以外途径接种不感染；仓鼠对本病毒虽较易感，但以孕鼠的腹腔或皮下接种时，才可导致胎儿感染。

2. 流行病学　　怀孕的牛、绵羊和山羊对本病最易感，围产期的胎儿常受到感染。本病毒主要要由吸血昆虫传播，因而本病具有明显的季节性。有试验证明，用本病毒胸腔接种库蠓，病毒可在其体内复制并至少能在体内持续 9d。

3. 临床症状与病理变化　　感染本病的孕牛，一般不出现体温反应和临床症状。特征性的表现是妊娠牛异常分娩，多发生于怀孕 7 个月以上或接近妊娠期满的牛。感染初期胎龄越大的胎儿早产发生得越多，中期发生难产，即使顺产，新生犊也不能站立。后期多产出无生活能力的犊牛或眼瞎的犊牛。绵羊在怀孕 1～2 个月感染本病毒后，可产生畸形羔羊，包括关节弯曲、脑积水和无脑症。病理变化主要是胎儿体形异常（关节、脊柱和颈骨弯曲等）、大脑缺损、脑形成囊泡状空腔、躯干肌肉萎缩并变白。

4. 诊断　　根据流行特点、临床表现和病理变化可做出初步诊断，但确诊必须进行实验室检查，包括病原学鉴定和血清学试验。病原学鉴定时，可将病料接种于小鼠脑内，一般在接种后 6d 左右发病，传第 2 代时 2～5d 死亡，收获鼠脑，分离病毒；或取病料接种 HmLu-1 细胞或 Vero 细胞，2～4d 后出现细胞病变，4～5d 后出现蚀斑；也可取上述死亡鼠脑或感染细胞培养物，用免疫荧光技术检查病毒抗原。血清学试验，可用未吃初乳的新生犊牛或流产胎儿血清，做中和试验、琼脂扩散试验、补体结合试验、血凝和血凝抑制试验、酶联免疫吸附试验或斑点免疫吸附试验。

目前国内报道的试验方法较少，所见的只有微量中和试验和琼脂扩散试验。在上述各种血清学试验中，以微量中和试验结果较为可靠。

5. 防治　　加强进出口检疫防止病原传入，改善环境卫生彻底消灭吸血昆虫及其滋生地，制订计划定期进行疫苗接种，是预防本病的三项有效措施。日本和澳大利亚用 HmLu-1 细胞培养病毒，用甲醛灭活，添加磷酸铝凝胶作为佐剂，制成灭活苗，在流行季节到来之前，给妊娠母牛和计划配种牛接种两次，免疫效果良好。在日本，已研制出弱毒苗，据说其效果优于灭活苗。

八、蓝舌病

蓝舌病（blue tongue）是以昆虫为传染媒介的反刍动物的一种病毒性传染病。主要发生于绵羊，其临床特征为发热、消瘦，口、鼻和胃黏膜的溃疡性炎症变化。病羊，特别是羔羊长期发育不良、死亡、胎儿畸形、羊毛的破坏，造成了很大的经济损失。

本病的分布很广，很多国家均有本病存在，1979 年我国云南省首次确定绵羊蓝舌病，1990 年在甘肃省又从黄牛体内分离出蓝舌病病毒。

1. 病原　　蓝舌病病毒（blue tongue virus）属于呼肠孤病毒科（Reoviridae）环状病毒属（*Orbivirus*）。为一种双股 RNA 病毒，病毒基因组由 10 个分子质量大小不一的双股 RNA 片段组成。已知病毒有 24 种血清型，各型之间无交互免疫力。

羊肾、胎牛肾、犊牛肾、小鼠肾原代细胞和继代细胞（BHK-21）都能培养增殖并产生蚀斑或细胞病变，也可用核酸探针进行鉴定。

2. 流行病学　　绵羊易感，不分品种、性别和年龄，以 1 岁左右的绵羊最易感，吃奶的羔羊有一定的抵抗力。牛和山羊的易感性较低，多为隐性感染。

病畜是本病的传染源。病愈绵羊的血液能带毒达 4 个月之久，这些带毒动物也是传染源。本病主要通过库蠓传递，绵羊虱蝇也能机械传播本病。公牛感染后，其精液内带有病毒，可通过交配和人工授精传染给母牛。病毒也可通过胎盘感染胎儿。

本病的发生有严格的季节性，多发生在湿热的夏季和早秋，特别是池塘、河流较多的低洼地区。

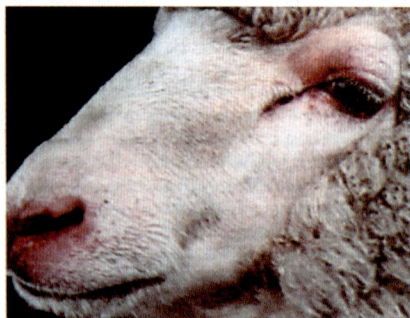

图 5-47　蓝舌病（1）
病羊口唇、下颌水肿，面部无毛区充血

3. 临床症状　　潜伏期为 3～8d，病初体温升高达 40.5～41.5℃，稽留 5～6d 表现厌食、委顿，落后于羊群。流涎，口唇水肿，蔓延到面部和耳部，甚至颈部、腹部。口腔黏膜充血，后发绀，呈青紫色（图 5-47）。在发热几天后，口腔连同唇、齿龈、颊、舌黏膜糜烂，致使吞咽困难；随着病的发展，在溃疡损伤部位渗出血液，唾液呈红色，口腔发臭（图 5-48，图 5-49）。鼻流出炎性、黏性分泌物，鼻孔周围结痂，引起呼吸困难和鼾声（图 5-50）。有时蹄冠、蹄叶发生炎症，触之敏感，呈不同程度的跛行，甚至膝行或卧地不动（图 5-51）。病羊消瘦、衰弱，有的便秘或腹泻，有时下痢带血，早期有白细胞减少症。病程一般为 6～14d，发病率为 30%～40%，病死率为 2%～3%，有时可高达 90%。患病不死的经 10～15d 痊愈，6～8 周后蹄部也恢复。怀孕 4～8 周的母羊遭受感染时，其分娩的羔羊中约有 20% 发育缺陷，如脑积水、小脑发育不足、回沟过多等。

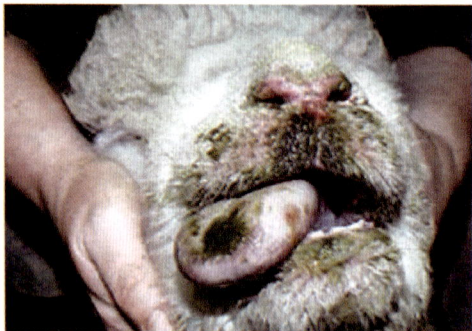

图 5-48　蓝舌病（2）
病羊舌头充血、糜烂

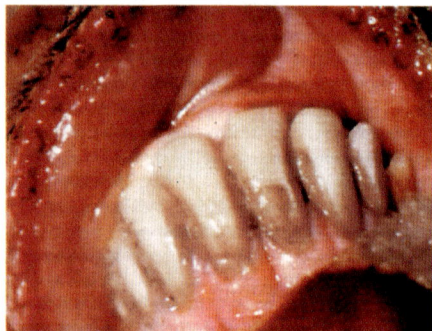

图 5-49　蓝舌病（3）
病羊唇、口腔黏膜出血、糜烂

山羊的临床症状与绵羊相似，但一般比较轻微。

牛通常缺乏临床症状。约有 5% 的病例可显示轻微临床症状，其临床表现与绵羊相同。

4. 病理变化　　主要见于口腔、瘤胃、心、肌肉、皮肤和蹄部。口腔出现糜烂和深红色区，舌、齿龈、硬腭、颊黏膜和唇水肿。瘤胃有暗红色区，表面有空泡变性和坏死。真皮充血、出血和水肿。肌肉出血，肌纤维变性，有时肌间有浆液和胶冻样浸润。呼吸

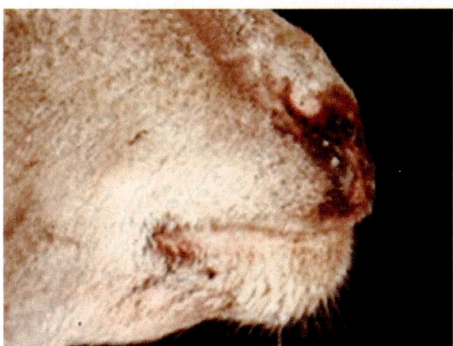

图 5-50　蓝舌病（4）
病羊面部、鼻腔充血、水肿；流鼻涕、结痂

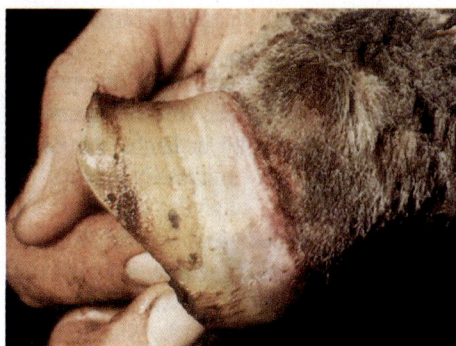

图 5-51　蓝舌病（5）
病羊蹄壳有裂痕和出血斑

道、消化道和泌尿道黏膜及心肌、心内外膜均有小点出血。严重病例，消化道黏膜有坏死和溃疡（图 5-52）。脾通常肿大。肾和淋巴结轻度发炎和水肿，有时有蹄叶炎变化。

5. 诊断　　根据典型临床症状和病理变化可以做出临床诊断。为了确诊可采取病料进行人工感染或通过鸡胚或乳鼠和乳仓鼠分离病毒，也可进行血清学诊断。血清学试验中，琼脂扩散试验、补体结合试验、免疫荧光抗体技术具有群特异性，可用于病的定性试验；中和试验具有型特异性，可用来区别蓝舌病病毒的血清型。也可采用 DNA 探针技术。

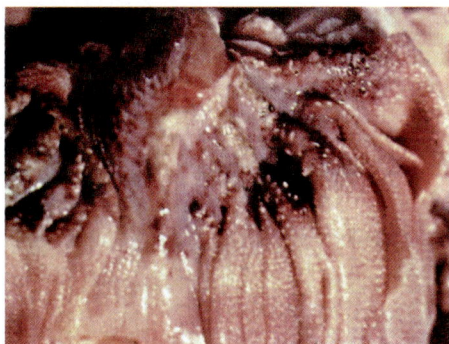

图 5-52　蓝舌病（6）
病死羊瓣胃黏膜出血、坏死、溃疡

牛的蓝舌病与口蹄疫、牛病毒性腹泻 / 黏膜病、牛恶性卡他热、牛传染性鼻气管炎、牛水疱性口炎、牛茨城病、牛瘟等有相似之处，应注意鉴别。

6. 防治　　对病畜要精心护理，严格避免烈日风雨，给予易消化的饲料，每天用温和的消毒液冲洗口腔和蹄部。预防继发感染可用磺胺药或抗生素，有条件时病畜或分离出病毒的阳性畜应予以扑杀；血清学阳性畜，要定期复检，限制其流动，就地饲养使用，不能留作种用。

严禁用带毒精液进行人工授精。定期进行药浴、驱虫，控制和消灭本病的媒介昆虫（库蠓），做好牧场的排水工作。

在流行地区可在每年发病季节前 1 个月接种疫苗；在新发病地区可用疫苗进行紧急接种。目前所用疫苗有弱毒疫苗、灭活疫苗和亚单位疫苗，以弱毒疫苗比较常用，二价或多价疫苗可产生相互干扰作用，因此二价或多价疫苗的免疫效果会受到一定影响。

九、梅迪-维斯纳病

梅迪-维斯纳病（Maedi-Visna disease，MVD）是一种成年绵羊不表现发热临床症状的接触性传染病。临床特征是经过一漫长的潜伏期之后，表现间质性肺炎或脑膜炎。病羊衰弱、消瘦，最后终归死亡。

本病最早发现于南非绵羊中，以后在荷兰、美国、冰岛、法国、印度、匈牙利、加拿大等国均有本病报道，多为进口绵羊之后发生的。

1966～1967年，我国从澳大利亚、英国、新西兰进口的边区莱斯特成年羊中出现了一种以呼吸道障碍为主的疾病，病羊逐渐瘦弱，衰竭死亡。

1. 病原 梅迪-维斯纳病毒（Maedi-Visna virus，MVV）是两种在许多方面具有共同特性的病毒，在分类上被列入反转录病毒科（Retroviridae）慢病毒属（*Lentivirus*）。含有单股RNA，有囊膜，核芯存在反转录酶。

病毒有两种主要抗原成分，一种是囊膜糖蛋白gp^{135}，具有特异性抗原决定簇，能诱发中和抗体，另一种是核芯蛋白p^{30}，具有群特异性抗原决定簇，抗原性稳定。梅迪-维斯纳病毒的p^{28}、gp^{135}抗原与山羊病毒性关节炎-脑炎病毒的p^{28}、gp^{135}抗原之间有强烈的交叉反应，因此可用梅迪-维斯纳病毒制备的琼脂扩散抗原进行山羊病毒性关节炎-脑炎的抗体检查。

病毒的所有毒株尚未观察到血细胞吸附和血细胞凝集现象。

病毒能在绵羊脉络膜丛、肺、睾丸、肾和肾上腺、唾液腺的细胞培养里繁殖并经常产生特征的细胞致病作用。大多数细胞都变成大的星状细胞。

2. 流行病学 梅迪-维斯纳病主要是绵羊的一种疾病，山羊也可感染。本病发生于所有品种的绵羊，无性别的区别。本病多见于2岁以上的成年绵羊。一年四季均可发生。可经胎盘和乳汁而垂直传染。吸血昆虫也可能成为传播者。

本病多呈散发，发病率因地域而异。从世界各地分离到的病毒经鉴定都是相同的。

3. 发病机理 当病毒被吸入呼吸系统后，即侵入细胞，有时还可侵入支气管、纵隔淋巴结、血液、脾和肾。被病毒侵袭的肺细胞，可能还有网状细胞和淋巴细胞，由于病毒刺激而增生。随后，肺泡间隔由于出现许多新的组织细胞和一些新的纤维细胞及胶原纤维而变厚。同时肺泡壁的鳞状上皮细胞变成立方形细胞。此外，细支气管和血管周围的淋巴样组织增生形成活动性的生发中心。由于肺泡的功能降低甚至消失，气体交换受到影响，逐渐发展成致死性的缺氧症，如果并发急性细菌性肺炎，则加速病羊的死亡。

将病毒接种于绵羊脑内，引起神经症状（维斯纳）；而在鼻内接种时则引起呼吸道症状（梅迪），因此，认为维斯纳是梅迪的脑型。

持续感染是本病的特征之一，这可能与感染细胞里存在的前病毒DNA在感染细胞保护下逐渐释放病毒，以及病毒抗原发生变异等因素有关。因此，尽管病毒感染可以激发机体产生高滴度的中和抗体，但并不能阻止病毒的复制和传播。

4. 临床症状 潜伏期为2年或更长时间。

（1）梅迪（呼吸道型） 体温一般正常，听诊时在肺的背侧可闻啰音，叩诊时在肺的腹侧发现实音。病羊常落群，不愿行走。当病情恶化时，每分钟的呼吸次数在活动时达80～120次，在休息时也表现呼吸频数。病羊鼻孔扩张，头高仰，有时张口呼吸。血常规检查发现轻度的低血红素性贫血及持续性的白细胞增多症。由缺氧和并发急性细菌肺炎而造成死亡。发病率因地区而异，病死率可能高达100%。

（2）维斯纳（神经型） 病羊经常落群。后肢易失足，发软。同时体重有些减轻，随后距关节不能伸直。休息时经常用跖骨后段着地。四肢麻痹并逐渐发展，带来行走困难。用力后容易疲乏。有时唇和眼睑震颤。头微微偏向一侧，然后出现偏瘫或完全麻痹。

自然和人工感染病例的病程均很长，通常为数月，有的可达数年。病程的发展有时呈波浪式，中间出现轻度缓解，但终归死亡。

5. 病理变化　　梅迪的病理变化主要见于肺和肺淋巴结。病肺体积膨大2～4倍，打开胸腔时肺不塌陷，各叶之间及肺和胸壁粘连，触摸有象皮感觉。病肺组织致密，质地如肌肉，以膈叶的变化最重，心叶和尖叶次之。肺小叶间隔增宽，呈暗灰细网状花纹，在网眼中显出针尖大小的暗灰色小点，肺的切面干燥。病理变化在膈叶外侧区发生得比较早些。

组织病理学变化，主要为慢性间质性炎症。肺泡间隔增厚、淋巴样组织增生。肺泡间隔增厚是由组织细胞、纤维细胞、网状纤维增生所致，肺泡间隔平滑肌增生，支气管和血管周围的淋巴样细胞浸润。肺泡的巨细胞里有包涵体，用吉姆萨染色清晰可见。在肺炎区，肺泡消失或体积减小。

死于维斯纳的病羊，剖检时见不到特异变化。病期很长的，其后肢肌肉经常萎缩。少数病例的脑膜充血，白质的切面上会有灰黄色小斑。中枢神经的初发性显微损害是脑膜下和脑室膜下出现浸润和网状内皮系统细胞的增生。病重的羊脑、脑干、脑桥、延髓及脊髓的白质里广泛存在着损害。髓磷脂性变是继发的，通常比较轻微，轴索很完整。细胞内外的嗜苏丹产物并不常见。由胶原纤维形成的机化总是比较轻微，病部伴有广泛的由淋巴细胞、浆细胞和组织细胞构成的血管嵌边。外周神经有弥散性淋巴细胞浸润，而髓磷脂的变化则较轻。

6. 诊断　　2岁以上的绵羊无体温反应、呼吸困难逐渐加重，可怀疑为本病。肺的前腹区坚实，仔细观察，肺胸膜下散在无数针尖大小的青灰色小点，这是重要的肉眼变化。在这种小点看不清楚的时候，可以用50%～98%的乙酸涂擦于肺表面，2min后于灰黄色背景上出现十分明显的乳白色小点，可作为一种简易的辅助诊断方法。必要时，可采取病料送检验单位做病理组织学检查、病毒分离、病毒颗粒的电镜观察及中和试验、琼脂扩散试验、补体结合试验、酶联免疫吸附试验、免疫荧光法等进行确诊。

鉴别诊断需考虑肺腺瘤病、蠕虫性肺炎、肺脓肿和其他的肺部疾病。肺腺瘤病的组织切片中，可发现特殊的肺泡上皮和细支气管上皮异型性增生，形成腺样结构。蠕虫性肺炎，在肺泡和细支气管内可发现寄生虫。肺脓肿和其他肺部疾病都有其特定的病理变化。

7. 防治　　本病目前尚无疫苗和有效的治疗方法，因此防治本病的关键在于防止健羊接触病羊。加强进口检疫。引进种羊应来自非疫区，新进的羊必须隔离观察，经检疫认为健康时方可混群。避免与病情不明羊群共同放牧。每6个月对羊群做一次血清学检查。凡从临床和血清学检查发现病羊时，最彻底的办法是将感染群绵羊全部扑杀。病尸和污染物应销毁或用石灰掩埋。圈舍、饲管用具应用2%氢氧化钠或4%碳酸钠消毒。

严格隔离饲养，羔羊产出后立即与母羊分开，实行严格隔离饲养，禁止吃母乳，喂以健康羊乳或消毒乳，经过几年的检疫和效果观察，认为能培育出健康羔羊。

十、山羊病毒性关节炎-脑炎

山羊病毒性关节炎-脑炎（caprine arthritis-encephalitis，CAE）是一种病毒性传染病。临床特征是成年羊为慢性多发性关节炎，间或伴发间质性肺炎或间质性乳房炎；羔羊常呈现脑脊髓炎临床症状。

本病分布于世界很多国家。1985 年以来，我国先后在甘肃、贵州、四川、陕西和山东等省发现本病。

1. 病原 山羊关节炎-脑炎病毒（caprine arthritis-encephalitis virus，CAEV）属于反转录病毒科（Retroviridae）慢病毒属（Lentivirus）。病毒的形态结构和生物学特性与梅迪-维斯纳病毒相似，含有单股 RNA，有囊膜。病毒的主要抗原成分是囊膜蛋白 gp^{135} 和核芯蛋白 p^{28}，这两种抗原与梅迪-维斯纳病毒的 gp^{135}、p^{28} 抗原之间有强烈的交叉反应，因此可用梅迪-维斯纳病毒抗原来诊断山羊病毒性关节炎-脑炎。

鸡胚、小鼠、豚鼠、地鼠和家兔等实验动物感染不发病。无菌采取病羊关节滑膜组织制备单细胞进行体外培养，经 2～4 周细胞出现合胞体。山羊胎儿滑膜细胞常用于病毒的分离鉴定。

2. 流行病学 患病山羊，包括潜伏期隐性患羊，是本病的主要传染源。感染途径以消化道为主。在自然条件下，绵羊不感染。无年龄、性别、品系间的差异，但以成年羊感染居多。水平传播至少同居放牧 12 个月；带毒公羊和健康母羊接触 1～5d 不引起感染。呼吸道感染和医疗器械接种传播本病的可能性不能排除。感染本病的羊只，在良好的饲养管理条件下，常不出现临床症状或临床症状不明显。只有通过血清学检查，才能发现。一旦改变饲养管理条件、环境或长途运输等应激因素的刺激，则会出现临床症状。

3. 发病机理 本病毒由消化道侵入血流后首先侵染单核细胞，以前病毒状态整合到单核细胞的染色体中，当单核细胞进入脑、关节、肺和乳腺靶器官转化为巨细胞之后，前病毒被激活并释放子代病毒进一步感染靶细胞使病毒抗原量大增，从而引起巨细胞、淋巴细胞和浆细胞增生为主的炎症反应。

4. 临床症状 依据临床表现分为三种类型：脑脊髓炎型、关节炎型和间质性肺炎型。多为独立发生，少数有所交叉。但在剖检时，多数病例具有其中两种类型或三种类型的病理变化。

（1）脑脊髓炎型 潜伏期为 53～131d，主要发生于 2～4 月龄羔羊。有明显的季节性，80% 以上的病例发生于 3～8 月，显然与晚冬和春季产羔有关。病初病羊精神沉郁、跛行，进而四肢强直或共济失调。一肢或数肢麻痹、横卧不起、四肢划动，有的病例眼球震颤、惊恐、角弓反张（图 5-53）。少数病例兼有肺炎或关节炎临床症状（图 5-54）。

图 5-53　山羊病毒性关节炎-脑炎（1）
脑脊髓炎型：病羊共济失调，角弓反张

图 5-54　山羊病毒性关节炎-脑炎（2）
病羊腕关节炎，肿大

（2）关节炎型   发生于1岁以上的成年山羊，病程1～3年。典型临床症状是腕关节肿大和跛行，膝关节和跗关节也有罹患。病情逐渐加重或突然发生。透视检查，轻型病例关节周围软组织水肿；重症病例软组织坏死，纤维化或钙化，关节液呈黄色或粉红色。

（3）间质性肺炎型   较少见。无年龄限制，病程3～6个月。患羊进行性消瘦，咳嗽，呼吸困难，胸部叩诊有浊音，听诊有湿啰音。

除上述三种病型外，哺乳母羊有时发生间质性乳房炎。

5. 病理变化   主要病理变化见于中枢神经系统、四肢关节及肺，其次是乳腺。

（1）中枢神经   主要发生于小脑和脊髓的灰质，在前庭核部位将小脑与延脑横断，可见一侧脑白质有一棕色区。镜检见血管周围有淋巴样细胞、单核细胞和网状纤维增生，形成套管，套管周围有胶质细胞增生包围，神经纤维有不同程度的脱髓鞘变化。

（2）肺   轻度肿大，质地硬，呈灰色，表面散在灰白色小点，切面有大叶性或斑块状实变区。支气管淋巴结和纵隔淋巴结肿大，支气管空虚或充满浆液及黏液，镜检见细支气管和血管周围淋巴细胞、单核细胞或巨噬细胞浸润，甚至形成淋巴小结，肺泡上皮增生，肺泡隔肥厚，小叶间结缔组织增生，邻近细胞萎缩或纤维化。

（3）关节   关节周围软组织肿胀波动，皮下浆液渗出（图5-55）。关节囊肥厚，滑膜常与关节软骨粘连。关节腔扩张，充满黄色、粉红色液体，其中悬浮纤维蛋白条索或血淤块（图5-56）。滑膜表面光滑，或有结节状增生物。透过滑膜可见到组织中钙化斑。

图5-55 山羊病毒性关节炎-脑炎（3）
病羊关节周软组织水肿

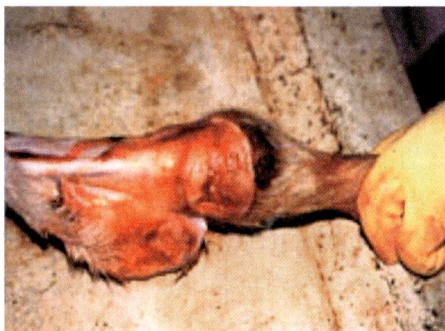

图5-56 山羊病毒性关节炎-脑炎（4）
病羊关节周软组织水肿

（4）乳腺   发生乳腺炎的病例，镜检见血管、乳导管周围及腺叶间有大量淋巴细胞，单核细胞和巨细胞渗出，继而出现大量浆细胞，间质常发生灶状坏死。

（5）肾   少数病例肾表面有1～2mm的灰白小点。镜检见广泛性的肾小球肾炎。

6. 诊断   依据病史、病状和病理变化可对临床病例做出初步诊断，确诊需进行病原分离鉴定和血清学试验。目前广泛使用的血清学试验是琼脂扩散试验、酶联免疫吸附试验和免疫印迹试验。

7. 防治   本病目前尚无疫苗和有效治疗方法。防治本病主要以加强饲养管理和采取综合性防疫卫生措施为主。加强进口检疫。禁止从疫区（疫场）引进种羊；引进种羊前，应先做血清学检查，运回后隔离观察1年，其间再做两次血清学检查（间隔半年），均为阴性时才可混群。

采取检疫、扑杀、隔离、消毒和培育健康羔羊群的方法对感染羊群实行净化。羊群严格分圈饲养，一般不予调群；羊圈除每天清扫外，每周还要消毒 1 次（包括饲管用具），羊奶一律消毒处理；怀孕母羊加强饲养管理，使胎儿发育良好，羔羊产后立刻与母羊分离，用消毒过的喂奶用具喂以消毒羊奶或消毒牛奶，至 2 月龄时开始进行血清学检查，阳性者一律淘汰。在全部羊只至少连续 2 次（间隔半年）呈血清学阴性时，方可认为该羊群已经净化。

十一、马传染性贫血

马传染性贫血（简称马传贫）（equine infectious anemia），又称沼泽热，是一种由马传染性贫血病毒引起的马属动物的慢性传染病。其临床主要特征是发热、贫血、出血、黄疸、心脏衰弱、浮肿和消瘦等，并反复发作，发热期临床表现明显，间歇期临床表现减轻或消失。该病被 OIE 定为 B 类传染病，我国也将其列入二类动物疫病，目前在我国已呈消灭状态。

本病在 1843 年首次发现于法国，后传遍世界各国。1931 年日本侵华时把此病带进了我国东北及华北等地，后来由苏联进口马匹时又一次将该病传入我国，造成我国疫情严重。我国于 1965 年由解放军兽医大学首次分离马传贫病毒成功，进而研制成功了马传贫补体结合试验和琼脂扩散反应两种特异诊断法，1975 年哈尔滨兽医研究所又研制成功了马传贫驴白细胞弱毒疫苗。该疫苗的推广、应用并采取综合性的防疫措施，使我国的疫情逐步得到控制。

1. 病原　　马传贫病毒（equine infectious anemia virus，EIAV）属于反转录病毒科（Retroviridae）慢病毒属（*Lentivirus*）。病毒核酸为单链正股线性 RNA，病毒粒子常呈圆形。有囊膜，膜厚约 9nm。病毒粒子直径为 80～140nm，中心有一个直径 40～60nm 电子密度高的锥形或杆形类核体（拟核）。类核的外周有壳膜，壳膜外被亮晕包绕，其外面是囊膜，有纤突（球形突起）。

本病毒有两种抗原，即群特异性抗原和型特异性抗原。群特异性抗原是各毒株所共有的，为一种可溶性抗原，存在于病毒衣壳蛋白中，通过补体结合试验和琼脂扩散反应可以检出，可用于本病的诊断；型特异性抗原是各型毒株间不同的抗原，存在于病毒粒子表面，可用病毒血清学试验检出，它主要用于病毒型的鉴别。本病至少有 14 种类型，表明马传贫病毒有多向性抗原漂移，这与病毒糖蛋白的结构改变有关。

病毒只在马属动物白细胞、骨髓细胞及马或驴胎肺、脾、皮肤、胞腺等细胞培养时才可复制。用马属动物以外的其他动物人工感染和进行细胞培养均未获成功。但也有报道美国用狗、猫细胞培养本病毒获得成功。本病毒能凝集鸡、蛙、豚鼠和人的 O 型红细胞。

马传贫病毒对外界环境的抵抗力较强。病毒在粪、尿中可生存 2.5 个月，堆肥中 30d，−20℃中保持毒力 6 个月到 2 年，日光照射经 1～4h 死亡，2%～4% 氢氧化钠、3%～5% 克辽林、3% 漂白粉和 20% 草木灰水等均可在 20min 内杀死病毒。

2. 流行病学　　只有马属动物对本病毒有易感性，其中马的易感性最强，尤其进口马和改良马，骡驴次之，无年龄、性别、品种差异。其他畜禽和野生动物等均无感受性，但有人工感染的记载。病马和带毒马是本病的主要传染源。病畜在发热期内，血液和内脏含毒浓度最高，排毒量最大，传染力最强。而慢性病马和隐性感染马则终身带毒长期传播本病。本病主要通过吸血昆虫（虻、厩螯蝇、蚊及蠓）对健康马多次叮咬而传染。

污染的针头、用具、器械等，通过注射、采血、手术、梳刷及投药等均可引起本病传播。此外，经消化道、呼吸道、交配、胎盘也可发生感染。

本病有明显的季节性。吸血昆虫较多的夏秋季节（7～9月）及森林、沼泽地带发病较多。呈地方流行或散发，在新疫区以急性型多见，病死率较高，老疫区则以慢性型、隐性型为主，病死率较低。同时不良的土壤、营养不全的饲料、寒冷而潮湿的畜舍以及繁重的劳役、长途运输及内外寄生虫侵袭等因素均可促进本病发生和流行，马匹的流动（引进新马）更加扩大了本病的蔓延。

3. 临床症状 本病潜伏期长短不一，人工感染病例平均10～30d，短的5d，长的可达90d。根据临诊表现，常将马传贫病马分为急性型、亚急性型和慢性型3种类型。且随着机体抵抗力的改变，可相互转换。

（1）各型病马的共同特征

1）发热：主要表现为稽留热和间歇热，也有不规则热型。且有时出现上午体温高、下午体温低的温差逆转现象，特别是慢性病例更明显。

2）全身临床症状：病马精神沉郁，食欲减退，低头竖耳，站立不动，易疲劳、出汗，逐渐消瘦。病的中、后期，由于肌肉变形和坐骨神经损伤导致病马后躯无力，步态不稳，左右摇晃。

3）贫血、黄疸及出血：可视黏膜从初期的充血轻度黄染，逐渐变为黄白至苍白，常在眼结膜、舌下、鼻翼、齿龈、阴道等处黏膜出现大小不一的出血点，呈红色或暗红色。

4）心脏机能紊乱：心搏亢进，心音分裂，心律不齐等。脉搏增数，减弱，每分钟达60～100次甚至以上。

5）浮肿：多见于四肢下部、胸前、腹下、包皮、阴囊等处。

6）血液学变化：红细胞数减少，常在300万～500万或以下，血红蛋白量降低，常减少到40%以下。血液稀薄，血沉显著加快。白细胞发热初期稍增多、嗜中性白细胞一时性增多、淋巴细胞相对减少，发热的中、后期，白细胞数趋向减少（常低于4000～5000个/mm³）、淋巴细胞增多、单核细胞增多、嗜中性白细胞相对减少。静脉血中出现吞铁细胞。通常在急性型及亚急性型病马的发热期和退热后的头几天内，吞铁细胞的检出率较高，慢性型的检测率较低。但是，马血孢子虫病和马血锥虫病及多数健康骡、驴的血液中也能检出吞铁细胞，应注意鉴别。

（2）各型病马的临床症状特点

1）急性型：多见于新疫区的流行初期，或老疫区内突然暴发的病马。高热稽留，可达39～41℃。有的病例呈现马鞍型热。临床症状和血液等变化明显，病程短者3～5d，最长不超过一个月。

2）亚急性型：主要表现反复发作的间歇热，一般发热39.5～40.5℃或以上持续4～6d退热至常温，经3～15d的间歇期又复发。温差倒转现象，临床症状和血液学变化随体温变化而有规律性变化，有热期临床症状和血液变化明显，无热期则临床症状及血液学减轻或消失，但心脏机能仍然不能恢复正常，病程较长，有1～2个月。

3）慢性型：较多见，常发生于老疫区，其特点与亚急性型基本相似，呈反复发作的间歇热或不规则热，发热期短，通常为2～3d，温度不高，无热期长，可持续数周或数月，温差倒转现象更多见。发热期的临床症状和血液学变化比亚急性型病马较轻，尤其是无热期长的病马，临床症状更不明显。病程可达数月或数年，病死率可达 30%～70%。

4. 病理变化　　急性呈败血性变化，亚急性和慢性型败血性变化表象轻微，主要表现为贫血和网状内皮细胞增生。

（1）急性型　　浆膜、黏膜出现出血点或出血斑，尤其以舌下、齿龈、鼻腔、阴道黏膜、眼结膜、回肠、盲肠和大结肠的浆膜、黏膜及心内外膜尤为明显。肝肿大，被膜紧张，表面有出血点，切面小叶结构模糊；质脆弱呈锈褐色或黄褐色。由于变性肝细胞索和中央静脉与窦状隙淤血的交织，肝切面呈现特征的槟榔状花纹（图 5-57）。脾不同程度肿大，脾髓软化，包膜紧张并有出血；有的白髓增生，切面呈颗粒状（图 5-58）。肾显著肿大，实质浊肿，呈灰黄色。皮质有出血点，输尿管和膀胱黏膜有出血点。心肌脆弱，呈灰白色煮肉样，并有出血点。有时在心肌、心内外膜见有大小不等的灰白色斑。全身淋巴结肿大，切面多汁，并常有出血。

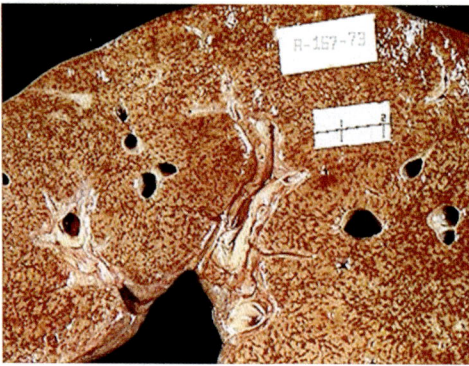

图 5-57　马传染性贫血（1）
病死马槟榔肝

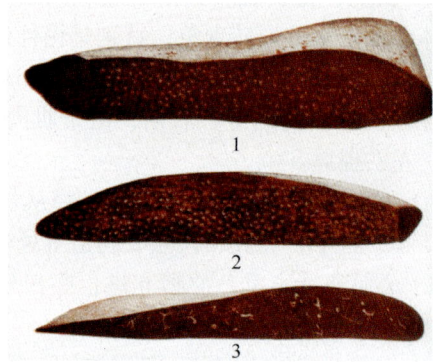

图 5-58　马传染性贫血（2）
病死马脾肿大。1. 急性型；2. 慢性型；
3. 正常

（2）亚急性型和慢性型　　肝不同程度肿大呈土黄色或棕红色；切面呈豆蔻状花纹（豆蔻肝）；有的肝体积缩小，较硬，切面色淡呈网状。脾中度或轻度肿大，坚实，表面粗糙不平，呈淡红色；由于淋巴小结增生，切面有灰白色粟粒状突起；有的脾萎缩，切面小梁及滤泡明显。肾轻度肿大，灰白色。心肌浊肿，心肌变性，褪色呈煮熟样。锯开长骨可见红、黄髓界限不清，黄髓全部或部分被红髓代替，严重病例骨髓呈乳白色胶冻状。

组织学变化具有一定的诊断价值。最明显的是肝、脾、肾、心脏及淋巴结等实质器官的网状内皮增生反应和铁色素代谢的破坏。器官内有大量浆细胞、淋巴样细胞和组织细胞的积聚，后者形成单核白细胞，细胞质有铁色素及裂解红细胞。肝细胞变性，肝索紊乱，肝窦扩张，星状细胞肿大增生，脱落，在肝窦和汇管区内有多量的淋巴细胞、浆细胞及单核吞噬细胞；在吞噬细胞质内含有红细胞和含铁血黄素。肾见血管球性肾炎，肾小管变性及血管周围的淋巴样细胞的套状现象。心肌坏死与细胞浸润。

5. 诊断　　根据典型临床症状和病理变化可做出初步诊断，确诊须进一步做实验室诊断。

（1）补体结合试验　　特异性强，检测率高，特别是对慢性及隐性病例。同时补体结合试验抗体出现较早，持续时间长，但抗体效价不稳定，因此，应每间隔 1 个月检 1

次，连续 3 次，这样可明显提高检查率。此方法已列入检疫规程。

（2）琼脂扩散试验　　也已列入检疫规程，具有操作简单、特异性强、易于推广等优点。而且检出率比补体结合试验高。

其他血清学诊断方法有中和试验、免疫荧光技术和 ELISA 等。中和试验主要进行毒株血清型的鉴定。

6. 防治　　为预防和消灭马传贫必须按《中华人民共和国动物防疫法》和农业部颁发的《马传染性贫血病防治技术规范》的规定，采取严格控制、扑灭措施。平时加强饲养管理，提高马群的抗病能力。搞好马厩及其周围的环境卫生，消灭蚊、虻，防止蚊、虻等吸血昆虫侵袭马匹。发现患病马匹立即上报疫情，严格隔离，扑杀病畜，其尸体需进行深埋或焚烧。污染场地、用具等严格消毒，粪便、垫草等应堆积发酵消毒。定期进行检疫，一经检出，按病马处理。经检疫健康马、假定健康马，紧急接种马传贫驴白细胞弱毒疫苗。不从疫区购进马匹，必须购买时，须隔离观察 1 个月以上，经过临床综合诊断和两次血液学检查，确认健康者，方准合群。

十二、马传染性鼻肺炎

马传染性鼻肺炎（equine rhinopneumonitis，ER）是一种由马疱疹病毒引起的马属动物的急性传染病。临诊上以高热、厌食、流鼻汁、孕马流产、白细胞减少和呼吸道的炎症为特征。

本病最早发生在美国，现在广泛发生于世界各地，美国、英国、日本、澳大利亚、新西兰、意大利、波兰、瑞典、比利时、爱尔兰、挪威、瑞士、葡萄牙、西班牙、法国、德国、南斯拉夫、匈牙利、加拿大、南非、巴西、阿根廷、印度、马来西亚及我国的台湾省和香港特别行政区等 50 多个国家和地区均有报道，给世界养马业带来了很大的危害。我国在 1980 年由刘景华等从东北两个马场的流产胎儿中首次分离到马鼻肺炎病毒，经鉴定确定为马疱疹病毒，从而证明本病在我国马群中存在。

1. 病原　　马疱疹病毒（Equine herpesvirus，EHV）属疱疹病毒科（Herpesviridae）疱疹病毒 α 亚科（Alphaherpesvirinae）水疱病毒属（Vesiculovirus）成员。分为 4 种类型，分别为 EHV-1 型（马流产病毒）、EHV-2 型（马细胞巨化病毒）、EHV-3 型（马交媾疹病毒）、EHV-4 型（马鼻肺炎病毒）。本病毒有囊膜，呈球形或不规则球形，大小为 120～200nm，具有线状双股 DNA 核心和由 162 个壳粒构成的二十面体的核衣壳。马鼻肺炎的病原为亲缘关系密切的 EHV-1 和 EHV-4，其核苷酸序列同源性为 55%～84%，氨基酸序列同源性为 55%～96%。在 1981 年以前，EHV-1 与 EHV-4 一直被认为是同一种病毒或者是同一种病毒的两个亚型，直到 1988 年正式被命名为马疱疹病毒 1 型（EHV-1）和马疱疹病毒 4 型（EHV-4）。

本病毒对外界环境的抵抗力较低，在 56℃条件下约经 10min 灭活，对紫外线照射和反复冻融都很敏感。在 pH 4 以下和 pH 10 以上迅速灭活，pH 6.0～6.7 最适于本病毒保持活性，在 −18℃可保存一年以上，在 −20℃条件下保存又经反复冻融容易使病毒失去活性。但在野外自然条件下，留在玻璃、铁器和草叶表面干涸的病毒可存活数天。黏附在马毛上的病毒能保持感染性 35～42d。

2. 流行病学　　马属动物是 EHV-1 和 EHV-4 的自然宿主，各年龄的马均可发病，但常以 2 岁以内的青年马匹多发。病马和康复带毒马是本病的传染源，康复带毒马由于应激因素如断奶、运输等的影响，潜伏状态的马疱疹病毒便会再次激活，引起马鼻肺炎，EHV-1 主要存在于患马流产时的排泄物中，通过直接接触（包括交配）和间接接触传播。EHV-4 存在于患畜的鼻腔分泌物中，常经呼吸道和消化道传播。本病一年四季都可以发生，多发生于晚秋和冬季。

3. 临床症状　　EHV-1 感染的潜伏期为 1~4 个月，多发生于怀孕 8~11 个月的母马，表现为无先兆性流产，一般对妊娠母畜没有并发症，流产胎儿一般为死胎，接近足月产出的马驹可能是活的，但衰竭，不能站立，呼吸困难，黏膜黄染，常于数小时或 2~3d 死亡。流产胎儿一般顺产，未见胎盘滞留，母马流产后基本像正常分娩一样很快恢复正常，不影响以后配种和受孕。呼吸道症状临床表现很轻微，个别马发生一过性体温升高。孕马可能会发生神经症状，共济失调，后肢和腰部麻痹，甚至瘫痪死亡。

EHV-4 感染的潜伏期为 2~10d，多发生于幼龄马，成年马多不呈明显临床表现，病马体温升高（39.5~41℃），持续 1~4d，食欲减退，同时可见鼻黏膜充血并流出浆液性鼻液，颌下淋巴结肿大，发热时白细胞数减少，体温恢复后，食欲及白细胞数量也可恢复正常。若无细菌继发感染，多呈良性经过，4~8d 自然恢复。如继发感染，则可引发咽炎、喉炎、肺炎和肠炎等，造成死亡。

4. 病理变化　　流产胎儿外观发育正常，皮下有不同程度的水肿、出血及可视黏膜黄疸；胎盘、胎膜充血、出血，胎儿头部、胸部、背部、腹部、臀部等广泛出血，肺部出血、水肿，心包、胸腔、腹腔积液；肝充血、肿胀，表面有细小的灰白色坏死灶；雄性胎儿睾丸高度肿大，母性胎儿卵巢肿大出血，子宫角和子宫体高度水肿出血。流产胎儿的生殖系统高度肿大、出血。

特征性病理组织学变化，流产胎儿肝出现不同程度颗粒变性、脂肪变性和水疱变性，肝实质内有不同大小的凝固性坏死灶，变性的肝细胞核内及坏死灶边缘残存的裸核中经常可见特征性的嗜酸性核内包涵体。这种包涵体也见于肝内的胆管上皮、血管内膜和肺的细支气管上皮及肺泡壁上皮细胞的胞核内。在病理变化的细胞核内发现嗜酸性核内包涵体具有一定的证病性。淋巴组织及淋巴结坏死细胞呈现核破裂，有神经症状的病马，大脑呈现非化脓性脑炎的变化。

5. 诊断　　根据流行病学特点、临床表现及病理变化，可做出初步诊断。确诊需做实验室诊断。

（1）**包涵体的检查**　　取自流产胎儿内脏或有神经性病例的中枢神经组织切片，经福尔马林固定，石蜡包埋进行组织病理学检查。在流产胎儿的细支气管上皮或肝坏死周围的细胞里见到典型的疱疹病毒嗜酸性核内包涵体。

（2）**病毒分离鉴定**　　采集急性病例鼻腔分泌物，用 1 周龄仓鼠、猪胎肾、马或驴胎肾及皮肤细胞等进行病毒分离鉴定。

（3）**免疫学诊断**　　可采用免疫荧光技术、中和试验、补体结合试验、琼脂扩散试验、ELISA 等方法进行诊断。

目前聚合酶链反应检测技术的应用日渐增多，聚合酶链反应技术具有灵敏性强、耗时短、操作简便等优点，不但可以检测发病状态下的病例，还可检测潜在感染及鉴别马鼻肺炎的病原 EHV-1 与 EHV-4，适于进行大规模的筛选性检测。

6. 防治　加强饲养管理，定期对马厩进行消毒，对马群进行分群饲养，妊娠母马群与其他类别马匹分开饲养；新引进母马隔离检疫后确认健康方能转入种马场。避免应激，如长期运输、更换场地、断奶、去势等。马匹在应激状态下易导致潜在感染的病毒被激活，从而导致马匹发病。目前马鼻肺炎主要是应用灭活疫苗预防，免疫接种可用EHV-1 和 EHV-4 二价灭活疫苗。对于感染马匹要立即隔离，并对病畜所在环境和流产后的分泌物、排泄物及胎儿等进行严格的消毒处理。

复 习 题

一、填空题

1. 牛副结核也叫_____，主要发生于牛的_____。此病特征的症状为_____，主要病变是_____。

2. 牛流行热病毒是属于_____。它是一种_____传染病。本病发生有_____。主要于_____流行，因其流行季节为很严格的_____，_____。

3. 就结构和组成来说，绵羊痒病的病原是一种_____。

4. 牛白血病的病原是_____，其特征性的临诊表现为_____。

5. 与牛黏膜病病毒有共同抗原的病毒是_____病毒，它们在分类上属于_____科_____属。

6. 羊肠毒血症的剖检变化主要是_____，_____。羊黑疫又名_____，特征性病变是_____。

7. 根据细菌产生外毒素的种类不同，可将产气荚膜杆菌分为 A、B、C、D、E 型，A 型可引起羔羊_____病，B 型可引起羔羊_____，C 型可引起绵羊_____，D 型可引起绵羊_____，E 型可引起羔羊_____。

8. 蓝舌病病毒属_____科_____属，主要发生于_____，至少有_____个抗原型，以_____为传染媒介。

9. 在秋、冬和早春季节，羊群中有羊突然死亡，死羊膘情较好，剖检见真胃有明显的出血性炎性损害，应首先考虑是_____病。

10. 马传染性贫血是马、驴、骡的一种_____。该病的主要特征为_____，_____，_____，_____和_____等症状。发热主要表现_____、_____、_____热型。

11. 绵羊梅迪病的特征肉眼变化是在肺胸膜下可见_____，而绵羊肺腺瘤样病的主要肉眼变化是在肺上可见_____变化。

12. 牛肺疫的病原是_____，其特征剖检变化是肺呈_____样变化。

13. 牛肺疫的病原是_____，其特征剖检变化是肺呈_____样变化。

14. 牛传染性角膜结膜炎的主要病原是_____，主要诱因是_____。

15. 牛白血病的病原是_____，其特征性的临诊表现是_____。

16. 与黏膜病病毒有共同抗原的病毒是_____病毒，它们在分类上同属于_____病毒科_____病毒属。

17. 腐败梭菌经伤口感染时称为_____，但绵羊经消化道感染发病时则称为_____。

二、选择题

1. 诊断牛副结核病最好的方法是（　　　）
   A. 细菌分离培养　　B. 动物实验　　　　C. 变态反应　　　D. 流行病学调查

2. 绵羊经消化道感染腐败核菌时称为（　　　）
   A. 肠毒血症　　　　B. 羔羊痢疾　　　　C. 羊快疫　　　　D. 恶性水肿

3. 贫血伴发轻度黄疸，白细胞总数变化不大最可能的诊断是（　　　）
   A. 鼻疽　　　　　　　　　　　　　　　B. 马腺疫
   C. 马传染性贫血　　　　　　　　　　　D. 马传染性胸膜肺炎

4. 鼻疽马的诊断方法是（　　　）
   A. 补体结合试验　　B. 凝集试验　　　　C. 病原分离　　　D. 变态反应

5. 马传贫吞铁细胞阳性检出率最高的时机是（　　　）
   A. 发热初期　　　　　　　　　　　　　B. 退热后两周
   C. 无热期　　　　　　　　　　　　　　D. 发热期和退热后的头几天内

6. 有严格季节性的传染病是（　　　）
   A. 马鼻疽　　　　　　　　　　　　　　B. 牛传染性鼻气管炎
   C. 蓝舌病　　　　　　　　　　　　　　D. 牛恶性卡他热

7. 临床上应与牛瘟鉴别的疾病是（　　　）
   A. 水疱性口炎　　　B. 恶性卡他热　　　C. 口蹄疫　　　　D. 牛白血病

8. 牛白血病的特征性变化是（　　　）
   A. 白细胞总数明显增加　　　　　　　　B. 白细胞总数明显减少
   C. 白细胞总数正常　　　　　　　　　　D. 以上都不是

9. 与牛黏膜病毒有共同抗原的病毒是（　　　）
   A. 猪瘟病毒　　　　　　　　　　　　　B. 猪传染性胃肠炎病毒
   C. 牛瘟病毒　　　　　　　　　　　　　D. 牛传染性鼻气管炎病毒

10. 牛恶性卡他热是由（　　　）
    A. 病牛直接传递　　　　　　　　　　　B. 绵羊无症状带毒传递
    C. 鼠类带毒传递　　　　　　　　　　　D. 昆虫带毒传递

11. 牛流行热常发生于（　　　）
    A. 冬季　　　　　　B. 春季　　　　　　C. 夏、秋季　　　D. 一年四季

12. 牛肺疫可用（　　　）药物临床治愈。
    A. 葡萄糖盐水静脉注射　　　　　　　　B. 新砷凡纳明静脉注射
    C. 氯化钙静脉注射　　　　　　　　　　D. 青霉素钠盐静脉注射

13. 我国历史上危害牛只最严重的传染病——牛瘟，正式宣布在全国范围内已经绝迹的时间是（　　　）
    A. 20世纪40年代　　　　　　　　　　B. 20世纪50年代
    C. 20世纪60年代　　　　　　　　　　D. 20世纪70年代

14. 在没有人工免疫的情况下，下列传染病发病率最高的是（　　　）

　　A. 羊肠毒血症　　B. 羊黑疫　　　　　　C. 羊炭疽　　　　　D. 羔羊痢疾

15. 下列传染病中，潜伏期最长的是（　　）

　　A. 羊快疫　　　　B. 羊痒病　　　　　　C. 羊链球菌病　　D. 羊传染性脓疱

16. 蓝舌病的传播媒介是（　　）

　　A. 昆虫　　　　　B. 鼠类　　　　　　　C. 家畜　　　　　D. 鸟类

17. 在秋冬和早春季节，羊群有羊突然死亡，死羊膘情较好，剖检见真胃呈明显的出血性炎性损害，应首先考虑（　　）

　　A. 羊肠毒血症　　B. 羊快疫　　　　　　C. 羊猝狙　　　　　D. 羊黑疫

18. 根据细菌产生外毒素的种类不同，可将产气荚膜杆菌分为 A、B、C、D、E 5 种类型，对人和羔羊均可致病的是（　　）

　　A. A 型　　　　　B. B 型和 C 型　　　　C. C 型和 D 型　　D. E 型

19. 就结构和组成来说，绵羊痒病病原是一种（　　）

　　A. 囊膜病毒　　　B. 朊病毒　　　　　　C. 合胞体病毒　　D. 疱疹病毒

第六章 家禽的主要传染病

【学习目标】

1. 知识性目标：了解鸡传染性鼻炎、鸡毒支原体感染、鸭传染性浆膜炎、鸡新城疫、马立克病、鸡传染性法氏囊病、鸡传染性支气管炎、鸡传染性喉气管炎、鸡减蛋综合征、鸭瘟、禽曲霉菌病等传染病的病原、临床表现特点；熟悉鸡传染性鼻炎、鸡毒支原体感染、鸡新城疫、马立克病、鸡传染性法氏囊病、鸡传染性支气管炎、鸡传染性喉气管炎、鸡减蛋综合征等传染病的流行病学特点、病理变化及诊断方法。

2. 技能性目标：掌握鸡传染性鼻炎、鸡毒支原体感染、鸭传染性浆膜炎、鸡新城疫、马立克病、鸡传染性法氏囊病、鸡传染性支气管炎、鸡传染性喉气管炎、鸡减蛋综合征等传染病的流行病学调查及临床诊断方法与综合防治要点。

第一节 禽细菌性传染病

一、鸡传染性鼻炎

鸡传染性鼻炎（infectious coryza，IC）是一种由鸡副嗜血杆菌引起的鸡急性呼吸道传染病。其特征是鼻腔和鼻窦发炎、打喷嚏、流鼻液、脸肿胀、结膜炎等。本病可在育成鸡和蛋鸡群中发生，可导致产蛋率及孵化率下降，淘汰率增加，从而造成严重的经济损失。

1. 病原 鸡副嗜血杆菌（*Haemophilus paragallinarum*），呈多形性，本菌为兼性厌氧菌。对营养的要求较高，鲜血琼脂或巧克力琼脂可满足本菌的营养需求。经 24h 培养后，在琼脂表面形成细小、柔嫩、透明的针尖状小菌落，不溶血。本菌的抵抗力较弱，在自然环境中数小时即死，对热及消毒药也很敏感，在真空冻干条件下可以保存 10 年。

2. 流行病学 本病发生于各种年龄的鸡，4 周龄以上的鸡较为敏感，以育成鸡和产蛋鸡最易感。病鸡、隐性带菌鸡和慢性病鸡是本病的传染源。主要通过呼吸道、消化道传播。通过飞沫、尘埃经呼吸道感染是其最重要的传播途径之一，也可通过污染的饲料、饮水经消化道传播。

本病传播迅速，一旦发生将很快波及全群，一般发病率可达 70%，有时甚至 100%，死亡率则往往根据环境因素，有无并发或继发病，以及是否及时采取治疗措施等情况而有很大差异。多数情况下较低，尤其是在流行的早、中期鸡群很少有死亡出现。本病的发生及其严重程度与环境、应激、混合感染等因素密切相关。例如，鸡群拥挤，不同年龄的鸡混群饲养，通风不良，鸡舍内闷热，氨气浓度过大，维生素 A 缺乏，受寄生虫侵袭等都能促使鸡群严重发病。鸡群接种禽痘疫苗引起的全身反应，也常常是传染性鼻炎发生的诱因。本病一年四季均可发生，以秋季多见。

3. 临床症状　　本病具有来势猛、传播快的特点，一旦发病，短时间内便可波及全群。最明显的特点是鼻炎和鼻窦炎。病鸡甩头、打喷嚏，眶下窦水肿，眼睑水肿（图6-1），眼结膜发炎、脸肿胀或水肿（图6-2），且有黏脓性干酪样分泌物堆积（图6-3），如有恶臭味，则预示着并发其他细菌。产蛋鸡群发病时，开产推迟，产蛋量急剧下降，产蛋率由70%下降至20%～30%，一般下降25%，而蛋的品质变化不大，同时种蛋受精率和孵化率下降，孵出的雏鸡弱雏增多。如炎症蔓延至下呼吸道，则呼吸困难，病鸡常摇头

图6-1　鸡传染性鼻炎（1）
病鸡眶下窦水肿，眼睑水肿

欲将呼吸道内的黏液排出，并有啰音。咽喉也可积有分泌物的凝块，最后常窒息而死。

图6-2　鸡传染性鼻炎（2）
病鸡面部水肿，鼻孔流出黏液性渗出物

图6-3　鸡传染性鼻炎（3）
病鸡面部肿胀，结膜潮红，
结膜囊内有多量浆液和泡沫

4. 病理变化　　鼻腔和窦黏膜呈急性卡他性炎，黏膜充血肿胀，表面覆有大量黏液，窦内有渗出物凝块，后成为干酪样坏死物。发生结膜炎时，结膜充血肿胀，内有干酪样物，严重的可引起眼睛失明。气管和支气管可见渗出物，严重者因干酪样物质阻塞呼吸道而造成肺炎和气囊炎。病程较长者，可见尸体消瘦，胸骨突出，多数消化道内无食物，其他器官如心脏、肺、肝、肾、胃、肠均无严重病理变化。

5. 诊断　　根据流行病学、临床症状和病理变化，可做出初步诊断，但进一步确诊须进行病原分离鉴定和血清学检查。做病原分离时，可取病鸡的窦内、气管或气囊的渗出物直接在鲜血琼脂平板上划线，然后再用葡萄球菌在平板上划横线，放在微需氧条件下，置37℃培养，24～28h后在葡萄球菌菌落边缘可长出一种细小的卫星菌落，可疑似鸡副嗜血杆菌。然后挑取单个菌落，获得纯培养物，再做其他鉴定。血清学方法主要有琼脂扩散试验、直接补体结合试验、间接凝集试验及直接荧光抗体技术。

6. 防治　　康复的带菌鸡是主要的传染源，应该与健康鸡隔离饲养或者淘汰，不从带病鸡场购买种公鸡和开产鸡，只应购买1日龄鸡作为后备鸡。多价鸡传染性鼻炎灭活疫苗对预防本病有良好的效果。目前普遍使用矿物油灭活疫苗，在该病的易发日龄前2～3周对鸡进行免疫接种，可取得满意的预防效果。

鸡副嗜血杆菌对磺胺类药物非常敏感，是治疗本病的首选药物。但在治疗中应注意控制用药时间，一般不超过 5d。

二、鸡毒支原体感染

鸡毒支原体感染（mycoplasma gallisepticum infection）可引起以呼吸道症状为主的慢性呼吸道病（chronic respiratory disease，CRD），其特征为咳嗽、流鼻液、呼吸道有啰音和张口呼吸。疾病发展缓慢，病程长，成年鸡多为隐性感染，可在鸡群长期存在和蔓延。本病分布于世界各国，是危害养鸡业的重要传染病之一。

1. 病原　　鸡毒支原体（*Mycoplasma gallisepticum*，MG），呈细小球杆状，用吉姆萨染色着色良好。本菌为好氧和兼性厌氧，在液体培养基中培养 5～7d，可分解葡萄糖产酸。在固体培养基上生长缓慢，能凝集鸡和火鸡红细胞。

本支原体接种 7 日龄鸡胚卵黄囊中，只有部分鸡胚在接种后 5～7d 死亡，如连续在卵黄囊继代，则死亡更加规律，病理变化更明显。

2. 流行病学　　鸡和火鸡对本病有易感性，4～8 周龄鸡和火鸡最敏感，纯种鸡比杂种鸡易感。病鸡和隐性感染鸡是本病的传染源。本病的传播有垂直传播和水平传播两种方式。病原体可通过飞沫经呼吸道传播，也可以通过饮水、饲料、用具传播。另外，配种时也可传播。

本病在鸡群中传播较为缓慢，但在新发病的鸡群中传播较快。根据所处的环境因素不同，病的严重程度差异很大，如拥挤、卫生条件差、气候变化、通风不良、饲料中维生素缺乏和不同日龄的鸡混合饲养，均可加剧本病的严重性并使死亡率升高。如继发和并发感染时，能使本病更加严重，其中主要有传染性支气管炎病毒、传染性喉气管炎病毒、新城疫病毒、传染性法氏囊病毒、鸡副嗜血杆菌和大肠杆菌等。带有 MG 的雏鸡，在用气雾和滴鼻法进行新城疫弱毒疫苗免疫时，能激发本病的发生。本病一年四季均可发生，以寒冷季节流行严重，成年鸡则多表现散发。

3. 临床症状　　潜伏期为 4～21d。幼龄鸡发病，临床症状比较典型，表现为浆液或黏液性鼻液，鼻孔堵塞、频频摇头、喷嚏、咳嗽，还见有窦炎、结膜炎和气囊炎，病鸡面部肿胀，结膜潮红，结膜囊内有多量浆液和泡沫（图 6-4）。当炎症蔓延下部呼吸道时，则喘气和咳嗽更为显著，呼吸道有啰音。病鸡食欲减退，生长停滞。后期可因鼻腔和眶下窦中蓄积渗出物而引起眼睑肿胀，临床症状消失后，发育受到不同程度的抑制。成年鸡很少死亡，幼鸡如无并发症，病死率也低。产蛋鸡感染后，只表现产蛋量下降和孵化率低，孵出的雏鸡活力降低。

4. 病理变化　　单纯感染 MG 时，可见鼻道、气管、支气管和气囊内含有浑浊的黏稠渗出物。气囊壁变厚和浑浊（图 6-5），严重者有干酪样渗出物。自然感染的病例多为混合感染，可见呼吸道黏膜水肿，充血、肥厚。窦腔内充满黏液和干酪样渗出物，有时波及肺、鼻窦和腹腔气囊，如有大肠杆菌混合感染时，可见纤维素性肝被膜炎和心包炎，火鸡常见到明显的窦炎。

5. 诊断　　根据流行病学、临床症状和病理变化，可做出初步诊断，但进一步确诊须进行病原分离鉴定和血清学检查。做病原分离时，可取气管或气囊的渗出物制成悬液，直接接种支原体肉汤或琼脂培养基；血清学方法主要以血清平板凝集试验（SPA）最常

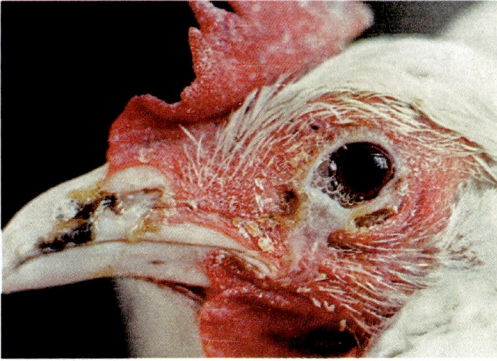

图 6-4　鸡慢性呼吸道病（1）
病鸡结膜囊内有多量浆液和泡沫

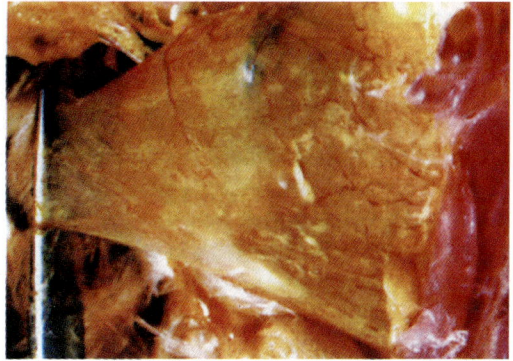

图 6-5　鸡慢性呼吸道病（2）
鸡毒支原体感染，病鸡气囊壁变厚和浑浊

用，其他还有 HI 和 ELISA。

慢性呼吸道病与鸡传染性支气管炎、传染性喉气管炎、传染性鼻炎、曲霉菌病等呼吸道传染病极易混淆，应注意鉴别诊断，详见表 6-1。

表 6-1　慢性呼吸道病、传染性鼻炎、传染性喉气管炎、传染性支气管炎、曲霉菌病的鉴别诊断

项目	慢性呼吸道病	传染性鼻炎	传染性喉气管炎	传染性支气管炎	曲霉菌病
病原	鸡毒支原体	鸡副嗜血杆菌	疱疹病毒	冠状病毒	主要是烟曲霉和黄曲霉
侵害对象	鸡和火鸡能自然感染	只有鸡能自然感染	只有鸡能自然感染	只有鸡能自然感染	鸡、鸭、鹅等均能自然感染
流行病学	主要侵害4~8周龄幼鸡，呈慢性经过，可经蛋传染	3~4日龄幼雏有一定抵抗力，4周龄以上的鸡均易感，呈急性经过	主要侵害成年鸡，传播迅速，发病率高	各种年龄的鸡均可发病，但雏鸡最严重，传播迅速，发病率高	各种禽类均可发病，但幼禽最易感，常因接触发霉饲料和垫料而感染，曲霉菌的孢子可穿过蛋壳，引起胚胎感染
主要临床症状	流浆液或黏性鼻液，喷嚏，咳嗽，呼吸困难，出现啰音；后期眼睑肿胀，眼部突出，眼球萎缩，甚至失明	鼻腔与鼻窦发炎，流鼻涕，喷嚏，脸部和肉髯水肿；眼结膜发炎，眼睑肿胀，严重者引起失明	呼吸困难，呈现头颈上伸及张口呼吸的特殊姿势，呼吸时有啰音，咳嗽，咳出血性黏液	咳嗽，喷嚏，张口呼吸，气管有啰音；鼻窦肿胀，流黏性鼻液；产蛋鸡产量下降，产软壳蛋、畸形蛋或粗壳蛋	沉郁，呼吸困难，喘气，肉髯发绀，饮水增多，常有下痢，鼻和眼睛发炎
病程	1个月以上，甚至3~4个月	人工感染4~18d	5~7d，长的可达1个月	1~2周，有的可延长到3周	2~7d，慢性者可延至数周
病理变化特征	鼻、气管、支气管和气囊内有黏稠渗出物，气囊膜变厚和浑浊，表面有结节性病灶，内含干酪样物	鼻腔和鼻窦黏膜呈急性卡他性炎症，表面有大量黏液；严重时，鼻窦、眶下窦和眼结膜囊内有干酪样物	轻者，喉头和气管黏膜呈卡他性炎症；重者，该黏膜变性、出血、坏死，上面覆有纤维素性干酪样假膜，气管内有血性渗出物	鼻腔、鼻窦、气管、支气管黏膜呈卡他性炎症，有浆液性或干酪样渗出物；产蛋鸡卵巢滤泡充血、出血、变形，有的腹腔内有卵黄物	肺、气囊和胸膜腔浆膜上有针尖大至小米粒大的黄白色或淡黄色的霉斑结节，内含干酪样物

续表

项目	慢性呼吸道病	传染性鼻炎	传染性喉气管炎	传染性支气管炎	曲霉菌病
实验室诊断方法	分离培养支原体；或取病料接种7日龄鸡胚卵黄囊，5~7d死亡，检查死胚；活鸡检疫可用凝集试验	分离培养鸡副嗜血杆菌；或取病料接种健康幼鸡，可在1~2d后出现鼻炎临床症状	取病料接种9~11日龄鸡胚绒毛尿囊膜，4~5d后绒毛尿囊膜出现增生性病灶，细胞核内有包涵体	取病料接种9~11日龄鸡胚绒毛尿囊腔，可阻碍鸡胚发育，胚体缩小成小丸形，羊膜增厚，紧贴胚体，卵黄囊缩小，尿囊液增多	取霉斑结节，涂片检查曲霉菌菌丝，或取病料做曲菌分离培养
治疗	链霉素及四环族抗生素有效	磺胺药、链霉素、土霉素、泰乐菌素有效	尚无有效药物	尚无有效药物	制霉菌素、硫酸铜、碘制剂有一定效果

6. 防治 平时加强饲养管理，消除引起鸡抵抗力下降的一切因素。感染本病的鸡多为带菌者，很难根除病原，故必须采取措施建立无支原体病的种鸡群。在引种时，必须从无本病鸡场购买。控制 MG 感染的疫苗有灭活疫苗和活疫苗两大类，灭活疫苗为油乳剂，可用于幼龄鸡和母鸡；活疫苗主要是 F 株和温度敏感突变株 S6 株，据报道其免疫保护效果确实，比未免疫的对照鸡病理变化轻，生产性能好。

一些抗生素对本病有一定的疗效。目前认为泰乐菌素、壮观霉素、链霉素和红霉素对本病有相当疗效，抗生素治疗时，停药后往往复发，因此应考虑几种药轮换使用。

三、鸭传染性浆膜炎

鸭传染性浆膜炎（infectious serositis of duck）又名鸭疫里氏杆菌病，原名鸭疫里默氏杆菌病，是一种由鸭疫里氏杆菌引起的侵害雏鸭的慢性或急性败血性传染病。其特征是引起雏鸭纤维素心包炎、肝周炎、气囊炎和关节炎。该病广泛地分布于世界各地，给养鸭业造成了巨大的经济损失。

1. 病原 鸭疫里氏杆菌（*Riemerella anatipestifer*，RA）为革兰氏阴性、无运动性、不形成芽胞的小杆菌。瑞氏染色菌体两端浓染，墨汁负染见有荚膜。本菌营养要求较高，适宜的分离培养基是巧克力琼脂、血液琼脂或胰酶大豆琼脂。本菌对理化因素的抵抗力不强，对多数抗菌药物敏感。

2. 流行病学 该病主要感染鸭，火鸡、鸡、鹅及某些野禽也可感染。在自然情况下，2~8 周龄雏鸭易感，其中以 2~3 周龄鸭最易感。在污染鸭群中，感染率很高，可达 90% 以上，死亡率为 5%~80%。育雏舍鸭群密度过大、空气不流通、地面潮湿、卫生条件不好、饲料中蛋白质水平过低、维生素和微量元素缺乏及其他应激因素等均可促使该病的发生和流行。

该病主要经呼吸道或皮肤伤口感染，被细菌污染的空气是重要的传播途径，经蛋传播可能是远距离传播的主要原因。该病无明显季节性，一年四季均可发生，春、冬季节较为多发。

3. 临床症状 潜伏期为 1~3d，有时可达 1 周。最急性病例常无任何临床症状突然死亡。急性病例的临床表现有精神沉郁、缩颈、嗜睡、嘴拱地、腿软、不愿走动、行动迟缓、共济失调、食欲减退或不思饮食。眼有浆液性或黏液性分泌物，常使两眼周围羽毛粘连脱落。鼻孔中也有分泌物，粪便稀薄，呈绿色或黄绿色，部分雏鸭腹胀。死前可见痉挛、摇头、背脖和伸腿呈角弓反张，最后抽搐而死（图6-6）。病程一般为1～2d，而4～7周龄的雏鸭，病程可达1周以上，呈急性或慢性经过。主要表现精神沉郁，食欲减少，肢软卧地，不原走动，常呈犬坐姿势，进而出现共济失调，痉挛性点头或摇头摆尾，前仰后翻，呈仰卧姿态，有的可见头颈歪斜，转圈，后退行走，病鸭消瘦，呼吸困难，最后衰竭死亡。

4. 病理变化　特征性病理变化是浆膜面上有纤维素性炎性渗出物，以心包膜、肝被膜和气囊壁的炎症为主。心包膜被覆着淡黄色或干酪样纤维素性渗出物，心包囊内充满黄色絮状物和淡黄色渗出液。肝表面覆盖一层灰白色或灰黄色纤维素性膜（图6-7），气囊浑浊增厚，气囊壁上附有纤维素性渗出物。脾肿大或肿大不明显，表面附有纤维素性薄膜，有的病例脾明显肿大，呈红灰色斑驳状。脑膜及脑实质血管扩张、淤血。慢性病例常见胫跗关节及跗关节肿胀，切开见关节液增多。少数输卵管内有干酪样渗出物。

图6-6　鸭传染性浆膜炎（1）
病鸭前仰后翻，呈仰卧姿态，有的可见头颈歪斜

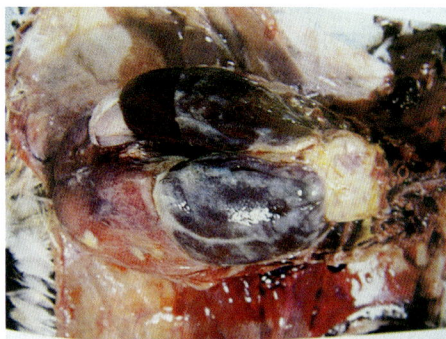

图6-7　鸭传染性浆膜炎（2）
病鸭肝表面覆盖一层灰白色或灰黄色纤维素性膜

5. 诊断　根据流行病学特点、临床病理特征可以对该病做出初步诊断，确诊时还必须进行实验室诊断。

在心血、脑、心包渗出物、气囊、肺、输卵管和肝极易分离到鸭疫里氏杆菌，从眶下窦和气管进行分离培养。常用的血清学方法有免疫荧光法、间接血凝试验、ELISA等。

6. 防治　加强饲养管理，搞好环境卫生，减少各种应激因素。注意鸭舍的通风、环境干燥、清洁卫生，经常消毒，采用全进全出的饲养制度。用于预防该病的疫苗，目前国内外主要有灭活油乳剂苗和弱毒活苗两种。福尔马林灭活苗给1周龄雏鸭两次皮下注射免疫接种，其保护率可达86%以上，具有较好的防治效果。

第二节　禽病毒性疾病

一、鸡新城疫

鸡新城疫（Newcastle disease，ND）又称亚洲鸡瘟、伪鸡瘟，是由禽副黏病毒Ⅰ型新城疫病毒引起的一种主要侵害鸡、火鸡、野禽及观赏鸟类的高度接触性、致死性疾病。本病一年四季均可发生，尤以寒冷和气候多变季节多发。各种日龄的鸡均能感染，20～60日龄鸡最易感，死亡率也高。主要特征是呼吸困难，神经机能紊乱，黏膜和浆膜出血和坏死。感染率和致死率高，对养鸡业危害严重。

1. 病原　　鸡新城疫病毒（NDV）属于副黏病毒科副黏病毒属，核酸为单链 RNA。成熟的病毒粒子核衣壳螺旋形对称，呈球形，直径为 120～300nm。该病毒血凝素可凝集人、鸡、豚鼠和小鼠的红细胞，因此可应用血凝试验及血凝抑制试验进行诊断。新城疫病毒在室温条件下可存活 1 周左右，在 56℃存活 30～90min，4℃可存活 1 年，−20℃可存活 10 年以上。一般消毒药均对新城疫病毒有杀灭作用。

2. 流行病学　　新城疫病毒可感染 50 鸟目中 27 目 240 种以上的禽类，但主要是鸡和火鸡。水禽对本病毒具有抵抗力。本病的主要传染源是病鸡和带毒鸡的粪便及口腔黏液。被病毒污染的饲料、饮水和尘土经消化道、呼吸道或结膜传染易感鸡是主要的传播方式。空气和饮水传播，人、器械、车辆、饲料、垫料（稻壳等）、种蛋、幼雏、昆虫、鼠类的机械携带，以及带毒的鸽、麻雀的传播对本病都具有重要的流行病学意义。

本病一年四季均可发生，以冬、春寒冷季节较易流行。不同年龄、品种和性别的鸡均能感染，但幼雏的发病率和死亡率明显高于大龄鸡。纯种鸡比杂交鸡易感，死亡率也高。某些土种鸡和观赏鸟（如虎皮鹦鹉）对本病有相当的抵抗力，常呈隐性或慢性感染，成为重要的病毒携带者和散播者。

3. 临床症状　　本病的潜伏期为 2～15d，平均为 5～6d。发病的早晚及临床症状的表现依病毒的毒力、宿主年龄、免疫状态、感染途径及剂量、并发感染、环境及应激情况而有所不同。

根据不同的毒株所引起的不同严重程度的疾病表现，可将新城疫划分为速发嗜内脏型、速发嗜肺脑型、中发型、缓发型和无临床症状型或缓发嗜肠型 5 种疾病类型。

图 6-8　鸡新城疫（1）
病鸡呈观星状神经症状

鸡群突然发病，常未表现特征临床症状而迅速死亡。发病率和死亡率可达 90% 以上。随后出现呼吸困难，吸气时常伸颈作张口呼吸，出现甩头，气管内有水泡音，喉部常发"咯咯"声。结膜炎，精神委顿，嗜睡，嗉囊内积有液体和气体，口腔内有黏液，倒提病鸡可见从口中流出酸臭液体。病鸡腹泻，粪便呈黄绿色，体温升高，可达 44℃，食欲废绝，鸡冠和肉髯发紫。后期可见震颤、转圈、眼和翅膀麻痹，头颈扭转，仰头呈观星状及跛行等神经症状（图 6-8）。产蛋鸡迅速减蛋，软壳蛋数量增多，很快绝产。

非典型新城疫是鸡群在具备一定免疫水平时遭受强毒攻击而发生的一种特殊表现形式，其主要特点是雏鸡出现明显的呼吸道症状，张口伸颈，气喘，呼吸困难，发出"呼噜"声，咳嗽，口中有黏液，有摇头和吞咽动作，并出现零星死亡。少数病鸡出现扭颈、歪头或头向后仰呈观星状，共济失调，翅下垂或腿麻痹等神经症状。安静时恢复常态，但稍遇到刺激或惊扰时，神经症状又发作。成年鸡发病轻微，主要表现为产蛋量下降，下降的幅度不等，一般为 10%～30%，严重者可达 50% 以上，同时软壳蛋、小蛋增多，褐壳蛋颜色变浅。

4. 病理变化　　剖检可见腺胃与食道交界处、腺胃乳头、腺胃与肌胃交界处、肌胃角质层下出血或溃疡（图 6-9）；小肠黏膜（十二指肠起始部、十二指肠后段向前

2~3cm 处、回肠中段）有紫红色的枣核形出血和坏死（图 6-10）；还可见肠道严重黏液性炎症，表面有豆腐渣样坏死物附着；盲肠扁桃体肿大、出血、坏死；直肠黏膜呈条纹状出血，有坏死点；泄殖腔充血、出血、坏死、糜烂；鼻腔、喉、气管黏膜充血，偶有出血；肺淤血或水肿；心冠有脂肪出血点；卵巢坏死、出血（图 6-11），卵泡破裂，引起腹膜炎；输卵管充血、水肿；肌肉和皮下组织有出血斑点。

图 6-9　鸡新城疫（2）

病死鸡腺胃乳头出血，肌胃角质层下出血

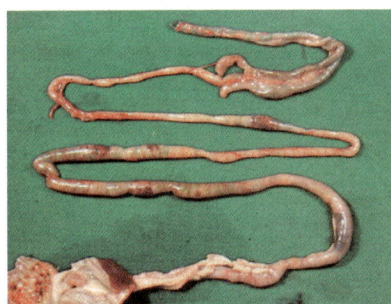

图 6-10　鸡新城疫（3）

病死鸡小肠黏膜枣核状坏死

图 6-11　鸡新城疫（4）

病死鸡卵巢坏死，出血

非典型新城疫一般表现为鼻腔有卡他性渗出物，气管黏膜轻度充血，有少量黏液，气囊浑浊。早期一般难发现消化道黏膜出血，在后期病死鸡中，可发现腺胃、肌胃、十二指肠黏膜轻度出血，输卵管充血、水肿。

5. 诊断　当鸡群突然采食量下降，出现呼吸道症状，排绿色稀粪，成年鸡产蛋量明显下降的，应首先考虑到新城疫的可能性。通过对鸡群的仔细观察，发现呼吸道、消化道及神经症状，结合尽可能多的临床病理学剖检，如见到以消化道黏膜出血、坏死和溃疡为特征的典型病理变化，可初步诊断为新城疫，确诊要进行病毒分离和鉴定。

采集病、死鸡的气管、支气管、肺、肝、脾等处组织及粪便、肠内容物等，将其研磨制成悬液，离心、除菌后接种 9~10 日龄 SPF 鸡胚，置 37℃恒温箱中培养。如鸡胚在接种后 72h 才死亡，胚体轻度出血或无出血，血凝试验呈阳性，这种情况有可能是弱毒；鸡胚不死亡，血凝试验呈阴性，病料中可能无病毒或病毒的含量很低，此时可将鸡胚尿囊液再盲传 1 代。

其他诊断方法包括红细胞凝集抑制试验、中和试验、免疫荧光抗体技术、ELISA、单克隆抗体技术等分子生物学技术。

6. 防治　新城疫的预防工作是一项综合性工程，饲养管理、防疫、消毒、免疫、治疗及监测 6 个环节缺一不可，不能单纯依赖疫苗来控制疾病。加强饲养管理和兽医卫生，注意饲料营养，减少应激，提高鸡群的整体健康水平。特别要强调全进全出和封闭式饲养制，提倡育雏、育成、成年鸡分场饲养方式。严格执行防疫消毒制度，杜绝强毒污染和入侵。建立科学的、适合于本场实际的免疫程序，充分考虑母源抗体水平、疫苗种类及毒力、最佳剂量和接种途径、鸡种和年龄。坚持定期的免疫监测，随时调整免疫计划，使鸡群始终保持有效的抗体水平。一旦发生非典型 ND，应立即隔离和淘汰早期病鸡，全群紧急接种 3 倍剂量的 LaSota（Ⅳ系）活毒疫苗，必要时也可考虑注射Ⅰ系活毒疫苗。如果把 3 倍量Ⅳ系活毒疫苗与 ND 油乳剂灭活苗同时应用，效果更好。对发病鸡群投服多维生素片和适当抗生素，可增加抵抗力，控制细菌感染。

二、马立克病

马立克病（Marek's disease，MD）又名神经淋巴瘤病（neurolymphomatosis），是一种由马立克病病毒引起的禽类以淋巴组织增生为主的肿瘤性传染病，以周围神经、性腺、虹膜、内脏器官、肌肉和皮肤的单独或多发的单核细胞浸润为特征。因此，将该病分为神经型、眼型、内脏型和皮肤型。该病具有高度传染性，也是一种免疫抑制性疾病。

1. 病原　马立克病病毒（MDV）属于丙疱疹病毒亚科。病毒有两种存在形式，即裸体粒子和有囊膜的完整病毒粒子。根据病毒间的相关性和致瘤性，可以把 MDV 和火鸡疱疹病毒分为血清Ⅰ、Ⅱ、Ⅲ三种血清型。MDV 可在雏鸡、鸡胚中繁殖。从感染鸡的羽囊随皮屑排出的病毒，对外界环境有很强的抵抗力，在污染的垫料和羽屑中，室温下其传染性可保存 4～8 个月，在 4℃中至少为 10 年，但常用化学消毒剂可使病毒失活。

2. 流行病学　鸡、鹌鹑、火鸡对本病均易感，2 周龄以内的雏鸡最易感，2～5 月龄的鸡发病最严重、最常见。病毒侵害法氏囊会造成免疫抑制，从而增加并发大肠杆菌病、球虫病的机会。病鸡、带毒鸡是本病的传染源。存在于羽髓中的马立克病病毒传染性最大。该病主要通过呼吸道传播。

3. 临床症状　本病的潜伏期常为 3～4 周，发病率变化很大，一般肉鸡为 20%～30%，个别达 60%，产蛋鸡为 10%～15%，严重时达 50%，死亡率与之相当。根据临床表现分为神经型、内脏型、眼型和皮肤型等 4 种类型。

1）神经型最早出现的症状是步态不稳、共济失调。一肢或多肢的麻痹或瘫痪被认为是 MD 的特征性临床症状，这是由神经受到 MDV 不同程度的侵害而引起的，特别是一条腿伸向前方而另一条腿伸向后方（图 6-12）。翅膀可因麻痹而下垂（图 6-13），颈部因麻痹而低头歪颈，嗉囊因麻痹而扩大并常伴有腹泻。病鸡采食困难，饥饿至脱水而死。

图 6-12　鸡马立克病（1）
神经型：病鸡劈叉姿势

图 6-13　鸡马立克病（2）
神经型：病鸡肢体麻痹，行走困难

发病期为数周到数月，死亡率为10%～15%。

2）内脏型多为急性暴发 MD 的鸡群。开始表现为大多数鸡严重委顿，白色羽毛鸡的羽毛失去光泽而变为灰色。有些病鸡单侧或双侧肢体麻痹、厌食、消瘦和昏迷，最后衰竭而死。急性死亡数周内停止，也可延至数月，一般死亡率为10%～30%，也有高达70%的。

3）眼型可见单眼或双眼发病，视力减退或消失。虹膜失去正常色素，变为同心环状或斑点状以至弥漫性青蓝色到弥散性灰白色浑浊变化。瞳孔边缘不整齐（图6-14），严重的只剩一个似针尖大小的孔（图6-15）。

图 6-14　鸡马立克病（3）
眼型：病鸡瞳孔边缘不整齐

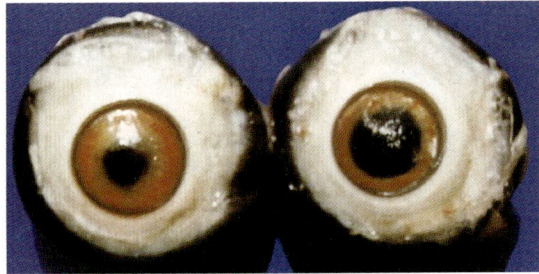

图 6-15　鸡马立克病（4）
眼型：病鸡左侧瞳孔缩小，右为正常对照

4）皮肤型较少见，往往在禽类加工厂屠宰鸡只时褪毛后才发现，主要表现为毛囊肿瘤或皮肤出现结节（图6-16）。

临床上以神经型和内脏型多见，有的鸡群发病以神经型为主，内脏型较少，一般死亡率在5%以下，且当鸡群开产前本病流行基本平息。有的鸡群发病以内脏型为主，兼有神经型，常造成较高的死亡率，危害大、损失严重。

4. 病理变化　神经病理变化多见于神经型，受损害神经（常见于腰荐神经、坐骨神经）的横纹消失，变成灰色或黄色，或增粗、水肿（图6-17），比正常的大2～3倍（图6-18），有时更大，多侵害一侧神经，有时双侧神经均受侵害。

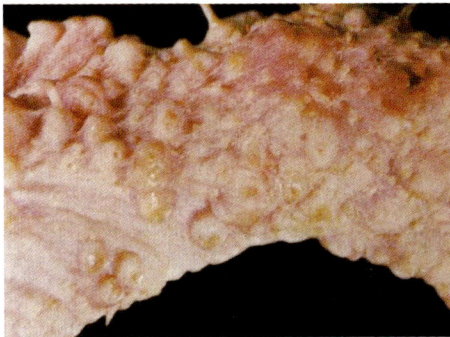

图 6-16　鸡马立克病（5）
皮肤型：病鸡皮肤毛囊肿瘤

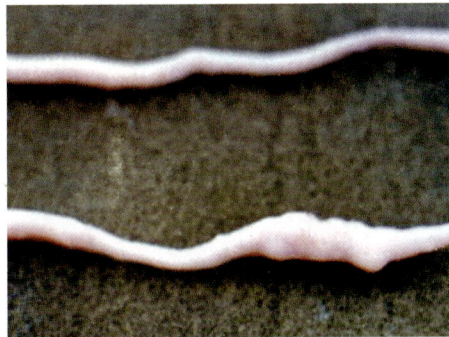

图 6-17　鸡马立克病（6）
神经型：病鸡颈部迷走神经呈局灶性肿大

内脏型主要表现内脏多种器官出现肿瘤，肿瘤多呈结节性，为圆形或近似圆形，数量不一，大小不等，略突出于脏器表面，灰白色，切面呈脂肪样。常侵害的脏器有肝、脾、性腺、肾、心脏、肺、腺胃、肌胃等。有的病例肝上不具有结节性肿瘤，但肝异常肿大，比正常大5～6倍，正常肝小叶结构消失，表面呈粗糙或颗粒性外观。性腺肿瘤比较常见，甚至整个卵巢被肿瘤组织代替，呈菜花样肿大。腺胃外观有的变长，有的变圆，胃壁明显增厚或薄厚不均，切开后腺乳头消失，黏膜出血、坏死（图6-19～图6-25）。一般情况下法氏囊无肉眼可见变化或萎缩。

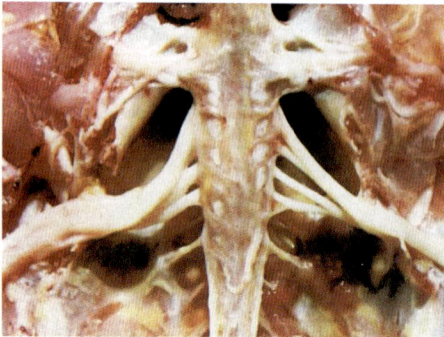

图6-18　鸡马立克病（7）

神经型：病鸡左侧坐骨神经肿胀，
是正常神经的2～3倍

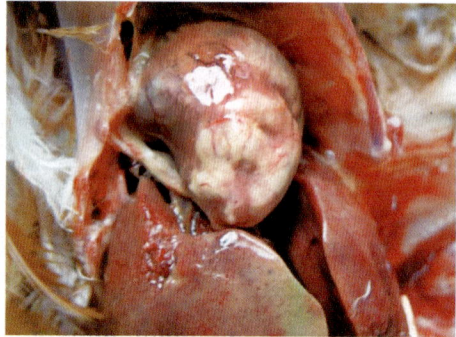

图6-19　鸡马立克病（8）

内脏型：病死鸡心脏肿瘤

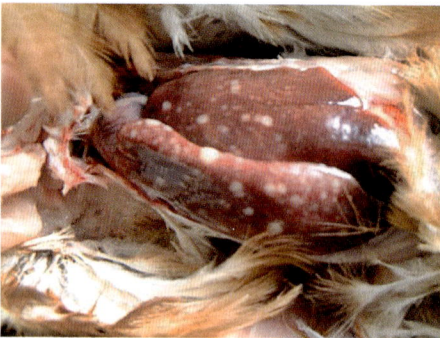

图6-20　鸡马立克病（9）

内脏型：病死鸡肝肿大、结节

图6-21　鸡马立克病（10）

内脏型：病死鸡脾肿瘤肿大、结节

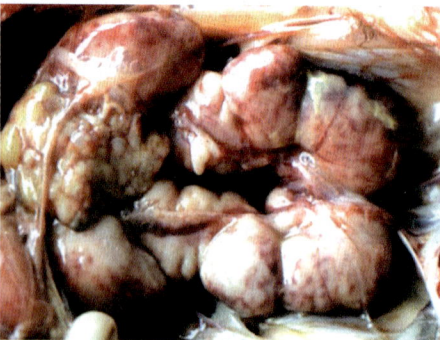

图6-22　鸡马立克病（11）

内脏型：病死鸡肾弥漫性肿大、色泽苍白

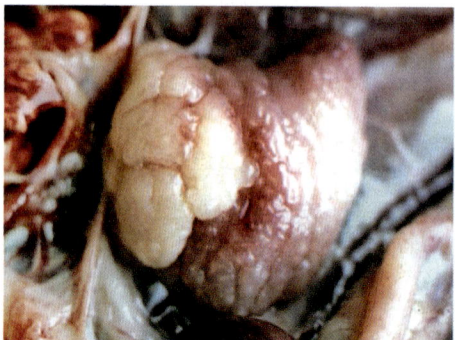

图6-23　鸡马立克病（12）

内脏型：病死鸡卵巢肿瘤、结节

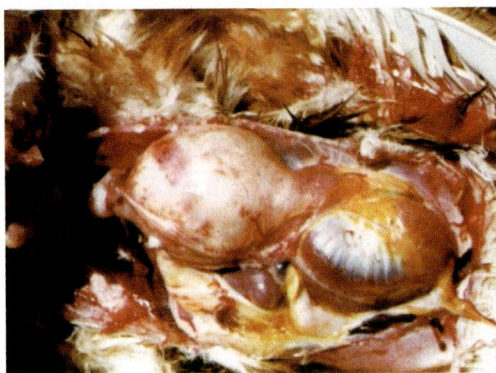

图 6-24　鸡马立克病（13）
内脏型：病死鸡腺胃肿大呈球状

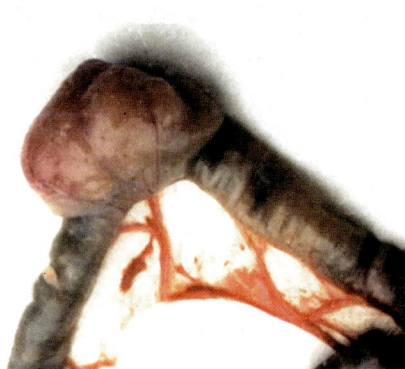

图 6-25　鸡马立克病（14）
内脏型：病死鸡小肠的肿瘤结节

5. 诊断　　MDV 是高度接触传染性的，在商业鸡群中几乎是无所不在，但在感染鸡中仅有一小部分发生 MD。此外，接种疫苗的鸡虽能得到保护不发生 MD，但能感染 MDV 强毒。因此，是否感染 MDV 不能作为诊断 MD 的标准，必须根据疾病特异的流行病学、临床症状、病理学和肿瘤标记做出诊断。

MD 一般发生于 1 月龄以上的鸡，2～7 月龄为发病高峰时间。病鸡常有典型的肢体麻痹临床症状，出现外周神经受害，法氏囊萎缩，内脏肿瘤等病理变化。这些都是 MD 的特征，一般不会造成误诊。

虽然检查鸡群感染 MDV 情况对建立 MD 诊断并无多大帮助，但对流行病学检测和病毒特性研究具有重要意义。常用的方法有病毒分离，检查组织中的病毒标记和血清中的特异性抗体。病毒分离常用 DEF 和 CK 细胞（Ⅰ 型毒或 Ⅱ、Ⅲ 型毒），分离物用型特异性单抗进行鉴定。组织中的病毒标记，可用 FA、AGP 和 ELISA 等方法检查病毒抗原（图 6-26），或用 DNA 探针查病毒基因。FA、AGP 和 ELISA 等方法也可用于检查血清中的 MDV 特异抗体。

图 6-26　鸡马立克病（15）
琼脂扩散试验：病鸡羽毛尖与血清孔之间出现明显的灰白色沉淀线

6. 防治　　加强饲养管理和卫生管理，坚持自繁自养，执行全进全出的饲养制度，避免不同日龄鸡混养。实行网上饲养和笼养，减少鸡只与羽毛粪便接触。严格执行卫生消毒制度，尤其是种蛋、出雏器和孵化室的消毒，常选用熏蒸消毒法。加强检疫，及时淘汰病鸡和阳性鸡。

目前国内使用的疫苗有多种，主要是进口疫苗和国内生产的疫苗，这些疫苗均不能抗感染，但可防止发病。免疫接种是防治本病的关键，疫苗接种应在 1 日龄时进行，有条件的鸡场可进行胚胎免疫，即在 18 日胚龄时进行鸡胚接种。

1）火鸡疱疹病毒疫苗（HVT）：可抵抗马立克病病毒标准强毒攻击，但对超强毒株攻击的保护率低于 70%。可冻干保存，疫苗稀释后必须在 30min 内接种完毕。

2）血清型 Ⅱ 型毒株：主要用 SB-1 株和 301B/1 株病毒制造疫苗，必须用液氮保存，免疫效果比 HVT 好。与 HVT 联合使用可抵抗超强毒的感染，也可以激发某些品种鸡的淋巴性白血病的发生。

3）血清型 I 型疫苗毒株：主要有 $R_2/23$ 及自然强毒株 CV1988。目前国内主要用 CV1988 非克隆株，认为其效果优于 HVT 和血清型 II 型毒株，也必须在液氮中保存。

4）血清 I 型、血清 II 型和血清 III 型的多价疫苗及血清 II 型和 HVT 的二价疫苗，保护效果好，但也必须在液氮中保存。

三、禽白血病

禽白血病（avian leukosis）是由禽白血病肉瘤病毒群中的病毒引起的禽类多种肿瘤性疾病的总称。本病的特征是肢体无麻痹临床症状，内脏器官虽有肿瘤，但外周神经无肿瘤，肿瘤由均一的成淋巴细胞组成，法氏囊一般不萎缩，常见肿瘤。

1. 病原　禽白血病肉瘤病毒群（Virus of the leucosis / Sarcoma group，ALV/ASV）中的病毒在分类上属反转录病毒科 α 反转录病毒属（*Alpharetroviruse*）。

根据囊膜糖蛋白抗原差异，对不同遗传型 C、E、F 的宿主范围和各型之间的干扰情况，本群病毒被分为 A、B、C、D、E 和 J 等亚群。A 和 B 亚群的病毒是现场的外源性病毒；C 和 D 亚群病毒在现场很少发现；而 E 亚群病毒则包括无所不在的内源性白血病病毒，致病力低；J 亚群病毒则是近年来从肉用型鸡中分离到的。

本群病毒在形态上是典型的 C 型肿瘤病毒，感染细胞超薄切片中的病毒粒子呈球形，病毒基因组的结构基因顺序从 5′ 端到 3′ 端为 *gag-pol-env*，分别编码特异（gs）抗原、依赖 RNA 的 DNA 聚合酶（反转录）和囊膜蛋白，基因组的大小约为 7.2kb。*gag* 基因编码至少 4 种非糖基化蛋白，其中包括主要 gs 抗原 p27gag。*env* 基因编码两种糖蛋白，其中包括决定亚群特异性的 gp85env。病毒接种 11 日龄鸡胚绒尿膜，在 8d 后可产生痘斑；接种 5～8 日龄鸡胚卵黄囊则可产生肿瘤；接种 1 日龄雏鸡的翅蹼，经一定的潜伏期也可产生肿瘤。肉瘤病毒可在 CEF 上生长，产生转化细胞灶，常用于病毒的定量测定。

2. 流行病学　鸡是本群所有病毒的自然宿主。不同品种或品系的鸡对病毒感染和肿瘤发生的抵抗力差异很大。

外源性淋巴细胞白血病病毒（LLV）的传播方式有两种：通过蛋从母鸡到子代的垂直传播，或通过直接或间接接触从鸡到鸡的水平传播。垂直传播在流行病学上十分重要，因为它使感染从一代传到下一代。大多数鸡通过与先天感染鸡的密切接触获得感染。通常感染鸡只有一小部分发生淋巴白血病（LL），但不发病的鸡可带毒并排毒。出生后最初几周感染病毒的鸡 LL 发病率高，随感染时间后移，LL 发病率迅速下降。

内源性白血病病毒通常通过公鸡和母鸡的生殖细胞遗传传递，多数有遗传缺陷，不产生传染性病毒粒子；少数无缺陷，在胚胎或幼雏中也可产生传染性病毒，像外源病毒那样传递，但大多数鸡对它有遗传抵抗力。内源病毒无致瘤性或致病性很弱。

3. 临床症状　淋巴白血病的潜伏期很长，自然病例可见于 14 周龄后的任何时间，但通常以性成熟时发病率最高。

LL 无特异临床症状，可见鸡冠苍白、皱缩，间或发绀。食欲减退、消瘦和衰弱也很常见。腹部异常增大，可触摸到肿大的肝、法氏囊或肾。一旦显现临床症状，通常病程发展很快，蛋小而壳薄，受精率和孵化率下降。

4.　病理变化　　　肝法氏囊和脾几乎恒有眼观肿瘤，肾、脾、性腺、心脏、骨髓和肠系膜也可受害（图 6-27，图 6-28）。肿瘤大小不一，可为结节性、粟粒性或弥漫性。肿瘤组织的显微变化呈灶性和多中心，即使弥漫性也是如此。病鸡外周血液的细胞没有一致的、有意义的变化。

图 6-27　鸡禽白血病（1）
病死鸡肝极度肿大为"大肝病"

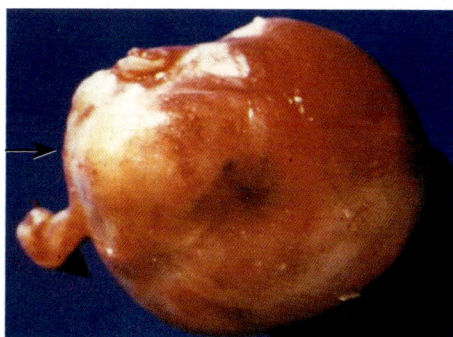

图 6-28　鸡禽白血病（2）
病死鸡法氏囊肿大，有肿瘤结节

5.　诊断　　　临诊诊断主要根据流行病学和病理学检查。病毒分离鉴定和血清学检查在日常诊断中很少使用，但它们是建立无白血病种鸡群所不可缺少的。禽白血病病毒（如 LIV）能在敏感 CEF 中繁殖，但不产生细胞病理变化。它们的存在及亚群鉴定可用下列试验测定，抗力诱导因子试验（RIF）可用来测定材料中是否存在白血病病毒并鉴定其所属亚群；补体结合试验（COFAL）和 ELISA 可以测定病毒的群特异性抗原（P27^{gag}）；非产毒细胞激活试验（NP）可用于检查病毒和确定其亚群；表型结合试验（PM）也可用来测定病毒和鉴定其亚群。上述 5 种试验均需一定条件，非一般实验室所能进行。

6.　防治　　　由于本病的垂直传播特性，水平传播仅占次要地位，所以疫苗免疫对防治的意义不大，目前也没有可用的疫苗。减少种鸡群的感染率和建立无白血病的种鸡群是防治本病最有效的措施。目前通常是通过 ELISA 检测并淘汰带毒母鸡以减少感染，彻底清洗和消毒孵化器、出雏器、育雏室，在多数情况下均能奏效。

四、鸡传染性法氏囊病

传染性法氏囊病（infectious bursa disease，IBD）是一种由传染性法氏囊病病毒引起的雏鸡的危害严重的免疫抑制性、高度接触性传染病。本病的特点是发病率高，病程短，典型临床症状为腹泻、颤抖、极度衰弱；特征性病理变化表现为法氏囊出血、水肿，肾肿胀，腿肌和胸肌出血，肌胃和腺胃的交界处呈条状出血。本病是严重威胁养鸡业的重要传染病之一，重要的是病毒破坏鸡的法氏囊而导致免疫抑制，使接种疫苗的鸡免疫应答下降或丧失，患鸡对新城疫、马立克病等疾病的易感性增强。

1.　病原　　　传染性法氏囊病病毒（IBDV）属于双 RNA 病毒科禽双 RNA 病毒属。IBDV 粒子呈球形，无囊膜，单层核衣壳，二十面立体对称。

病鸡舍中的病毒可存活 100d 以上。病毒耐热，耐阳光及紫外线照射。56℃加热 5h 仍存活，60℃可存活 0.5h，70℃则迅速灭活。病毒耐酸不耐碱，pH 2.0 经 1h 不被灭活，

pH 12 则受抑制。病毒对乙醚和氯仿不敏感，3% 煤酚皂溶液、0.2% 过氧乙酸、2% 次氯酸钠、5% 漂白粉、3% 石炭酸、3% 福尔马林、0.1% 升汞溶液可在 30min 内灭活病毒。

2. 流行病学　　该病潜伏期短，传播快，传染性强，感染率和发病率高（可达 100%），而死亡率不高（多为 5% 左右，也可达 20%~30%）。自然宿主为鸡和火鸡。从鸡分离的 IBDV 只感染鸡，感染火鸡不发病，但能引起抗体产生，同样从火鸡分离的病毒仅能使火鸡感染，不感染鸡。不同品种的鸡均有易感性，3~6 周龄的鸡最易感。病鸡和带毒鸡是本病的传染源。

鸡也可通过直接接触污染了 IBDV 的饲料、饮水、垫料、尘埃、用具、车辆、人员、衣物等间接传播。

该病的另一流行病学特点是发生本病的鸡场，常常出现新城疫、马立克病等疫苗接种的免疫失败，这种免疫抑制现象常使发病率和死亡率急剧上升。IBD 产生的免疫抑制程度随感染鸡的日龄不同而异，初生雏鸡感染 IBDV 最为严重，可使法氏囊发生坏死性的不可逆的病理变化。1 周龄后或 IBDV 母源抗体消失后感染 IBDV 的鸡，其影响有所减轻。

3. 临床症状　　潜伏期一般为 2~3d，而后出现临床症状，病程一般为 1 周左右，典型发病鸡群的死亡曲线呈尖峰式。发病鸡群的早期临床症状之一是有些病鸡有啄自己肛门的现象，随即病鸡出现腹泻，排出白色黏稠或水样稀便（图 6-29）。随着病程的发展，食欲逐渐消失，颈和全身震颤，病鸡步态不稳，羽毛蓬松，精神委顿，卧地不动，体温常升高，泄殖腔周围的羽毛被粪便污染（图 6-30）。此时病鸡脱水严重，趾爪干燥，眼窝凹陷，最后衰竭死亡。急性病鸡可在出现临床症状 1~2d 后死亡，鸡群 3~5d 达死亡高峰，以后逐渐减少。

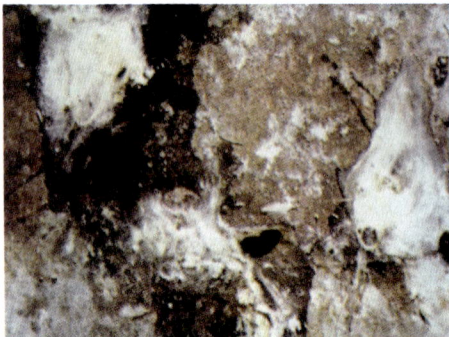

图 6-29　鸡传染性法氏囊病（1）
病鸡排米汤样白色粪

图 6-30　鸡传染性法氏囊病（2）
病鸡羽毛逆立、畏寒发抖、衰竭

4. 病理变化　　病死鸡肌肉色泽发暗，大腿内外侧和胸部肌肉常见条纹状或斑块状出血（图 6-31）。腺胃和肌胃交界处常见出血点或出血斑（图 6-32）。法氏囊病理变化具有特征性，水肿，比正常大 2~3 倍；囊壁增厚；外形变圆，呈土黄色；外包裹有胶冻样透明渗出物。黏膜皱褶上有出血点或出血斑，内有炎性分泌物或黄色干酪样物。随病程延长，法氏囊萎缩变小，囊壁变薄，第 8 天后仅为其原重量的 1/3 左右。一些严重病例可见法氏囊严重出血，呈紫黑色如葡萄状（图 6-33）。肾肿大，常见尿酸盐沉积，输尿管因有多量尿酸盐而扩张（图 6-34）。盲肠扁桃体多肿大、出血。

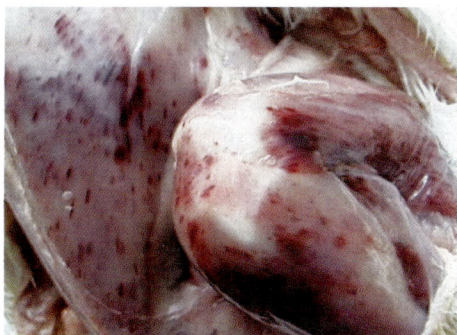

图 6-31　鸡传染性法氏囊病（3）

病死鸡肌肉脱水，胸肌、大腿内外侧常见出血斑

图 6-32　鸡传染性法氏囊病（4）

病死鸡肌胃、腺胃乳头边缘出血、间有出血

图 6-33　鸡传染性法氏囊病（5）

病死鸡法氏囊肿大、出血，严重时外观呈
黑色葡萄状

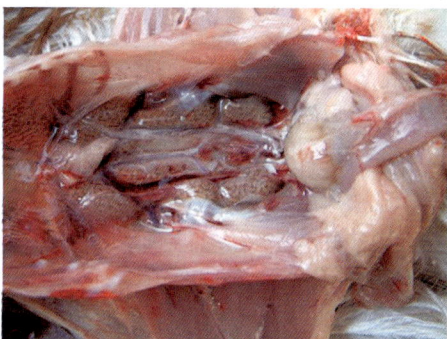

图 6-34　鸡传染性法氏囊病（6）

病死鸡花斑肾初期法氏囊肿大

5. 诊断　　根据本病的流行病学和发病特点、特征性病理变化，可对本病做出初步诊断。确诊需要进行病原分离鉴定和血清学检查。做病原分离时，可取发病死亡鸡的法氏囊和脾制成悬液，接种 9～11 日龄 SPF 鸡胚，感染胚多在 3～5d 死亡，可见胚体水肿、出血。

常用的血清学试验有琼脂扩散试验、荧光抗体技术、双抗体夹心 ELISA、病毒中和试验等，其中琼脂扩散试验快速简便（图 6-35）。用于 IBD 诊断的分子生物学技术有原位 PCR、RT-PCR、限制性片段长度多态性（RFLP）、核酸探针等。

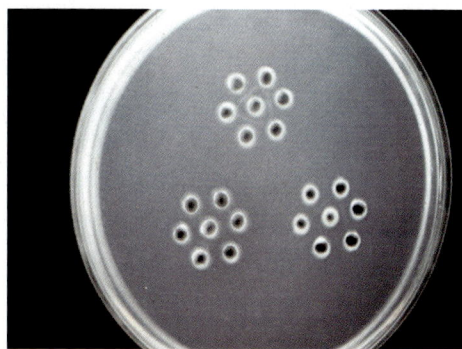

图 6-35　鸡传染性法氏囊病（7）

琼脂扩散试验

6. 防治　　实行科学的饲养管理和严格的卫生措施。采取全进全出的饲养体制，并应用全价饲料，鸡舍换气良好，温度、湿度适宜，消除各种应激条件，提高鸡体免疫应答能力。严格执行卫生管理制度，加强消毒净化措施。

目前我国常用的疫苗有两大类，即活疫苗和灭活疫苗。活疫苗有三类，一是低毒力（弱毒）活疫苗，可应用于无母源抗体的雏鸡群早期免疫，可经点眼、滴鼻、肌注、饮水等途径免疫；二是中等毒力疫苗，可供各种有母源抗体的鸡群免疫；三是高毒力疫苗，对法氏囊的损伤严重，而且是不可逆的，可造成免疫鸡的法氏囊严重萎缩，影响鸡群对其他疫苗的免疫效果，使鸡群对其他细菌、病毒的易感性升高，因此对此类疫苗应慎重使用。灭活疫苗是用细胞毒或鸡胚毒经灭活后制成的油佐剂灭活疫苗，也可用发病鸡的法氏囊组织制成灭活疫苗，可与活疫苗配合使用。

对于种鸡场，在免疫时就重视提高种鸡的母源抗体水平，开产前和产蛋期间采用两次灭活疫苗免疫接种，以使雏鸡获得整齐和高水平的母源抗体，在 2～3 周龄得到较好的保护，防止 IBDV 的早期感染和免疫抑制。

五、鸡传染性支气管炎

传染性支气管炎（infectious bronchitis，IB）是一种由传染性支气管炎病毒（IBV）引起的鸡急性高度接触性呼吸道和泌尿生殖道疾病。呼吸型特征是咳嗽、喷嚏、喘气和气管啰音，雏鸡可出现流鼻涕，产蛋鸡出现产蛋减少和质量变劣。肾型表现为肾肿大，有尿酸盐沉积，幼鸡感染可引起死亡及输卵管永久性退化。本病已成为危害我国养禽业最严重的疾病之一。

1. 病原　传染性支气管炎病毒（IBV）属冠状病毒科冠状病毒属。本病毒对环境抵抗力不强，对普通消毒药过敏，对低温有一定的抵抗力。该病毒具有很强的变异性，目前世界上已分离出 30 多种血清型。在这些毒株中多数能使气管产生特异性病理变化，但也有些毒株能引起肾病理变化和生殖道病理变化。

2. 流行病学　本病仅发生于鸡，其他家禽均不感染，各种年龄的鸡都可发病，但雏鸡最为严重，但 40 日龄内的鸡临床症状较明显，死亡率可达 15%～19%。病鸡和带毒鸡是本病的传染源。本病主要通过空气传播，也可以通过饲料、饮水、垫料等传播。饲养密度过大、过热、过冷、通风不良等可诱发本病。1 日龄雏鸡感染时可使输卵管发生永久性的损伤，使其不能达到应有的产量。

发病季节多见于秋末至次年春末，但以冬季最为严重。环境因素主要是冷、热、拥挤、通风不良，特别是强烈的应激作用如疫苗接种、转群等可诱发该病发生。主要是通过空气传播。此外，人员、用具及饲料等也是传播媒介。本病传播迅速，常在 1～2d 波及全群。一般认为本病不能通过种蛋垂直传播。

3. 临床症状　本病自然感染的潜伏期为 36h 或更长一些。本病的发病率高，雏鸡的死亡率可达 25% 以上，但 6 周龄以上的死亡率一般不高，病程一般多为 1～2 周，雏鸡、产蛋鸡、肾病理变化型的临床症状不尽相同，现分述如下。

（1）雏鸡　无前驱临床症状，全群几乎同时突然发病。最初表现呼吸道临床症状，流鼻涕、流泪、鼻肿胀、咳嗽、打喷嚏、伸颈张口喘气（图 6-36）。夜间听到明显嘶哑的叫声。随着病情发展，临床症状加重，缩头闭目、垂翅挤堆、食欲减退、饮欲增加，如治疗不及时，有个别死亡现象。

（2）产蛋鸡　表现轻微的呼吸困难、咳嗽、气管啰音，有呼噜声。精神不振、减食、排黄色稀粪，临床症状不很严重，有极少数死亡。发病第 2 天产蛋开始下降，1～2 周下降到最低点，有时产蛋率可降到一半，并产软蛋和畸形蛋（图 6-37），蛋清变稀，蛋清与蛋黄分离（图 6-38），种蛋的孵化率也降低。产蛋量回升情况与鸡的日龄有关，产蛋高峰的成年母鸡，如果饲养管理较好，经两个月基本可恢复到原来水平，但老龄母鸡发

图 6-36　鸡传染性支气管炎（1）
病雏鸡呼吸困难，张口喘气，咳嗽，
气管啰音，闭目蹲卧

图 6-37　鸡传染性支气管炎（2）
病鸡产蛋显著减少，蛋壳褪色、变薄、变脆，
产畸形蛋

生此病，产蛋量大幅下降，很难恢复到原来的水平，可考虑及早淘汰。

（3）肾病理变化型　　多发于20～50日龄的幼鸡。在感染肾病理变化型的传染性支气管炎毒株时，由于肾功能的损害，病鸡除有呼吸道临床症状外，还可引起肾炎和肠炎。肾型支气管炎的临床症状呈二相性：第一阶段有几天呼吸道临床症状，随后又有几天临床症状消失的"康复"阶段；第二阶段就开始排水样白色或绿色粪便，并含有大量尿酸盐。病鸡失水，表现虚弱嗜睡，鸡冠褪色或呈蓝紫色，病鸡缩头，两翅下垂，消瘦，生长缓慢（图6-39）。肾病理变化型传染性支气管炎病程一般比呼吸型稍长（12～20d），死亡率也高（20%～30%）。

图 6-38　鸡传染性支气管炎（3）
病鸡产的蛋蛋清稀薄如水

图 6-39　鸡传染性支气管炎（4）
腺胃型：病鸡缩头，两翅下垂，消瘦，生长缓慢

4. 病理变化　　主要病理变化在呼吸道。在鼻腔、气管、支气管内，可见有淡黄色半透明的浆液性、黏液性渗出物，病程稍长的变为干酪样物质并形成栓子。气囊可能浑浊或含有干酪样渗出物。产蛋母鸡卵泡充血、出血或变形；输卵管短粗、肥厚，局部充血、坏死（图6-40）。雏鸡感染本病时对输卵管的损害是永久性的，长大后一般不能产蛋。肾病理变化型支气管炎除呼吸器官病理变化外，可见肾肿大、苍白，肾小管内尿酸盐沉积而扩张，肾呈花斑状，输尿管尿酸盐沉积而变粗（图6-41）。心、肝表面也有沉积的尿酸盐似一层白霜。有时可见法氏囊有炎症和出血临床症状。

5. 诊断　　肾型IB一般易做出现场诊断，一般IB和混合感染的IB确诊需要进行

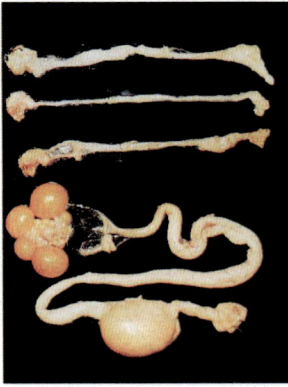

图 6-40　鸡传染性支气管炎（5）
病鸡输卵管萎缩，下为正常

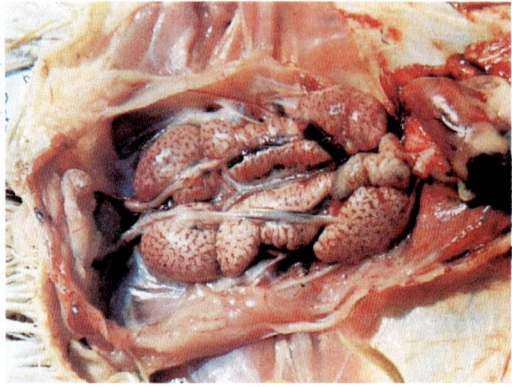

图 6-41　鸡传染性支气管炎（6）
肾型：病鸡肾肿大、色苍白

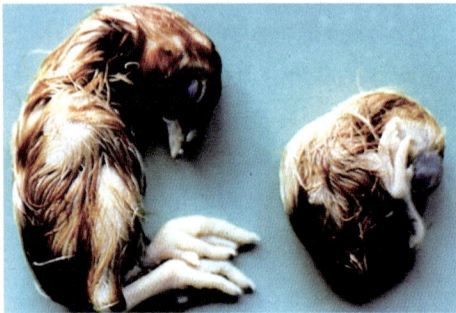

图 6-42　鸡传染性支气管炎（7）
病毒在鸡胚内复制使鸡胚发育受阻，导致胚体矮小
（左为正常）

实验室检验。

（1）病毒的分离　　无菌采取急性期病鸡气管渗出物和肺组织，制成悬液，每毫升加青霉素和链霉素各 1 万 IU，置 4℃冰箱过夜以抑制细菌污染。经尿囊腔接种于 9～11 日龄鸡胚。初代接种的鸡胚孵化至 19d，可使少数鸡胚发育受阻，而多数鸡胚能存活，这是本病毒的特征（图 6-42）；若在鸡胚中连续传几代，则可使鸡胚呈现规律性死亡，并出现特征性病理变化；也可收集尿囊液再经气管内接种易感鸡，如有本病毒存在，则被接种的鸡在 18～36h 后可出现临床症状，发声器官有啰音；也可将尿囊液经 1% 胰蛋白酶 37℃作用 4h，再做血凝及血凝抑制试验进行初步鉴定。近年来已经建立起直接检查感染鸡组织中 IBV 核酸的 RT-PCR 方法。

（2）干扰试验　　IBV 在鸡胚内可干扰 NDV-B1 株（即系苗）血凝素的产生，因此可利用这种方法对 IBV 进行诊断：①取 9～11 日龄鸡胚 10 枚，分两组，一组先尿囊腔接种 IBV 鸡胚液；另一组作对照。② 10～18h 后两组同时尿囊腔接种 NDV-B$_1$，孵化 36～48h 后，置鸡胚于 4℃ 8h，取鸡胚尿囊液做 HAT。③如果为 IBV，则实验组鸡胚尿囊液有 50% 以上 HA 滴度在 1∶20 以下，对照组 90% 以上鸡胚尿囊液 HA 滴度在 1∶40 以上。

（3）气管培养　　利用 18～20 日龄鸡胚，取 1mm 厚气管环做旋转培养，37℃ 24h，在倒置显微镜下可见气管环纤毛运动活泼。感染 IBV，1～4d 可见纤毛运动停止，继而上皮细胞脱落。此法可作为 IBV 分离、滴定及血清分型的方法。

（4）血清学诊断　　由于 IBV 抗体的多型性，不同血清学方法对群特异性和型特异抗原反应不同。酶联免疫吸附试验、免疫荧光及免疫扩散，一般用于群特异性血清学检测；而中和试验、血凝抑制试验一般可用于初期反应抗体的型特异抗体检测。抗体 IgG 于接种 IBV 后 1～3 周达到高峰，然后下降；IgM 在第三周上升，保持到第五周。因此，常用于感染初期和恢复期分别试血，如恢复期血清效价高于初期，可诊断为本病。

6. 防治　预防鸡传染性支气管炎应主要从改善饲养管理和兽医卫生条件、减少鸡群应激因素及加强免疫接种等综合预防措施方面入手。

1）加强饲养管理，降低饲养密度，避免鸡群拥挤，注意温度、湿度变化，避免过冷、过热，加强通风，防止有害气体刺激呼吸道，合理配比饲料，防止维生素尤其是维生素 A 的缺乏，以增强机体的抵抗力。

2）在免疫接种方面，目前国内外普遍采用血清型为 H_{120} 和 H_{52} 的弱毒疫苗来控制 IB，两种疫苗的区别在于前者的毒力较弱，主要用于 3～4 周龄以内的雏鸡免疫；H_{52} 对 14 日龄以内的鸡会引起严重反应，不宜使用，但对 90～120 日龄的鸡却安全，故目前常用的程序为 H_{120} 于 10 日龄、H_{52} 于 30～45 日龄接种。

3）本病目前尚无特异性治疗方法。发病鸡群应注意改善饲料管理条件，降低鸡群密度，加强鸡舍消毒，同时在饲料或饮水中适当添加抗菌药物，控制大肠杆菌、支原体等病原的继发感染或混合感染，对肾病理变化明显的鸡群要注意降低饲料中的蛋白质含量，并适当补充 K^+ 和 Na^+。这些措施有助于缓解病情，减少损失。由于 IBV 可造成生殖系统的永久损伤，因此对幼龄时发生过传染性支气管炎的种鸡或蛋鸡需慎重处理，必要时及早淘汰。

六、鸡传染性喉气管炎

传染性喉气管炎（infectious laryngotracheitis，ILT）是一种由传染性喉气管炎病毒引起的鸡急性、接触性上部呼吸道传染病。其特征是呼吸困难、咳嗽和咳出含有血样的渗出物。剖检时可见喉部、气管黏膜肿胀、出血和糜烂。在发病早期的患部细胞内可形成核内包涵体。本病于 1925 年在美国首次报道后，现已遍及世界许多养鸡地区。本病传播快，死亡率较高，在我国较多地区发生和流行，危害养鸡业的发展。

1. 病原　传染性喉气管炎病毒（ILTV）属疱疹病毒 I 型，病毒核酸为双股 DNA。主要存在于病鸡的气管组织及其渗出物中，肝、脾和血液中较少见。该病毒对鸡和其他常用实验动物的红细胞无凝集特性。对乙醚、氯仿等脂溶剂均敏感，对外界环境的抵抗力不强。常用的消毒药如 3% 来苏水、1% 氢氧化钠溶液或 5% 石炭酸 1min 可以将其杀死，甲醛、过氧乙酸等消毒药也有较好的消毒效果。

2. 流行病学　在自然条件下，本病主要侵害鸡，各种年龄及品种的鸡均可感染。但以成年鸡临床症状最为特征。病鸡、康复后的带毒鸡和无临床症状的带毒鸡是主要传染源。本病主要经呼吸道及眼传染，也可经消化道感染。由呼吸器官及鼻分泌物污染的垫草、饲料、饮水及用具均可成为传播媒介，人及野生动物的活动也可机械地传播。本病一年四季均可发生，秋、冬寒冷季节多发。

3. 临床症状　自然感染的潜伏期为 6～12d，人工气管接种后 2～4d 鸡只即可发病。潜伏期的长短与病毒株的毒力有关。发病初期，常有数只病鸡突然死亡。患鸡初期有鼻液，半透明状，眼流泪，伴有结膜炎，其后表现为特征的呼吸道症状，呼吸时发出湿性啰音，咳嗽，有喘鸣音，病鸡蹲伏地面或栖架上，每次吸气时头和颈部向前向上、张口、尽力吸气的姿势，有喘鸣叫声。严重病例者会出现高度呼吸困难，痉挛咳嗽，可咳出带血的黏液，可污染喙角、颜面及头部羽毛。在鸡舍墙壁、垫草、鸡笼、鸡背羽毛或邻近鸡身上沾有血痕。若分泌物不能咳出、堵住时，病鸡可窒息死亡。病鸡食欲减少或消失，迅速消瘦，鸡冠发绀，有时还排出绿色稀便。最后多因衰竭死亡。产蛋鸡的产蛋量迅速减少（可达35%）或停止，康复后1～2个月才能恢复。

最急性病例可于24h左右死亡，多数5～7d或更长，不死者多经8～10d恢复，有的可成为带毒鸡。有些毒力较弱的毒株引起发病时，流行比较缓和，发病率低，临床症状较轻，只是无精打采，生长缓慢，产蛋减少，有结膜炎、眶下窦炎、鼻炎及气管炎。病程较长，长的可达1个月。死亡率一般较低（2%），大部分病鸡可以耐过。若有细菌继发感染和应激因素存在时，死亡率则会增加。

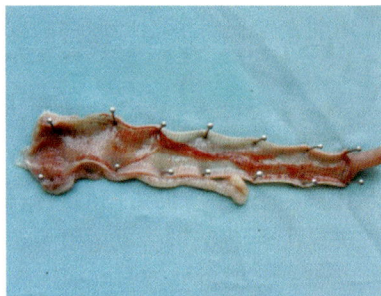

图 6-43　鸡传染性喉气管炎（1）
病死鸡喉头出血、气管出血

4. 病理变化　　本病典型病理变化在气管和喉部。病初黏膜充血、肿胀，高度潮红，有黏液，进而黏膜发生变性、出血和坏死（图6-43），气管中有含血黏液或血凝块，气管管腔变窄，病程2～3d后有黄白色纤维素性干酪样假膜（图6-44，图6-45）。由于剧烈咳嗽和痉挛性呼吸，会咳出分泌物、混血凝块及脱落的上皮组织。严重时，炎症也可波及支气管、肺和气囊等部，甚至上行至鼻腔和眶下窦。肺一般正常或有肺充血及小区域的炎症变化。

图 6-44　鸡传染性喉气管炎（2）
病死鸡喉头被干酪样渗出

图 6-45　鸡传染性喉气管炎（3）
病死鸡喉头和气管黏膜肥厚、充血、出血，有黄色干酪物

5. 诊断　　根据流行特点、临床症状和病理变化，可做出初步诊断。进一步确诊有赖于病毒分离与鉴定及其他实验室诊断方法。做病毒分离时可取气管或气管渗出物和肺组织制作悬液，接种到9～11日龄鸡胚绒毛尿囊膜或尿囊腔，接种4～5d可见鸡胚绒毛尿囊膜增厚，表面形成灰白色痘斑样坏死灶（图6-46），痘斑边缘浑浊，针尖到米粒大，中央坏死而凹陷，数量多少不一。

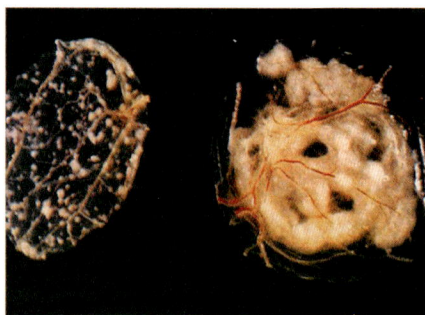

图 6-46　鸡传染性喉气管炎（4）
病毒感染鸡胚，绒毛尿囊膜增生

采取病鸡的气管渗出物或组织悬液，或用有痘斑的绒毛膜乳剂，在易感鸡和免疫鸡的气管内接种，易感鸡于2～4d后发生ILT的典型临床症状，免疫鸡则不发病。

人工感染的易感鸡，经48h的潜伏期后，在气管和喉头的上皮细胞内可看到核内包涵体。在绒毛尿囊膜、细胞培养物和发生结膜炎病例的结膜涂片中也可发现核内包涵体。

常用的血清学检查方法有琼脂扩散试验、病毒中和试验、ELISA、间接荧光抗体技术等。

本病易与慢性呼吸道病、传染性鼻炎、传染性支气管炎、曲霉菌病等混淆，鉴别诊断见表6-1。

6. 防治　　坚持严格的隔离、消毒防疫措施是防止本病流行的有效方法。目前使用的疫苗有两种，一种是弱毒苗，其最佳接种途径是点眼，但可引起轻度的结膜炎且可导致暂时失明，如有继发感染，甚至可引起死亡。另一种是强毒疫苗，只能擦肛接种，绝不能将疫苗接种到眼、鼻、口等部位，否则会引起疾病的暴发。擦肛后3～4d，泄殖腔会出现红肿反应，此时就能抵抗病毒的攻击。一般在45日龄和90日龄进行两次免疫。

对发病鸡群要进行对症治疗。为防止继发细菌感染，可用环丙沙星或强力霉素拌料或点眼；可用盐酸麻黄素、氨茶碱等平喘药物缓解临床症状；中药治疗可用六神丸。

七、鸡减蛋综合征

减蛋综合征（egg drop syndrome-1976，EDS-76）是一种由腺病毒引起的产蛋鸡的无明显临床症状，仅表现产蛋母鸡产蛋量明显下降的疾病。于1976年发现，故又命名为产蛋下降综合征1976。该病的特点是在饲养管理条件正常的情况下，当蛋鸡群产蛋量达到高峰时突然急剧下降，同时在短期内出现大量的无壳软蛋，薄壳或蛋壳不整的畸形蛋，深色蛋蛋壳颜色变浅、变薄，蛋壳表面不光滑，沉积有大量的灰白色或黄灰色粉状物，软壳蛋、无壳蛋增多。该病可使鸡群产蛋率下降10%～30%，破损率可达38%～40%，无壳蛋、软壳蛋达15%，给养鸡业造成严重的经济损失。

1. 病原　　减蛋综合征的病原是腺病毒科禽类腺病毒属禽腺病毒Ⅲ群的病毒，无囊膜，能在鸭胚、鸭胚肾细胞和鸭胚成纤维细胞、鸡胚肝细胞和鸡胚成纤维细胞上生长繁殖，但在鸡胚肾细胞和火鸡细胞中生长不良，在哺乳动物细胞不能生长。在鸭胚生长良好，可使鸭胚致死。

本病病毒能凝集鸡、鸭、火鸡、鹅、鸽的红细胞，但不能凝集家兔、绵羊、马、猪、牛的红细胞。国内外分离的病毒株有十余个，国际标准为荷兰127株。已知各地分离到的毒株同属一种血清型。病毒对乙醚、氯仿不敏感，对pH适应谱广，0.3%福尔马林48h可使病毒完全灭活。

2. 流行病学　　各种年龄的鸡均可感染，但幼龄鸡不表现临床症状；尤以25～35周龄的产蛋鸡最易感。可使产蛋鸡群产蛋率下降10%～50%，蛋破损率达38%～40%，无壳蛋、软蛋壳可达15%。本病主要经种蛋垂直传播，也可水平传播，尤其产褐壳蛋的母鸡易感性高。

3. 临床症状　　最初临床症状是有色蛋壳的色泽消失，出现薄壳、软壳、无壳蛋和小型蛋（图6-47）。薄壳蛋蛋壳粗糙像砂纸，或蛋壳一端有粗颗粒，蛋白呈水样。蛋壳无明显异常的种蛋，受精率和孵化率一般不受影响。病程持续4～10周，产蛋下降幅度达10%～40%，发病后期产蛋率会回升，有的达不到预定的产蛋水平，或开产期推迟，有的出现一过性腹泻。

种鸡群发生减蛋综合征时，种蛋的孵出率降低，同时出现大量弱雏，若开产前感染本病毒，开产期可推迟5～8周，这种感染的育成鸡，鸡冠和肉髯不发达，只有耐过后鸡冠和肉髯才开始增大，出现公鸡化倾向，这种鸡往往停止产蛋。

4. 病理变化　　肝肿大，胆囊明显增大，充满淡绿色胆汁，肝发黄、萎缩，卵泡充血，变形或掉落，或发育不全，卵巢萎缩或出血，输卵管明显增厚、水肿，表面有大量白色渗出物或干酪样分泌物（图6-48），卡他性肠炎，泄殖腔脱垂。

图6-47　鸡减蛋综合征（1）
病鸡产软壳蛋、薄壳蛋和白壳蛋

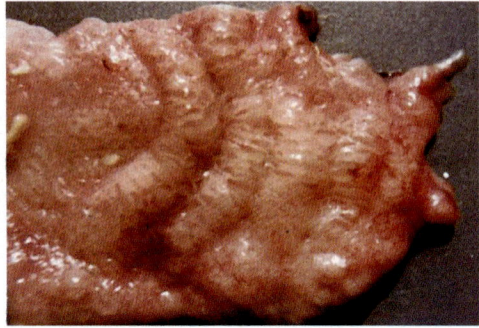

图6-48　鸡减蛋综合征（2）
病鸡输卵管子宫部黏膜水肿，似小水疱状

5. 诊断　　发病15d以内的无壳软蛋或薄壳蛋、鼻咽黏膜、输卵管、泄殖腔、肠内容物及变形充血的卵泡作为分离的材料，可用血凝抑制试验、琼脂扩散试验、病毒中和试验、免疫荧光抗体技术、ELISA进行实验室诊断。

6. 防治　　本病无特异性治疗方法。为避免垂直感染，应从非感染鸡群引种；采取综合防治措施，防止由带毒的粪便、蛋盘和运输工具传播该病；不要与其他禽类混养，隔离饲养，防止野鸟进入鸡舍；在鸡开产前2～4周，用鸡减蛋综合征油乳剂灭活疫苗或含有鸡减蛋综合征抗原的多联油乳剂灭活疫苗免疫，免疫力至少可持续1年。

八、鸭瘟

鸭瘟（duck plague）又名鸭病毒性肠炎（duck virus enteritis，DVE），是一种由鸭瘟病毒引起的鸭、鹅和其他雁形目禽类急性、热性、败血性传染病。本病传播迅速，发病率和病死率都很高，严重地威胁养鸭业的发展。

1. 病原　　鸭瘟病毒（DPV）是一种疱疹病毒。病毒粒子呈球形，有囊膜，基因组为双股DNA，胰脂酶可消除病毒上的脂类，使其失活。该病毒能在9～12日龄鸭胚中生长繁殖和继代，随着继代次数增加，鸭胚在4～6d死亡，比较规律。

病毒对外界的抵抗力不强，加热80℃经5min即可死亡。病毒在4～20℃污染禽舍内存活5d，但对低温抵抗力较强，在−70～−5℃经3个月毒力不减弱；−20～−10℃经1年对鸭仍有致病力。对乙醚和氯仿等常用消毒剂敏感。

2. 流行病学　　鸭瘟对不同年龄和品种的鸭均可感染，以番鸭、麻鸭易感性最高，北京鸭次之。成年鸭和产蛋母鸭发病和死亡较为严重，1个月以下的雏鸭发病较少。鹅和病鸭密切接触也能感染发病，鸡对鸭瘟的抵抗力强。病鸭和潜伏期的感染鸭是本病的主要传染源。该病主要通过消化道传播，还可以通过交配、眼结膜和呼吸道传染；吸血昆虫也可能成为本病的传播媒介。

鸭瘟一年四季均可发生，但以春、秋季流行较为严重。当鸭瘟传入易感鸭群后，一般 3～7d 开始出现零星病鸭，再经 3～5d 陆续出现大批病鸭，疾病进入流行发展期和流行盛期。鸭群整个流行过程一般为 2～6 周。如果鸭群中有免疫鸭或耐过鸭时，可延至 2～3 个月或更长。

3.　临床症状　　潜伏期一般 3d 左右。全身临床症状：精神沉郁，高热，食欲减退，烦渴，垂翅，卧底不起，不愿下水，流泪，头颈部肿胀，眼睑水肿，故又称为"大头瘟"（图 6-49）。流鼻涕，呼吸困难，怪叫，咳嗽，拉灰白色或绿色稀粪，病程 3～5d，死亡率高。鹅与鸭的临床症状相似，但发病率略低。

4.　病理变化　　鸭瘟是一种急性败血性疾病，体表皮肤有许多散在出血斑，眼睑常粘连在一起，下眼睑结膜出血或有少许干酪样物覆盖。部分头颈肿胀的病例，皮下组织有黄色胶样浸润。

食道黏膜有纵行排列的灰黄色假膜覆盖或小血斑点，假膜易剥离，剥离后食道黏膜留有溃疡斑痕，这种病理变化具有特征性（图 6-50）。有些病例腺胃与食道膨大部的交界处有一条灰黄色坏死带或出血带。肠黏膜充血出血，以十二指肠和直肠最为严重（图 6-51），泄殖腔黏膜表面覆盖一层灰褐色或绿色的坏死结痂（图 6-52），粘着很牢固，不易剥离，黏膜上有出血斑点和水肿，具有诊断意义。

图 6-49　鸭瘟（1）
病鸭头颈部肿胀，眼睑水肿，称"大头瘟"

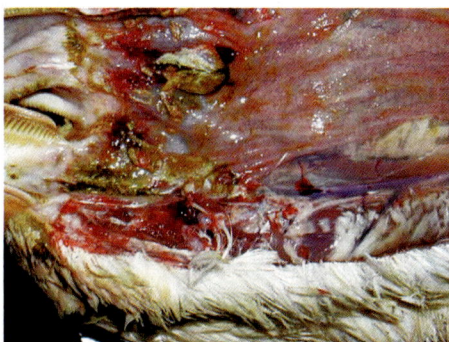

图 6-50　鸭瘟（2）
病鸭口腔黏膜出血，表面有一层黄绿色假膜

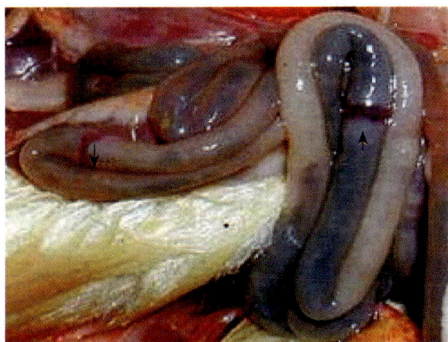

图 6-51　鸭瘟（3）
病死鸭肠浆膜面可见环形深红色出血环

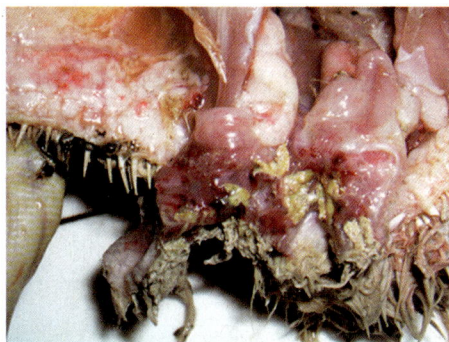

图 6-52　鸭瘟（4）
病死鸭泄殖腔黏膜有出血性坏死

雏鸭感染鸭瘟病毒时，法氏囊呈深红色，表面有针尖状的坏死灶，囊腔充满白色的凝固性渗出物。鹅感染鸭瘟病毒后的病理变化与鸭相似，食道黏膜上有散在坏死灶，坏死痂脱落而留有溃疡，肝也有坏死点和出血点。

5. 诊断 有诊断意义的病理变化为食道和泄殖腔黏膜溃疡，有假膜覆盖的特征性病理变化，肝有坏死灶及出血点。鸭瘟最典型的实验室鉴别诊断方法是中和试验，根据病毒分离鉴定和中和试验可做出确诊，根据 Dot-ELISA 可做出快速诊断。

6. 防治 对本病尚无特效药物可用于治疗，故应以防为主。除做好生物安全性措施外，采用鸭瘟弱毒活疫苗进行免疫接种能有效地预防本病的发生。

严禁从疫区引进种鸭和鸭苗。从外地购进的种鸭，应隔离饲养 15d 以上，并经严格检疫后，才能合群饲养。病鸭和康复后的鸭所产的鸭蛋不得留作种蛋。禁止到鸭瘟流行区域和野水禽出没的水域放牧。

一旦发生鸭瘟时，立即采取隔离和消毒措施，对鸭群用疫苗进行紧急接种。受威胁区内，所有鸭应注射鸭瘟弱毒疫苗，母鸭的接种最好安排在停产时，或产蛋前 1 个月。

九、鸭病毒性肝炎

鸭病毒性肝炎（duck virus hepatitis，DVH）是一种小鸭的高度致死性急性的病毒性传染病。以发病急，传播快，死亡率高及肝炎、出血和坏死为特征。

本病最先在美国发现，并首次用鸡胚分离到病毒。此后在英国、加拿大、德国等许多养鸭国家陆续发现本病。我国部分省市和地区也有本病的发生和上升趋势。

1. 病原 病原为鸭病毒性肝炎病毒（duck hepatitis virus，DHV），属于微 RNA 病毒科肠道病毒属，基因组为 RNA。本病毒接种于 12～14 日龄鸭胚尿囊腔，可见病毒增殖。不能在哺乳动物细胞培养中增殖。DHV 对哺乳动物和人的细胞均无凝血作用。病毒对氯仿、乙醚胰蛋白酶和 pH 3.0 有抵抗力。在 56℃ 加热 60min 仍可存活，但加热至 62℃ 30min 即被灭活。病毒在 1% 福尔马林或 2% 氢氧化钠溶液中 2h（15～20℃），在 2% 漂白粉溶液中 3h，或在 0.25% β-丙内酯 37℃ 30min 均可被灭活。

本病有三种血清型，即 1、2、3 型。我国流行的鸭肝炎病毒血清型为 1 型，是否有其他型，目前尚无全面的调查和报道。据国外的研究和报道，以上三型病毒在血清学上有着明显的差异，无交叉免疫性。

2. 流行病学 本病主要感染鸭，在自然条件下不感染鸡、火鸡和鹅。疾病传播主要通过与病鸭接触，经呼吸道也可感染。在野外和舍饲条件下，本病可迅速传播给鸭群中的全部易感小鸭，表明它具有极强的传染性。雏鸭的发病率与病死率均很高，1 周龄内的雏鸭病死率可达 95%，1～3 周龄的雏鸭病死率为 50% 或更低，4～5 周龄的小鸭发病率与病死率较低。

本病一年四季均可发生，但主要在孵化季节，饲养管理不当，鸭舍内湿度过高，密度过大，卫生条件差，缺乏维生素和矿物质等能促使本病的发生。传播途径多由从发病场或有发病史的鸭场购入带病毒的雏鸭引起。鸭舍内的鼠类传播病毒的可能性也不能排除。野生水禽可能成为带毒者，成年鸭感染不发病，但可成为传染源。

3. 临床症状 本病发病急，传播迅速，一般死亡多发生在 3～4d。雏鸭发病时表现精神萎靡、缩颈、翅下垂、不爱活动、行动呆滞或跟不上群，常蹲下，眼半闭，厌食，发病半日到 1 日即发生全身性抽搐，病鸭多侧卧，头向后背，两脚痉挛性反复踢蹬（图 6-53），有时在地上旋转或角弓反张（图 6-54），出现抽搐后约十几分钟就死亡。喙端和爪尖淤血呈暗紫色，少数病鸭死前排黄色或绿色稀粪。在1周龄内的雏鸭疾病严重暴发时死亡之快是惊人的。

4. 病理变化　　主要病理变化在肝，肝肿大，质脆，色暗或发黄（图6-55），肝表面有大小不等的出血斑点（图6-56），胆囊肿胀呈卵圆形，充满胆汁，胆汁呈褐色、淡茶色或淡绿色，脾有时见肿大、呈斑驳状，许多病例中肾肿胀、充血，腿部肌肉见到出血斑（图6-57）。

图 6-53　鸭病毒性肝炎（1）
病鸭平衡失调，两脚痉挛性反复踢蹬

图 6-54　鸭病毒性肝炎（2）
病鸭角弓反张

图 6-55　鸭病毒性肝炎（3）
病死鸭肝黄染，弥漫性出血

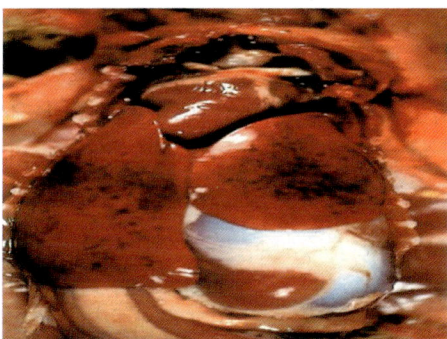

图 6-56　鸭病毒性肝炎（4）
病死鸭肝黄染，弥漫性出血

5. 诊断　　突然发病，迅速传播和急性经过为本病的流行病学特征，结合肝肿胀和出血的病理变化特点可初步诊断为本病。一个更敏感可靠的方法是接种1～7日龄的敏感雏鸭（即经疫苗接种的母鸭子代），则应有80%～100%受到保护，即可确诊。国外报道用直接荧光抗体技术可对自然病例进行快速、准确的诊断。

6. 防治　　严格的防疫和消毒制度是预防本病的积极措施；坚持自繁自养和全进全出的饲养管理制度，可防止本病的进入和扩散。疫苗接种是有效的预防措施，可用鸡胚

图 6-57　鸭病毒性肝炎（5）
病死鸭腿部肌肉出血

化鸭肝炎弱病毒疫苗给临产蛋种母鸡皮下免疫，共两次，间隔两周。这些母鸡的抗体至少可以维持 4 个月，其后代雏鸭母源抗体可保持两周左右，如此即可度过最易感的危险期。但在一些卫生条件差、常发肝炎的疫场，则雏鸭在 10~14 日龄时仍需进行 1 次主动免疫。未经免疫的种鸭群其后代 1 日龄时经皮下或腿肌注射 0.5~1.0mL 弱毒疫苗，即可受到保护。发病或受威胁的雏鸭群，可经皮下注射康复鸭血清、高免血清或免疫母鸭蛋黄匀浆 0.5~1.0mL，可降低死亡率、制止流行及预防发病。

十、小鹅瘟

小鹅瘟（gosling plague, GP）是雏鹅的一种急性或亚急性败血症，以急剧下痢、神经症状及病死率高为特征。剖检后以发生渗出性肠炎为主要病理变化。

本病最早于 1956 年发现于我国扬州地区，国内大多数养鹅省区均有发生。1965 年以来，东欧和西欧很多国家报道有本病存在，在国际上又称为 Derzsey 病或鹅细小病毒感染。

1. 病原　小鹅瘟病毒（gosling plague virus, GPV）是细小病毒科的一员，病毒粒子呈圆形或六角形，无囊膜。与一些哺乳动物的细小病毒不同，本病毒无血凝活性，与其他细小病毒也无抗原关系。国内外分离到的毒株抗原性基本相同，仅有 1 种血清型。

初次分离可用鹅胚或番鸭胚，也可用从它们制得的原代细胞培养。本病毒对环境的抵抗力强，65℃加热 30min 对滴度无影响，能抵抗 56℃ 3h，对乙醚等有机溶剂不敏感，对胰酶和 pH3 不敏感。

2. 流行病学　本病的自然临诊疾病仅发生于鹅和番鸭的幼雏。雏鹅的易感性随年龄的增长而减弱。1 周龄以内的雏鹅死亡率可达 100%，10 日龄以上者死亡率一般不超过 60%，20 日龄以上的发病率低，而 1 月龄以上则极少发病。

发病雏鹅从粪中排出大量病毒，通过直接或间接接触而迅速传播。最严重的暴发是发生于病毒垂直传播后的易感雏鹅群。大龄鹅可建立亚临床或潜伏感染，并通过蛋将病毒传给孵化器中的易感雏鹅。

本病的暴发与流行具有明显的周期性，在每年全部更新种鹅的地区，大流行后的一两年内都不致再次流行。有些地区并不每年更新全部种鹅，则本病的流行不表现出明显的周期性，每年均有发病，但死亡率较低，为 20%~50%。

3. 临床症状　本病的潜伏期依感染时的年龄而定，1 日龄感染为 3~5d，2~3 周龄感染为 5~10d。3~5 日龄发病者常为最急性，往往无前驱临床症状，一旦发现即极度衰弱，或倒地乱划，不久死亡（图 6-58）。5~15 日龄发病者常为急性。临床症状为全身委顿，食欲减少，常离群，打瞌睡，随后腹泻，排出灰白色或淡黄绿色稀粪。临死前出现两腿麻痹或抽搐。15 日龄以上发病雏鹅病程稍长，一部分转为亚急性，以委顿消瘦和拉稀为主要临床症状，少数幸存者在一段时间内生长不良。

图 6-58　小鹅瘟（1）
病鹅倒地乱划，呈游泳状

4. 病理变化　最急性型病例除肠道有急性卡他性炎症外，其他器官的病理变化一般不明显。15 日龄左右的急性病例表现全身性败血变化，全身脱水，皮下组织显著充血。心脏有明显急性心力衰竭变化，心脏变圆，心房扩张，心壁松弛，心肌晦暗无光泽，肝肿大。本病的特征性变化是空肠和回肠的急性卡他性-纤维素性坏死性肠炎，整片肠黏膜坏死脱落，与凝固的纤维素性渗出物形成栓子或包裹在肠内容物表面的假膜，堵塞肠腔。剖检时可见靠近卵黄与回盲部的肠段，外观极度膨大，质地坚实，状如香肠，肠管被一淡灰色或淡黄色的栓子塞满（图 6-59，图 6-60），这一变化在亚急性病例更易看到。

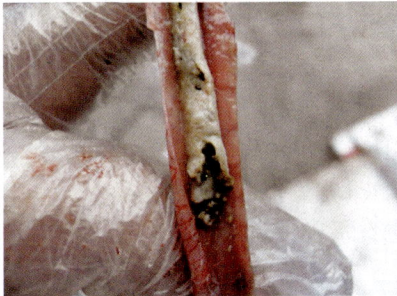

图 6-59　小鹅瘟（2）
病死鹅肠道栓子堵塞肠腔，似"香肠状"

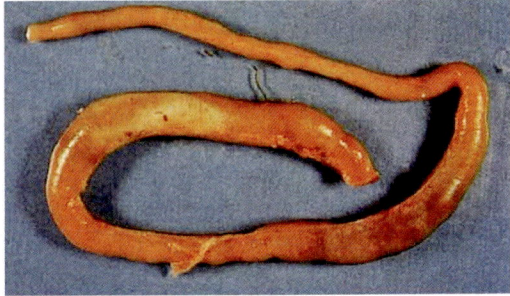

图 6-60　小鹅瘟（3）
病死鹅肠管极度膨大

5. 诊断　　本病具有特征的流行病学表现，遇有孵出不久的雏鹅群大量发病及死亡，结合临床症状和特有的病理变化，即可做出初步诊断。确诊可通过病毒分离鉴定或特异抗体检查做出。病毒分离时，可取病雏的脾、胰或肝的匀浆上清，接种 12～15 日龄鹅胚，可在 5～7d 致死鹅胚，主要变化为胚体皮肤充血、出血及水肿，心肌变性呈瓷白色，肝变性或有坏死灶。

检查血清中特异抗体的方法有病毒中和试验、琼脂扩散试验和 ELISA。

6. 防治　　各种抗菌药物对本病无治疗作用。及早注射抗小鹅瘟高免血清能制止 80%～90% 已被感染的雏鹅发病。由于病程太短，对于临床症状严重的病雏，抗血清的治疗效果甚微。

小鹅瘟主要是通过孵房传播的，因此孵房中的一切用具设备，在每次使用后必须清洗消毒，收购来的种蛋应用福尔马林熏蒸消毒。对于发病初期的病雏，抗血清的治愈率为 40%～50%。血清用量，对处于潜伏期的雏鹅每只 0.5mL，已出现初期临床症状者为 2～3mL，日龄在 10 日以上者可相应增加，一律皮下注射。

在本病严重流行的地区，利用弱毒苗甚至强毒苗免疫母鹅是预防本病最经济有效的方法。但在未发病的受威胁区不要用强毒免疫，以免散毒。在留种前 1 个月进行第 1 次接种，每只肌内注射种鹅弱毒苗尿囊液原液 100 倍稀释物 0.5mL，15d 后进行第 2 次接种，每只尿囊液原液 0.1mL，再隔 15d 方可留作种蛋。

十一、番鸭细小病毒病

番鸭细小病毒病（muscovy duck parvovirus infection，MDP）是由番鸭细小病毒（muscovy duck parvovirus，MDPV）引起的 3 周龄内雏番鸭以喘气、腹泻及胰坏死和出血为主要特征的传染病（俗称番鸭三周病），发病率和死亡率可达 40%～50% 甚至以上，是目前番鸭饲养业中危害最严重的传染病之一。本病最早于20世纪80年代中后期出现于中国福建和法国西部Brittany地区，20世纪90年代初才认识到它是不同于小鹅瘟的独立疾病。

1. 病原　　病毒粒子呈圆形或六边形，无囊膜，病毒基因组为单股DNA。MDPV的生物学特性与小鹅瘟病毒（GPV）相似，通过交叉中和试验可以把MDPV和GPV区分开来，有高效价抗GPV抗体的雏番鸭对MDPV仍然易感。病毒能在番鸭胚和鹅胚中繁殖，并引起胚胎死亡。病毒在番鸭胚成纤维细胞上繁殖并引起细胞病理变化，在细胞核内复制。该病毒对乙醚、胰蛋白酶、酸和热等灭活因子作用有很强的抵抗力，但对紫外线照射很敏感。

2. 流行病学　　雏番鸭是唯一自然感染发病的动物，发病率和死亡率与日龄关系密切，日龄愈小，发病率和死亡率愈高，3周龄以内的雏番鸭发病率为20%～60%，病死率为20%～40%。40日龄的番鸭也可发病，但发病率和死亡率低。

病鸭通过排泄物特别是通过粪便排出大量病毒，污染饲料、饮水、用具、人员和周围环境造成传播。如果病鸭的排泄物污染种蛋外壳，则引起孵房内污染，使出壳的雏番鸭成批发病。

本病发生无明显季节性，但是由于冬、春气温低，育雏室空气流通不畅，空气中氨和二氧化碳浓度较高，故发病率和死亡率较高。

3. 临床症状　　本病的潜伏期为4～9d，病程为2～7d，病程长短与发病日龄密切相关。根据病程长短可分为急性和亚急性两种类型。

1）急性型：主要见于7～14日龄雏番鸭，主要表现为精神委顿，羽毛蓬松，两翅下垂，尾端向下弯曲，两脚无力，懒于走动，厌食，离群；有不同程度腹泻，排出灰白色或淡绿色稀粪，并黏附于肛门周围；呼吸困难，喙端发绀，后期常蹲伏，张口呼吸。病程一般为2～4d，濒死前两肢麻痹，倒地，衰竭死亡。

2）亚急性型：多见于发病日龄较大的雏鸭，主要表现为精神委顿，喜蹲伏，两脚无力，行走缓慢，排黄绿色或灰白色稀粪，并黏附于肛门周围。病程为5～7d，病死率低，大部分病愈鸭颈部、尾部脱毛，嘴变短，生长发育受阻，成为僵鸭。

4. 病理变化　　大部分病死鸭的肛门周围有稀粪黏附，泄殖器扩张、外翻；心脏变圆，心壁松弛，尤以左心室病理变化明显；肝稍肿大，胆囊充盈，肾和脾稍肿大，胰腺肿大且表面散布针尖大、灰白色病灶；肠道呈卡他性炎症或黏膜有不同程度的充血和点状出血，尤以十二指肠和直肠后段黏膜为甚，少数病例盲肠黏膜也有点状出血。

5. 诊断　　根据流行病学、临床症状和病理变化可以做出初步诊断。但是临诊上本病常与小鹅瘟、鸭病毒性肝炎和鸭传染性浆膜炎混合感染，故容易造成误诊和漏诊。确诊必须依靠病原学和血清学方法。

病毒分离与GPV相同，但要把DPV和GPV区分开来，必须通过血清学分子生物学方法或交叉中和试验，因为番鸭对GPV和DPV都易感。由于GPV和DPV存在共同抗原，对MDPV特异的单抗对分离物的鉴定和临诊样品的快速诊断发挥着很重要的作用。基于MDPV特异单抗的乳胶凝集试验和免疫荧光试验可用于临诊样品DPV的检测，而乳胶凝集抑制试验则可用于血清流行病学调查和免疫鸭群的抗体监测。

6. 防治　　严格的生物安全措施对本病的防治具有重要意义，对种蛋、孵房和育雏室的严格消毒尤为重要，结合预防接种，可减少或防止本病的发生和流行。

国内已研制出 DPV 弱毒活疫苗供雏番鸭和种鸭免疫预防用，也可使用灭活疫苗。国外有供种鸭用的 GPV 和 DPV 二联灭活疫苗，而雏番鸭则联合使用灭活的水剂 DPV 疫苗和弱毒 GPV 活疫苗。

十二、鸡传染性贫血

鸡传染性贫血（chicken infectious anemia）是一种由鸡传染性贫血病毒引起的鸡的传染病，其特征是再生障碍性贫血，全身淋巴组织萎缩，以致造成免疫抑制，因此加重和导致其他疾病的发生。

1. 病原 鸡传染性贫血病毒（chicken infectious anemia virus，CIAV），在病毒分类学上为圆环病毒科（Circoviridae）圆环病毒属（*Circovirus*）。病毒粒子呈球形，无囊膜，无血凝性，基因组为单股 DNA。不同病毒株的毒力有一定差异，但抗原性无差别。病毒可在马立克病肿瘤源细胞及鸡淋巴白血病细胞等中增殖并出现细胞病变。病毒对乙醚和氯仿有抵抗力；在 60℃条件下耐 1h 以上，100℃ 15min 可使病毒灭活；对酸稳定，在 pH 3 经 3h 仍存活，对一般消毒剂的抵抗力较强。

2. 流行病学 鸡是本病毒唯一的宿主，所有年龄的鸡都可感染，自然发病多见于 2～4 周龄鸡，有混合感染时发病可超过 6 周龄。垂直传播是本病主要的传播方式，母鸡感染后 3～14d 种蛋带毒，带毒的鸡胚出壳后发病和死亡。也可通过消化道及呼吸道水平传播。感染后 12～16d 病理变化最明显，第 12～28 天出现死亡，死亡率一般为 30%。两周龄鸡感染而不发病；有母源抗体的雏鸡可被感染，但不发病。传染性法氏囊病病毒、马立克病病毒、网状内皮组织增殖症病毒及其他免疫抑制药物能增强本病毒的传染性和降低母源抗体的抵抗力，从而增加鸡的发病率和病死率。本病毒诱导雏鸡免疫抑制，不但增加对继发感染的易感性，而且降低疫苗的免疫力，特别是对马立克病疫苗的免疫。

3. 临床症状 潜伏期为 8～12d。精神委顿、发育受阻、贫血、皮肤出血。有的皮下出血，可能继发坏疽性皮炎。血液学检查，红细胞和血红素明显降低，红细胞压积值降至低于 20%，白细胞、血小板减少。血液中出现幼稚型红细胞，吞噬细胞内有变性的红细胞。死亡率高低不尽相同，低的为 10%，也可高达 60%。

4. 病理变化 全身性贫血，血液稀薄。胸腺萎缩，可能导致完全退化。骨髓萎缩是最有特征性的变化，表现股骨骨髓脂肪化呈淡黄红色（图 6-61），导致再生障碍性贫血。部分病例出现法氏囊萎缩。肝肿大、发黄或有坏死斑点。腺胃黏膜出血。严重贫血病例见肌肉和皮下出血（图 6-62）。

5. 诊断 根据临床症状和病理变化一般可做出初步诊断。但本病所出现的精神沉郁、发育不良和贫血等临床症状并不是其特有的，有多种原因可以引起类似临床症状。因此，为了确诊还需进行病毒分离或血清学试验。

感染鸡的所有组织和粪便中均含有病毒，常用肝悬液加等量氯仿处理后接种于 1 日龄 SPF 雏鸡卵黄囊进行病毒分离培养。接种雏鸡后经 14～16d 后进行检查，如发现雏鸡红细胞压积值下降（低于 27%）、股骨骨髓变黄白色及胸腺萎缩等典型病理变化，即可确诊。血清学试验可用中和试验、间接荧光抗体和 ELISA 等方法检测鸡血清和卵黄中的抗

图 6-61　鸡传染性贫血（1）
病死鸡骨髓颜色变浅，呈淡黄红色

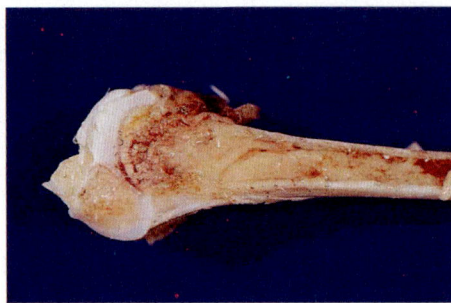

图 6-62　鸡传染性贫血（2）
病死鸡肌肉有出血点

体，但目前尚不常应用。

6. 防治　　目前还没有疫苗可供预防接种，只能依靠综合防治措施。在 SPF 鸡场及时进行检疫，剔除和淘汰阳性鸡有十分重要的意义。

当前，CIAV 感染已成为世界范围的问题。除了 CIAV 感染本身给养禽业带来的直接损失以外，由于感染 CIAV 后伴有淋巴组织的萎缩，免疫应答受到明显的抑制，因而自然病例常因细菌和霉菌的继发感染而出现高发病率。同时，CIAV 感染还能给疫苗接种带来麻烦，影响马立克病、新城疫和传染性法氏囊病等疫苗接种的免疫效果。再者，如果 SPF 鸡群存在本病，用该 SPF 蛋孵化的鸡胚及其细胞培养所制的疫苗就有被 CIAV 污染的危险，不仅会影响到疫苗的免疫效果，还会造成 CIAV 的大范围传播，因此在育成 SPF 鸡群的过程中，应重视对 CIAV 的检查，并首先考虑从 SPF 鸡场清除该传染源。

十三、多病因呼吸道病

虽然我们对由某个病原体引起的家禽呼吸道疾病已了解了不少，但这种没有其他复杂因素的单一病原体感染在自然情况下可以说是绝无仅有。在商业禽群的情况下，涉及病毒、支原体和其他细菌、免疫抑制因子及不利的环境条件的复杂感染比单一感染要常见得多。此外，日常的免疫计划本身引起的呼吸道反应对呼吸道疾病的发生也可起重要作用。目前，我国大多数鸡群都存在 ND 强毒感染，并且为了控制它而频繁使用各种弱毒疫苗；由于种鸡群普遍未采取净化措施，大多数商品化鸡群的支原体感染的阳性率都较高；大多数鸡群的大肠杆菌感染一般都比较严重。上述 3 种呼吸道病原体可以说是我国大多数鸡群呼吸道疾病的背景，不是有无的问题，只是程度的差异。在这个意义上说，我国商品鸡群中的呼吸道病都是多病因呼吸道病（multicausal respiratory disease）。

1. 呼吸道疾病之间的相互作用　　多病因呼吸道病最好的例子是支原体与 NDV 和 IBV 之间的相互作用。鸡毒支原体或滑液囊支原体的单纯感染，在鸡只能引起轻微的亚临诊疾病。与 NDV 或 IBV 的相互作用则可大大增强鸡毒支原体或滑液囊支原体的致病作用。呼吸道病毒的毒力可影响支原体感染的严重程度。一般野毒的影响大于经鸡传代的疫苗毒，而经鸡传代的疫苗毒的影响又大于原来的疫苗毒。在复杂感染中各病原体暴露的时间对发病也很重要。一般来说，呼吸道病毒与支原体要产生致病协同作用，必须同时感染或在短时间内相继感染，但是无支原体鸡对 IBV 攻击的临诊应答比慢性感染鸡毒支原体的鸡要轻。

　　其他传染性病原体也可与鸡毒支原体相互作用，产生致病协同效果，如鸡副嗜血杆菌、腺病毒、禽流感病毒、呼肠孤病毒和喉气管炎病毒等。疫苗病毒（NDV 或 IBV）、支原体和大肠杆菌三元相互作用比任何二元相互作用产生的呼吸道疾病都严重得多，而用三者中单一的病原体攻击，仅导致很轻微的疾病或不产生疾病。暴露于 IBV 和鸡毒支原体的鸡需在暴露后 8d 才对大肠杆菌易感。一般认为对鸡不致病的鸡支原体（M. gallinarum）如与 ND/IB 疫苗病毒结合使用可诱发肉鸡的气囊炎。

　　大肠杆菌和其他呼吸道病原体常在无支原体存在时发生相互作用。单独暴露于 IBV 或大肠杆菌产生轻微或没有临床症状或死亡，但各种 IBV 毒株与大肠杆菌一起攻击都能引起临床症状的显著加重和死亡的显著增多。这种与大肠杆菌一道的联合攻击为评价 IBV 疫苗对各种毒株的保护作用提供了一种有用的方法。

　　2. 免疫抑制性病原体的影响　　免疫抑制性病原体，尤其是 IBDV、MDV、CIAV 等可使鸡对呼吸道感染的易感性大大增加。用 IBDV 攻击鸡可对鸡的抗体应答产生负面影响并降低对 ND、IB、支原体等的抵抗力。不同情况下，中等毒力的 IBD 疫苗对 ND 疫苗使用后 ND 抗体产生的干扰作用差异很大，国内有的鸡场使用中等偏强的 IBD 疫苗，使呼吸道疾病长期得不到控制，这种情况应引起业者高度重视。感染 IBDV 和大肠杆菌的 SPF 鸡，再用各种腺病毒攻击，可产生呼吸道症状和病理变化；但感染 IBDV 和大肠杆菌，而不感染腺病毒，则不产生临床症状和病理变化。在肉鸡场控制 IBD 是控制呼吸道疾病的关键因素。

　　NDV 和各种禽流感病毒（AIV）在本质上都是免疫抑制性的，它们本身也是呼吸道病原体，这两种病毒的感染都会使鸡的呼吸道疾病更加复杂，更难控制。低致病性的 H_9N_2 亚型禽流感，在肉鸡可表现严重的呼吸道症状和相当高的死亡率，究其原因很可能与其产生免疫抑制和存在与其他呼吸道病原体的致病协同作用有关。最近的研究表明，低致病性 AIV 感染，胸腺、法氏囊和脾均有明显组织病理学变化，而低致病性 AIV 和低毒力大肠杆菌联合感染可使死亡率比任何一种单独感染大大升高。

　　MDV 是可引起严重免疫抑制的病原体，MD 疫苗免疫失败的鸡群，除 MD 本身引起死亡外，严重的呼吸道疾病是死淘率升高的重要原因。我国的肉鸡群除生长期较长的三黄鸡外，都不使用 MD 疫苗，MDV 强毒感染引起肿瘤而致死的比例可能不高，但造成的免疫抑制则是鸡群呼吸道疾病难以控制的重要原因。

　　3. 环境因素的作用　　环境因素与传染性病原体相互作用，在引起家禽呼吸道疾病方面也扮演了重要角色。已做了深入研究的环境因素包括禽舍空气中氨和尘埃含量及温度等。持续暴露于 20mg/kg 氨气的鸡和火鸡，6 周后均可显示大体或组织学病变，暴露鸡对 NDV 感染更敏感。氨气的浓度在 25～50mg/kg，用 IBV 攻击鸡，可导致体重和饲料效率降低，肺变大，气囊炎加重。空气中的尘埃对呼吸道感染也产生有害影响，使大肠杆菌病加重。呼吸道疾病和气囊炎造成的废弃在冬季均明显增加，但温度对呼吸道疾病的影响还研究得不多。

　　4. 疫苗接种反应　　鸡对呼吸道病毒的抵抗力依赖于广泛使用活的呼吸道病毒疫苗，如 ND 和 IB 活疫苗。所有的呼吸道病毒疫苗都在鸡体内复制，并引起某种程度的细胞损伤。这种病毒复制的临诊表现和导致的病理变化称为疫苗接种反应。在良好环境中的健康鸡，呼吸道病毒活疫苗可产生免疫应答而仅引起很轻的病理变化和最小的疫苗接种反应。对 IBV 或 NDV 正常的疫苗接种反应应在接种后 3～5d 在临诊表现出来，再持续 3～5d 如疫苗接种反应在临诊上表现得异常严重或延长，即严重的疫苗接种反应，这种情况在商业鸡群接种 ND 和 IB 活疫苗后很常见。最典型的是经受严重疫苗接种反应的鸡群发生呼吸道大肠杆菌病，其致病机理与强毒呼吸道病毒和大肠杆菌之间的相互作用相同。大多数家禽保健专家都有这样的共识，即呼吸道病毒活疫苗与大肠杆菌相互作用造成的呼吸道病，是商业鸡群最常见的呼吸道病。

不论是何种诱发因素，造成典型的严重疫苗接种反应，导致发生呼吸道大肠杆菌病，很值得认真对待。有几种不同的情况可以造成这种后果：第一，免疫抑制可以增强病原体引起疾病的能力，免疫抑制同样可以妨碍鸡体限制呼吸道疫苗病毒复制的能力，从而产生严重的疫苗接种反应；第二，接种呼吸道病毒活疫苗的鸡，如果其呼吸道污染有支原体、大肠杆菌、鸡波氏杆菌等其他病原体，则可产生严重疫苗接种反应；第三，有些 ND、IB 和 ILT 活疫苗，让其从鸡到鸡传播以后可以增强毒力，在商业鸡群中，如果部分鸡得到疫苗的免疫剂量而余下的鸡通过免疫鸡散布的疫苗病毒感染，就可发生疫苗病毒"回传"，这样产生的疫苗接种反应通常时间长而强度大；第四，空气中氨的浓度、尘埃含量和温度等环境因素也可影响疫苗接种反应的严重程度；第五，不适当的疫苗接种的方法可以使疫苗接种反应增强，如很小微粒的喷雾免疫和气溶胶免疫，都可使接种反应变得严重，而不适当的饮水免疫不能使所有的鸡得到免疫剂量的疫苗，让疫苗病毒有从鸡到鸡的传播机会，产生由疫苗病毒增强引起的严重疫苗接种反应；第六，不同疫苗的毒力有一定差异，有的适用于雏鸡，有的适用于已进行过基础免疫的生长鸡或成年鸡，所以疫苗选用不当也可造成严重的疫苗接种反应。

第三节　其他传染病

以鹅口疮为例介绍如下。

鹅口疮（thrush）又名家禽念珠菌病或消化道真菌病（mycosis of the digestive tract），主要是由白色念珠菌所致家禽上消化道的一种霉菌病，特征是上消化道黏膜发生白色的假膜和溃疡。

1. 病原　　白色念珠菌（*Candida albicans*）是半知菌纲念珠菌属的一种。此菌在自然界广泛存在，在健康的畜禽及人的口腔、上呼吸道和肠道等处寄居。

本菌为类酵母菌，在病理变化组织及普通培养基中皆产生芽生孢子及假菌丝。出芽细胞呈卵圆形，似酵母细胞状，革兰氏染色阳性。

本菌为兼性厌氧菌，在沙堡弱氏培养基上经 37℃培养 1～2d，生成酵母样菌落。在玉米琼脂培养基上，室温中经 3～5d，可产生分支的菌丝体、厚膜孢子及芽生孢子，而非致病性念珠菌均不产生厚膜孢子。该菌能发酵葡萄糖和麦芽糖，对蔗糖、半乳糖产酸，不分解乳糖、菊糖，这些特性有别于其他念珠菌。

2. 流行病学　　本病主要见于幼龄的鸡、鸽、火鸡和鹅，野鸡、松鸡和鹌鹑也有报道，人也可以感染。

幼禽对本病的易感性比成禽高，且发病率和病死率也高。鸡群中发病的大多数为两个月内的幼鸡。病鸡的粪便含有多量病菌，污染材料、饲料和环境，通过消化道传染。但内源性感染不可忽视，如营养缺乏、长期应用广谱抗生素或皮质类固醇，饲养管理卫生条件不好，以及其他疫病使机体抵抗力降低，都可以促使本病发生。也可能通过蛋壳传染。

3. 临床症状和病理变化　病禽生长发育不良，精神委顿，嗉囊扩张下垂、松软，羽毛粗乱，逐渐瘦弱死亡，无特征性临床症状。在口腔黏膜上，开始为乳白色或黄色斑点，后来融合成白膜，干酪样的典型鹅口疮，用力撕脱后可见红色的溃疡出血面。这种干酪样坏死假膜最多见于嗉囊，表现为黏膜增厚，形成白色、豆粒大的结节和溃疡。在食道、腺胃等处也可能见到上述病理变化。

4. 诊断　病禽上消化道黏膜的特征性增生和溃疡灶，常可作为本病的诊断依据。确诊必须采取病理变化组织或渗出物做抹片检查，观察酵母状的菌体和假菌丝，并做分离培养，特别是玉米培养基上能鉴别是否为病原性菌株。必要时取培养物，做成1%菌悬液1mL给家兔静脉注射，4～5d死亡，可在肾皮质层产生粟粒样脓肿；皮下注射可在局部发生脓肿，在受害组织中出现菌丝和孢子。

5. 防治　本病与卫生条件有密切关系，因此，要改善饲养管理及卫生条件，室内应干燥通风，防止拥挤、潮湿。种蛋表面可能带菌，在孵化前要消毒。

大群治疗，可在每千克饲料中添加制霉菌素50～100mg，连喂1～3周。此外，制霉菌素、两性霉素B等控制霉菌药物也可应用。个别治疗，可将鸡口腔假膜刮去，涂碘甘油。嗉囊中可以灌入数毫升2%硼酸水，或以0.5%硫酸铜溶液盛放在陶器上喂给。

复　习　题

一、填空题

1. 鸡传染性鼻炎是一种由_____引起的鸡急性呼吸道传染病。本病对_____非常敏感，是治疗本病的首选药物。

2. 鸡慢性呼吸道病的病原为_____，该病的特征为_____，发展缓慢，病程长，在鸡群中可长期蔓延。

3. 鸭传染性浆膜炎是一种由_____引起的侵害_____的慢性或急性败血性传染病。该病的特征性病理变化为_____。

4. 病鸡甩头、打喷嚏、脸肿胀或水肿、眶下窦水肿，眼睑水肿，眼结膜发炎，该病为_____。

5. 家禽重要的支原体病有_____、_____、_____三种。

6. 根据不同的毒株所引起的不同严重程度的疾病表现，可将新城疫分为5个临床病型，即_____、_____、_____、_____、_____。典型新城疫的临床症状为_____，病理变化主要表现在_____。

7. 新城疫常用的疫苗有_____、_____、_____、_____。

8. 鸡马立克病根据其病理变化表现不同，可分为以下4种类型：_____、_____、_____和_____等。

9. 鸡传染性法氏囊的简称是_____，本病的流行特点是_____、_____、_____、_____，特征性病变表现为_____。

10. 鸡传染性支气管炎临床上常表现为_____型和_____型。

11. 传染性支气管炎以_____鸡易感，传染性喉气管炎以_____鸡易感。

12. 减蛋综合征是由_____引起的产蛋鸡的一种无明显临床症状，仅表现产蛋母鸡产蛋量明显下降的疾病。本病主要经_____传播。

13. 鸭瘟又名_____，其特征是_____。

二、选择题

1. 鸡传染性鼻炎可在（   ）广泛流行。
   A. 雏鸡　　　　　　 B. 青年鸡　　　　　 C. 育成鸡
   D. 产蛋鸡　　　　　 E. 育成鸡和产蛋鸡

2. 引发鸡慢性呼吸道病的病原微生物是（   ）
   A. 支原体　　　　　 B. 副嗜血杆菌　　　 C. 曲霉菌
   D. 巴氏杆菌　　　　 E. 大肠杆菌

3. （   ）在固体培养基上，生长缓慢，能凝集鸡和火鸡的红细胞。
   A. 禽曲霉菌　　　　 B. 鸭疫巴氏杆菌　　 C. 鸡副嗜血杆菌
   D. 鸡毒支原体　　　 E. 大肠杆菌

4. 以纤维素性心包炎、肝周炎、纤维素性气囊炎为特征的鸡病可能是（   ）
   A. 禽曲霉菌病　　　 B. 鸭传染性浆膜炎　 C. 鸡传染性鼻炎
   D. 鸡慢性呼吸道病　　　　　　　　　　 E. 鸭病毒性肝炎

5. 鸭传染性浆膜炎特征性病理变化是浆膜出现广泛性的（   ）
   A. 纤维素性炎症　　 B. 出血性炎症　　　 C. 化脓性炎症
   D. 卡他性炎症　　　 E. 坏死性炎症

6. （   ）典型的病理变化是败血症和消化道出血、溃疡、腺胃黏膜出血。
   A. 鸡新城疫　　　　 B. 鸡白痢　　　　　 C. 鸡马立克病
   D. 鸡传染性法氏囊病　　　　　　　　　 E. 鸡白血病

7. 鸡肾型传染性支气管炎时肾的主要病理变化是（   ）
   A. 出血　　　　　　 B. 坏死　　　　　　 C. 水肿
   D. 变性　　　　　　 E. 尿酸盐沉积

8. 鸡传染性法氏囊病的特征性解剖特征是（   ）
   A. 肝出血　　　　　 B. 肺出血　　　　　 C. 法氏囊充血、出血、坏死
   D. 脾出血　　　　　 E. 肾出血

9. 神经型的鸡马立克病的解剖特征是（   ）
   A. 消化道出血　　　 B. 肺出血　　　　　 C. 内脏器官的肿瘤结节
   D. 外周神经水肿、横纹消失　　　　　　 E. 脾肿大

10. 俗称大头瘟的传染病是（   ）
    A. 鸡新城疫　　　　 B. 鸭瘟　　　　　　 C. 鸭病毒性肝炎
    D. 鸭传染性浆膜炎　　　　　　　　　　 E. 鸭病毒性肝炎

11. 以呼吸困难、咳出带血的黏液为特征的疾病是（   ）
    A. 新城疫　　　　　 B. 鸡传染性鼻炎　　 C. 传染性喉气管炎
    D. 鸡毒支原体感染　　　　　　　　　　 E. 传染性支气管炎

12. 患（　　）病鸡主要出现外周神经、性腺、各内脏器官、虹膜及皮肤发生淋巴样细胞浸润和肿大。

    A. 鸡新城疫　　　B. 马立克病　　　C. 鸡淋巴细胞性白血病

    D. 传染性法氏囊病　　　　　　　　E. 鸡传染性支气管炎

13. 新城疫，也称亚洲鸡瘟，其病原为（　　）

    A. 副黏病毒　　　B. 腺病毒　　　C. 疱疹病毒

    D. 冠状病毒　　　E. 正黏病毒

14. 特征性临床症状呈劈叉姿势的是（　　）

    A. 禽霍乱　　　B. 禽大肠杆菌　　　C. 鸡新城疫

    D. 鸡马立克病　　E. 传染性法氏囊病

15. 引起鸡花斑肾变化的病原体是（　　）

    A. 传染性支气管炎病毒　　　　　　B. 传染性喉气管炎病毒

    C. 新城疫病毒　　　　　　　　　　D. 马立克病病毒

    E. 鸡败血支原体

三、简答题

1. 试述鸡传染性鼻炎的临床特征。

2. 如何预防和控制鸡慢性呼吸道病？

3. 简述鸭传染性浆膜炎的临床症状及病理变化。

4. 简述鸡新城疫的主要临床症状及特征性病理变化。

5. 马立克病各类型的临床症状是什么？试分析鸡群免疫后仍然暴发马立克病的主要原因。

6. 简述鸡传染性法氏囊病的临床特征及其特征性病理变化。

7. 禽传染性支气管炎与传染性喉气管炎在临床症状方面的主要区别是什么？

8. 简述减蛋综合征的流行特点和防治措施。

9. 如何预防鸭瘟？

四、案例分析

1. 某鸡群发病出现明显的呼吸道症状：咳嗽、打喷嚏、流眼泪、流鼻涕。有个别鸡只出现呼吸困难、气喘，呼吸有啰音。随后波及全群，使用抗生素后鸡群的临床症状有所缓和。

1）本疾病初步诊断最可能是（　　）

    A. 中毒性病　　　B. 传染性病　　　C. 营养代谢性病

    D. 寄生虫性病　　E. 胃肠炎

2）诊断本病的重要依据是（　　）

    A. 咳嗽、打喷嚏、流眼泪、流鼻涕

    B. 有个别鸡只出现呼吸困难、气喘，呼吸有啰音

    C. 细菌学检查

    D. 随后波及全群

    E. 使用抗生素后鸡群的临床症状有所缓和

3）可以用于治疗本病的药物是（　　）

A. 青霉素 　　　B. 利巴韦林 　　　C. 泰乐菌素

D. 病毒灵 　　　E. 地克珠利

4）该病的防治难度可能与（　　　）有关。

A. 多种病原体引起的混合感染 　　　B. 易感动物种类

C. 传播途径 　　　D. 季节

E. 饲养管理

2. 2～3 周龄的小鸭最易感，自然感染发病率一般为 20%～40%，发病鸭的死亡率为 5%～80%，眼有浆液性或黏液性分泌物，常使眼周围羽毛脱落而形成熊猫眼，剖检可见心包积液，心外膜覆盖有淡黄色纤维素性渗出物，肝肿大质脆，呈土黄色或棕红色，表面覆盖一层灰白色或灰黄色纤维素膜。

1）请你根据上述情况诊断该病可能是（　　　）

A. 鸭瘟 　　　B. 鸭病毒性肝炎 　　　C. 禽支原体

D. 鸭传染性浆膜炎 　　　E. 禽曲霉菌病

2）本病不会出现的病理变化是（　　　）

A. 纤维素性心包炎 　　　B. 纤维素性肝炎

C. 纤维素性气囊炎 　　　D. 纤维素性肠炎

E. 慢性关节炎

3）预防本病可以使用（　　　）疫苗给 1 周龄雏鸭两次皮下免疫接种，其保护率可达 86% 以上，具有较好的防治效果。

A. 灭活油乳剂苗 　　　B. 福尔马林灭活苗 　　　C. 强毒活苗

D. 弱毒活苗 　　　E. 灭菌苗

3. 一群 20 日龄雏鸡发病，最初有些鸡啄自己的泄殖腔。病鸡羽毛蓬松，采食减少，常聚集在一起，精神萎靡，随即出现腹泻，排出白色黏稠和水样稀便，泄殖腔周围的羽毛被粪便污染。严重者鸡头垂地，闭眼呈昏睡状态。在后期体温低于正常，严重脱水，极度虚弱而死亡。

1）该鸡群可能发生的疾病是（　　　）

A. 禽流感 　　　B. 新城疫 　　　C. 马立克病

D. 鸡传染性支气管炎 　　　E. 鸡传染性法氏囊病

2）治疗该病最好的药物是（　　　）

A. 病毒灵 　　　B. 利巴韦林 　　　C. 鸡传染性法氏囊高免卵黄抗体

D. 环丙沙星 　　　E. 青霉素

3）预防本病最好的药物是（　　　）

A. 病毒灵 　　　B. 利巴韦林 　　　C. 鸡传染性法氏囊疫苗

D. 新城疫疫苗 　　　E. 活菌苗

4）本病主要发生于（　　　）

A. 2～10 周龄 　　　B. 2～7 周龄 　　　C. 产蛋鸡

D. 1～15 周龄 　　　E. 20 周龄

4. 某产蛋鸡群 208 日龄，有轻微的呼吸道症状，产蛋率下降 15%，蛋色变浅，畸形蛋多，软皮蛋增加，有的排黄白色和黄绿色稀便，实验室进行血清学检验，新城疫抗体水平高低不齐，有的为 0，有的在 12 以上。

1）该鸡群可能发生的疾病是（　　　）

    A. 禽流感　　　　　B. 新城疫　　　　　C. 减蛋综合征

    D. 鸡传染性支气管炎　　　　　E. 鸡传染性脑脊髓炎

2）解剖病死鸡可能发现的病理变化有（　　　）

    A. 十二指肠黏膜肿胀，有枣核样淋巴滤泡隆起、出血、坏死

    B. 腹腔黏膜浑浊，有黏液渗出，气囊浑浊，胸腺出血

    C. 盲肠出血

    D. 法氏囊水肿、出血、坏死

    E. 坐骨神经粗大

3）预防本病最好的药物是（　　　）

    A. 鸡新城疫疫苗　　B. 利巴韦林　　　　C. 鸡传染性法氏囊疫苗

    D. 禽流感疫苗　　　E. 链霉素

4）治疗该病最好的方案是（　　　）

    A. 用病毒灵配合抗生素治疗　　　　B. 用利巴韦林配合环丙沙星治疗

    C. 鸡传染性法氏囊高免卵黄抗体　　D. 紧急免疫注射

    E. 鸡传染性法氏囊疫苗

5. 以下题目共用选项

    A. 鸡新城疫　　　　　　　　　　B. 鸡传染性支气管炎

    C. 鸡传染性喉气管炎　　　　　　D. 鸡传染性法氏囊病

    E. 鸡马立克病

1）下列只发生于鸡，而且雏鸡最易感，表现为呼吸困难、咳嗽、打喷嚏、气管啰音及雏鸡流鼻涕，产蛋鸡产蛋量和蛋的品质下降，肾肿大，苍白，输尿管及肾小管充满尿酸盐，俗称花斑肾的疾病是（　　　）

2）以成年鸡多发，表现为呼吸困难，咳嗽和咳出带有血液的渗出物，喉头、气管黏膜肿胀、出血糜烂的疾病可怀疑为（　　　）

3）1 日龄雏鸡最易感，呈现典型的劈叉姿势，羽毛囊中还有许多肿瘤结节，剖检可见外周神经肿大几到十几倍，请你根据上述情况，做出初步诊断为（　　　）

4）3～6 周龄多发，表现为高峰死亡和迅速康复的重要特征，典型的病理变化在法氏囊，法氏囊呈奶油黄色；严重病例，法氏囊出血，淤血，呈紫葡萄样外观，请你根据上述情况，做出初步诊断为（　　　）

狐、貉、貂、犬、兔的传染病

第一节　狐、貉、貂、犬、兔的细菌性传染病

一、兔波氏杆菌病

兔波氏杆菌病（bordetellosis of rabbit）是一种由支气管败血波氏杆菌引起的兔的以慢性鼻炎、支气管肺炎及咽炎为特征的呼吸道传染病。

1. **病原**　波氏杆菌为革兰氏染色阴性无芽胞球杆菌，有鞭毛，能运动，多散在，很少呈链状形态，大小为（0.2～0.3）μm×（0.5～1.0）μm。在牛血平板35℃培养48h可长出直径为0.5～1μm、光滑、圆形、边缘整齐的烟灰色菌落。某些菌株β溶血，培养时可同时出现大小不等的溶血菌落及不溶血的变异菌落。本菌严格需氧，生长不需要V因子和X因子，需要烟酸、蛋氨酸和半胱氨酸。呼吸型代谢，对糖类不发酵，对碳水化合物不分解。生化试验中，尿酶、触酶和氧化酶均为阳性，吲哚、MR和VP试验呈阴性。

波氏杆菌可分为Ⅰ相菌（Bvg⁺）、Ⅱ相菌和Ⅲ相菌（Bvg⁻），Ⅰ相菌为强毒株，Ⅱ相菌和Ⅲ相菌为弱毒株。该菌在各种普通培养基中均易生长，极易发生菌相变异，并伴随抗原变异。Ⅰ相菌需要在波-姜氏（Bordet-Gnegou，B-G）培养基中加入绵羊血或裂解红细胞液及优质混合蛋白胨，并且要在没有凝集水的琼脂表面于潮湿空气中培养。典型的Ⅰ相菌在B-G培养基上培养40～48h，菌落表面光滑、突起、珍珠状、闪光、半透明和围绕无明显周边的溶血环；Ⅲ相菌菌落灰白、扁平、大于Ⅰ相菌、质地稀软、不溶血。随着有毒力的Ⅰ相菌转变为无毒力的Ⅲ相菌，波氏杆菌的菌落形态和表面抗原发生了变异，由此丧失了毒力相关的各种因子，如皮肤坏死毒素、腺苷酸环化酶溶血素、丝状血凝素和其他表面抗原成分，如Ⅰ相菌有明显的74kDa的蛋白条带，Ⅲ相菌则条带很弱或无该蛋白条带。Ⅰ相菌和Ⅲ相菌也可通过其吸收结晶紫的能力来区分，Ⅰ相菌落能够捕获结晶紫，Ⅲ相菌则缺乏这种能力。

2. **流行病学**　本病多发于气温多变的春、秋两季，秋末、冬季、初春的寒冷季节为本病的流行期。主要经空气传播，通过呼吸道感染。各种导致兔体抵抗力下降的因素

均能引起本病的发生，如感冒、空气污浊、刺激性气体、气候骤变及某些慢性病等。密集饲养、营养不良、换气不好等因素常引起本病的恶化。

支气管败血波氏杆菌在自然界分布甚广，多种哺乳动物上呼吸道中都有本菌寄生，常引起这些动物慢性呼吸道疾病，可相互传染。

本病在群养兔感染率约为64.4%，散养兔约为20%，家兔感染本菌后多呈隐性感染，但是有时可形成支气管肺炎，特别是某些免疫被抑制的兔体可以产生肺部病理变化。本病在成年兔发病较少，幼年兔发病率较高并有死亡病例。

用乳兔做感染试验时，兔源波氏杆菌不像猪源菌株那样容易引起鼻中隔的萎缩。

3. 临床症状　　潜伏期为7～10d。病兔被毛逆立，鼻孔周围被毛污秽，由鼻腔排出水样、脓样鼻漏。因鼻腔黏膜受刺激而表现摇头、拱笼或摩擦鼻部，连续性或间断性地打喷嚏，饲喂或运动时加剧。身体消瘦，体重减轻。病情严重时咳嗽，呼吸困难（图7-1），张口呼吸（图7-2），腹式呼吸。

图7-1　波氏杆菌病（1）
病兔呼吸困难

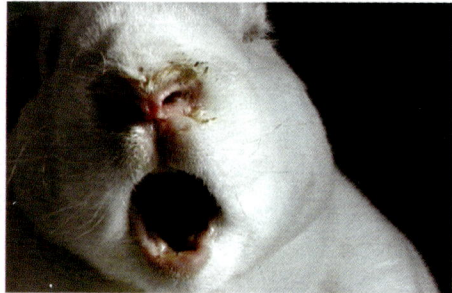

图7-2　波氏杆菌病（2）
病兔鼻炎，张口呼吸

4. 病理变化　　可见病兔有卡他性鼻炎、化脓性鼻气管炎、化脓性支气管肺炎，极少数病例表现急性败血症病理变化。鼻腔、气管黏膜充血、水肿，鼻腔内有浆液性、黏液性或黏液脓性分泌物。人工感染的幼兔可见鼻甲骨萎缩。支气管肺炎病灶，开始出现于肺门部支气管周围，随病程的发展可扩展到肺边缘。病理变化多见于心叶、上叶、中叶，重症病例侵及全肺叶。病理变化部稍隆起、坚实、呈暗红色，不含空气，切开后有少量液体流出，切面平滑或稍呈颗粒状。色调随病程而变化，暗红色、褐色，进而呈灰黄色。有些病例，肺有脓疱，肝表面也散在脓疱，脓疱内积有黏稠奶油样乳白色脓汁（图7-3）。若有其他病原微生物混合感染时，则出现化脓性胸膜肺炎。

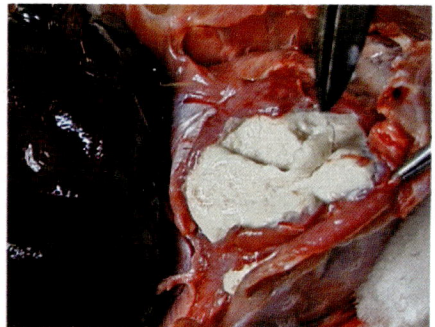

图7-3　波氏杆菌病（3）
病死兔肺化脓

5. 诊断　　兔波氏杆菌病的确切诊断，须依靠病原菌分离培养、生化试验、动物接种试验与血清学诊断。

1）细菌分离培养：将灭菌棉拭子在生理盐水中浸湿（无菌），插入病兔鼻腔内，深约10mm，小心转动，蘸取鼻汁。将附着在棉拭子上的黏液涂抹在麦康凯琼脂培养基或

DHL 培养基上，37℃培养48h（若病兔处于恢复期，由于细菌发育比较缓慢，经48h培养后，室温下继续放置1d后再进行判定。剖检时，取鼻腔、气管、肺部病理变化材料进行培养，取肺部病灶进行培养时，可用血液琼脂培养基）。

2）血清学诊断可用凝集试验、免疫荧光试验、免疫扩散试验等。

6. 防治　兔群要有良好的饲养管理条件和卫生防疫措施。定期检疫，淘汰血清抗体阳性的保菌兔。目前使用疫苗免疫是控制该病的主要方法。由于该病常常与巴氏杆菌病、兔出血性败血症、魏氏梭菌病等混合感染，国内外已研制出许多安全有效的佐剂疫苗，如兔巴氏杆菌病、波氏杆菌病油佐剂灭活二联苗，兔巴氏杆菌、波氏杆菌二联蜂胶疫苗，兔波氏杆菌、兔出血性败血症、巴氏杆菌三联苗。由于兔支气管败血波氏杆菌具有多种血清型，当免疫效果不理想时，应对病兔进行病原的分离与鉴定，用所分离出的致病性菌株制备成灭活疫苗再进行免疫。

对于本病的治疗，最好是用分离的支气管败血波氏杆菌进行药物敏感试验，有针对性地用药。治疗可选用诺氟沙星、恩诺沙星、卡那霉素或庆大霉素等，肌内注射 2 次 /d，连续 3～5d。

二、兔魏氏梭菌病

兔魏氏梭菌病（rabbit clostridial disease）是由 A 型产气荚膜梭菌引起的兔的急性肠道传染病。以急剧腹泻、排泄物腥臭和迅速死亡为特征。也有人称之为兔梭菌性肠炎或兔梭菌性下痢。

1. 病原　本病的病原菌是 A 型产气荚膜梭菌（*Clostridium perfringens* type A），属于梭菌目（Clostridiales）梭菌科（Clostridiaceae）梭菌属（*Clostridum*）。本菌为厌氧性粗大杆菌。大小为（1.0～1.5）μm×（4.0～8.0）μm，呈单链或双链，革兰氏染色呈阳性，无鞭毛，不能运动。在动物体内能形成荚膜，荚膜宽约0.2μm。产气荚膜梭菌易于形成芽胞，芽胞的热抵抗力很强。芽胞卵圆形，位于中央或亚中央，不大于菌体。但有些菌株在一般的培养条件下很难形成芽胞，无鞭毛，在人和动物活体组织内或在含血清的培养基内生长时有可能形成荚膜。本菌能产生强烈的外毒素。根据毒素-抗毒素中和试验，本菌主要产生 α 毒素，具有坏死、溶血和致死作用。

本菌虽属厌氧性细菌，但对厌氧程度的要求并不太严格，在普通培养基上能生长，若加葡萄糖、血液，则生长得更好。生长适宜温度为37～47℃，多认为43～47℃为最适宜本菌选择分离的温度。本菌在 Zeissler 血液琼脂平皿培养基上形成圆形、隆起、光滑、灰白色的纽扣状不透明菌落，多数菌落周围有溶血双环。内环透明的为 β 溶血，外环较暗为 α 溶血，好似靶状。在牛乳培养基上产酸，凝固酪蛋白、产气，呈暴发样发酵为海绵状凝固。液化明胶，不产生靛基质，还原硝酸盐，产生 H_2S，酸性磷酸酶反应阳性。分解葡萄糖、乳糖、麦芽糖、蔗糖、棉子糖、海藻糖、肌醇、淀粉、山梨醇，产酸产气。

2. 流行病学　本菌在自然界分布较广，主要是通过消化道或损伤的黏膜进入动物体内。发病诱因包括饲养管理不当、青饲料短缺、粗纤维含量低、饲喂高蛋白饲料或长途运输、气候剧变等。除哺乳仔兔外，不同年龄、品种、性别的家兔对本病均易感。以1～3 周龄仔兔发病率最高。本病一年四季均可发生，以冬、春两季最为常见。

3. 临床症状　本病潜伏期较短的为 2～3d，长的为 10d。其显著特征为急剧腹泻，临死前水泻。出现水泻前精神和食欲无明显变化。水泻出现后，精神沉郁，不吃食。粪呈水样，污染臀部及后腿（图7-4），粪便有特殊腥臭味。体温不高，严重脱水，多数 1～2d 死亡。

绝大多数病兔属于最急性，在出现水泻当天或次日即死亡，少数可拖延至 1 周或更久，但最终仍死亡。发病率为 90%，病死率几乎达 100%。

4. 病理变化　尸体外观不见明显消瘦，肛门附近及后肢被毛沾污。剖检腹腔可嗅到特殊的腥臭味。胃多充满饲料，胃底部分黏膜脱落，可见有大小不一的溃疡（图7-5）。小肠多充满气体，致使肠壁薄而透明，盲

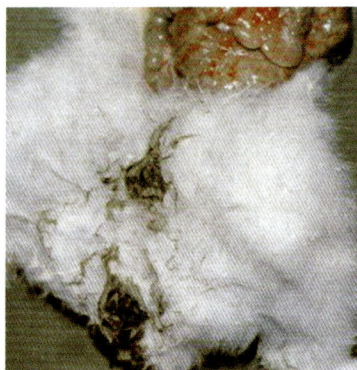

图 7-4　兔魏氏梭菌病（1）
患兔肛门周围被毛沾污灰褐色稀粪

肠和结肠充满气体和黑绿色稀薄内容物，并可嗅到腐败气味。肠壁有弥漫性充血或出血（图7-6）。肝质地变脆，脾呈深褐色。肾、淋巴结多数无变化。膀胱多数积有茶色尿液。心脏表面血管怒张呈树枝状。

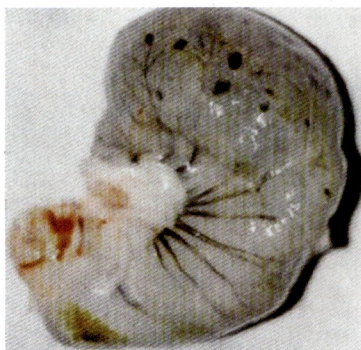

图 7-5　兔魏氏梭菌病（2）
病死兔胃浆膜下见有圆形、大小不一、黑色的溃疡斑

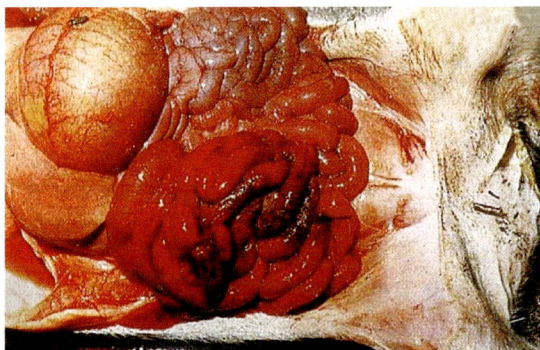

图 7-6　兔魏氏梭菌病（3）
病死兔盲肠浆膜多处有鲜红出血斑

5. 诊断　根据流行病学、临床症状和剖检病理变化等主要特点，可做出初步诊断，但确诊仍须进行实验室检验。

1）抹片镜检：一般取空肠的内容物制成抹片，革兰氏染色，镜检。可看到很多革兰氏阳性的大杆菌，呈单个或成对，菌端周整（图7-7）；部分菌产生芽胞，位于菌体中央或亚中央（图7-8）。

2）分离培养：将肠内容物加适量生理盐水混匀，80℃加热 10min，2000r/min 离心 10min，取上清液及实质脏器，分别接种于厌气肉肝汤中，在 37℃温箱培养 20～24h，然后划线在小羊鲜血琼脂平板上，进行厌气分离培养。同时将各脏器、心血直接接种于肉肝汤，按上法分离培养。可见菌落呈正圆形，边缘整齐，表面光滑隆起。在血琼脂平板上的菌落周围有溶血双圈。内圈透明为 β 溶血，外圈较暗为 α 溶血。再经生化试验和标准血清定型即可确诊。

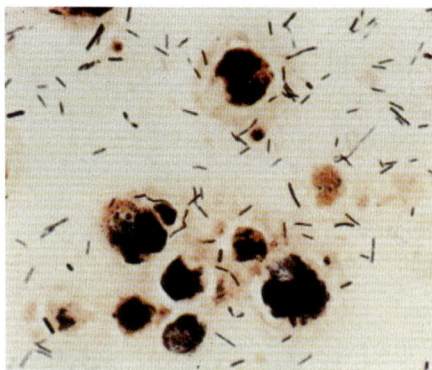

图 7-7　兔魏氏梭菌病（4）
病死兔肠内容物、粪便中见有革兰氏阳性大杆菌

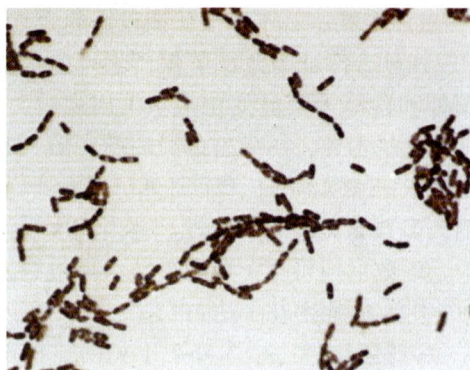

图 7-8　兔魏氏梭菌病（5）
纯培养物为革兰氏阳性大杆菌，芽胞位于菌体中央，
呈卵圆形

3）血清学检查主要应用凝集试验、中和试验、SPA 和酶联免疫吸附试验等，效果均很好。

鉴别诊断本病应与球虫病、兔巴氏杆菌病、沙门氏菌病进行鉴别。

家兔患球虫病后，主要表现营养不良，有黄疸和贫血临床症状，剖检后可见肠黏膜或肝表面有淡色结节，取结节涂在玻片上，压碎镜检，可见球虫卵囊，也可取兔粪直接涂片或饱和盐水漂浮法检查虫卵。

关于兔巴氏杆菌病、沙门氏菌病可参阅本书的有关章节做出鉴别。

6. 防治　　现在研制的疫苗主要是灭活疫苗。将自然感染病兔或人工感染病兔的肝、肺等研碎后，加入适量福尔马林制成组织灭活疫苗，在流行地区应用有一定效果。成年兔肌内注射 2mL，断奶仔兔接种 1mL。用 A 型产气荚膜梭菌氢氧化铝灭活疫苗，给兔皮下注射 2mL，效果也较好，免疫期约半年。

本病发生迅猛、传播很快，必须采取严格的防疫措施，以免疫情扩大。首先要加强饲养卫生管理，采取合理的饲养管理技术，防止各种发病因素的出现。例如，实行计划配种，避免寒冷季节产仔；防止病兔的移入；饲喂多汁饲料，少给菜根。对发病兔群，应暂时搬迁场地，彻底消毒。兔群不要过于拥挤。对繁殖母兔应于春、秋两季注射灭活疫苗各 1 次，断奶仔兔也应注射灭活疫苗。

病兔应及早用抗血清配合抗菌药物（如庆大霉素、卡那霉素、金霉素等）治疗，并同时进行对症治疗才能收到良好效果。

第二节　狐、貉、貂、犬、兔的病毒性传染病

一、犬瘟热

犬瘟热（canine distemper）是一种由犬瘟热病毒（canine distemper virus，CDV）引起的，感染犬科、鼬科及部分浣熊科动物的高度接触性传染病。其主要发病特点为体温升高、消化道炎症、眼结膜炎及鼻炎，也经常发生卡他性肺炎，皮肤和神经病变。感染的幼龄动物死亡率较高。

1. 病原 CDV 属副黏病毒科麻疹病毒属。其病毒大小为 70～105nm。多为圆形，核衣壳呈螺旋状，含单股 RNA，有双层轮廓的囊膜，囊膜上有纤突。本病毒具有较强的抵抗力，在干燥环境下能存活 1 年，在 0℃条件下保存于甘油中的病貂脑组织，经几个月才失去毒力，冻干可长期保存。但是，病毒对高温和某些化学消毒剂却很敏感，4℃只能存活 7～8 周；室温下 7～8d；于 37～40℃经 12d 失去毒力；55℃时 30min 死亡，55℃经 1h 失去毒力；60℃经 30min 失去活性；100℃ 1min 死亡；实验证明，3% 氢氧化钠溶液、5% 石炭酸溶液或 3% 甲醛溶液可迅速杀灭该病毒。

CDV 可以在鸡胚及鸡胚成纤维细胞上增殖，出现细胞病变，形成蚀斑（用犬肾原代细胞进行培养，可形成合细胞体及核内、胞质内包涵体）。本病毒能很好地在犬和雪貂组织中保存，也适宜在鸡胚绒毛尿膜囊接种。

2. 流行病学 CDV 的自然宿主为犬科动物和鼬科动物，曾在浣熊科中浣熊、密熊、白鼻和小熊猫中发现。本病一年四季均可发生，以春、冬季多发。不同年龄、性别和品种的犬均可感染，以不满 1 岁的幼犬最为易感。患病动物及痊愈后带毒的动物是本病的主要传染源。消化道和呼吸道是主要的传播途径，本病通过直接接触和间接接触均可传染。发病动物通过眼、鼻分泌物、唾液、尿和粪便排出病毒，污染饲料、水源和用具，经消化道传染，也可通过飞沫、空气，经呼吸道传染，也能通过阴道分泌物传染。流行有周期性，通常每隔 3 年流行 1 次。病的经过和严重程度，取决于动物机体的抵抗力、病原体毒力特性、饲养管理条件及病原体对该种动物的适应程度。

3. 临床症状 犬瘟热的潜伏期为 3～9d。病犬精神沉郁，体温升高，呈双相热型，有明显的卡他性鼻炎和结膜炎症状，鼻流水样分泌物，打喷嚏、咳嗽，严重者还会伴有肺炎等呼吸道症状。鼻镜干燥和有龟裂（图 7-9）。眼睑肿胀，有脓性分泌物，后期可发生角膜溃疡。腹下和股内侧、耳壳等处皮肤上可能出现小红点、水肿及脓性丘疹。消化能力降低，病犬常呕吐，病初大便干燥，不久下痢，粪便中常混有血液和气泡。少数病例可见足掌和鼻翼皮肤过渡性角化病理变化（图 7-10，图 7-11）。有 10%～30% 的病犬在病末期出现神经症状，有的在后期出现严重的抽搐现象（图 7-12，图 7-13），本病致死率高达 30%～80%。继发感染时，常使临床症状复杂化，致死率更高。

图 7-9 犬瘟热（1）
病犬初期鼻镜干燥、龟裂

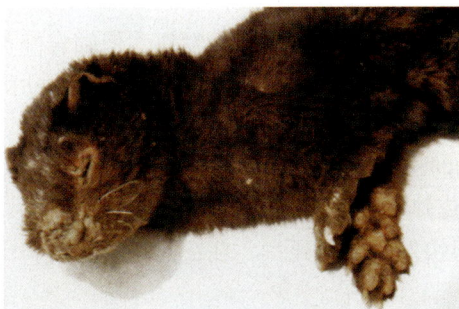

图 7-10 犬瘟热（2）
病犬后期足垫增厚

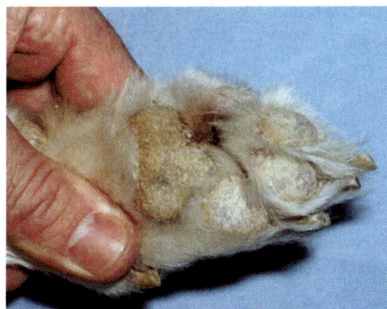

图 7-11 犬瘟热（3）
病犬后期足垫增厚

图 7-12　犬瘟热（4）
病犬倒地抽搐，阵发性痉挛

图 7-13　犬瘟热（5）
脑炎型：病犬初期即表现出狂躁不安，到
处冲撞、倒地抽搐，牙关紧闭，口吐白沫

4. 病理变化　　因 CDV 为泛嗜性病毒，对上皮细胞有特殊的亲和力，因此，病理变化分布非常广泛。新生幼犬感染 CDV 通常表现胸腺萎缩；成年犬多表现结膜炎、鼻炎、气管支气管炎和卡他性肠炎。表现神经临床症状的犬通常可见鼻端和脚垫的皮肤角化病。中枢神经系统的主要病理变化包括脑膜充血、脑室扩张和脑水肿所致的脑脊液增加。

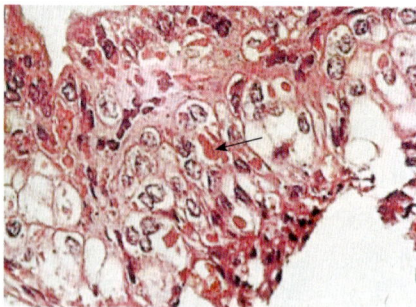

图 7-14　犬瘟热（6）
病犬膀胱上皮细胞质内嗜酸性包涵体

5. 诊断　　根据临床症状、病理剖检变化及流行病学资料可做出初步诊断，确诊需通过以下实验方法进行。

（1）病毒分离与鉴定　　从自然感染病例分离病毒较为困难。组织培养分离 CDV 可用犬肾细胞、犬肺巨噬细胞和鸡胚成纤维细胞等。据报道，剖检时直接培养病犬肺巨噬细胞，容易分离到病毒。此外，取肝、脾、粪便等病料，用电子显微镜可直接观察到病毒粒子，或采用免疫荧光试验从血液白细胞、结膜、瞬膜及肝、脾涂片中检查出 CDV 抗原，也可在肺和膀胱黏膜切片或印片中检出包涵体（图 7-14）。

（2）血清学诊断　　包括中和试验、补体结合试验、酶联免疫吸附试验等方法。

（3）鉴别诊断　　注意与脑脊髓炎、副伤寒、巴氏杆菌病、维生素 B_1 缺乏症和病毒性肠炎进行鉴别诊断。

1）脑脊髓炎：具有同犬瘟热类似的神经症状，都有癫痫性发作，但脑脊髓炎与犬瘟热不同之处在于其为固定性疾病。此外，脑脊髓炎在各地区饲养场个别窝的幼龄动物中间经常出现单个病例。

2）副伤寒：具有明显的季节性（6～8 月），而犬瘟热一年四季均可发生；副伤寒病死亡动物的脾显著肿大（5～10 倍），而犬瘟热则不肿大或仅轻度肿大。

3）巴氏杆菌病：一般是突然发生，很快发生大批死亡，并在死亡动物材料中能分离出巴氏杆菌。

4）维生素 B_1 缺乏症：特征是急性经过（1～2d），主要临床症状为食欲丧失，急剧衰竭，肌肉痉挛性收缩，一天重复几次发作，且发出强烈呻吟。

5）病毒性肠炎：主要表现为下痢，缺乏犬瘟热固有的结膜炎、鼻炎、皮炎和神经性发作的临床症状特点。

6. 防治 接种疫苗是预防和控制本病的根本方法。健康动物应在12月至翌年1月，幼龄动物在2月龄时，普遍实行接种。建立健全严格的兽医卫生制度，是预防本病的重要保证，因本病传染来源主要是病畜和带毒动物，所以严格控制流散犬和猫进入动物场，严禁从犬瘟热疫区调入饲料，犬肉必须熟喂，兽场工作人员要有专用工作服和用具，用后放专用房间内保管。发生犬瘟热时，对患病动物和可疑病畜一律隔离，严格封锁。用氢氧化钠、漂白粉或来苏水彻底消毒，停止动物调动和无关人员来往，对尚未发病的假定健康动物和受疫情威胁的其他动物，可考虑用犬瘟热高免血清或小儿麻疹疫苗做紧急预防注射，待疫情稳定后，再注射犬瘟热疫苗。

近年来，犬瘟热病毒单克隆抗体应用于犬瘟热病犬的治疗，取得了比高免血清更好的治疗效果。犬感染CDV后常继发细菌感染，因此，发病后配合使用抗生素或磺胺类药物，可以减少死亡，缓解病情。根据病犬的病型和病征表现采用支持疗法和对症疗法，加强饲养管理和注意饮食，结合采用强心、退热、补液、止痛、解毒、收敛、镇痛等措施，具有一定的辅助治疗作用。

二、犬传染性肝炎

犬传染性肝炎（infectious canine hepatitis，ICH）是一种由犬 I 型腺病毒（canine adenovirus type 1，CAV-1）引起的犬急性、败血性、高度接触性传染病，主要特征为循环障碍、肝小叶中心坏死，以及肝实质和内皮细胞出现核内包涵体。本病最早于1947年由Rubarth发现，所以也叫Rubarth病。目前，广泛分布于全世界。我国于1983年发现此病。主要发生于犬，也偶见于其他犬科动物。犬主要表现肝炎和眼睛疾患，狐狸则表现为脑炎。

1. 病原 病原为犬传染性肝炎病毒（infectious canine hepatitis virus，ICHV），又称犬腺病毒（CAV-1），在分类上属腺病毒科哺乳动物腺病毒属。世界各地分离毒株的抗原性相同。本病毒易在犬肾和睾丸细胞内增殖，也可在猪、豚鼠和水貂等的肺和肾细胞中有不同程度增殖，并出现细胞病变（CPE），主要特征是细胞肿胀变圆、聚集成葡萄串样，也可产生蚀斑。感染细胞内常有核内包涵体，核内病毒粒子呈晶格状排列，已感染犬瘟热病毒的细胞，仍可感染和增殖本病毒。该病毒在4℃，pH 7.5～8.0时能凝集鸡红细胞，在pH 6.5～7.5时能凝集大鼠和人O型红细胞，这种血凝作用能被特异性抗血清抑制。利用这种特性可进行血凝抑制试验。

病毒对外界环境的抵抗力较强，对乙醚、氯仿有抵抗力。病犬肝、血清和尿液中的病毒，20℃可存活3d。碘酚和氢氧化钠溶液可用于消毒。

2. 流行病学 犬和狐（银狐、红狐）对本病的易感性高，山狗、浣熊、黑熊也有易感性。本病也可感染人，但不引起临床症状。

ICH的传染来源主要是病犬和康复犬。康复犬尿中排毒可达180～270d，是造成其他犬感染的重要疫源。传播途径主要是通过直接接触病犬（唾液、呼吸道分泌物、尿、粪）和接触污染的用具而传播，也可发生胎内感染造成新生幼犬死亡。常见于1岁以内的幼犬，刚断乳幼犬的发病率和死亡率最高。成年犬感染后临床症状较轻，死亡率低。

本病的发生没有明显的季节性，往往以冬季发生较多，无年龄和品种差异。很多国家的犬群中抗体检出率都高达45%～75%。本病常见于1岁以内的幼犬，刚断奶的小犬最易发病。幼犬的病死率高达25%～40%。成年犬临床症状少见。

3. 临床症状 犬肝炎型潜伏期人工接种2～6d，自然发病6～9d，最急性病例，常见呕吐、腹痛、腹泻和眼、鼻流浆性黏性分泌物。常有腹痛（剑状软骨部位）和呻吟，临床症状出现后数小时内死亡。急性型病例，患犬怕冷，体温升高（39.4～41.1℃），精神抑郁，食欲废绝，渴欲增加，呕吐，腹泻，粪中带血。亚急性病例临床症状较轻微，咽炎和喉炎可致扁桃体肿大，颈淋巴结发炎可致头颈部水肿。特征性临床症状是角膜水肿，即蓝眼病（图7-15）。角膜水肿的病犬表现眼睑痉挛、畏光和浆液性眼分泌物。角膜浑浊通常由边缘向中心扩展。慢性病例多发于老疫区或疫病流行后期，多数发病动物不死亡，可以自愈。

4. 病理变化 各脏器组织尤其是心内膜、脑膜、脑脊髓膜、唾液腺、胰腺和肺点状出血。浅表淋巴结和颈部皮下组织水肿、出血，腹腔内充满清亮、浅红色液体。肝肿大（图7-16），包膜紧张，肝小叶清楚，呈斑驳状，表面有纤维素附着。胆囊壁水肿增厚，灰白色，出血，半透明，胆囊浆膜被覆纤维素性渗出物。肺实变。肾出血，皮质区坏死。脾肿大、充血。肠系膜淋巴结肿大，充血。中脑和脑干后部可见出血，常呈两侧对称性。

图7-15 犬传染性肝炎（1）
病犬"蓝眼"病变

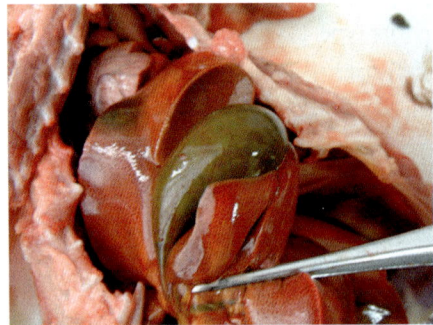

图7-16 犬传染性肝炎（2）
病死犬肝肿大，质脆，胆囊壁明显水肿

组织学变化：肝实质呈不同程度的变性、坏死，窦状隙内有严重的局限性淤血和血液淤滞。肝细胞及窦状隙内皮细胞内有核内包涵体，呈圆形或椭圆形，一个核内一个。通过肝切面印片或抹片染色镜检即可检查到。另外，脾、淋巴结、肾、脑血管等处的内皮细胞也可见到核内包涵体。

5. 诊断 ICH早期临床症状与犬瘟热等疾病相似，有时还与犬瘟热等病混合发生，因此，根据流行病学、临床症状和病理变化仅可做出初步诊断。特异性诊断必须要进行病毒分离鉴定和血清学诊断。

（1）**病毒分离** 活的动物采发热初期血液、尿液和扁桃体拭子，死亡动物则采肝、脾等病料，处理后，接种犬肾原代和继代细胞、易感幼犬或仔狐眼前房。腺病毒的特征性细胞病变在接种后30h至7d出现，并可检出包涵体；后者可见角膜浑浊，产生包涵体。

（2）**血清学试验** 荧光抗体检查扁桃体涂片可提供早期诊断。采取发病初期和其后14d的双份血清，进行凝集抑制试验。当抗体升高4倍以上时即可作为现症感染的证明。另外，补体结合试验、中和试验、琼脂扩散试验和皮内变态反应等也可用于诊断。

（3）分子诊断技术　　近年来，许多学者致力于犬腺病毒分子生物学的研究，国外已建立了多种分子诊断技术，如在病毒的早期转录区选择适当的保守区域作引物，建立了PCR方法，将有希望用于本病的临床实践。

6. **防治**　　本病的预防主要依靠定期进行免疫接种和实施一般的兽医卫生防治措施。使用的疫苗有弱毒苗和甲醛灭活苗两类。犬传染性肝炎Ⅰ型弱毒苗接种后，会出现1～11d轻度角膜浑浊反应。由于本病常与犬瘟热等病毒性疫病并发，所以实际工作中常将其与犬瘟热、副流感及细小病毒性肠炎等弱毒株研制成不同的弱毒联合疫苗。国内使用最多的是用六联苗或五联苗进行预防接种。

为防止本病的发生必须加强饲养管理和环境卫生消毒，杜绝病毒传入。坚持自繁自养，如需从外地购入动物，必须隔离检疫，合格后方可混群。一旦发病，需立即控制疫情发展。应特别注意，康复期病犬仍可向外排毒，不能与健康犬合群。

三、犬细小病毒病

犬细小病毒病（canine parvovirus infection）是一种由犬细小病毒（canine parvovirus，CPV）引起的犬急性传染病，特征为急性出血性肠炎和非化脓性心肌炎。多发生于幼犬，病死率为10%～50%。

本病于1978年同时在澳大利亚（Kelley）和加拿大（Thomson等）证实以来，美国、英国、法国、德国、意大利、俄罗斯和日本等国相继发现。我国于1982年证实此病以后，在东北、华东和西南等地区的警犬和良种犬中陆续发生和蔓延，并已分离获得多株病毒，研究报道逐渐增多。

1. **病原**　　犬细小病毒是细小病毒科细小病毒属成员。具有细小病毒属病毒典型形态和结构。病毒粒子细小，直径为20～22nm，呈二十面体对称，无囊膜，在氯化铯中的浮密度为$1.43g/cm^3$。基因组为单股DNA，大小为5233bp。病毒粒子有VP_1、VP_2和VP_3三种多肽，其中VP_2为衣壳蛋白的主要成分，有凝血活性。病毒在4℃和25℃都能凝集猪和恒河猴的红细胞，但不能凝集其他动物的红细胞。本病毒能在多种不同类型的细胞内增殖（不同于猫泛白细胞减少症），本病毒对外界环境具有较强的抵抗力。在室温下能存活3个月；在60℃能活1h；在pH 3条件下1h并不影响其活力；对甲醛、β丙内酯、羟胺和紫外线敏感，能被其灭活；但对氯仿、乙醚等有机溶剂则不敏感。

2. **流行病学**　　犬是该病的主要自然宿主。其他犬科动物，如丛林犬、鬣狗、郊狼和食蟹狐等也可感染。各种年龄和不同性别的犬都有易感性，但小犬的易感性更高。断乳前后的仔犬易感性最高，其发病率和病死率都高于其他年龄组，往往以同窝暴发为特征。

新疫区或以前从未发生过本病的商品犬饲养场或犬繁殖场，在早期由于易感性高和犬群密集，大小犬只都感染，可导致暴发性流行。病程较短，病死率较高。几个月后，则只有在小犬中发生新病例。本病主要由直接或间接接触而传染。感染犬和康复带毒犬是传染源。病犬从粪便、尿液、唾液和呕吐物中排毒；而康复犬可能从粪尿中长期排毒，污染饲料、饮水、垫草、食具和周围环境。一般认为传染途径主要是消化道。

本病的发生无明显的季节性。一般夏、秋季多发。天气寒冷、气温骤变、拥挤、卫生水平差和并发感染，可加重病情和提高病死率。

3. 临床症状 本病在临诊上分两种类型，即肠炎型和心肌炎型，也有报道在一只犬身上兼有两型临床症状。

（1）肠炎型 潜伏期为7～14d，多见于青年犬。往往先突然发生呕吐，后出现腹泻。粪便先黄色或灰黄色，覆以多量黏液和伪膜，接着排带有血液呈番茄汁样稀粪，具有难闻的恶臭味。病犬精神沉郁，食欲废绝，体温升到40℃以上，迅速脱水，急性衰竭而死。病程短的4～5d，长的1周以上。也有些病犬只表现间歇性腹泻或仅排软便。成年犬发病一般不发热。病情较轻且治愈率高。

（2）心肌炎型 多见于28～42日龄的幼犬，常突然发病，数小时内死亡。感染犬精神、食欲正常，偶见呕吐，或有轻度腹泻和体温升高。或有严重呼吸困难，持续20～30min，脉搏快而弱，可视黏膜苍白，听诊心律不齐，心电图R波降低，S-T波升高。

4. 病理变化

（1）肠炎型 病犬消瘦，腹部蜷缩，眼球下陷，可视黏膜苍白。肛门周围附有血样稀便或从肛门流出血便。小肠以空肠和回肠病理变化最为严重，内含酱油色恶臭分泌物，肠壁增厚，黏膜下水肿。黏膜弥漫性或局灶性充血，有的呈斑点状或弥漫性出血（图7-17）。大肠内容物稀软，酱油色，恶臭。黏膜肿胀，表面散在针尖大出血点。结肠肠系膜淋巴结肿胀、充血。肝肿大，色泽红紫，散在淡黄色病灶，切面流出多量暗紫色不凝血液。胆囊高度扩张，充盈大量黄绿色胆汁，黏膜光滑。脾有的肿大，被膜下有黑紫色出血性梗死灶。心包

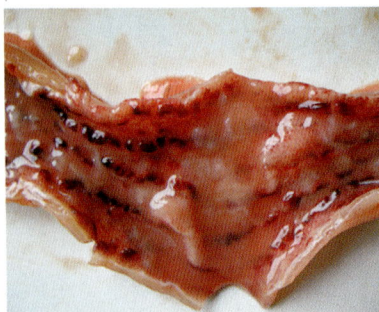

图7-17 犬细小病毒病
病死犬肠黏膜斑点状、弥漫状出血

积液，心肌呈黄红色变性状态。肺呈局灶性肺水肿。咽背、下颌和纵隔淋巴结肿胀、充血。肾多不肿大，呈灰黄色。胸腺实质缩小，周围脂肪组织胶样萎缩。膈肌呈现斑点状出血。

（2）心肌炎型 肺水肿，局部充血、出血，呈斑驳状。心脏扩张，左侧房室松弛，心肌和心内膜可见非化脓性坏死灶，心肌纤维严重损伤，可见出血性斑纹。

5. 诊断 根据流行特点，结合临床症状和病理变化可以做出初步诊断。确诊可采取小肠后段和心肌病料做组织切片，检查肠上皮和心肌细胞是否存在核内包涵体。其他的实验室检查法包括以下两种。

（1）血清学检查 国内外常用血凝和血凝抑制试验。血凝试验用于测定粪便和细胞培养物中的病毒效价。用0.5%～1%猪红细胞作为指示系统。试验证明，HA>1∶80可作为阳性感染的指示标准。血凝抑制试验主要用作流行病学调查，也可用于检测粪便中的抗体。

（2）病毒学检查 ①病毒分离与鉴定：常用原代或次代犬胎肾或猫胎肾细胞培养物或它们的细胞系进行培养。粪便病料可先离心，再加入高浓度抗生素或过滤除菌，最简便的病毒鉴定方法是接种3～5d后用荧光抗体检测细胞中的病毒，或测定培养液的血凝性。②电镜检查：采病犬粪便，直接或加等量PBS后混匀，以3000r/min离心10min。上清液加等量氯仿振动10min，再如前处理一次。吸取上清液滴于铜网上，用2%磷钨酸（pH 6.2）负染后电镜检查。在病的初期可见到大量大小均一、直径20～22nm的圆形或

六边形散在的病毒粒子，如能进行免疫电镜检查则更佳。

6. 防治　　心肌炎型病例转归不良，只要出现心电图变化都难免死亡。发现肠炎型病例立即隔离饲养，加强护理，采用对症疗法（呕吐注射阿托品等；腹泻口服次硝酸铋、鞣酸蛋白和注射维生素 K、安络血等止血剂；脱水输液，注意先盐后糖，最好静脉注射，先快后慢，有困难时可行腹腔输液；结膜发绀时则加入碳酸氢钠防止酸中毒，也可口服补液 ORS）、支持疗法（静脉输进健康犬或康复犬的全血 30～200mL；也可注射其血清或血浆 30～50mL；还可使用维生素 C、肌苷、ATP 等以增强支持疗法的效果）和防止继发感染（用痢特灵、庆大霉素、红霉素、卡那霉素等抗菌和抑制病毒的药物）等治疗措施，可能获得痊愈或好转。

四、犬冠状病毒病

犬冠状病毒病（canine coronavirus disease）是由犬冠状病毒引起的一种急性肠道性传染病，以呕吐、腹泻、脱水及易复发为特性。本病病毒于 1971 年首次在美国发生腹泻军犬的粪便中电镜检出，于 1974 年首先由 Binn 在德国报告分离获得。

1. 病原　　犬冠状病毒（canine coronavirus，CCV）属冠状病毒科冠状病毒属。病毒具有冠状病毒的一般形态特征，呈圆形或椭圆形，长径为 80～120nm，宽径为 75～80nm，有囊膜，囊膜表面有花瓣状纤突，长约 20nm，冻融极易脱落，失去感染性。核衣壳呈螺旋状。病毒基因型为单股 RNA。病毒在氯化铯中的浮密度为 1.15～1.16g/cm^3。

病毒对氯仿、乙醚、脱氧胆酸盐敏感，对热也敏感。甲醛、紫外线能将其灭活。对胰蛋白酶和酸有抵抗力，病毒在粪便中存在 6～9d。本病毒与猪传染性胃肠炎病毒、猫传染性腹泻病毒和人冠状病毒 229E 株有相关抗原，但至今犬冠状病毒似乎只有 1 种血清型。病毒能在犬肾和胸腺原代细胞及 A72、CRFK 和 FCWF 等传代细胞系上增殖，并产生 CPE，也可在猫肾和猫胚成纤维细胞上生长，但 FCWF 细胞比较敏感。

2. 流行病学　　本病可感染犬、貉和狐狸等犬科动物，不同品种、性别和年龄犬都可感染，但幼犬最易感，发病率几乎 100%，病死率约 50%。病犬和带毒犬是主要传染源。病毒通过直接接触和间接接触，经呼吸道和消化道传染给健康犬及其他易感动物。本病一年四季均可发生，多见于冬季。气候突变，卫生条件差，犬群密度大，断奶转舍及长途运输等可诱发本病。

3. 发病机制　　本病毒经口接种易感犬 2d 后，到达十二指肠上部，主要侵害小肠绒毛 2/3 处的消化吸收细胞。病毒经胞饮作用进入微绒毛之间的肠细胞，在胞质空泡的平滑膜上出芽。由于细胞膜破裂，病毒随脱落的感染细胞进入肠腔内，再感染小肠整个肠段的绒毛上皮细胞，进而绒毛短粗，消化酶和肠吸收功能丧失，导致腹泻。以后随着小肠结构的复原，临床症状消失，排毒减少并终止，血清中产生中和抗体。

4. 临床症状　　潜伏期为 1～5d，临床症状轻重不一。主要表现为呕吐和腹泻，严重病犬精神不振，呈嗜眠状，食欲减少或废绝，多数无体温变化。口渴、鼻镜干燥、呕吐，持续数天后出现腹泻。粪便呈粥样或水样，红色或暗褐色，或黄绿色、恶臭，混有黏液或少量血液。白细胞数正常，病程为 7～10d，有些病犬尤其是幼犬发病后 1～2d 死亡，成年犬很少死亡。

5. 病理变化　　剖检病理变化主要是胃肠炎。肠壁菲薄、肠管内充满白色或黄绿色、紫红色血样液体，胃肠黏膜充血、出血和脱落，胃内有黏液。其他如肠系膜淋巴结肿大，胆囊肿大。组织学检查主要见小肠绒毛变短、融合、隐窝变深，绒毛长度与隐窝深度之比发生明显变化。上皮细胞变性，胞质出现空泡，黏膜固有层水肿，炎性细胞浸润，上皮细胞变平，杯状细胞的内容物排空。

6. 诊断　　根据流行病学、临床症状及剖检变化可怀疑本病，确诊则依靠实验室检查。

（1）电镜检查　　取粪便用氯仿处理，低速离心，取上清液，滴于铜网上，经磷钨酸负染后，用电镜观察是否有特殊形态的病毒粒子，该法快速。若取上清液与免疫血清作用，使病毒粒子特异性凝集，则有助于诊断。

（2）病毒分离鉴定　　取典型病犬新鲜粪便，经常规处理后，接种于 A72 细胞或犬肾原代细胞中培养，用特异抗体染色检测是否存在病毒，或待细胞出现 CPE 后，用已知阳性血清做中和试验鉴定病毒。为提高病毒分离率，粪样要新鲜，避免反复冻结，最好先将病料实验感染健康幼犬，取典型发病犬腹泻粪便作为样品分离病毒。也可试用濒死期幼犬肾直接进行细胞培养以分离病毒。

此外，中和试验、乳胶凝集试验、ELISA 等方法也可用于诊断本病检测血清抗体。

7. 防治　　目前本病尚无有效疫苗预防和特效疗法。预防主要加强一般的兽医卫生防疫措施，减少各种诱因，对犬舍、用具和工作服坚持定期消毒，禁止外人参观。一旦发生本病，立即隔离病犬，并采取对症治疗，以减少死亡率，隔离病犬并用 0.2%～1% 甲醛或 1∶30 漂白粉，彻底消毒场地。

五、犬副流感病毒感染

犬副流感病毒感染（canine parainfluenza virus infection）是一种由副流感病毒 5 型引起的犬传染病，特征为突然发热、卡他性鼻炎和支气管炎。本病于 1967 年由 Binn 首次报告，并一直认为仅局限于呼吸道感染。1980 年 Evermann 等发现，患犬也可因急性脑脊髓炎和脑内积水，表现后躯麻痹和运动失调。

1. 病原　　副流感病毒 5 型（parainfluenza virus 5），又称犬副流感病毒（canine parainfluenza virus，CPIV），为副黏病毒科副黏病毒属成员。病毒粒子呈多形性，直径为 100～180nm，囊膜表面有特征性突起，含血凝素和神经氨酸酶。在蔗糖中浮密度为 1.18～1.20g/cm³。病毒在细胞质中复制，成熟后在细胞膜上出芽释放，病毒基因组为单股 RNA。

本病毒只有一种血清型，但毒力有所差异。病毒可在犬和猴肾原代或传代细胞及 Vero 细胞上增殖并产生 CPE，感染细胞质内形成嗜酸性包涵体。病毒可在鸡胚羊膜腔内增殖，但鸡胚不死亡。鸡胚尿囊腔接种，病毒不增殖。本病毒对热、乙醚、酸、碱不稳定，在 0.5% 水解乳蛋白和 0.5% 牛血清 Hank's 液中 24h 感染性不变。病毒在 4℃和 24℃条件下可凝集人 O 型及鸡、豚鼠、大鼠、兔、猫和羊的红细胞。

2. 流行病学　　本病毒感染各种年龄犬，幼龄犬病情较重。本病传播迅速、呈突然暴发。急性期病犬是主要传染源，病毒主要存在于呼吸系统，通过呼吸道而感染。常见与支气管败血波氏杆菌合并感染。

3. 临床症状　　潜伏期较短。病犬突然发热，精神沉郁，厌食，鼻腔有大量黏性脓性分泌物。结膜炎，咳嗽和呼吸困难。若与支气管败血波氏杆菌混合感染，则临床表现更严重，整窝犬咳嗽、肺炎，病程 3 周以上。11～12 周龄幼犬死亡率较高。成年犬病症较轻，死亡率较低。有的犬感染 CPIV 后表现后躯麻痹和运动失调等神经症状。

4. 病理变化　剖检可见鼻孔周围有黏性脓性分泌物，结膜炎、气管炎和肺炎病理变化。神经型主要出现急性脑脊髓炎和脑积水。组织学检查鼻上皮细胞水疱变性，纤毛消失，黏膜和黏膜下层有大量白细胞浸润，肺、气管及支气管有炎性细胞浸润。神经型可见脑皮质坏死，血管周围有大量淋巴细胞浸润及非化脓性脑膜炎。

5. 诊断　根据流行病学、临床症状和病理变化可做出初步诊断，确诊可采取呼吸道病料，适当处理后接种犬肾细胞，每隔 4～5d 进行 1 次豚鼠红细胞吸附试验，盲传 2～3 代，出现 CPE。再用特异性豚鼠免疫血清进行 HI 试验进行病毒鉴定。用血清学试验和 HI 试验检查双份血清抗体是否上升，有回顾性诊断价值。

6. 防治　预防本病主要是加强饲养管理，特别是加强犬舍周围环境卫生，新购入犬进行检疫，隔离和预防接种。犬群一旦发病，立即隔离、消毒，重病犬及时淘汰。用镇咳药及抗生素治疗，对细菌混合感染病有一定疗效。

六、犬疱疹病毒感染

犬疱疹病毒感染（canine herpes virus infection）是一种由犬疱疹病毒引起的犬接触性传染病，主要特征为仔犬呼吸困难、全身脏器出血坏死、急性致死及母犬流产和繁殖障碍。

1965 年，Cannichael 和 Stewart 分别在美国和英国首先报道本病。此后，日本、澳大利亚和许多欧洲国家相继发现，现已分布于多数国家和地区，我国是否存在该病尚不清楚。

1. 病原　犬疱疹病毒（canine herpes virus，CHV）属于疱疹病毒科甲疱疹病毒亚科水痘病毒属。病毒具有疱疹病毒所共有的形态特征。本病毒只有 1 种血清型，不同毒株毒力有差异，病毒无血凝性。

本病毒对犬胎肾和新生犬肾原代细胞和传代细胞系最易感，对犬肺和子宫组织细胞也敏感，35～37℃条件下可迅速增殖，感染后 12～16h 即可出现 CPE，初期呈局灶性细胞圆缩、变暗，逐渐向周围扩展，随后由灶状中心部细胞开始脱落。部分细胞核内出现着色不明显的嗜酸性包涵体，感染细胞核内的染色质大部分集聚于核膜位置。本病毒还可在琼脂和甲基纤维素覆盖层下形成界限明显、边缘不整的小型蚀斑。本病毒对热的抵抗力较弱，−70℃保存的毒种（含 10% 血清的病毒悬液）只能存活数月。冻干毒种保存数年毒性无明显变化。病毒对乙醚等脂溶剂、胰蛋白酶、酸性和碱性磷酸酶等敏感。pH 4.5 时，经 30min 失去感染力，但在 pH 6.5～7.0 比较稳定。

2. 流行病学　本病毒只感染犬，2 周龄内仔犬最易感，病死率可达 80%，成年犬感染，常无明显临床症状。患病仔犬和康复犬是主要传染源，仔犬主要通过分娩过程中与带毒母犬阴道接触或生后由母犬含毒的飞沫及仔犬间接接触感染发病。康复犬长期带毒，潜伏感染是本病毒的又一特征，病毒还可由母体通过胎盘感染胎儿，但母源抗体滴度的高低可影响仔犬临床症状的严重程度。

3. 临床症状　潜伏期为 3～8d，2 周龄以内犬常呈急性型，开始排出软的淡黄绿色的粪便，随后 1～2d 出现病毒血症。病犬体温升高，精神沉郁，不吃，呼吸困难，呕吐，腹痛，嘶叫，常于 1d 内死亡。个别耐过仔犬常遗留中枢神经症状，如共济失调，向一侧做圆周运动或失明等。2～5 周龄仔犬常呈轻度鼻炎和咽炎临床症状，主要表现打喷嚏，干咳，鼻分泌物增多，经 2 周左右自愈。母犬出现繁殖障碍，如流产、死胎、弱仔或屡配不孕，其本身无明显临床症状。公犬可见阴茎炎和包皮炎。

4. 病理变化 死亡仔犬的典型剖检变化为实质脏器表面散在多量芝麻大小的灰白色坏死灶和小出血点，尤其以肾和肺的变化更为显著。胸腹腔内常有带血的浆液性液体积留，脾常肿大，肠黏膜呈点状出血，全身淋巴结水肿和出血，鼻、气管和支气管有卡他性炎症。组织学变化主要为肝、肾、脾、小肠和脑组织内有轻度细胞浸润，血管周围有散在的坏死灶，上皮组织损伤、变性。在肝和肾坏死区邻近的细胞内可见嗜酸性核内包涵体。妊娠母犬胎儿表面和子宫内膜出现多发性坏死。少数病犬有非化脓性脑膜脑炎变化。

5. 诊断 据流行病学、临床症状和病理变化可做出初步诊断，确诊必须依靠实验室检查。

（1）**病毒抗原检测** 采取临床症状明显的幼龄犬肾、脾、肝和肾上腺，或用棉拭子蘸取成年犬或康复犬的口腔、上呼吸道和阴道黏膜，制成切片或组织涂片，用荧光抗体染色检测是否存在 CHV 特异抗原，本法准确快速。

（2）**病毒分离鉴定** 按上述方法采样，无菌处理后接种于犬肾单层细胞，逐日观察有无 CPE，再用中和试验鉴定病毒分离物。

（3）**血清学试验** 包括血清学试验和蚀斑减数试验，用于检测本病血清抗体。

（4）**鉴别诊断** 本病各实质脏器有坏死灶和出血点特征性病理变化，应与犬传染性肝炎和犬瘟热等鉴别。

6. 防治 本病尚无有效疫苗。加强饲养管理，定期消毒，防止与外来病犬接触是预防本病的有效方法。当疫病流行时，幼犬可用康复犬血清做被动免疫，幼犬也可通过初乳获得母源抗体。发病幼犬常来不及治疗，口服 5% 葡萄糖液，防止脱水，可改善临床症状。

七、兔病毒性出血症

兔病毒性出血症（rabbit haemorrhagic disease，RHD）俗称兔瘟，是一种由兔病毒性出血症病毒引起的急性、流行性、致死性传染病。以传染性强、实质脏器出血、发病率和致死率很高为特征。目前，已蔓延至亚洲、欧洲、非洲、中美洲、大洋洲等国家，给养兔业造成了巨大的经济损失。

1. 病原 本病的病原体是兔病毒性出血症病毒（rabbit haemorrhagic disease virus，RHDV），属于杯状病毒科（Caliciviridae）兔病毒属（*Lagovirus*）。RHDV 各分离株的形态相同，外径为 25～50nm，一般大小为 32～34nm，无囊膜，呈二十面体对称，表面有32～42 个粒壳。病毒在氯化铯溶液中浮密度为 1.29～1.34g/mL，沉降系数为 85～162S。病毒对热和 pH 稳定，能耐氯仿、乙醚等有机溶剂的处理。RHDV 能够特异性凝集人类各型红细胞，其中对 A 型红细胞的凝集反应慢而弱，而对 O 型红细胞的凝集反应最强。此外，RHDV 也可以凝集绵羊、鸡、鹅的红细胞，但凝集力较弱。血凝活性可被氯胺 T、胰蛋白酶、硼氢化钠所破坏，但能抵抗氯仿、乙醚、高碘酸钾、受体破坏酶和甲醛的处理。病毒在兔体内进入细胞后，先在胞核内复制，然后释放到胞质中，最后细胞崩解，病毒进入细胞间隙。在病兔的肝、脾、肺、肾等脏器的细胞核内见到嗜酸性包涵体。将病毒人工接种大鼠、小鼠、仓鼠和豚鼠等均不引起发病。病毒也不能适应鸡胚培养。

RHDV 属杯状病毒科，单股、正链线性 RNA，全长 7437 个核苷酸。基因组含有两个可读框（ORF），3′ 端的 ORF 编码 VP10，含量较低，功能尚不明确。5′ 端的长 ORF 编码一个含 2344 个氨基酸的多聚蛋白前体，该前体被病毒蛋白酶进一步分解为衣壳蛋白和非结构蛋白，其中衣壳蛋白为病毒的主要结构蛋白，称为 VP60。VP60 为 RHDV 唯一的结构蛋白，与诱导抗病毒感染的免疫反应直接相关，在诊断、新型疫苗的研制中具有十分重要的意义。

2. 流行病学　　本病自然感染只发生于家兔，品种、性别间差异不大，毛用兔比肉毛用兔易感。2 周龄以下的仔兔自然感染一般不发病。人工感染 2～3 月龄幼兔，即使大剂量也不发病；3 月龄以上来自非疫区的易感兔，发病率和致死率均达 90%～100%。来自疫区的兔，即使测不到 HI 抗体，人工感染死亡率也显著下降，一般为 30%～70%，且病程较长。

病死兔的内脏、肌肉、毛皮、分泌物、排泄物均带毒，可通过直接或间接接触传播本病。接触污染的饲料、饮水和用具等是主要的传播方式。用任何途径，包括呼吸道、消化道、皮下、肌肉、静脉、腹腔和眼结膜、鼻内、口腔均可感染发病。未发现吸血昆虫能传播本病。

本病的流行无明显的季节性，主要与传染源的存在和易感兔的密度有关。在易感群中发生，常呈暴发性流行。

未发现野兔自然感染大批死亡，但可测出 HI 抗体，可能成为该病的隐性带毒者和潜在的传染源。

3. 临床症状　　人工感染潜伏期为 16～72h。自然感染的潜伏期为 2～5d，主要表现为最急性型、急性型和温和型。

（1）**最急性型**　　多见于来自非疫区或流行初期的家兔。无任何前驱期临床症状，多在夜间死亡。死前数小时表现短暂的兴奋，突然倒地，划动四肢呈游泳状，继之昏迷，濒死时抽搐，角弓反张（图 7-18），眼球突出，咬牙或尖叫几声而死。典型病例可见鼻孔流出鲜血（图 7-19）。

（2）**急性型**　　体温升高至 40.5～41℃或更高，精神委顿，被毛松乱，食欲废绝，

图 7-18　兔瘟（1）
最急性型病兔呈现角弓反张

图 7-19　兔瘟（2）
最急性型病兔鼻孔出血

呼吸迫促，呼吸时身体前后抽动，濒死时病兔瘫软，不能站立，不能挣扎，高声尖叫，鼻孔流出白色或淡红色黏液，白细胞减少。一般在出现临床症状后 6～8h 死亡，病程为 1～2d。偶尔表现亚急性型，病程为 6～8d。

（3）温和型　　多见于老疫区或流行后期的病兔，出现轻度体温反应，体温升高 1～1.5℃，稽留 1～2d，精神不振，食欲减少，呼吸加快，但此种临床症状如不仔细观察很难察觉。康复后血清中可测出高效价的抗体；此类兔在抗体出现前带毒，并可排出病毒，同居的易感兔感染，是危险的传染源。

4. 病理变化　　以实质器官淤血、出血为主要特征。兔尸营养良好，齿龈黏膜及皮肤可能有出血点。鼻孔发绀并有含血的鼻液。鼻腔、喉头和气管黏膜淤血或弥散性出血（图 7-20），有泡沫白色分泌物，一侧或两侧肺水肿，有出血斑点（数量及大小不一，散在或成片）（图 7-21）。少数病兔肺无明显病理变化。而气管的出血和渗出普遍存在。肝变性、肿大，呈淡黄色或土黄色，质脆，切面多呈槟榔样花纹（图 7-22）。有的肝淤血而呈紫红色，并有出血斑点。肾淤血、肿大，呈暗紫色，表面有散在针尖状出血点，有时见到膀胱积尿（图 7-23）。心脏扩张淤血，心内、外膜有出血点。部分兔脾淤血、肿大。肠系膜淋巴结多数肿大出血。胸腺肿大，有出血点。胃壁树枝状充血，胃肠充盈，小肠黏膜充血和出血。脑和脑膜血管淤血。

5. 诊断　　根据本病的流行病学、临床症状和病理变化等特点，可以做出初步诊

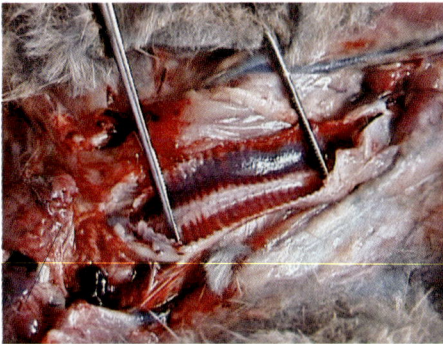

图 7-20　兔瘟（3）
病死兔气管黏膜淤血

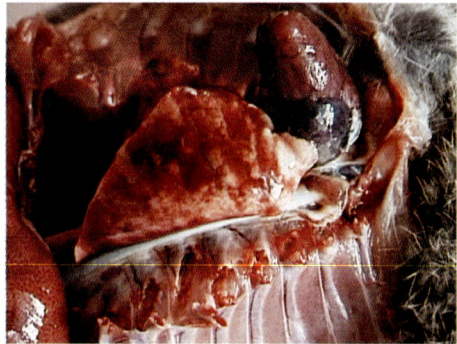

图 7-21　兔瘟（4）
病死兔肺出血

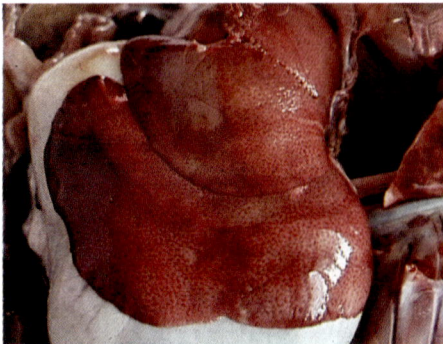

图 7-22　兔瘟（5）
病死兔肝肿大，呈槟榔肝

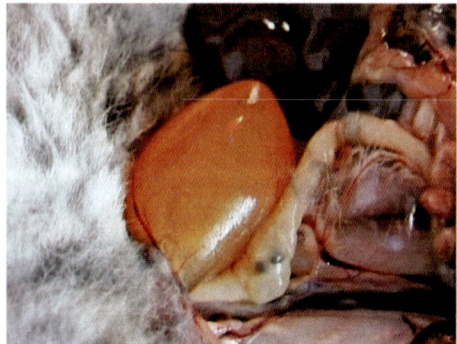

图 7-23　兔瘟（6）
病死兔膀胱积尿

断。但确诊须做实验室检查。

1）病毒分离与鉴定：无菌采集病兔的肝、脾、肾等实质脏器，制成匀浆，加入青霉素、链霉素，冻融1次，3000r/min离心20min，吸取上清液，按剂量每2～3kg体重1mL，肌肉接种易感兔。发病兔表现典型病毒性出血症临床症状，死亡后，见实质器官淤血、出血为主要特征的病理变化。灭菌采取肝、脾、肾材料提纯病毒，进行电镜检查，证实有本病病毒存在。

2）血清学诊断主要是血凝和血凝抑制试验。此凝集能被特异性抗体抑制。肝、脾HA效价最高，肾、肺次之。

3）除上述以外，还有琼脂扩散试验、对流免疫电泳、间接血凝试验、协同凝集试验和酶联免疫吸附试验等，效果良好。

鉴别诊断应注意与兔巴氏杆菌和产气荚膜梭菌病的区别。兔巴氏杆菌病多散发，急性体温升高，有呼吸系统临床症状。病初粪便秘结，后期下痢，病程为1～2d。兔的产气荚膜梭菌病，临床以急性腹泻为主，病程为1～2d。剖检可见胃及盲肠出血，溃疡明显。

6. 防治　先后研制成功了兔出血症甲醛灭活疫苗、氢氧化铝佐剂疫苗、油佐剂疫苗、冻干疫苗、巴氏杆菌-兔病毒性出血症二联苗、巴氏杆菌-兔病毒性出血症-波氏杆菌三联疫苗、兔病毒性出血症-巴氏杆菌魏氏梭菌疫苗等。目前各地研制的灭活疫苗具有一定的效果，接种后7～10d即可产生免疫力，免疫期为6个月。高兔血清也有良好的保护力，肌内注射0.2mL，即可获得免疫力。

由于兔病毒性出血症组织灭活苗涉及的成本、生物安全及动物福利等问题，国内外学者正致力于RHD新型疫苗的研制和开发。以VP60表达为基础的亚单位疫苗经历了最初的原核、真核表达，目前正寻求在转基因植物中进行表达，以期获得大量、低成本的口服疫苗；而以牛痘、禽痘、金丝雀痘病毒及黏液瘤病毒等作载体的重组活载体苗，无疑使RHD疫苗正在向更安全、实用及对家兔、野兔均有保护作用方向发展，具有很大的发展潜力和前景。国外学者在RHD基因工程苗方面的研究较为广泛和深入，国内这方面的研究近几年也有报道。

养兔应做到自繁自养。从外地引进种兔时，要做好检疫并隔离观察一定时期，认为兔体健康再行混群。加强饲养卫生管理，禁止外人、兔商进入兔场，做好定期消毒。对疫区进行检疫，隔离病兔，封锁疫点或疫区，停止兔、兔皮、兔毛集市交易或收购。一旦有疫情出现，要立即屠宰患病兔，并用1%～2%福尔马林溶液或10%氢氧化钠溶液进行严格消毒。对病死兔深埋，严禁食用或出售病死兔肉。对污染的兔皮、兔毛可用福尔马林熏蒸消毒。对假定健康兔紧急接种疫苗。免疫血清是一种快速有效的保护手段，但是它的保护时间比较短。

八、兔黏液瘤病

兔黏液瘤病（rabbit myxomatosis）是一种由兔黏液瘤病毒引起的高度接触传染性和高度致死性传染病，特征为全身皮肤尤其是面部和天然孔周围发生黏液瘤样肿胀。本病最早于1898年发现于乌拉圭。20世纪80年代以来已有30多个国家和地区发生本病。

1. 病原　兔黏液瘤病毒（rabbit myxomavirus，RMV）属痘病毒科兔痘病毒属。病毒粒子呈砖形，大小为（230～280）nm×75nm。本病毒包括几种不同的毒株，具有代表性的是南美毒株和美国加利福尼亚州毒株。各毒株间的毒力和抗原性互有差异，这与病毒基因组大小有关。本病毒易在鸡胚绒毛尿囊膜上生长繁殖，并形成特殊痘斑。病毒还可在鸡胚成纤维细胞、兔肾细胞和兔睾丸细胞中培养繁殖，产生典型的痘病毒细胞病变，即胞质包涵体和核内空泡。病毒不耐 pH 4.6 以下的酸性环境。对热敏感，55℃ 10min，60℃以上几分钟内灭活，但病理变化部皮肤中的病毒可在常温下活好几个月，如置50%甘油盐水中，更可长期保持其活力。对乙醚敏感但能抵抗去氧胆酸盐和胰蛋白酶，这是本病毒的特有性质。

2. 流行病学　　本病只侵害家兔和野兔，人和其他动物无易感性。本病的主要传染方式是与病兔或带毒兔的直接接触，或与其污染物的间接接触而传染，在自然界中最主要的传播方式是通过节肢动物媒介，最常见的是蚊和蚤，病毒在媒介昆虫体内并不繁殖，仅起单纯的机械传播作用，黏液瘤病毒在蚊体内可越冬，在兔蚤体内能存活 105d 以上，在蚊体内可存活达 7 个月之久。本病发生有明显的季节性，夏、秋季为发病高峰季节。

3. 临床症状　　潜伏期为 4～11d，平均约 5d，由于病毒不同，毒株间毒力差异较大和兔的不同品种及品系间对病毒的易感性高低不同，所以本病的临床症状比较复杂。

　　感染强毒力南美毒株的易感兔，3～4d 即可看到最早的肿瘤，但要第 6、7 天才出现全身性肿瘤。病兔眼睑水肿，黏脓性结膜炎和鼻漏，头部肿胀呈"狮子头"状。耳根、会阴、外生殖器和上下唇显著水肿。身体的大部分、头部和两耳，偶尔在腿部出现肿块。初硬而突起，边界不清楚，进而充血，破溃流出淡黄色的浆液。病兔直到死前不久仍保持食欲。病程一般 8～15d，死前出现惊厥，病死率为 100%。感染毒力较弱的南美毒株或澳大利亚毒株，轻度水肿，有少量鼻漏和眼垢及界限明显的结节，病死率低。

4. 病理变化　　特征性的眼观病理变化是皮肤肿瘤（加利福尼亚州毒株所致的黏液瘤除外）、皮肤和皮下组织显著水肿，尤其颜面和天然孔周围的皮下组织水肿，切开病理变化皮肤，见有黄色胶冻液体聚集。液体中含有处于分裂期的黏液瘤细胞和白细胞，皮肤可见出血，胃肠浆膜和黏膜下有淤血斑点，这在加利福尼亚州毒株所致的黏液瘤尤为常见，心内外膜下出血，有时脾肿大，淋巴结水肿出血。

5. 诊断　　根据本病的特征性临床症状和病理变化，结合流行病学资料不难做出诊断。但是要想确诊需要做实验室诊断。我国科学家研究证明，琼脂凝胶双向扩散试验无论用已知病毒检测病兔体内特异性抗体，或用标准阳性血清检测病毒抗原，都可在 12～24h 判定结果，准确率极高，不仅可用于临诊诊断，更适用于口岸检疫。

6. 防治　　严禁从有黏液瘤病发生和流行的国家或地区进口兔及兔产品。毗邻国家发生本病流行时，应封锁国境。新引进的兔须在防昆虫动物房内隔离饲养 14d，检疫合格者方可混群饲养。在发现疑似本病发生时，应向有关业务单位报告疫情，并迅速做出确诊。本病目前无特效的治疗方法，预防主要靠注射疫苗。国外使用的疫苗有 Shope 纤维瘤病毒疫苗，预防注射 3 周龄以上的兔，4～7d 产生免疫力，免疫保护期 1 年，免疫保护率达 90% 以上。近年来推荐使用的 MSD/S 株和 Mml6005 株疫苗都安全可靠，免疫效果更好。

第三节　狐、貉、貂、犬、兔的其他传染病

一、犬埃里希氏体病

犬埃里希氏体病（canine ehrlichiosis）是一种由犬埃里希氏体（*Ehrlichia canis*）引起的犬败血性传染病。特征为消瘦、多数脏器浆细胞浸润、血液血细胞和血小板减少。1935年，Donatien等于阿尔及利亚发现本病，当时称为犬立克次体（*Rickettsia canis*）。1945年，德国Moshkovski又重新将其命名为犬埃里希氏体病。以后，非洲南部和北部及叙利亚、印度和美国均报道了此病。1999年，我国军犬中出现该病并分离到病原。

1. 病原　犬埃里希氏体属立克次体科埃里希氏体属，呈圆形、椭圆形或杆状，球状直径为0.2~0.5μm，杆状为（0.3~0.5）μm×（0.3~2.0）μm，革兰氏阴性。以单个或多个形式寄生于单核白细胞内和嗜中性粒细胞的胞质内膜空泡内。本菌繁殖类似于衣原体，分为原体、始体和桑葚状包涵体三个阶段，原体通过吞噬作用进入宿主细胞内，开始以二分裂法进行繁殖，形成始体。始体发育成熟为包涵体。在每个包涵体内含有数量不等的原体。光镜下包涵体呈桑葚状结构，此为埃里希氏体特征。当感染细胞破裂时，成熟的包涵体释放出原体，即完成了一个繁殖周期。犬埃里希氏体只能在组织培养的犬单核细胞及6~7日龄鸡胚内生长繁殖。本菌对理化因素的抵抗力较弱，氯霉素、金霉素和四环素等广谱抗生素能抑制其繁殖。

2. 流行病学　家犬、野犬和啮齿类动物是本病的宿主。多种不同性别、年龄和品种的犬均可感染本病。鼠感染本菌发病，称为鼠血巴尔通氏体病。本病一般夏末、秋初发生，主要传染媒介为血红扇头蜱。幼蜱和若蜱叮咬病犬获得病原体，蜱感染后至少155d内能传染此病，越冬的蜱第2年冬天仍可传染易感犬。

3. 临床症状　潜伏期为7~21d。临床症状轻重不一。按病程分为急性期、亚临床期和慢性期。急性期病犬的主要特征为发热，厌食，精神沉郁，体重减轻，结膜炎，淋巴结炎，肺炎，四肢及阴囊水肿。偶见呕吐，呼出气体恶臭，腹泻。血检表现短暂的各类血细胞减少。可在单核细胞和嗜中性粒细胞中见埃里希氏体。血清丙种球蛋白升高，白蛋白/球蛋白值降低。1/3犬血清碱性磷酸酶和丙氨酸转氨酶升高。1/4犬血清尿氮、肌酸酶和磷含量升高。多数犬有氮血症。此外，尿检常见尿蛋白，骨髓检查可见造血细胞减少。

4. 病理变化　剖检可见消化道溃疡，胸水，腹水和肺水肿。器官和皮下组织浆膜和黏膜面上有出血点或淤斑。全身淋巴结肿大，有的见有黄疸。组织学检查可见多数器官尤其在脑膜、肾和淋巴组织的血管周围有很多浆细胞浸润。慢性病例，骨髓单核细胞和浆细胞显著增加。

5. 诊断　根据临床症状和剖检变化可怀疑本病，确诊依靠实验室检查。

（1）血液涂片检查病原　取病犬初期或高热期血液涂片，吉姆萨染色，镜检，在单核白细胞和嗜中性粒细胞中可见犬埃里希氏体和膜样包裹的包涵体。

（2）病原分离鉴定　取病犬急性期或发热期血液，分离白细胞，接种于犬单核细胞或DH82犬巨噬细胞系细胞，培养后用电镜检查感染细胞质中的包涵体，或用免疫荧光抗体检查病原体。用PCR技术和核酸探针检测，敏感性和特异性更高。

（3）**血清学检查**　病犬感染后 7d 产生抗体，2～3 周达高峰。间接荧光抗体技术和 ELISA 法可用于检测该抗体。

（4）**鉴别诊断**　要注意与犬布氏杆菌病、霉菌感染、淋巴肉瘤及免疫介导性疾病相区别，尤其血小板减少症也可出现免疫介导性血小板减少性紫斑，应予鉴别。

6. 防治　可定期用荧光抗体法检测犬群，发现病犬，严格隔离，抓紧治疗。土霉素、金霉素、四环素及磺胺二甲基嘧啶均有效。

7. 公共卫生　目前犬埃里希氏病主要发生于美国，男性比女性更易感染，大多数人在出现临床症状前 4 周有过蜱叮咬史，主要临床特征有急性发热，头痛，厌食，肌痛，恶寒或寒战，恶心或呕吐，体重减轻。最近，从人分离到的查菲埃里体（*E. chaffesis*）与犬埃里氏体之间的抗原性十分密切。

二、兔密螺旋体病

兔密螺旋体病（rabbit treponemiasis）又称为兔梅毒病，是一种由兔类梅毒密螺旋体所致的成年家兔和野兔常见的慢性传染病，特征为外生殖器、肛门和颜面等部的皮肤和黏膜发生炎症、结节和溃疡，本病在世界各地兔群中都有发生，我国也很普遍。

1. 病原　兔类梅毒密螺旋体（treponema paraluis-cuniculi）属螺旋体科密螺旋体属，在形态上和人梅毒苍白密螺旋体相似，很难区别。大小为 0.25μm×（10～30）μm。暗视野显微镜检查可见其呈旋转运动。病原主要存在于病兔的外生殖器官病灶中，不能在人工培养基、鸡胚和组织培养基中培养。本菌抵抗力不强，3% 来苏水、1%～2% 氢氧化钠溶液和 1%～2% 甲醛都可使之在短时间内失去感染性。在厌氧条件下，于 4℃ 可存活 4～7d，−2℃ 可存活 24d。

2. 流行病学　病兔和痊愈带菌兔是主要传染源。交配是主要的传染途径，因此发病的绝大多数是成年兔。间或也可由污染的垫料、笼架和饲料传播，所以也有少数 6 月龄以内未配过种的兔发病，但其具体的传播途径尚不清楚。兔群中流行本病时，发病率较高，但几乎无死亡。

3. 临床症状和病理变化　潜伏期为 2～10 周。最早的临床症状是见于阴茎包皮、阴囊皮肤及阴户边缘和肛门四周红肿，继而形成小结节和溃疡，偶尔见有微细的小水疱和浆液性渗出，其上盖有紫红色、棕色痂块。剥去痂块，溃疡面凹陷，高低不平，边缘不整齐，易于出血。泛化（由于自家接种）后，可在嘴唇、眼睑、鼻和下颌发生小结节和溃疡。腹股沟淋巴结和腘淋巴结可能肿大。病孕兔有时流产、产弱仔兔及无乳症，一般无全身临床症状，间或可以见到病原侵入脊髓引发的麻痹，可自愈，康复兔无免疫力，可复发或再度感染。

4. 诊断　根据流行病学和临床症状特点可以做出初步诊断。如需进一步确诊，则应采取病理变化部的汁液或溃疡面的渗出液，用暗视野显微镜检查，或做涂片用吉姆萨染色镜检密螺旋体。另外，免疫荧光试验、玻片沉淀试验及快速血浆反应素凝集试验等均可诊断本病。

5. 防治　本病目前尚无疫苗，预防主要靠加强一般的兽医卫生防疫措施。健康兔群自繁自养。新购进的种兔应严格检疫隔离饲养观察，阴性者方可合群。兔场定期或配种前详细检查公母兔的外生殖器，发现病兔和疑似病兔，停止其配种，隔离饲养，治疗观察。重病兔坚决淘汰，彻底清除污染物，消毒场地和用具。

6. 治疗　可用新肿凡纳明（914）40～60mg/kg，以灭菌蒸馏水配成5%溶液静脉注射。必要时隔两周重复一次。同时配合青霉素进行治疗，效果更佳。青霉素每天50万IU，分两次肌内注射，连用5d。除全身治疗外，局部可涂抹碘酊甘油或青霉素油膏。

复 习 题

1. 指出下列各病的病原体及感染门户：兔黏液瘤病、猫泛白细胞减少症、犬瘟热、犬传染肝炎、狐狸脑炎、兔梅毒、兔瘟、水貂阿留申病。

2. 犬瘟热、犬传染性肝炎、狐狸脑炎、水貂病毒性、兔黏液瘤病、兔 A 型魏氏梭菌病、兔病毒性败血症的主要症状及病变特点分别是什么？

3. 犬瘟热、犬传染性肝炎、水貂阿留申病、兔病毒性败血症的主要诊断方法分别有哪些？

4. 试述兔病毒性败血病与急性兔巴氏杆菌病的区别。

5. 简述下列疫病的免疫程序：

1）水貂犬瘟热、传染性肝炎和病毒性肠炎。

2）兔病毒性败血病、兔魏氏梭菌病及兔巴氏杆菌病。

6. 兔鼻炎的病原体主要有几种？如何防治？

第八章

技 能 训 练

【学习目标】
　　掌握畜禽场的消毒与免疫接种技术，病料的采集、保存与送检，大肠杆菌病、布鲁氏菌病、猪瘟、鸡新城疫和兔瘟的实验室诊断方法。

第一节　消毒与免疫接种技术

一、实训目标

　　1. 掌握畜舍、土壤、粪便等的消毒方法。
　　2. 了解检查消毒质量的方法。
　　3. 学会免疫接种方法，熟悉常用疫苗的用法、用量。
　　4. 熟悉兽医生物制品的保存、用前检查方法。

二、内容与方法

（一）消毒

1. 消毒的器械

　　1）喷雾器：用于喷洒消毒液的器具称为喷雾器，常用的喷雾器有两种，一种是手动喷雾器，另一种是机动喷雾器。前者有背携式和手压式两种，常用于小量消毒；后者有背携式和担架式两种，常用于大面积消毒。

　　欲装入喷雾器的消毒液，应先在一个木制或铁制的桶内充分溶解、过滤，以免有些固体消毒剂不溶解，或存有残渣以致堵塞喷雾器的喷嘴，而影响消毒工作的进行。喷雾器应经常注意维修保养，以延长使用期限。

　　2）火焰喷灯：是利用汽油或煤油作燃料的一种工业用喷灯，因喷出的火焰具有很高的温度，所以在兽医实践中常用于消毒各种被病原体污染了的金属制品，如管理家畜用的用具，金属的鼠笼、兔笼、捕鸡笼等。但在消毒时不要喷烧过久，以免将被消毒的物品烧坏，在消毒时还应有一定的次序，以免发生遗漏。

2. 畜舍的消毒
　　畜舍的消毒分两个步骤进行，第一步是进行机械清扫，第二步是化学消毒液消毒。

　　1）机械清扫是搞好畜舍环境卫生最基本的一种方法。据试验，采用清扫方法，可以使鸡舍内的细菌数减少21.5%，如果清扫后再用清水冲洗，则鸡舍内细菌数即可减少54%～60%。清扫、冲洗后再用药物喷雾消毒，鸡舍内的细菌数即可减少90%。

　　2）用化学消毒液消毒时，消毒液的用量一般是畜舍内每平方米面积用1L药液。消毒时，先地面，然后喷刷墙壁，先由离门远处开始，喷完墙壁后再喷天花板，最后再开门窗通风，用清水刷洗饲槽，将消毒药味除去，否则家畜闻到消毒药味不愿吃食。此外，在进行畜舍消毒时也应将附近场院及病畜污染的地方和物品同时进行消毒。

（1）畜舍的预防消毒　　畜舍预防消毒在一般情况下，每年可进行两次（春、秋各一次）。在进行畜舍预防消毒的同时，凡是家畜停留过的处所都需进行消毒。在采取"全进全出"管理方法的机械化养畜场，应在全出后进行消毒。产房的消毒，在产仔前应进行一次，产仔高峰时进行多次，产仔结束后再进行一次。

畜舍预防消毒时常用的液体消毒剂有10%～20%的石灰乳和10%的漂白粉溶液，消毒方法如上。

畜舍预防消毒也可应用气体消毒，药品是福尔马林和高锰酸钾，方法是按照畜舍面积计算所需用的福尔马林与高锰酸钾量。其比例是：每立方米的空间，应用福尔马林25mL，水12.5mL，高锰酸钾25g（或以生石灰代替）。计算好用量以后将水与福尔马林混合。畜舍的室温不得低于正常的室温（15～18℃）。将畜舍内的管理用具、工作服等适当地打开，箱子和柜橱的门都打开，使气体能够通过其周围。再在畜舍内放置几个金属容器，然后把福尔马林与水的混合液倒入容器内，将牲畜迁出，畜舍门窗密闭。其后将高锰酸钾倒入，用木棒搅拌，经几秒钟即见有浅蓝色刺激眼鼻的气体蒸发出来，此时应迅速离开畜舍，将门关闭。经过12～24h后方可将门窗打开通风。倘若急需使用畜舍，则需用氨蒸气来中和甲醛气。按畜舍每100m³取500g氯化铵、1kg生石灰及750mL的水（加热到75℃），将此混合液装于小桶内放入畜舍。或者用氨水来代替，即按每100m³畜舍用25%氨水1250mL，中和20～30min后，打开畜舍门窗通风20～30min，此后即可将家畜迁入。

（2）畜舍的临时消毒和终末消毒　　发生各种传染病而进行临时消毒及终末消毒时，用来消毒的消毒药随疾病的种类不同而有所差异。

在病畜舍、隔离舍的出入口处应放置浸有消毒液的麻袋片或草垫，如为病毒性疾病（猪瘟、口蹄疫等），则消毒液可用2%～4%氢氧化钠溶液，而对其他的一些疾病则可浸以10%克辽林。

3. 地面土壤的消毒　　病畜的排泄物（粪、尿）和分泌物（鼻汁、唾液、奶汁和阴道分泌物等）内常常含有病原微生物，可污染地面、土壤，因此应对地面、土壤进行消毒，以防传染病继续发生和蔓延。消毒土壤表面可用含2.5%有效氯的漂白粉溶液、4%福尔马林或10%氢氧化钠溶液。

停放过芽胞杆菌所致传染病（如炭疽、气肿疽等）病畜尸体的场所，或者是此种病畜倒毙的地方，应严格加以消毒处理，首先用含2.5%有效氯的漂白粉溶液喷洒地面，然后将表层土壤掘起30cm左右，撒上干漂白粉并与土混合，将此表土运出掩埋。在运输时应用不漏土的车以免沿途漏撒，如果无条件将表土运出，则应多加干漂白粉（1m²面积加漂白粉5kg），将漂白粉与土混合，加水湿润后原地压平。

其他传染病所污染的地面土壤消毒，如为水泥地，则用消毒液仔细刷洗，如为土地，则可将地面翻一下，深度约30cm，在翻地的同时撒上干漂白粉（用量为1m²面积用0.5kg），然后以水湿润、压平。

如果放牧地区被某种病原体污染，一般利用自然力（如阳光，种植某些对病原微生物起有害作用的植物如黑麦、小麦、葱等）使土壤发生自净作用来消除病原微生物，但在牧场土壤自净之前，或是被接种疫苗的动物产生免疫之前，家畜不应再在这种地区放牧。如果污染的面积不大，则应使用化学药剂消毒。

4. 粪便的消毒

（1）焚烧法　此种方法是消灭一切病原微生物最有效的方法，故用于消毒最危险的传染病病畜的粪便（如炭疽、马脑脊髓炎、牛瘟等）。焚烧的方法是在地上挖一个壕，深75cm，宽5～100cm，在距壕底40～50cm处加一层铁梁（要比较密些，否则粪便容易落下），在铁梁下面放置木材等燃料，在铁梁上放置欲消毒的粪便。如果粪便太湿，可混合一些干草，以便迅速烧毁。此种方法的缺点是：能损失有用的肥料，并且需要用很多燃料。故此法除非必要，否则很少应用。

（2）化学药品消毒法　消毒粪便用的化学药品有含2%～5%有效氯的漂白粉溶液、20%石灰乳。但是这种方法既麻烦，又难达到消毒的目的，故实践中不常用。

（3）掩埋法　将污染的粪便与漂白粉或新鲜的生石灰混合，然后深埋于地下，埋的深度应达2m左右，此种方法简单易行，在目前条件下较实用。但其缺点是病原微生物可经地下水散布及损失肥料。

（4）生物热消毒法　这是一种最常用的粪便消毒法。应用这种方法，能使非芽胞病原微生物污染的粪便变为无害，且不丧失肥料的应用价值。粪便的生物热消毒方法通常有两种，一种为发酵池法，另一种为堆粪法。

1）发酵池法：此法适用于饲养大量家畜的农牧场，多用于稀薄粪便（如牛、猪粪）的发酵。其设备为距农牧场200～250m以外无居民、河流、水井的地方，挖筑两个或两个以上的发酵池（池的数量与大小取决于每天运出的粪便数量）。池可筑成方形或圆形，池的边缘与池底用砖砌后再抹以水泥，使不透水。如果土质干固、地下水位低，可以不必用砖和水泥。使用时先在池底倒一层干粪，然后将每天清除出的粪便垫草等倒入池内，直到快满时，在粪便表面铺一层干粪或杂草，上面盖一层泥土封好，如条件许可，可用木板盖上，以利于发酵和保持卫生。粪便经用上述方法处理后，经过1～3个月即可掏出作肥料用。在此期间，每天所积的粪便可倒入另外的发酵池，如此轮换使用。

2）堆粪法：此法适用于干固粪便（如马、羊、鸡粪等）的处理。在距农牧场100～200m以外的地方设一堆粪场。堆粪的方法如下：在地面挖一浅沟，深约20cm，宽1.5～2m，长度不限，随粪便多少而定。先将非传染性的粪便或稿秆等堆至25cm厚，其上堆放欲消毒的粪便、垫草等，高达1～1.5m，然后在粪堆外面再铺上10cm厚的非传染性的粪便或谷草，并覆盖10cm厚的沙子或土，如此堆放3周到3个月，即可用于肥田。

当粪便较稀时，应加些杂草，太干时倒入稀粪或加水，使其不稀不干，以促其迅速发酵。通常处理牛粪时，因牛粪比较稀不易发酵，可以掺马粪或干草，其比例为4份牛粪加1份马粪或干草。

5. 污水的消毒

兽医院、牧场、产房、隔离室、病厩及农村屠宰家畜的地方，经常有病原体污染的污水排出，如果这种污水不经处理任意外流，很容易使疫病散布出去，从而给邻近的农牧场和居民造成很大的威胁。因此对污水的处理很重要。

污水的处理方法有沉淀法、过滤法、化学药品处理法等。比较实用的是化学药品处理法，方法是先将污水处理池的出水管用一木闸门关闭，将污水引入污水池后，加入化学药品（如漂白粉或生石灰）进行消毒，消毒药的用量视污水量而定（一般1L污水用2～5g漂白粉）。污水池的闸门平时可以打开，使污水直接流入渗井或下水道。

6. 皮革原料和羊毛的消毒

患炭疽、口蹄疫、猪瘟、猪丹毒、传染性贫血、传染性脑脊髓炎、布氏杆菌病、羊痘及坏死杆菌病的家畜皮毛均应消毒。在发生炭疽、鼻疽、流行性淋巴管炎、气肿疽及牛瘟时，不应从尸体剥皮。在储存的原料中即使只发现一张炭疽患畜的皮，整堆与它接触过的皮张也均应加以消毒。

常用于皮毛消毒的药品和方法，是用福尔马林气体在密闭室中蒸熏。但此法可损坏皮毛品质，且穿透力低，较深层的物品难以达到消毒目的。目前广泛利用环氧乙烷（C_2H_4O）气体来进行消毒。此法对细菌、病毒、立克次体及霉菌均有良好的消毒作用，对皮毛等畜产品中的炭疽芽胞也有较好的消毒效果。消毒时必须在密闭的专用消毒室或密闭良好的容器（常用聚乙烯或聚氯乙烯薄膜制成的篷布）内进行。环氧乙烷的用量，如消毒病原体繁殖型，每立方米用300～400g，作用8h；如消毒芽胞和霉菌，每立方米用700～950g，作用24h。环氧乙烷的消毒效果与湿度、温度等因素有关，一般认为，相对湿度为30%～50%，温度在18℃以上、54℃以下，最为适宜，环氧乙烷是一种化学活性很强的烷基类化合物，其沸点为10.7℃，沸点以下的温度为易挥发的液体，遇明火易燃易爆，对人有中等毒性，应避免接触其液体和吸入气体。因此，使用环氧乙烷消毒装置时，应经过专门的培训，或在有经验的工作人员指导下进行。

如皮张被炭疽菌污染，也可用酸渍法消毒，即在专用消毒池内用含盐酸2.5%（按重量折合）和食盐15%的溶液进行消毒。消毒时先将池内消毒液用热气管加温至35℃。皮张称重后堆放于事先铺在池边地面的麻袋上。皮重应是全池溶液的10%。向池内放皮张时应边放边压，最后连麻袋也放入池内一起消毒。此时池内温度应保持在30℃，不可过高或过低，并随时加以翻动，到第20小时将皮张大翻一次，滴定并补足池内溶液盐酸含量，使为2.5%，到第40小时消毒完毕。取出皮张，挂在特制的架上，待消毒液流净后，放入1.5%～2%氢氧化钠溶液中中和1.5～2h，中和后用自来水冲洗10～15min，即可送往加工厂加工，如欲储存，则须加盐。

7. 消毒质量的检查

（1）**房舍机械清除效果检查**　在检查房舍机械清除的质量时，检查地板、墙壁及房舍内所有设备的清洁程度。此外，检查挽具和管理用具的消毒程度，以及检查所采取的消毒粪便的方法（是否进行生物热消毒、焚烧等）。

（2）**消毒药剂选择正确性的检查**　了解消毒工作记录表，消毒药的种类、浓度、温度及其用量。检查消毒药剂浓度时，可以从剩余未用完的消毒液中取样品进行化学检查（如测定含甲醛、活性氯的百分数）。

检查含氯制剂的消毒效果时，可应用碘淀粉法。即取玻璃瓶两个，第一个瓶盛3%碘化钾和2%淀粉糊的混合液（加等量的6%碘化钾和4%淀粉糊即成3%碘化钾和2%淀粉糊的混合液，淀粉糊最好用可溶性淀粉配制）。第二个瓶装上3%次亚硫酸盐。已装溶液的这些瓶上应有标签，并保存在暗处。

检查的方法如下：在火柴棒的一端卷上少量的棉花，将做成的这个棉球置入第一个瓶，沾上碘化钾液和淀粉糊的混合液。如果用浸湿了的棉球接触消毒过的表面，就可以看到在被检对象的表面（即在与棉球接触过的地方）及棉球上都呈现出一种特殊的蓝棕色，而着色的强度取决于游离氯的含量及被消毒表面的性质。在表面染上的颜色用另一个浸上次亚硫酸盐溶液的棉球擦其表面之后，则颜色消失。此种检查可以在消毒之后的两昼夜内进行。

（3）消毒对象的细菌学检查　消毒以后由地板（在畜舍的家畜停留的地方）、墙壁、畜舍墙角及饲槽上取样品，用小解剖刀在上述各部位划出大小为10cm×10cm的正方形数块，每个正方形都用灭菌的湿棉签（干棉签的重量为0.25～0.33g）擦拭1～2min，将棉签置入中和剂（30mL）中并沾上中和剂然后压出、沾上、压出，如此进行数次之后，再放入中和剂内5～10min，用镊子将棉签拧干，然后把它移入装有灭菌水（30mL）的罐内。

当以漂白粉作为消毒剂时，可应用30mL的次亚硫酸盐中和之；碱性溶液用0.01%乙酸30mL中和；福尔马林用氢氧化铵（1%～2%）作为中和剂。当以克辽林、来苏水及其他药剂消毒时，没有适当的中和剂，而是在灭菌的水中洗涤两次，时间为5～10min，依次把棉签从一个罐内移入另一个罐内。

送到实验室的灭菌水里的样品在当天经仔细地把棉签拧干和将液体搅拌之后，将此洗液的样品接种在远藤氏培养基上。为此，用灭菌的刻度吸管由小罐内吸取0.3mL的材料倾入琼脂平皿表面，并且用巴氏吸管做成的"刮"，在琼脂平皿表面涂布，然后仍用此"刮"涂布第二个琼脂平皿表面。接种了的平皿置入37℃温箱，24h后检查初步结果，48h后检查最后结果。如在远藤氏培养基上发现可疑菌落时，即用常规方法鉴别这些菌落。

在所取的样品中没有肠道杆菌培养物存在时，证明所进行的消毒质量是良好的，有肠道杆菌的生长，则说明消毒质量不良。

（4）粪便生物热消毒效果的检查　常用下列两种方法检查。

1）测温法：应用装在金属套管内的最高化学用温度计测定粪便的温度，根据在规定的时间内粪便的温度来确定消毒的效果。

2）细菌学方法：利用细菌学方法测定粪便中的微生物数量及大肠杆菌菌价。方法是，将样品称重，与砂混合置研钵内研碎，然后加入100mL的灭菌水稀释。将液体与沉淀从研钵移入含有玻璃珠的小烧瓶内，振荡10min后用纱布过滤。将过滤液分别接种于普通琼脂平皿及远藤氏培养基上，置37℃温箱培养一昼夜，然后在琼脂平皿上计算微生物的数量，在远藤氏培养基上测定大肠杆菌菌价。

样品应当在粪便发热（如温度升高到60～70℃）时采取。因为粪便冷却后，渗入下部的微生物（如随雨水渗入的微生物），会重新散布到粪便内，从而改变微生物的数量和成分。为了对照起见，还应测定欲消毒粪便在消毒前的微生物数和大肠杆菌菌价。

（二）免疫接种

1. 接种前的准备

（1）组织管理工作

1）根据家禽免疫接种计划，统计接种对象数目，确定接种日期，准备足够的生物制剂、器材和药品，编制登记表册，组织接种和保定家禽的人员。

2）免疫接种前，对饲养人员进行一般的兽医卫生知识宣传教育，包括免疫接种的重要性、接种后饲养管理及观察等，以便密切配合。

3）对所使用的生物制剂进行仔细检查，要求瓶签上的说明必须清楚（名称、批号、用法、用量、有效期等），瓶壁与瓶塞无裂缝，疫苗色泽、性状正常，无杂质异物和霉菌生长等。否则一律不得使用，并做好记录。

4）接种前对禽群进行全面了解及临床观察。疑似病禽不应接种疫苗，特别是家禽患有慢性呼吸道病时，更应避免使用气雾免疫法。

（2）生物制品的保存与运送工作 免疫接种用生物制品，必须按照其要求条件保存和运送，防止失效或被污染，影响免疫效果。

1）保存：各种生物制品均应保存在低温、阴凉及干燥的场所。菌苗、类毒素、免疫血清等应保存在2～15℃，防止冻结；病毒性疫苗应放在0℃以下冻结保存。在规定条件下保存，不得超过有效期，超过有效期的制剂不得使用。

2）运送：要求包装完善，防止碰坏瓶子。应在低温条件下运送，大量运送应用冷藏车，少量运送可装在加有冰块的广口瓶内，避免日光直射和高温，并尽快送到保存地点或预防接种场所。

2．免疫接种方法 按照各种生物制剂的使用要求，采用相应的接种方法，一般有如下几种。

1）皮下注射法：家禽在胸部或大腿内侧。应根据药液浓度和家畜大小选用针头型号。

2）肌内注射法：家禽在胸部。

3）皮肤刺种法：在鸡翅内侧无血管处，用刺种针或蘸水钢笔尖蘸取疫苗刺入皮下，翻转笔尖后拔出。常用于鸡痘的免疫接种。

4）滴鼻法：常用于鸡新城疫免疫。方法是把疫苗做一定浓度稀释后，滴在雏鸡的鼻孔，随着吸气将疫苗吸入。

5）口服法：拌在饲料内饲喂；更常用的是饮水免疫，方法是按家禽数量和每只禽平均饮水量，准确计算疫苗需要量，用凉清水（不含消毒剂）将疫苗适当稀释。免疫前应停水半天，圈内多放一些饮水器，以保证每只家禽都能引用一定剂量的疫苗。

6）气雾免疫法：将稀释的疫苗用雾化发生器喷射出去，使疫苗形成5～10μm的雾化粒子，均匀地悬浮于空气中，随着动物的呼吸将疫苗吸入而达到免疫。适用于大群免疫。

气雾免疫可在室内或室外进行。室内免疫时，根据房间大小计算疫苗用量，以羊免疫为例，计算公式如下。

$$疫苗用量 = \frac{D \times A \times 1000}{T \times V \times B}$$

式中，D为免疫剂量；A为免疫室容积；B为疫苗浓度；T为免疫时间；V为呼吸常数。

疫苗稀释好后，将家禽赶入室内，关闭门窗。操作者将喷头由门缝伸入室内，使喷头保持与家禽头部同高，向室内四面均匀喷射。

3．预防接种注意事项

1）接种时应严格执行消毒及无菌操作，注射器、针头、镊子均应经高压灭菌或煮沸消毒后使用。

2）疫苗使用前，按说明书的要求进行稀释，待充分溶解振摇均匀后才能使用（免疫血清不要振摇，防止吸入沉淀）。已经稀释的疫苗必须当天用完，未用完的处理后弃掉。

3）吸取疫苗时，先除去封口上的火漆或石蜡，用酒精棉球消毒瓶塞。瓶塞上固定一个针头专供吸取疫苗，吸苗后不拔出，用挤干的酒精棉球包裹，防止污染药液。

4）针筒排气溢出的药液，应吸积于酒精棉球上，统一收集后烧毁。吸入注射器内未用完的疫苗应注入专用空瓶内，进行消毒处理。

5）接种后3d不要饮用消毒剂或带动物喷雾消毒。

三、实训报告

1. 简述畜舍的消毒方法和粪便的处理办法。
2. 简述免疫接种前的准备及注意事项。
3. 根据实际情况，记录免疫接种的方法步骤。

第二节　病料的采集、保存及送检

一、实训目标

掌握被检病料的采集、保存及送检的方法。

二、用具与材料

实验动物（鸡）、瓷盘、剪子、镊子、酒精灯、乙醇、接种环、载玻片、火柴棒等。

三、内容与方法

（一）病料的采取

1. 采取病料的基本原则

（1）采集最适病料　理想的病料，应是无菌采取的含病原微生物量高的血液、器官组织或分泌物、排泄物。因此要根据疾病的病性采取合适的病料，如无法估计是何种疾病时，应根据临床症状和病理变化采集病料或全面采取病料。取材时应注意病原微生物感染所致疾病的类型（如呼吸道感染疾病、胃肠道感染疾病、皮肤和黏膜性疾病、败血性疾病等）、病原微生物的侵入部位、病原微生物感染的靶器官等。细菌检验病料应当是采自未经抗菌药物治疗的患病动物，并且应多做几张涂片。

（2）适时采集　采集病料的时间一般在疾病流行早期、典型病急性期，此时病原微生物的检出率高；后期由于体内免疫力的产生，病原微生物减少，检测病原微生物比较困难，同时可能出现交叉感染，增加判断的困难性。在采集供抗体测定用的血清时，可适时地采集急性期和恢复期的两份血清样品，一般两份血清的间隔时间为14～21d。内脏病料的采取，须于动物死后立即进行，夏季最迟不超过4～6h，冬天不超过24h，否则时间过长，由肠内侵入其他细菌，致使尸体腐败，有碍于病原菌的检出。供做切片的样品采取后必须立即投入固定液，否则时间过长，会使细菌和组织细胞死亡、溶解，影响检验结果。有条件做现场培养时，剖开尸体后应进行接种培养，然后采样，最后剖检。

（3）无菌操作　采集病料所用的器械及容器要进行严格的消毒：刀、剪、镊子等金属用具可煮沸消毒30min，使用前最好用乙醇擦拭，并在火焰上烧一下；器皿（玻制、陶制及珐琅制等）在高压灭菌器或干烤箱内灭菌；软木塞和橡皮塞应高压灭菌；载玻片用2%～5%碳酸钠煮沸消毒5～10min，煮沸后用清水冲洗干净，拭干保存或浸泡于95%乙醇中以备使用；注射器和针头放于清洁水中煮沸30min即可，或用一次性注射器。病料采取过程都应该无菌操作，尽量避免杂菌污染。采取一种病料，使用一套器械，或器械乙醇擦拭火焰灭菌后再采取另一种病料；一种病料放入一种容器，不可混放。

（4）剖前检查 若有突然死亡或病因不明的尸体，须先采取末梢血液制成涂片，镜检，观察是否有炭疽杆菌存在。若疑似炭疽时，不得进行解剖；如需要剖检并获取病料时，应经上级有关部门同意，选择合适的场地，做好严格的防范工作，剖后要进行严格的消毒处理。只有在确定不是炭疽后，方可进行剖检。

2. 病料采集的方法

（1）液体材料 一般用灭菌棉拭子采取破溃的脓汁、鼻液、阴道分泌物与排泄物。未破的脓肿、胸水、腹水在皮肤表面消毒后，用无菌注射器抽取。

（2）血液 无菌采取血液，供病原培养、抗体检测和血液检查之用。体型较大的单蹄和偶蹄类动物少量采血可以从耳背静脉采取；毛皮动物少量采血可通过耳壳外侧静脉采取；鼠类可以通过尾尖、耳背静脉、眼窝内血管采血；兔可从耳背静脉、颈静脉、心脏等处采血；鸟类可以从肘关节内侧的翅静脉、跗部内静脉或心脏采血。

（3）乳汁 乳房先用消毒药水洗净（取乳者的手也应事先消毒），并把乳房附近的毛刷湿，最初所挤的3～4股乳汁弃去，然后再采集10mL左右乳汁于灭菌试管中。若仅供显微镜直接染色检查，则可于其中加入0.5%福尔马林溶液。

（4）淋巴结及内脏组织 应在尸体解剖后立即采取。将淋巴结、肺、肝、脾及肾等有病理变化的部位各采取1～2cm³的小方块，分别置于灭菌容器中，并尽可能采取有病变及病变交界处的部位。

（5）胃肠及内容物 可将胃肠剪下，两端扎好，送往实验室。或用烧红的器具烧烙表面后穿一小孔，用灭菌棉拭子取其内容物，放入无菌的器皿内或放入装有生理盐水或PBS的试管内。

（6）脑、脊髓 按病理解剖方法取出脑、脊髓。取一部分放入装有10%福尔马林溶液的瓶中，供组织学检查；另一部分放入装有50%甘油生理盐水的瓶中，供微生物学检查。或者将头部取下，用塑料口袋包好直接送检。

（7）胆汁 先用烧红刀片或铁片烧烙胆囊表面，再用灭菌细管或注射器刺入胆囊内吸取胆汁，置于灭菌试管中。

（8）皮肤 取大小约10cm×10cm的皮肤一块，保存于30%甘油缓冲溶液、10%饱和盐水溶液或10%福尔马林溶液中。

（9）骨头 需要完整的骨头时，应将附着的肌肉和韧带等全部除去，表面撒上食盐，然后包于浸过5%石炭酸水或0.1%升汞溶液的纱布或麻布中，装于木箱内送到实验室。

（10）流产胎儿及小动物尸体 将流产胎儿及小动物尸体包入不透水塑料薄膜、油纸或油布中，装于木箱内送到实验室。

（二）病料的保存

1. 常用保存剂的配制

（1）30%甘油缓冲溶液

纯中性甘油	30mL
NaCl	0.5g
碱性磷酸钠	1.0g
0.02%酚红	1.5mL

| 中性蒸馏水加至 | 100mL |

混合分装后，0.105MPa 高压灭菌 30min。

（2）50% 甘油缓冲盐水溶液

NaCl	2.5g
酸性磷酸钠	0.46g
碱性磷酸钠	10.74g
纯中性甘油	150mL
中性蒸馏水	150mL

混合分装后，0.105MPa 高压灭菌 30min。

（3）10% 福尔马林溶液　取福尔马林 10mL 加入蒸馏水 90mL 即成。

（4）饱和盐水溶液　取一定的蒸馏水加入纯氯化钠，不断搅拌至不能溶解为止（一般为38%～39%），然后用滤纸过滤。

（5）鸡蛋生理盐水溶液　先将新鲜鸡蛋的表面用碘酒消毒，然后打开内容物倾入灭菌的锥形瓶中，加入灭菌盐水（占总量的10%），摇匀后，用无菌纱布过滤，然后加热至 56～58℃ 30min，第 2 天及第 3 天按上法再加热 1 次，即可应用。

2. 常用保存方法

（1）液体病料　检查抗体用的血液，不加抗凝剂，待凝血后，分离血清放入青霉素小瓶中。供病原分离培养用的液体病料，同容器一起放入有冰的保温瓶或 4℃ 冰箱内。

（2）供细菌学检验的实质脏器　若 1～2d 能送到实验室，可放在有冰的保温瓶或冰箱内，也可放入灭菌液体石蜡或 30% 甘油缓冲盐水内。如无冰，也可在保温瓶内放氯化铵 500g 加水 1500mL，使保温瓶内保持 0℃ 左右达 24h。

（3）供病毒学检验的实质脏器　应尽快送检，如不能即刻送检而需要保存时，必须保持在冷的环境中，48h 内送到实验室。一般放在 50% 甘油缓冲盐水溶液或鸡蛋生理盐水溶液中，4℃ 保存最好，原因是冻化过程能使病毒破坏。如需保存较长时间才能进行检查，最好放在 -20℃ 以下或干冰中保存。

（4）病理组织病料　采取的病料立即放入 10 倍体积的 10% 福尔马林溶液或 95%～100% 乙醇中，如用 10% 福尔马林溶液固定组织时，经 24h 应重换新鲜溶液 1 次。神经系统组织（脑、脊髓等）需固定于 10% 中性福尔马林溶液内（福尔马林溶液的总容积中加入 5%～10% 碳酸镁）。在寒冷季节，为了避免病料冻结，在运送前，可将预先固定的病料置于含有 30%～50% 甘油的 10% 福尔马林溶液中。

（三）病料的送检

供细菌检验用的病料，要防止腐败，必须及时送检。一般可用有冰块的保温瓶或其他低温条件，以使病料不腐败。最好由专人送检，并带好送检的有关病情、病例、剖检等记录，以供检验人员参考。

为避免散播病原，盛有病料的容器，瓶口要盖紧，用胶布封好或石蜡封固，并用消毒液充分擦拭容器的表面。瓶上加贴标签，注明样品来源、种类、保存方法、采集时间等。为避免病料外漏，应立即放于金属筒内，填塞防震填充料（木屑、纸渣、稻草、塑料泡沫的渣屑等）。

四、实训报告

1. 简述鸡大肠杆菌病检验时实质脏器采取及送检方法。
2. 简述鸡新城疫检验时实质脏器采取及送检方法。

第三节 大肠杆菌病诊断与药物敏感试验

一、实训目标

1. 掌握大肠杆菌病的病理剖检特征。
2. 掌握大肠杆菌病的微生物学诊断方法。
3. 学会用细菌药物敏感试验筛选大肠杆菌病的敏感药物。

二、用具与材料

病死动物、剪刀、镊子、接种环、普通琼脂斜面、普通肉汤、麦康凯琼脂培养基、革兰氏染色液、三糖铁琼脂、糖发酵培养基、蛋白胨水、葡萄糖蛋白胨水、明胶培养基、普通半固体培养基、柠檬酸盐斜面培养基、吲哚试剂和VP试剂等。

大肠杆菌（经分离和鉴定的纯培养菌株）、营养肉汤、普通琼脂平板、药物敏感纸片、灭菌试管、灭菌棉拭子、酒精灯、直尺和温箱等。

三、方法与步骤

（一）大肠杆菌的诊断（以鸡大肠杆菌病为例）

1. 临床症状与病理剖检

根据病死鸡所表现出的具有诊断意义的临床症状和剖检病理变化进行初步诊断。

2. 微生物学诊断

（1）病料采集 应从新鲜尸体中采样。如疑似为急性大肠杆菌败血症，应无菌采集心血和肝，用注射器自心脏采血1mL用于细菌分离培养和肉汤增殖。用烧过的外科刀片烧烙肝被膜后，再用灭菌棉拭子或接种环刺入肝实质取肝样做分离培养。如出现脓性纤维素性渗出物，应用棉拭子从心包腔、气囊及关节腔中取样做细菌分离；如果发病超过1周，一般分离不到细菌，对死后剖检病理变化明显的病例，可采集骨髓作为分离样品。敏感药物投服后，往往也不容易分离到大肠杆菌。

（2）分离培养 初次分离可同时使用普通肉汤、普通琼脂斜面和麦康凯琼脂培养基。无菌采取病料，直接接种于上述培养基，置37℃温箱培养24h。大肠杆菌在麦康凯琼脂培养基上长出中央凹，直径1~2mm的粉红色圆形菌落，在普通琼脂培养基上形成中等大小、灰白色的圆形菌落。在肉汤中生长良好，浑浊。

（3）染色镜检 将病料和分离到的细菌涂片，用革兰氏染色后镜检。大肠杆菌为粗短、两端钝圆的小杆菌，革兰氏染色阴性，多单个散布，个别成双排列，无芽胞。

（4）生化试验 从麦康凯琼脂培养基中挑取菌落接种于三糖铁琼脂上，置37℃温箱培养24h，如底部产酸、产气，不产生硫化氢，斜面上产酸则可疑为大肠杆菌，需利用生化试验继续鉴定。其生化特性如表 8-1 所示。

表 8-1　大肠杆菌的生化特性

项目	葡萄糖	乳糖	甘露醇	阿拉伯糖	吲哚	VP	明胶液化	硫化氢	运动	柠檬酸盐利用
结果	+	+	+	+	+	−	−	−	+/−	−

注："+"代表反应阳性；"−"代表反应阴性；"±"代表反应有时阳性有时阴性

（5）致病性试验　　将分离株的 18h 肉汤培养物 0.2mL 分别皮下接种 5 只健康 10 日龄小鸡，均在接种后 24～72h 死亡。

通过上述几个步骤，即可确定所分离到的是否为大肠杆菌及是否属致病性菌株。

（二）药物敏感试验

1）将大肠杆菌接种于营养肉汤，置 37℃温箱培养 12h，取出备用。也可以挑取待试细菌于少量灭菌生理盐水中制成细菌悬浮液，含菌量每毫升为 10 万个，每个平板接种 0.01mL。一标准接种环的细菌菌体，悬浮于 10mL 灭菌生理盐水中大致相当于所需浓度。

2）用灭菌棉拭子蘸取上述菌液均匀地涂布于琼脂平板表面。

3）待培养物表面稍干后，用无菌尖头镊子夹取各种干燥抗菌药物纸片，分别紧贴于培养基表面，轻按下纸片。一般在中央贴一种纸片，四周以等距离贴若干种纸片，一个直径 90mm 琼脂平板可贴 5～7 个药物敏感纸片。每张纸片之间距离应在 3cm 以上。如果药物敏感纸片上没有标记，在每贴一种纸片后应在平板底上用笔写上其药名或贴上标签。

4）最后盖上平皿，翻转平皿并将其置于 37℃温箱培养 18h，取出观察结果。

5）结果判定。用直尺测量抑菌圈直径，按其大小作为判定敏感度高低的标准（表 8-2）。

表 8-2　大肠杆菌药物敏感试验判定标准

抑菌圈直径 /mm	敏感度	抑菌圈直径 /mm	敏感度
＞20	高敏	10～15	低敏
15～20	中敏	＜10	耐药

经药物敏感试验后，应首先选择高敏和中敏药物进行治疗，也可选用两种药物协助应用，以减少耐药菌株的产生。

四、实训报告

1. 简述大肠杆菌病的微生物学诊断方法。
2. 总结大肠杆菌病的敏感药物。

第四节　布鲁氏菌病检疫

一、实训目标

初步掌握布鲁氏菌病的细菌学及免疫生物学诊断等检疫方法。

二、方法与步骤

（一）细菌学检查

1. 染色检查　　病料绒毛叶渗出液、胎儿的胃内容物及肺，阴道分泌物及脓肿中的脓汁及培养物等制成抹片，除用革兰氏染色法染色外，应当用鉴别染色法进行显微镜检查。

布鲁氏菌为球杆菌，大小为（0.5~0.7）μm×（0.6~1.5）μm，无鞭毛，不产生芽胞，不呈两极浓染，病料抹片呈密集菌丛，成对或单个排列，短链较少。革兰氏染色阴性。它们虽然不是抗酸性细菌，但可以抵抗脱色用的弱酸，如 0.5% 乙酸。这种特性结合布氏杆菌鉴别染色技术，用于诊断有一定实际意义。如下列出两种较常用的方法。

（1）改良 Ziehl-Neelsen　　适于胎膜和流产胎儿胃内容物的染色。流产后数日内取阴道拭子制作抹片，也可用此法染色。

1）抹片晾干，在火焰上固定；

2）用 Ziehl-Neelsen 石炭酸复红原液的 1:10 稀释液染 10min，碱性复红 1g，溶于 10mL 无水乙醇中，加入 5% 石炭酸溶液 90mL；

3）水洗后，用 0.5% 乙酸脱色 15~30s；

4）充分水洗后，用 1% 亚甲蓝复染 20~60s；

5）水洗、干燥、镜检。

布氏杆菌染成红色，背景为蓝色。在胎膜抹片中经常看到布氏杆菌在染成蓝色的组织细胞中集结成团。此法对诊断绵羊地方性流行流产、胎儿弯杆菌及其他传染病也有价值。用此法染色时，胎儿弯杆菌和衣原体也染成红色，但可以从形态上区别。

（2）改良柯兹洛夫斯基染色（Kosler）法

1）抹片自然干燥，用火焰固定；

2）用新配制的番红（Safranin）和氢氧化钾混合液（番红饱和水溶液两份与 1mol/L 氢氧化钾 5 份混合）染 1min；

3）水洗后，用 0.1% 硫酸脱色 10s；

4）水洗后，用 1% 亚甲蓝复染 3s。

布氏杆菌呈橘红色，背景为蓝色。

2. 培养　　布鲁氏菌在普通培养基上虽可生长，但更适宜的是肝汤培养基，有些菌株需要有血清或吐温 40（Tween 40）才能生长，所以血清葡萄糖琼脂或吐温葡萄糖琼脂被认为是较好的常规培养基。此外，有的以胰蛋白胨琼脂、胰蛋白酶大豆琼脂及 Albini Brucella agar（ABA）为最常用的基础培养基。在这些常用培养基内每 100mL 中加入放线酮 10mg，杆菌肽 2500IU，乙种多黏菌素 600IU 及乙基紫最终浓度八十万分之一。也可在常用培养基内加入结晶紫（最终浓度为七十万分之一至二十万分之一），或乙基紫八十万分之一制成选择培养基。

未经污染的材料接种于血清琼脂或肝汤琼脂上于 10% 二氧化碳培养基中进行培养。

3. 动物试验　　在实验动物中，豚鼠用于布鲁氏菌的分离检查最为适宜。将布鲁氏菌注射于豚鼠皮下或腹腔后，将发生慢性疾病，表现脾肿、肝与肾有炎性坏死小病灶。注射 3~4 周已能在脾和淋巴结中找到细菌。小鼠、家兔、大鼠也用作实验动物。

病料内含菌量少而能检出的可靠方法就是接种豚鼠。如果病料污染较轻，可接种于脓鼠腹腔内，如果病料是乳汁或腐败组织，可做皮下或肌内注射。接种乳汁时，取 20mL 乳样离心，将其沉淀物和乳皮层混合，接种两只豚鼠，每只接种一半混合物。每种病料至少接种豚鼠两只，一只在接种后 3 周剖杀，另一只在 6 周剖杀。剖杀前须采血做凝集反应，滴度 1 : 5 以上者为阳性。剖检豚鼠时，须注意肉眼可见病灶，如淋巴结肿大、肝的坏死灶、脾肿大或发生结节、睾丸及附睾胀肿、四肢关节肿胀等。脾和接种部位的淋巴结及其他有病灶的组织均应剪碎，接种于不含抑菌染料或抗生素的固体培养基上。最好用血清葡萄糖琼脂。若剖杀前的血清凝集反应为阳性，即使剖检时的培养为阴性，也可诊断为布氏杆菌病。

（二）免疫生物学方法

1. 试管凝集反应

（1）材料　抗原（使用时用 0.5% 石炭酸生理盐水作 1 : 20 稀释）、被检血清、阳性血清和阴性血清、0.5% 石炭酸生理盐水（检疫羊稀释液用 0.5% 石炭酸和 10% 氯化钠混合液）、沉淀反应用小试管、刻度吸管。

（2）操作步骤

1）被检血清稀释度：一般情况，牛、马和骆驼用 1 : 50、1 : 100、1 : 200 和 1 : 400 四个稀释度，猪、山羊、绵羊和狗用 1 : 25、1 : 50、1 : 100 和 1 : 200 四个稀释度。大规模检疫时也可用两个稀释度，即牛、马和骆驼用 1 : 50 和 1 : 100，猪、羊、狗用 1 : 25 和 1 : 50。

2）稀释血清和加入抗原的方法（以羊、猪为例）：每份被检血清用 5 支小试管（8~10mL），第 1 管加入稀释液 2.3mL，第 2 管不加，第 3~5 管各加入 0.5mL，用 1mL 吸管取被检血清 0.2mL，加入第 1 管中，混匀（一般吸吹 3 或 4 次），吸取混合液分别加入第 2 管和第 3 管各 0.5mL，将第 3 管混匀，吸 0.5mL 加入第 4 管，第 4 管混匀吸取 0.5mL 加入第 5 管，第 5 管混匀后弃去 0.5mL。如此稀释后从第 2 管起血清稀释度分别为 1 : 12.5、1 : 25、1 : 50 和 1 : 100。然后将 1 : 20 稀释的抗原由第 2 管起，每管加入 0.5mL，血清最后稀释度由第 2 管起依次为 1 : 25、1 : 50、1 : 100 和 1 : 200。

3）每次试验须做 3 种对照，阴性血清对照的操作步骤与被检血清者相同。阳性血清对照须将血清稀释到其原有滴度，其他步骤同上。抗原对照即当时使用的已稀释抗原 0.5mL。

4）每次试验须制备比浊管，为记录结果的依据，配制方法即以当时使用的已稀释抗原加等量稀释液。

5）全部试管充分振荡后，置 37~38℃温箱中，22~24h 后用比浊管对照检查记录结果，出现 50% 以上凝集的最高稀释度就是这份血清的凝集价，因此 50% 亮度的比浊管很重要。

（3）结果判定　牛、马和骆驼血清凝集价为 1 : 100 以上，猪、羊和狗 1 : 50 以上者，判为阳性。牛、马和骆驼血清凝集价为 1 : 50，猪、羊和狗为 1 : 25 者判为可疑。可疑反应的家畜经 3~4 周重检，牛、骆驼和羊重检时仍为可疑，判为阳性。猪、犬和马重检时仍为可疑，但农场中未出现阳性反应及无临床症状的家畜，判为阴性。

2. 平板凝集反应

（1）操作步骤　最好用平板凝集试验箱。无此设备可用清洁玻璃板，划成 4cm^2 方格，横排 5 格，纵排可以数列，每一横排第一格写血清号码，用 0.2mL 吸管将血清以

0.08mL、0.04mL、0.02mL、0.01mL 分别依次加于每排 4 小方格内，吸管须稍倾斜并接触玻璃板，然后以抗原滴管垂直于每格血清上滴加一滴平板抗原（一滴等于 0.03mL，如为自制滴管，须事先准确测定），或用 0.2mL 吸管每格加 0.03mL。用牙签或细金属棒将血清抗原混合均匀。一份血清用一根牙签，以 0.01mL、0.02mL、0.03mL 和 0.04mL 的顺序混合。混合完毕将玻璃板均匀加温 30℃左右（无凝集反应箱可使用灯泡或乙醇火焰），5～8min 后按下列标准记录反应结果。

1）＋＋＋＋：出现大凝集片或小粒状物，液体完全透明，即 100% 凝集。

2）＋＋＋：有明显凝集片和颗粒，液体几乎完全透明，即 75% 凝集。

3）＋＋：有可见凝集片和颗粒，液体不甚透明，即 50% 凝集。

4）＋：仅仅可以看见颗粒，液体浑浊，即 25% 凝集。

5）－：液体均匀浑浊，无凝集现象。

（2）结果判定　判定标准与试管凝集反应相同。结果只在血清凝集价的格内分别换成 0.08mL（1∶25）、0.04mL（1∶50）、0.02mL（1∶100）和 0.01mL（1∶200）。

3. 虎红平板凝集试验

（1）材料准备　布氏杆菌虎红平板试验抗原，阴性、阳性血清同于试管凝集反应的阴、阳性血清。

（2）操作步骤　被检血清和布氏杆菌虎红平板凝集抗原各 0.03mL 滴于玻璃板的方格内，每份血清各用一支火柴棒混合均匀。在 20℃条件下置 4～10min 记录反应结果。同时以阳、阴性血清作对照。

（3）结果判定　在阳性血清及阴性血清试验结果正确的对照下，被检血清出现任何程度的凝集现象均判为阳性，完全不凝集的判为阴性，无可疑反应。

4. 全乳环状反应

（1）材料准备　抗原、被检乳汁。

（2）操作步骤　取新鲜全乳 1mL 加入小试管中，加入抗原 1 滴（约 0.05mL）充分振荡混合；置 37～38℃水浴中 60min，小心取出试管，勿使振荡，立即进行判定。

（3）判定标准　判定时不论哪种抗原，均按乳脂的颜色和乳柱的颜色进行判定。

1）强阳性反应（＋＋＋）：乳柱上层的乳脂形成明显红色或蓝色的环带，乳柱呈白色，分界清楚。

2）阳性反应（＋＋）：乳脂层的环带虽呈红色或蓝色，但不如"＋＋＋"显著，乳柱微带红色或蓝色。

3）弱阳性反应（＋）：乳脂层环带颜色较浅，但比乳柱颜色略深。

4）疑似反应（±）：乳脂层环带不甚明显，并与乳柱分界模糊，乳柱带有红色或蓝色。

5）阴性反应（－）：乳柱上层无任何变化，乳柱呈均匀浑浊的红色或蓝色。

脂肪较少，或无脂肪的乳汁呈阳性反应时，抗原菌体呈凝集现象下沉管底，判定时以乳柱的反应为标准。

5. 补体结合试验

（1）材料准备　溶血素，补体，绵羊红细胞（2.5%），抗原和阴、阳性血清，生理盐水。

（2）被检血清的正式试验　正式试验的各种成分即所准备的灭活被检血清及对照

阴、阳性血清，生理盐水，稍浓于一个工作量的抗原，一个工作量的补体，两个工作量的溶血素及 2.5% 红细胞。每种成分加入量为 0.5mL，各反应成分的总量为 2.5mL。

每份被检血清设置两支试管，其中一支不加抗原作为对照。每批被检血清试验的对照试管共 7 支，阳性血清两支，其中一支不加抗原，阴性血清两支，其中一支不加抗原，抗原对照管一支不加血清，溶血素对照管一支，不加血清、抗原及补体，补体对照管一支，只加补体及红细胞。不足 2.5mL 的对照管，均以生理盐水补足 2.5mL。

试验中的两次加温，均为 37～38℃水浴 20min。

各试验管加温完毕后，取出立即进行第一次判定。要求不加抗原的阳性血清对照管、阴性血清对照管及抗原对照管呈完全溶血反应。静置 12h 后作第二次判定，第二次判定时要求溶血素对照管、补体对照管呈完全不溶血反应。此时即可对被检血清进行判断。被检血清不加抗原管应是完全溶血，而加抗原管用于记录结果。

6. 变态反应试验

（1）操作步骤　使用细针头，将水解素注射于羊的尾褶壁部或肘关节无毛处的皮内，注射剂量 0.2mL。注射前应将注射部位用酒精棉消毒。如注射正确，在注射部形成绿豆大小的硬包。注射一只后，针头应用酒精棉消毒，然后再注射另一只。

（2）结果判定　注射 24h 和 48h 后各观察反应一次（肉眼观察和触诊检查）。若两次观察反应结果不符时，以反应最强的一次作为判定的依据。判定标准如下。

1）强阳性反应（＋＋＋）：注射部位有明显不同程度的肿胀和发红（硬肿或水肿），不用触诊，一望便知。

2）阳性反应（＋＋）：肿胀程度虽不如上述现象明显，但也容易看出。

3）弱阳性反应（＋）：肿胀程度也不显著，有时须靠触诊方能发现。

4）疑似反应（±）：肿胀程度似不明显，通常须与另一侧皱褶相比较。

5）阴性反应（－）：注射部位无任何变化。

6）阳性牲畜，应立即移入阳性畜群进行隔离，可疑牲畜须于注射 30d 后进行第二次复检，如仍为疑似反应，则按阳性牲畜处理，如为阴性则视为健康。

三、实训报告

总结布鲁氏菌病的免疫生物学诊断检疫方法。

第五节　常见猪病（猪瘟）的诊断

一、实训目标

掌握猪瘟的现场诊断和实验室诊断方法。

二、方法与步骤

（一）临时诊断和尸体剖检诊断

详细询问和调查发病猪群的发病情况和有关的其他情况，包括发病猪头数、发病经过、可能的原因或传染病、主要临床症状、治疗措施及效果、病程和死亡情况、发病猪的来源及预防接种的时间、发病猪群附近其他猪群的情况等；详细检查病猪的临床症状，包括步态及精神状态，大便形状和质地及是否带血或黏液，眼结膜和口腔黏膜是否有出血变化，体表可触摸淋巴结（鼠蹊淋巴结）肿大情况，体温变化情况等。写出病历。

病猪急宰或死亡，应进行剖检，全面检查各系统内脏器官的眼观病理变化，特别注意淋巴结、咽喉部、肾、膀胱、胆囊、心内外膜、肠道等脏器的出血性变化。写出剖检记录。

从临床症状、流行病学和病理变化等方面进行综合分析，注意有无其他疾病（如弓形虫病、猪丹毒、猪肺疫、猪副伤寒等）的可能性，做初步诊断。

（二）细菌学检查

采取刚死不久的病猪或急宰猪的血液、淋巴结、脾等材料，接种于血液琼脂培养基和麦康凯琼脂培养基上，培养24～48h，检查有无疑似的病原细菌。如有，需进一步鉴定和做动物接种试验。将检查结果记入病历或剖检记录内，并提出诊断意见。猪瘟诊断中细菌学检查的目的是确定发病猪（群）是否存在并发或继发细菌感染，有时也为了排除猪瘟。

（三）猪瘟荧光抗体染色法

1. 样品的采集和选择

1）活体采样：利用扁桃体采样器（鼻捻子、开口器和采样枪）。采样器使用前均须用3%氢氧化钠溶液消毒后经清水冲洗。首先固定活猪的上唇，用开口器打开口腔，用采样枪采取扁桃体样品，用灭菌牙签挑至灭菌离心管并做标记。

2）其他样品：剖检时采取的病死猪脏器，如扁桃体、肾、脾、淋巴结、肝和肺等，或病毒分离时待检的细胞玻片。

3）样品采集、包装与运输按农业部相关要求执行。

2. 检测方法与判定

（1）方法 将上述组织制成冰冻切片，或待检的细胞培养片，将液体吸干后经冷丙酮固定5～10min，晾干。滴加猪瘟荧光抗体覆盖于切片或细胞片表面，置湿盒中37℃作用30min。然后用PBS液洗涤，自然干燥。用碳酸缓冲甘油（pH 9.0～9.5，0.5mol/L）封片，置荧光显微镜下观察。必要时设立抑制试验染色片，以鉴定荧光的特异性。

（2）判定 在荧光显微镜下，见切片或细胞培养物（细胞盖片）中有胞质荧光，并由抑制试验证明为特异的荧光，判为猪瘟阳性；无荧光判为阴性。

（3）荧光抑制试验 将两组猪瘟病毒感染猪的扁桃体冰冻切片，分别滴加猪瘟高免血清和健康猪血清（猪瘟中和抗体阴性），在湿盒中37℃作用30min，用生理盐水或PBS（pH 7.2）漂洗两次，然后进行荧光抗体染色。经用猪瘟高免血清处理的扁桃体切片，隐窝上皮细胞不应出现荧光，或荧光显著减弱；而用阴性血清处理的切片，隐窝上皮细胞仍出现明亮的黄绿色荧光。

（四）猪瘟抗原双抗体夹心ELISA检测方法

本方法是通过形成的多克隆抗体-样品-单克隆抗体夹心，并采用辣根过氧化物酶标记物检测，对外周血白细胞、全血、细胞培养物及组织样本中的猪瘟病毒抗原（CSFV）进行检测的一种双抗体夹心ELISA方法。具体方法如下。

1. 试剂盒组成

多克隆羊抗血清包被板条　　　　　　　　　　8孔×12条（96孔）

CSFV阳性对照，含有防腐剂　　　　　　　　1.5mL

CSFV 阴性对照，含有防腐剂	1.5mL
辣根过氧化物酶标记抗鼠 IgG	200μL
10 倍浓缩样品稀释液（10×）	55mL
底物液，TMB/H_2O_2 溶液	12mL
终止液，1mol/L HCl（小心，强酸）	12mL
10 倍浓缩洗涤液（10×）	125mL
CSFV 单克隆抗体，含防腐剂	4mL
酶标抗体稀释液	15mL

2. 样品制备　　注意：制备好的样品或组织可以在 2～7℃保存 7d，或 −20℃冷冻保存 6 个月以上。但这些样品在应用前应该再次以 1500g 离心 10min 或 10 000g 离心 2～5min。

（1）外周血白细胞

1）取 10mL 肝素或 EDTA 抗凝血样品，1500g 离心 15～20min。

2）再用移液器小心吸出血沉棕黄层，加入 500μL 样品稀释液（1×），在旋涡振荡器上混匀，室温下放置 1h，期间不时旋涡混合。

3）假如样品的棕黄层压积细胞体积非常少，那么就用整个细胞团（包括红细胞）。将细胞加进 10mL 的离心管，并加入 5mL 预冷（2～7℃，下同）的 0.17mol/L 氯化铵。混匀，静置 10min。

4）用冷（2～7℃）超纯水或双蒸水加满离心管，轻轻上下颠倒混匀，1500g 离心 5min。

5）弃去上清，向细胞团中加入 500μL 样品稀释液（1×），用洁净的吸头悬起细胞，在旋涡振荡器上混匀，室温放置 1h。期间不时旋涡混合。

6）1500g 离心 5min，取上清液按操作步骤进行检测。

注意：处理好的样品可以在 2～7℃保存 7d，或 −20℃冷冻保存 6 个月以上。但这些样品在使用前必须再次离心。

（2）外周血白细胞（简化方法）

1）取 0.5～2mL 肝素或 EDTA 抗凝血与等体积冷 0.17mol/L 氯化铵加入离心管混合。室温放置 10min。

2）1500g 离心 10min（或 10 000g 离心 2～3min），弃上清。

3）用冷（2～7℃）超纯水或双蒸水加满离心管，轻轻上下颠倒混匀，1500g 离心 5min。

4）弃去上清，向细胞团加入 500μL 样本稀释液（1×）。旋涡振荡充分混匀，室温放置 1h。期间不时旋涡混匀。取 75μL 进行检测。

（3）全血（肝素或 EDTA 抗凝）

1）取 25μL 10 倍浓缩样品稀释液（10×）和 475μL 全血加入微量离心管，在旋涡振荡器上混匀。

2）室温下孵育 1h，期间不时旋涡混合。此样品可以直接按照"操作步骤"进行检测。

或：直接将 75μL 全血加入酶标板孔中，再加入 10μL 5 倍浓缩样品稀释液（5×）。晃动酶标板或板条，使样品混合均匀。再按照"操作步骤"进行检测。

（4）细胞培养物

1）移去细胞培养液，收集培养瓶中的细胞加入离心管中。

2）$2500g$ 离心 5min，弃上清。

3）向细胞团中加入 500μL 样品稀释液（1×）。旋涡振荡充分混匀，室温孵育 1h。期间不时旋涡混合。取此样品 75μL 按照"操作步骤"进行检测。

（5）组织　　最好用新鲜的组织。如果有必要，组织可以在处理前于 2～7℃冷藏保存 1 个月。每只动物检测 1 或 2 种组织，最好选取扁桃体、脾、肠、肠系膜淋巴结或肺。

1）取 1～2g 组织用剪刀剪成小碎块（2～5mm 大小）。

2）将组织碎块加入 10mL 离心管，加入 5mL 样品稀释液（1×），旋涡振荡混匀，室温下孵育 1～21h，期间不时旋涡混合。

3）$1500g$ 离心 5min，取 75μL 上清液按照"3. 操作步骤"进行检测。

3. **操作步骤**　　注意：所有试剂在使用前应该恢复至室温 18～22℃；使用前试剂应在室温条件下至少放置 1h。

1）每孔加入 25μL CSFV 特异性单克隆抗体。此步骤可以用多道加样器操作。

2）在相应孔中分别加入 75μL 阳性对照、阴性对照，各加两孔。注意更换吸头。

3）在其余孔中分别加入 75μL 制备好的样品，注意更换吸头。轻轻拍打酶标板，使样品混合均匀。

4）置湿盒中或用胶条密封后室温（18～22℃）孵育过夜。也可以孵育 4h，但是这样会降低检测灵敏度。

5）甩掉孔中液体，用洗涤液（1×）洗涤 5 次，每次洗涤都要将孔中的所有液体倒空，用力拍打酶标板，以使所有液体拍出。或者，每孔加入洗涤液 250～300μL 用自动洗板机洗涤 5 次。注意：洗涤酶标板要仔细。

6）每孔加入 100μL 稀释好的辣根过氧化物酶标记物，在湿盒或密封后置室温孵育 1h。

7）重复操作步骤 5）；每孔加入 100μL 底物液，在暗处室温孵育 10min。从第 1 孔加入底物液时开始计时。

8）每孔加入 100μL 终止液终止反应。加入终止液的顺序与上述加入底物液的顺序一致。

9）在酶标仪上测量样品与对照孔在 450nm 处的吸光值，或测量在 450nm 和 620nm 双波长的吸光值（空气调零）。

10）计算每个样品和阳性对照孔的矫正 OD 值的平均值（参见"4. 计算方法"）。

4. **计算方法**　　首先计算样品和对照孔的 OD 平均值，在判定结果之前，所有样品和阳性对照孔的 OD 平均值必须进行矫正，矫正的 OD 值等于样本或阳性对照值减去阴性对照值。

$$矫正 OD 值＝样本 OD 值－阴性对照 OD 值$$

5. **试验有效性判定**　　阳性对照 OD 平均值应该大于 0.50，阴性对照 OD 平均值应小于阳性对照平均值的 20%，试验结果方能有效。否则，应仔细检查实验操作并进行重测。如果阴性对照的 OD 值始终很高，将阴性对照在微量离心机中 $10\,000g$ 离心 3～5min，重新检测。

6. **结果判定**　　被检样品的矫正 OD 值大于或等于 0.30，则为阳性；被检样品的矫正 OD 值小于等于 0.20，则为阴性；被检样品的矫正 OD 值大于 0.20，小于 0.30，则为可疑。

（五）猪瘟病毒反转录聚合酶链反应

反转录聚合酶链反应（RT-PCR）通过检测病毒核酸而确定病毒存在，是一种特异、敏感、快速的方法。在 RT-PCR 扩增的特定基因片段的基础上，进行基因序列测定，将获得的基因信息与我国猪瘟分子流行病学数据库进行比较分析，可进一步鉴定流行毒株的基因型，从而追踪流行毒株的传播来源或预测预报新的流行毒株。

1. 材料与样品准备

1）材料准备：本试验所用试剂须用无 RNA 酶污染的容器分装；各种离心管和带滤芯吸头须无 RNA 酶污染；剪刀、镊子和研钵器具须经干烤灭菌。

2）样品制备：按 1∶5（m/V）比例，取待检组织和 PBS 液于研钵中充分研磨，4℃，1000g 离心 15min，取上清液转入无 RNA 酶污染的离心管中，备用；全血采用脱纤抗凝备用；细胞培养物冻融 3 次备用；其他样品酌情处理。制备的样品在 2～8℃保存不应超过 24h，长期保存应小分装后置−70℃以下环境中，避免反复冻融。

2. RNA 提取

1）取 1.5mL 离心管，每管加入 800μL RNA 提取液（通用 Trizol）和被检样品 200μL，充分混匀，静置 5min。同时设阳性和阴性对照管，每份样品换一个吸头。

2）加入 200μL 氯仿，充分混匀，静置 5min，4℃、12 000g 离心 15min。

3）取上清液 500μL（注意不要吸出中间层）移至新离心管中，加等量异丙醇，颠倒混匀，室温静置 10min，4℃、12 000g 离心 10min。

4）小心弃上清，倒置于吸水纸上，沾干液体；加入 1000μL 75% 乙醇，颠倒洗涤，4℃、12 000g 离心 10min。

5）小心弃上清，倒置于吸水纸上，沾干液体；4000g 离心 10min，将管壁上残余液体甩到管底部，小心吸干上清，吸头不要碰到有沉淀的一面，每份样品换一个吸头，室温干燥。

6）加入 10μL DEPC 水和 10U RNA 酶，轻轻混匀，溶解管壁上的 RNA，4000g 离心 10min，尽快进行试验。长期保存应置−70℃以下。

3. cDNA 合成　　取 200μL PCR 专用管，连同阳性对照管和阴性对照管，每管加 10μL RNA 和 50pmol/L 下游引物 P2［5′-CACAG（CT）CC（AG）AA（TC）CC（AG）AAGTCATC -3′］，按反转录试剂盒说明书进行。

4. PCR

1）取 200μL PCR 专用管，连同阳性对照管和阴性对照管，每管加上述 10μL cDNA 和适量水，95℃预变性 5min。

2）每管加入 10 倍稀释缓冲液 5μL，上游引物 P1［5′-TC（GA）（AT）CAACCAA（TC）GAGATAGGG-3′］和下游引物 P2 各 50pmol/L，10mol/L dNTP 2μL，*Taq* 酶 2.5IU，补水至 50μL。

3）置 PCR 仪，循环条件为 95℃ 50s，58℃ 60s，72℃ 35s，共 40 个循环，72℃延伸 5min。

5. 结果判定　　取 RT-PCR 产物 5μL，于 1% 琼脂糖凝胶中电泳，凝胶中含 0.5μL/mL 溴化乙锭，电泳缓冲液为 0.5×TBE，80V 30min，电泳完后于长波紫外线灯下观察拍照。

阳性对照管和样品检测管出现251nt的特异条带判为阳性；阴性管和样品检测管未出现特异条带判为阴性。

三、实训报告

1. 写出猪瘟临诊病例和剖检记录，分析诊断结果。
2. 比较各种诊断方法的优缺点。

第六节　常见鸡病（鸡新城疫）的诊断及免疫效果监测

一、实训目标

1. 掌握鸡新城疫的临床诊断要点。
2. 系统地掌握鸡新城疫的实验室诊断和免疫监测技术。

二、方法与步骤

（一）临诊诊断要点

本病主要侵害鸡，其次是火鸡、珠鸡和野鸡，鸭、鹅等水禽很少感染发病。由于鸡新城疫病毒不同毒株之间在毒力和对组织的亲嗜性上可能有很大的不同，因此，不同时间或地点所暴发的鸡新城疫在流行病学、临床症状和病理变化上可呈现很大差异。有人将本病分成4种类型，即速发性嗜内脏型、速发性嗜肺脑型、中发型和缓发型。

速发性嗜内脏型鸡新城疫具有高度接触传染性，鸡群一旦传入本病，在短期内可使未免疫鸡全部感染发病和死亡。一年四季均可发生，常呈毁灭性流行。

流行初期，有少数鸡只不出现明显临床症状而突然死亡，剖检也无特征性病理变化。接着大批发病，病程由短而长，冠呈深红色或紫黑色，精神委顿或闭眼嗜睡。体温升高到43～44℃，病鸡腹泻，常常摇头嗳气，并发出一种"咯咯"声。嗉囊内积液，有时自口腔内流出灰黄色的恶臭黏液。病程稍长或呈慢性经过时，病鸡常有神经症状，如腿（翅）麻痹、头颈歪扭等。较为特征性的病理变化是：全身呈败血症变化，腺胃乳头出血或溃疡，肠道，特别是盲肠扁桃体和直肠黏膜多呈条纹状出血，间有纤维素性坏死点，腺胃和肌胃的浆膜及全身脂肪组织多见针尖样出血点。

（二）实验室诊断

1. NDV 的分离鉴定

（1）样品采集　　泄殖腔拭子和气管拭子是用于NDV分离的最好样品来源，而不论其临床症状和剖检变化如何。其他样品可从病死的禽或扑杀的病禽采集，这时应考虑临床症状和器官病理变化，如出现神经症状可采集脑样品。在实际工作中常将脑、肝、脾、肺、肾等器官组织混合，而对泄殖腔拭子和气管拭子则分开处理。

拭子样品应浸于加抗生素的培养基中，抗生素的含量通常为每毫升青霉素10 000IU、链霉素10mg/mL，以无菌采集的脏器样品制成1∶5悬液，培养基中抗生素浓度可比处理拭子样品的低些。

（2）病毒分离培养　　分离NDV最敏感的方法仍是鸡胚接种。接种前样品应在含抗生素培养基中室温作用 2h（如加抗生素培养基中的样品已在 4℃过夜，此步可省去）。组织悬液或拭子的冲洗液 1000～2000r/min 离心 10min，取上清接种 4 或 5 个 9～10 日龄的 SPF 鸡胚，以尿囊腔接种每胚 0.2mL。如果没有 SPF 鸡胚，也可以用非免疫鸡胚。抗体阳性鸡胚会降低病毒分离的成功率。

接种后的鸡胚在 37℃继续孵育，并定时照蛋。将死胚或垂死胚取出置 4℃冷却，接种 5～7d 后将所有鸡胚取出置 4℃冷却，然后取尿囊液和羊水做 HAT。为了不漏检，应将第一次试验阴性的胚液不经稀释再盲传两代。对所有 HAT 阳性胚液做无菌检查，如有细菌污染，可用 0.22μm 微孔滤膜过滤除菌，加入抗生素后再接种 9～10 日龄的鸡胚。

如要分离其他副黏病毒，则除尿囊腔接种外，应考虑接种 6～7 日龄鸡胚的卵黄囊。

NDV 和大多数其他禽副黏病毒可在多种禽类细胞和哺乳类细胞中生长，但对于 NDV 弱毒，通常需要加胰蛋白酶以促进其生长，否则不产生明显的细胞病变。所以在 NDV 的日常分离中细胞培养很少使用。

（3）病毒的鉴定　　鸡胚液 HAT 阳性，表明分离到了细胞凝集性病毒，是不是 NDV，还需要鉴定。用特异性抗血清进行血凝抑制（HI）试验，可证实或排除 NDV。其他禽副黏病毒的鉴定也是使用各血清型的特异抗血清进行 HI 试验。

2. NDV 的毒力型鉴定　　由于致病性弱的 NDV 在野禽中广泛存在，而且这一类 NDV 弱毒株作为弱毒活疫苗在家禽中到处使用，因此在发病鸡群分离鉴定出 NDV 还不能做出 ND 的确诊，只有鉴定分离到的 NDV 是强毒，才能确诊。但是 NDV 的毒力鉴定需要进行复杂的活体内生物学试验，此项实验要严格符合要求才能获得可靠试验数据，主要采用下列 3 种生物学试验。

（1）鸡胚最小致死量平均死亡时间（MDT）　　用灭菌生理盐水连续 10 倍递增稀释病毒，每个稀释度至少接种 5 个 9～10 日龄 SPF 鸡胚，每个胚尿囊腔接种 0.1mL。接种后的鸡胚在 37℃孵育 7d，每天早晚各照胚一次，记录每组鸡胚中各胚死亡的时间。使所有鸡胚死亡的最高稀释度就是最小致死量（MLD）。MDT 是 MLD 致死鸡胚的平均时间，强毒株为 40～60h，中毒株为 60～90h，弱毒株为 90h 以上。

MDT 可按下列公式计算。

$$MDT = [(在 xh 死亡胚数) \times xh + (在 yh 死亡胚数) \times yh] / 死亡胚胎总数$$

（2）1 日龄鸡脑内接种致病指数（ICPI）　　测定 ICPI 时用灭菌生理盐水（必须无抗生素）将具有感染性的无菌尿囊液作 1:10 稀释，接种 10 只 1 日龄 SPF 鸡，每只脑内接种 0.05mL。接种鸡连续观察 8d。每天观察时正常鸡得 0 分，患病鸡得 1 分，死亡鸡得 2 分。

致病指数按下列公式计算：ICPI = [8d 累计发病数 ×1 + 8d 累计死亡鸡数 ×2] /8d 试验鸡数（强毒株 ≥1.6，中等毒力为 0.8～1.5，弱毒为 0.0～0.79）。

（3）6 周龄鸡静脉接种致病指数（IVPI）　　测定 IVPI 时用灭菌生理盐水将新鲜的、具有感染性的无菌尿囊液作 1:10 稀释，接种 10 只 6 周龄 SPF 鸡，每只静脉注射 0.1mL。接种鸡每日观察，连续 10d，每次观察时，正常鸡得 0 分，患病鸡得 1 分，瘫痪鸡得 2 分，死亡鸡得 3 分。IVPI 值是观察 8d 时间内每只鸡的平均得分。大多数中毒株和所有弱毒株 IVPI 值为 0，而强毒株 IVPI 值接近 3。

3. 新城疫的免疫监测

（1）试验原理　　HAT：NDV 纤突上含有血凝素，能不同程度地凝集某些动物的红细胞。

HI 试验：NDV＋红细胞→红细胞凝集，NDV＋抗体→抗原抗体复合物＋红细胞→红细胞不凝集。

（2）材料与试剂 　V 型血凝板、微量移液器、刻度吸管；新城疫抗原、阳性血清、阴性血清、待检血清、生理盐水、1% 的红细胞。

（3）操作过程

1）微量血凝试验（HAT）：在进行 HI 试验之前必须先进行 HAT，以确定 HI 试验中所用抗原的 HA 滴度。取 96 孔板，按以下步骤操作。

A. 第 1 排 1～12 孔各加生理盐水 25μL，第 2 排 1～12 孔加生理盐水 25μL 为红细胞对照。

B. 吸 25μL 病毒液于第 1 排第 1 孔，混匀后取 25μL 至第 2 孔，依次稀释至第 12 孔，弃去 25μL。

C. 第 1 排 1～12 孔及第 2 排 1～12 孔各加 1% 鸡红细胞 25μL，微型振荡器振荡 2min 混匀。

D. 室温静置 10～30min，观察结果。

E. 结果判定：红细胞对照组红细胞完全沉降，以试验排中能使等量红细胞发生完全凝集的病毒最高稀释倍数，作为病毒的血凝价，即 HA 效价，用 2^n 表示。以出现完全凝集的抗原最大稀释度为该抗原的血凝滴度。

2）微量血凝抑制（HI）试验：在完成 HAT 后，以 4 个 HA 单位的抗原（HAT 中出现完全凝集的抗原最大稀释度向左退两孔的抗原稀释度）进行 HI 试验。取一 96 孔板，按以下步骤操作。

A. 4IU 抗原的制备：按 HAT 测出的病毒血凝价乘 4 即 4IU 血凝素的稀释度。

B. 待检血清的稀释：第 1～3 排 1～12 孔各加生理盐水 25μL，于第 1 排第 1 孔中加入 25μL 待检血清，反复吹吸 3～5 次混匀后，取 25μL 至第 2 孔混匀，吸取 25μL 至第 3 孔，依次稀释至第 12 孔，弃去 25μL。

C. 第 1、2 排 1～12 孔各加 4IU 血凝素 25μL，微型振荡器振荡 2min 混匀。

D. 室温静置 20min。

E. 第 1～3 排 1～12 孔各加 1% 鸡红细胞 25μL，微型振荡器振荡 2min 混匀。

F. 室温静置 10～30min，观察结果。

（4）结果判定 　以完全抑制红细胞凝集的最大稀释度为该血清的血凝抑制（HI）滴度。鸡群 HI 滴度的高低在一定程度上反映了免疫保护水平的高低。HI 滴度在 $1:2^4$ 的鸡群保护率约为 50%；在 $1:2^4$ 以下的非免疫鸡群约为 10%，免疫鸡群约为 40%；HI 滴度在 $1:2^{6\sim10}$ 的鸡群保护率达 90% 以上。若鸡群出现 $1:2^{11}$ 或以上的 HI 滴度，说明鸡群已发生新城疫野毒的感染。

三、实训报告

1. 简述鸡新城疫的临床诊断要点。
2. 测定鸡群新城疫 HI 抗体水平的作用和意义。

第七节 常见小动物病（兔瘟）的诊断

一、实训目标

掌握兔病毒性出血症（兔瘟）的实验室诊断方法。

二、方法与步骤

（一）临床诊断

1）最急性型：无任何明显临床症状即突然死亡。死前多有短暂兴奋，如尖叫、挣扎、抽搐、狂奔等。有些患兔死前鼻孔流出泡沫状的血液。这种类型病例常发生在流行初期。

2）急性型：精神不振，被毛粗乱，迅速消瘦。体温升高至41℃以上，食欲减退或废绝，饮欲增加。死前突然兴奋，尖叫几声便倒地死亡。

以上两种类型多发生于青年兔和成年兔，患兔死前肛门松弛，流出少量淡黄色的黏性稀便。

3）慢性型：多见于流行后期或断奶后的幼兔。体温升高，精神不振，不爱吃食，爱喝凉水，消瘦。病程2d以上，多数可恢复，但仍为带毒者而感染其他家兔。

（二）实验室诊断

本病的实验室诊断方法很多，但比较简便、快速、适用的方法是血凝和血凝抑制试验。

1. 平板快速血凝和血凝抑制试验

1）材料：发病死亡兔的肝、脾或肾，用生理盐水制成1∶5的悬液，离心后取上清备用。3%的为O型红细胞悬液，兔瘟阳性血清，白瓷板或玻璃板，棉签。

2）操作方法：用红铅笔在白瓷板上划好4cm×4cm的小方格。在一个方格内滴加1∶5脾、肝悬液2滴，生理盐水1滴，2%人O型红细胞悬液1滴，立即搅匀。另一个方格除将生理盐水换成兔瘟阳性血清外，其他与第一个方格操作相同。加样完毕并搅匀后，轻轻晃动瓷板，2～5min判定结果。如果第一个方格内出现明显的红细胞凝集现象，而第二方格内不出现，则可诊断为兔瘟。

2. 微量血凝和血凝抑制试验

1）材料：1∶5待测肝悬液，2%人O型红细胞悬液，生理盐水，兔瘟阳性血清，96孔V型滴定板，微量稀释器，微型振荡器等。

2）实验操作：先在96孔V型滴定板上每孔加0.05mL生理盐水，再吸取0.05mL 1∶5待测肝悬液加入第一孔，充分混合吸出0.05mL加入第二孔，于第二孔充分混匀后吸出0.05mL加入第3孔，依次倍比稀释至第11孔，弃去0.05mL。然后每孔均加0.05mL 2%人O型红细胞悬液，在微型振荡器上振荡30s，37℃反应45min观察结果。以红细胞发生完全凝集的病毒最高稀释倍数作为该份病料的血凝价。此为病毒的定量测定。

另找一块滴定板，按上述方法将病毒倍比稀释后，每孔加入兔瘟阳性血清1滴，振荡后37℃反应10min，再每孔加2%人O型红细胞悬液0.05mL，振荡后37℃反应45min，观察结果。若血凝价比未加阳性血清者低2个滴度以上，则可将病料判为兔瘟阳性。此为病毒的定性测定。

主要参考文献

蔡宝祥. 2009. 家畜传染病学. 5 版. 北京：中国农业出版社

蔡宝祥，殷震，谢三星，等. 1993. 动物传染病诊断学. 南京：江苏科学技术出版社

费恩阁. 1995. 家畜传染病学. 长春：吉林科学技术出版社

卡尔尼克 B. W. 1999. 禽病学. 10 版. 高福，苏敬良主译. 北京：中国农业出版社

刘秀梵. 2000. 兽医流行病学. 2 版. 北京：中国农业出版社

斯特劳 B. E.，阿莱尔 S. D.，蒙加林 W. L.，等. 2000. 猪病学. 8 版. 北京：中国农业大学出版社

吴清民. 2002. 兽医传染病学. 北京：中国农业大学出版社

殷震，刘景华. 1997. 动物病毒学. 2 版. 北京：科学出版社

中国农业科学院哈尔滨兽医研究所. 1989. 家畜传染病学. 北京：农业出版社